Konzerncontrolling

Stefan Behringer

Konzerncontrolling

3., aktualisierte Auflage

Springer Gabler

Prof. Dr. Stefan Behringer
NORDAKADEMIE
Elmshorn, Deutschland

ISBN 978-3-662-55777-8 ISBN 978-3-662-55778-5 (eBook)
https://doi.org/10.1007/978-3-662-55778-5

Die Deutsche Nationalbibliothek verzeichnet diese Publikation in der Deutschen Nationalbibliografie; detaillierte bibliografische Daten sind im Internet über http://dnb.d-nb.de abrufbar.

Springer Gabler

Lektorat: Anna Pietras

Gedruckt auf säurefreiem und chlorfrei gebleichtem Papier

Springer Gabler ist Teil von Springer Nature
Die eingetragene Gesellschaft ist Springer-Verlag GmbH Deutschland
Die Anschrift der Gesellschaft ist: Heidelberger Platz 3, 14197 Berlin, Germany

Inhaltsverzeichnis

1 Konzern und Controlling 1
1.1 Der rechtliche und der betriebswirtschaftliche Konzernbegriff 1
1.2 Rechtliche Klassifikation von Konzernen 3
1.2.1 Der Unterordnungskonzern im AktG 3
1.2.2 Der Gleichordnungskonzern im AktG 5
1.2.3 Konzerne anderer Rechtsformen 7
1.3 Betriebswirtschaftliche Klassifikation von Konzernen 8
1.3.1 Differenzierungen nach der Rolle des herrschenden Unternehmens 9
1.3.2 Differenzierung nach den Aufgaben der Konzernunternehmen in der Wertschöpfungskette 12
1.4 Controlling im Konzern 16
1.4.1 Der Begriff „Controlling“ 16
1.4.2 Besonderheiten des Controllings im Konzern 19
1.5 Fallstudie: Die Struktur des Troubadix Konzerns 24
Literatur 26

2 Konzernrechnungslegung 29
2.1 Notwendigkeit und Funktionen der Konzernrechnungslegung 29
2.2 Pflicht zur Aufstellung des Konzernabschlusses 30
2.2.1 Das Control Konzept des HGB 30
2.2.2 Befreiungen von der Aufstellungspflicht im HGB 33
2.2.3 Aufstellungspflicht nach den IFRS 35
2.3 Die Bestandteile des Konzernabschlusses 36
2.4 Die Grundsätze der Konzernrechnungslegung 38
2.4.1 Die Einheitstheorie 38
2.4.2 Das schematische Vorgehen bei der Erstellung des Konzernabschlusses 39
2.4.3 Die Handelsbilanz II: Anpassungen und Währungsumrechnung 41

2.4.4 Die Summenbilanz . . . 42
2.4.5 Die Konsolidierung zum Konzernabschluss . . . 42
2.5 Die Konsolidierungsarten . . . 43
2.5.1 Die Aufwands- und Ertragskonsolidierung . . . 43
2.5.2 Die Zwischenergebniseliminierung . . . 45
2.5.3 Die Schuldenkonsolidierung . . . 49
2.5.4 Die Kapitalkonsolidierung . . . 52
2.6 Konsolidierung von nicht beherrschten Unternehmen . . . 63
2.6.1 Quotenkonsolidierung . . . 64
2.6.2 At Equity Konsolidierung . . . 67
2.7 Die Bedeutung der Konzernrechnungslegung für das Konzerncontrolling . . . 69
2.8 Latente Steuern . . . 71
2.8.1 Grundlagen: Latente Steuern im Einzelabschluss . . . 71
2.8.2 Latente Steuern im Konzernabschluss . . . 74
2.8.3 Die Bewertung von latenten Steuern . . . 76
2.8.4 Ausweisvorschriften nach HGB . . . 77
2.8.5 Vergleich der latenten Steuern nach HGB mit IFRS . . . 79
2.9 Fallstudie: Der Konzernabschluss im Troubadix Konzern . . . 80
Literatur . . . 85

3 Kennzahlen im Konzerncontrolling . . . 89
3.1 Arten und Funktionen von Kennzahlen . . . 89
3.2 Erfolgskennzahlen . . . 91
3.3 Rentabilitätskennzahlen . . . 93
3.4 Cash-flow Kennzahlen . . . 94
3.5 Finanzkennzahlen . . . 98
3.6 Wertorientierte Kennzahlen . . . 100
3.6.1 Logik der wertorientierten Kennzahlen . . . 100
3.6.2 Die Weighted Average Cost of Capital (WACC) . . . 102
3.6.3 Der Cash-flow Return on Investment (CfRoI) . . . 106
3.7 Kennzahlensysteme . . . 110
3.7.1 Funktionen von Kennzahlensystemen . . . 110
3.7.2 Das DuPont Kennzahlensystem . . . 110
3.7.3 Economic Value Added . . . 111
3.8 Balanced Scorecard . . . 117
3.8.1 Das Grundprinzip der Balanced Scorecard . . . 117
3.8.2 Fallstudie: Die Entwicklung einer Balanced Scorecard für einen Konzern . . . 121
3.8.3 Die Besonderheiten der Balanced Scorecard im Konzern . . . 123
3.9 Kennzahlensysteme zur nachhaltigen Unternehmensführung . . . 125
3.9.1 Hintergründe . . . 125

3.9.2 Entwicklung von Kennzahlen zur Messung des nachhaltigen Erfolgs von Unternehmen 127
3.9.3 Sustainable Value Added 128
Literatur 130

4 Planung und Kontrolle im Konzern 135
4.1 Planungsfunktionen 135
4.2 Elemente der Konzernplanung 138
4.2.1 Planungshorizont 138
4.2.2 Planungsobjekte 140
4.2.3 Planungssubjekte 144
4.2.4 Störfaktoren in der Planung 148
4.2.5 Die Konsolidierung der Einzelpläne zum Konzernplan 153
4.3 Alternative Planungsansätze 154
4.3.1 Better Budgeting 154
4.3.2 Zero Base Budgeting 156
4.3.3 Beyond Budgeting 158
4.4 Kontrollfunktionen 161
4.5 Elemente der Kontrolle 162
4.5.1 Soll-Ist Vergleich und Abweichungsanalyse 162
4.5.2 Träger der Kontrollfunktion in Konzernen 166
4.5.3 Störfaktoren in der Kontrolle 168
4.6 EDV für Planung und Kontrolle im Konzern 170
4.7 Fallstudie: Der Budgeterstellungsprozess im Troubadix Konzern 171
Literatur 173

5 Transferpreise 177
5.1 Funktionen von Transferpreisen in Konzernen 177
5.2 Betriebswirtschaftliche Ermittlungsmethoden von Transferpreisen 181
5.2.1 Marktorientierte Transferpreise 181
5.2.2 Kostenorientierte Transferpreise 182
5.2.3 Transferpreise als Verhandlungsergebnis 187
5.2.4 Transferpreise und Verhaltenssteuerung 188
5.2.5 Andere Faktoren zur Bestimmung von Transferpreisen 189
5.3 Steuerliche Ermittlungsmethoden zur Bestimmung von Transferpreisen 190
5.3.1 Problemstellung: Erfolgsverlagerung in Konzernen und relevante steuerrechtliche Regelungen 190
5.3.2 Das Grundprinzip: „Dealing at arms length“ 195
5.3.3 Methoden zur Ermittlung von steuerlich akzeptierten Transferpreisen 198
5.3.4 Dokumentationspflichten 201
5.3.5 Advance Pricing Agreements 203

5.4 Konzernumlagen 205
5.5 Synthese der betriebswirtschaftlichen und steuerlichen Anforderungen an Transferpreise 206
5.6 Fallstudie: Verrechnungspreise im Troubadix Konzern 208
Literatur 210

6 Internationales Konzerncontrolling 215
6.1 Notwendigkeit und Besonderheiten des internationalen Konzerncontrollings 215
6.2 Internationalisierungsgrad und Konzerncontrolling 217
6.2.1 Quantitativer Internationalisierungsgrad 217
6.2.2 Qualitativer Internationalisierungsgrad 219
6.3 Einfluss der Kultur auf das Controlling 227
6.3.1 Kulturbegriffe 227
6.3.2 Die Kulturdimensionen von Hofstede 229
6.3.3 Auf Hofstede aufbauende Studien 232
6.3.4 Die Kulturdimensionen und ihre Relevanz für das Konzerncontrolling 236
6.4 Internationale Unterschiede in der Controllingpraxis 240
6.5 Ausgewählte Problemfelder des Internationalen Controllings 244
6.5.1 Währungsumrechnung für Planung und Kontrolle 244
6.5.2 Controlling und Hochinflation 249
6.6 Fallstudie: Kulturunterschiede im Controlling des Troubadix Konzerns 255
Literatur 257

Sachwortverzeichnis 261

Konzern und Controlling

1

1.1 Der rechtliche und der betriebswirtschaftliche Konzernbegriff

Im deutschen Recht ist das Recht des Konzerns im Aktiengesetz (AktG) und im Handelsgesetzbuch (HGB) definiert. In § 18 AktG findet sich die Legaldefinition des Konzerns. Danach fasst ein Konzern ein herrschendes und mindestens ein beherrschtes Unternehmen unter der einheitlichen Leitung des herrschenden Unternehmens zusammen. Dabei muss es sich um rechtlich selbstständige Unternehmen handeln, d. h. ein Unternehmen mit rechtlich unselbstständigen Betriebsstätten bildet keinen Konzern. Die einzelnen Unternehmen werden als Konzernunternehmen bezeichnet. Folglich ist für das Vorliegen eines Konzerns notwendig, dass es mindestens zwei rechtlich selbstständige Unternehmen gibt, von denen das eine das andere beherrscht und beide unter einheitlicher Leitung stehen.

Die einheitliche Leitung bedeutet, dass die Geschäftspolitik des Unternehmens sowie andere grundsätzliche Fragen der Unternehmensführung wie die Besetzung von Gremien und die Planung von dem herrschenden Unternehmen bestimmt wird (§ 18 Abs. 2 AktG). Ein Recht auf einheitliche Weisungen ist nicht notwendig mit der einheitlichen Leitung verbunden, es genügt, wenn faktisch z. B. durch gemeinsame Beratungen der Gremien die einheitliche Leitung ausgeübt wird. Zentrales Kriterium für das Vorliegen einer einheitlichen Leitung ist, dass alle Unternehmen des Konzerns in die Finanz- und Investitionsplanung des Konzerns integriert sind.

Mit dem im Mai 2009 in Kraft getretenen Bilanzrechtsmodernisierungsgesetz (BilMoG) hat sich das Recht zur Konzernrechnungslegung, das im HGB geregelt ist, deutlich geändert. Das Konzept der „einheitlichen Leitung“, welches weiterhin im AktG gilt, wurde praktisch abgeschafft. Es wird nunmehr auf das Konzept der „möglichen Beherrschung“ abgestellt. Die grundlegende Änderung ist, dass es nicht mehr notwendig ist, dass die Kontrolle des herrschenden Unternehmens tatsächlich ausgeübt wird, sondern, dass diese

S. Behringer, *Konzerncontrolling*,
https://doi.org/10.1007/978-3-662-55778-5_1

möglich wäre. Da sich diese Bestimmung auf die Pflicht zur Aufstellung des Konzernabschlusses bezieht bleibt die Regelung des AktG als die allgemeinere Regelung bestehen.

Für betriebswirtschaftliche Überlegungen ist die rechtliche Abgrenzung zu unbestimmt und verfehlt den Zweck, die Besonderheiten des Erkenntnisobjekts „Konzern" so abzugrenzen, dass Auswirkungen auf die Anwendung des betriebswirtschaftlichen Instrumentariums abgeleitet werden können. Das Erfordernis eines gesonderten Konzerncontrollings muss durch betriebswirtschaftliche Besonderheiten des Gebildes Konzerns bestimmt sein. Die Kriterien der rechtlichen Selbstständigkeit der Konzernunternehmen und der einheitlichen Leitung reichen nicht aus, diese Besonderheiten abzuleiten. Die betriebswirtschaftlichen Besonderheiten des Konzerns werden in der Definition von Theisen zum Ausdruck gebracht (Theisen 2000, S. 18):

> Eine Konzernunternehmung ist eine autonome Entscheidungs- und Handlungseinheit, die mehrere juristisch selbstständige wie unselbstständige Unternehmen und Betriebe umfasst, die als wirtschaftliche Einheit in personeller, institutioneller und/oder funktioneller Hinsicht zeitlich befristet oder auf Dauer im Rahmen entsprechender Planungen ein gemeinsames wirtschaftliches Ziel verfolgen.

Diese Definition stellt stärker auf die wirtschaftliche Einheit Konzern ab. Damit wird auch das betriebswirtschaftliche Spezifikum deutlich. Ein Verbund von Unternehmen oder Betrieben wird zu einer wirtschaftlichen Einheit zusammengefasst und ist auf ein wirtschaftliches Ziel ausgerichtet. Damit werden die rechtlich selbstständigen Unternehmen aus betriebswirtschaftlichen Gründen wie ein Unternehmen behandelt. Um das eine wirtschaftliche Ziel auch bei den rechtlichen Einheiten nicht aus den Augen zu verlieren, bedarf es eines besonderen Einsatzes von betriebswirtschaftlichen Instrumenten, der die rechtlichen und organisatorischen Grenzen ignoriert und auflöst. Juristisch fehlt es dem Konzern an einer eigenen Rechtspersönlichkeit. Als „reales Phänomen" (Theisen 2000, S. 1) ist das Gebilde Konzern global. Es kann aus Unternehmen vielerlei Staaten bestehen. Die Betriebswirtschaftslehre überwindet die rechtlichen Grenzen, die es im Konzern gibt, und behandelt den Konzern wie ein Unternehmen.

Mit dieser Definition ist das Spannungsfeld gegeben, innerhalb dessen sich der Konzern bewegt: Zum einen ist die wirtschaftliche Einheit gegeben, zum anderen aber die rechtliche Vielheit. Das Konzerncontrolling muss die aus rechtlicher Sicht gegebenen Grenzen überwinden und den Konzern für seine Zwecke in Form einer wirtschaftlichen Einheit betrachten.

Zu unterscheiden von Konzernen sind Netzwerk e von Unternehmen. Das Unternehmensnetzwerk bezeichnet ebenfalls eine Organisationsform von rechtlich selbstständigen Unternehmen, in denen gemeinsam Wettbewerbsvorteile in kooperativer Weise realisiert werden sollen und, die damit wirtschaftlich voneinander abhängig sind (vgl. Sydow 1992, S. 79). Sowohl Konzern als auch Netzwerk sind Formen die zwischen den beiden Organisationsformen Unternehmen oder Hierarchie bzw. Markt liegen. Der Unterschied zwischen beiden ist die größere Autonomie der Unternehmen in einem Netzwerk als in einem Konzern (vgl. Möllering et al. 2005, S. 317). Diese größere Autonomie kommt dadurch zum Ausdruck, dass es in Unternehmensnetzwerken gerade kein Konzerncontrolling gibt und damit eine zentrale Planung und Kontrolle der Finanzsphäre nicht stattfindet.

Häufig wird in der breiten Öffentlichkeit der Begriff Konzern synonym für Großunternehmen verwendet. Insbesondere die sogenannten Globalisierungskritiker kämpfen gegen die „Macht der Konzerne" (vgl. z. B. Klein 2001, S. 25). Wenn auch die Gleichsetzung von Großunternehmen und Konzern falsch ist, so ist doch richtig, dass alle Großunternehmen Konzerne sind, da sie aus mehreren rechtlich selbstständigen Unternehmen unter einheitlicher Leitung bestehen. Die Konzerneigenschaft folgt allein aus dem Erfordernis, in verschiedenen Staaten eine rechtliche Einheit zu etablieren, z. B. um Geschäfte mit öffentlichen Stellen durchzuführen.

1.2 Rechtliche Klassifikation von Konzernen

1.2.1 Der Unterordnungskonzern im AktG

Ein Unterordnungskonzern entsteht, sobald sich eines oder mehrere Unternehmen dem herrschenden Unternehmen unterordnen. Man kann davon ausgehen, dass ein solches Abhängigkeitsverhältnis immer dann vorliegt, wenn das herrschende Unternehmen über die Mehrheit der Stimmrechte bei dem abhängigen Unternehmen verfügt. Liegt dieser Fall vor, so geht man davon aus, dass auch eine einheitliche Leitung vorliegt und somit ein Konzern besteht. Liegt die Mehrheitsbeteiligung ohne weitere vertragliche oder eingliedernde Maßnahmen vor, so spricht man von einem faktischen Konzern, sofern die einheitliche Leitung auch ausgeübt wird.

Da in dem Falle des faktischen Konzerns (s. Abb. 1.1) etwaige Minderheitsaktionäre der beherrschten Gesellschaft durch die einheitliche Leistung geschädigt werden können, hat der Gesetzgeber verschiedene Schutzrechte eingeführt (§§ 311–317 AktG). Sollte das abhängige Unternehmen für sich nachteilige Rechtsgeschäfte durchführen müssen, so müssen die Nachteile sofort bzw. spätestens am Ende des Geschäftsjahres ausgeglichen werden. Der Vorstand der abhängigen Gesellschaft muss einen jährlichen Abhängigkeitsbericht erstellen, in dem die Beziehungen zu verbundenen Unternehmen dargestellt werden müssen. Hier müssen die Rechtsgeschäfte zwischen den verbundenen Gesellschaften und die damit verbundenen Nachteilsausgleiche aufgelistet werden. Dieses Instrument soll Transparenz schaffen, verliert aber an Durchschlagskraft, da der Vorstand des abhängigen Unternehmens diesen Bericht aufstellen muss, der im Zweifel unter Druck der Organe des herrschenden Unternehmens handeln muss. Der Abhängigkeitsbericht gewinnt allerdings durch die Pflicht zur Prüfung durch den Wirtschaftsprüfer an Unabhängigkeit. Außerdem haften Vorstand und Aufsichtsrat des herrschenden Unternehmens gesamtschuldnerisch für die Verletzung ihrer diesbezüglichen Pflichten.

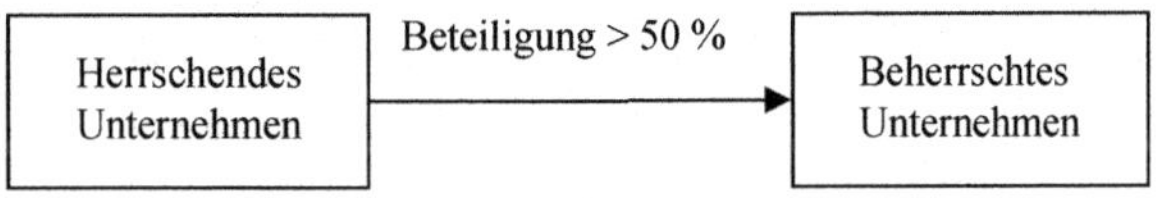

Abb. 1.1 Faktischer Konzern. (Vgl. Jung 2016, S. 138)

Abb. 1.2 Vertragskonzern. (Vgl. Jung 2016, S. 147)

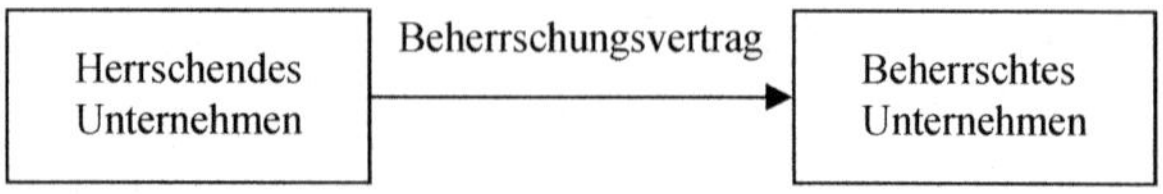

Das Abhängigkeitsverhältnis kann durch den Abschluss von Unternehmensverträgen vertieft und stärker dokumentiert werden. Wird zwischen Unternehmen ein Beherrschungsvertrag geschlossen (§ 291 AktG), so gelten diese unwiderruflich als unter einheitlicher Leitung stehend. In einem Beherrschungsvertrag unterstellen Gesellschaften der Rechtsform AG, KGaA oder GmbH die Leitung ihrer Gesellschaft einem anderen Unternehmen. Die Rechtsform des herrschenden Unternehmens ist dabei gleichgültig. Mit dem Abschluss eines Beherrschungsvertrags gibt das beherrschte Unternehmen seine unternehmerische Selbstständigkeit auf. Die Organe des beherrschten Unternehmens müssen Weisungen des herrschenden Unternehmens auch dann folgen, wenn sie für den Erfolg des eigenen Unternehmens nachteilig sind, aber dem herrschenden Unternehmen oder den mit ihr verbundenen Unternehmen dienen. Ist ein Beherrschungsvertrag abgeschlossen so spricht man von einem Vertragskonzern (s. Abb. 1.2).

Ein Beherrschungsvertrag muss durch den Vorstand einer AG in schriftlicher Form abgeschlossen werden. Er bedarf der Zustimmung durch die Hauptversammlung mit einer Mehrheit von drei Vierteln, die Satzung kann sogar eine größere Mehrheit vorsehen (§ 293 Abs. 1 AktG). Für den Fall, dass die beherrschte Gesellschaft nicht zu 100 % im Eigentum der herrschenden Gesellschaft liegt, muss der Unternehmensvertrag durch einen Vertragsprüfer geprüft werden. Dies ist notwendig, da durch den Beherrschungsvertrag das beherrschte Unternehmen auch zu nachteiligen Handlungen gezwungen werden kann. Die verbliebenen Anteilseigner müssen für eventuelle Nachteile einen angemessenen Ausgleich erhalten, da sie sonst unbillige Vermögensnachteile erleiden würden. Der Ausgleichsmodus muss im Beherrschungsvertrag geregelt werden und seine Angemessenheit wird durch den Vertragsprüfer festgestellt. Der Beherrschungsvertrag tritt in Kraft sobald er im Handelsregister eingetragen ist.

Andere Unternehmensverträge, wie der Ergebnisabführungsvertrag, bei dem sich das abhängige Unternehmen verpflichtet, seinen gesamten Gewinn, aber auch einen etwaig entstandenen Verlust, an ein anderes Unternehmen abzuführen (§ 291 Abs. 1 AktG), begründet nicht zwingend ein Vertragskonzern verhältnis. Ein Gewinnabführungsvertrag wurde in der Praxis jedoch meistens mit einem Beherrschungsvertrag verbunden, da nur so die Voraussetzungen für die Bildung einer steuerlichen Organschaft geschaffen werden konnten. Dies ist aber nach neuerer Gesetzgebung nicht mehr notwendig.

Im Falle des Beherrschungsvertrag es als auch des Gewinnabführungsvertrag es entstehen für die Minderheitsaktionäre wirtschaftliche Nachteile, z. B. dadurch, dass dem Unternehmenserfolg abträgliche Weisungen befolgt werden müssen. Das Aktienrecht normiert dafür Schutzrechte sowohl für die Gläubiger als auch für die verbliebenen Minderheitsaktionäre, z. B. die Zahlung einer wiederkehrenden Geldleistung als angemessenen Ausgleich für die außenstehenden Aktionäre. Trotzdem werden die Minderheitsaktionäre in einer solchen Konstruktion immer in der schwächeren Position bleiben, da sie nicht in der Lage sein werden, die Auszehrung der beherrschten Gesellschaft frühzeitig zu erkennen noch irgendwelche Maßnahmen gegen die Auszehrung einleiten zu können (vgl. Theisen 2000, S. 50).

Die intensivste Form der Konzernbildung ist der Eingliederungskonzern (§ 319 ff. AktG). Zum einen kann eine inländische AG, die zu 100 % dem herrschenden Unternehmen gehört, nach § 319 AktG eingegliedert werden. Gibt es noch Minderheitsgesellschafter mit maximal 5 % Anteil, kann die Eingliederung nach §§ 320 ff. AktG geschehen. Die Eingliederung bedeutet, dass das beherrschte Unternehmen faktisch wie eine Abteilung des beherrschenden Unternehmens geführt wird. Die rechtliche Selbstständigkeit bleibt allerdings bestehen. Somit kann die Eingliederung als Vorstufe zu einer Fusion angesehen werden, bei der einzig die rechtliche Selbstständigkeit des einzugliedernden Unternehmens erhalten bleibt. Dies hat insbesondere den Vorteil, dass im Gegensatz zur Fusion eine Eingliederung leichter rückgängig gemacht werden kann.

Für den Fall, dass die Eingliederung nach §§ 320 ff. AktG geschieht, gibt es umfangreiche Schutzrechte für die Minderheitsaktionäre und die Gläubiger. Durch die Eingliederung werden die außenstehenden Minderheitsaktionäre aus der Gesellschaft ausgeschlossen. Als Gegenleistung müssen sie zwingend eine Abfindung in der Form von Aktien der eingliedernden Gesellschaft erhalten. Ist diese wiederum eine abhängige Gesellschaft müssen ihnen entweder Aktien der Hauptgesellschaft oder eine angemessene Barabfindung gewährt werden.

Durch die Eingliederung erhält die beherrschende Gesellschaft das Recht, die Finanzstruktur der eingegliederten Gesellschaft zu beeinflussen, auch zum Nachteil der eingegliederten Gesellschaft. Um die Gläubiger der eingegliederten Gesellschaft zu schützen, bestimmt § 321 AktG, dass die Gläubiger im Falle der Eingliederung einen Anspruch auf Sicherheitsleistung haben. Außerdem muss die herrschende Unternehmung eine gesamtschuldnerische Mithaftung für Alt- und Neuschulden der eingegliederten Gesellschaft eingehen (§ 322 AktG).

1.2.2 Der Gleichordnungskonzern im AktG

Der Gleichordnungskonzern ist ein Zusammenschluss von mehreren rechtlich selbstständigen Unternehmen, die auf einer Stufe stehen, ohne dass es ein herrschendes Unternehmen gibt, wodurch ein Abhängigkeitsverhältnis begründet wird (§ 18 Abs. 2 AktG). Die einheitliche Leitung kann dadurch entstehen, dass die Unternehmen vertraglich Leitungsentscheidungen, persönliche Verflechtungen (s. Abb. 1.3) oder gar ein gemeinsames Leitungsorgan vereinbaren, das die Unternehmensführung übernimmt.

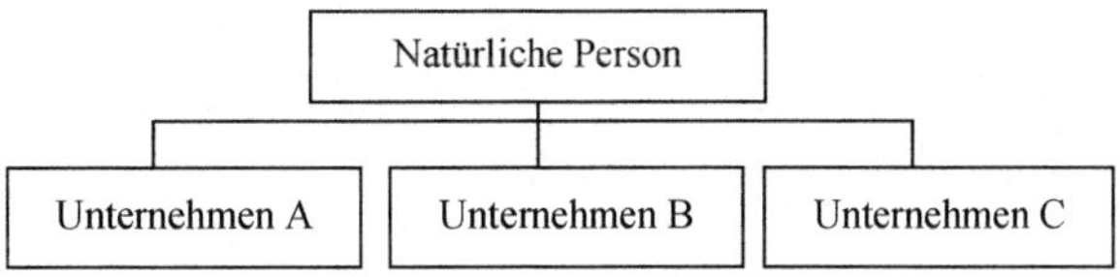

Abb. 1.3 Gleichordnungskonzern. (Vgl. Jung 2016, S. 149)

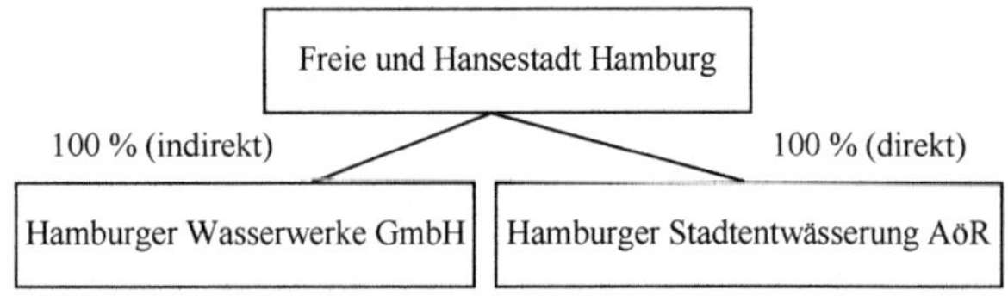

Abb. 1.4 Der Gleichordnungskonzern Hamburger Wasser

Ein Gleichordnungskonzern kann auch durch eine natürliche Person (nicht durch ein Unternehmen) begründet werden, die Mehrheitsbeteiligungen an mehreren Unternehmen in seiner Hand vereinigt (vgl. Emmerich et al. 2008, S. 70 f.). Die Konzernunternehmen stehen alle auf derselben Stufe. Ist eine Unternehmung Mehrheitsaktionär der Konzerngesellschaften, so würde ein Unterordnungskonzern entstehen, da ein faktischer Konzern gebildet würde.

Der Gleichordnungskonzern wird in der Literatur häufig nicht weitergehend erläutert. Von daher sind die Haftungsfragen und organisatorische Probleme noch nicht hinreichend gelöst (vgl. Sydow 2003, S. 693). Insbesondere ist noch nicht geklärt, welche Art der Verflechtung gegeben sein muss, um die rechtliche Konstruktion des Konzerns zu begründen. Es ist nicht klar, ob beispielsweise gemeinsame Beratungen über Strategien ausreichen, die Konzerneigenschaft zu begründen. Insbesondere ist die Unterscheidung zwischen einem Netzwerk und einem Gleichordnungskonzern schwierig (vgl. Sydow 2003, S. 695 f.). Strategische Netzwerke sind dadurch gekennzeichnet, dass sie Aktivitäten koordinieren und gemeinsam planen. Dies würde auf einen Gleichordnungskonzern hindeuten. Allerdings würde die Konzerneigenschaft bedeuten, dass die einheitliche Leitung für alle unternehmerischen Aktivitäten der beteiligten Unternehmen erfolgt. Dies ist bei Netzwerken i. d. R nicht der Fall, da man sich hier nur auf Teilbereiche der unternehmerischen Tätigkeit konzentriert. Außerdem fehlt bei Netzwerken regelmäßig die Vereinheitlichung der Unternehmensplanung (vgl. Lange 1998, S. 1167), die durch ein gemeinsames Controlling zum Ausdruck gebracht wird.

Ein Beispiel für einen Gleichordnungskonzern ist der Konzern Hamburger Wasser (s. Abb. 1.4). Er vereinigt die beiden Gesellschaften Hamburger Wasserwerke GmbH, die sich um die Wasserversorgung kümmert, und die Hamburger Stadtentwässerung AöR, die die Abwasserentsorgung und -aufbereitung besorgt. Beide Unternehmen stehen auf der gleichen Stufe, aber unter der einheitlichen Leitung der Freien und Hansestadt Hamburg, die mittelbar und unmittelbar mit 100 % an beiden Gesellschaften beteiligt ist.

Die Signal Iduna Gruppe: Ein Gleichordnungskonzern

Durch den Zusammenschluss der in Dortmund ansässigen Signal Versicherungen (Kranken- und Unfallversicherungen) und der in Hamburg ansässigen Iduna Gruppe (Lebensversicherung) und der Deutschen Ring Gruppe (Krankenversicherung) wurde ein Gleichordnungskonzern gebildet. Die Einzelunternehmen dieser Gruppe sind alle rechtlich selbständig. Die Gruppe wird zum Gleichordnungskonzern durch

Personalunion in den Gremien und durch gemeinsame Arbeitsgruppen, die für eine weitgehend einheitliche strategische Ausrichtung sorgen sollen. Gebildet wurde der Gleichordnungskonzern im Jahre 1999.

Quelle: www.signal-iduna.de, abgerufen am 11. August 2017.

Die besonderen Rechnungslegungsvorschriften für den Konzern gelten für Unterordnungskonzern e. Im Folgenden wird ebenfalls von einem Unterordnungskonzern ausgegangen. Es kann dennoch geboten sein, die Techniken des Konzerncontrollings auch für Gleichordnungskonzern e anzuwenden.

1.2.3 Konzerne anderer Rechtsformen

Da in Deutschland das Recht des Konzerns im Wesentlichen im AktG und im HGB (bezüglich der Konzernrechnungslegung) niedergelegt ist, stellt sich die Frage, wie Konzerne, die nicht in der Rechtsform der AG oder der KGaA organisiert sind, zu behandeln sind. Insbesondere der GmbH Konzern mit GmbHs als herrschendem oder beherrschtem Unternehmen ist ein weit verbreitetes reales Phänomen. Nach Theisen (2000, S. 64) ist der GmbH Konzern in der Praxis sogar das am weitesten verbreitete Phänomen.

Der Gesellschafterversammlung der GmbH als der Vertretung der Anteilseigner der GmbH kommt eine wesentlich stärkere Stellung zu als dies die Hauptversammlung bei der AG hat. Nach § 37 Abs. 1 GmbHG kann die Gesellschafterversammlung den Geschäftsführern, als den Unternehmensleitern, Weisungen erteilen. Dabei ist die Grenze des Weisungsrechts allein die Gesetz- oder Sittenwidrigkeit angewiesenen Handelns. Den Geschäftsführern muss kein Kernbereich eigenverantwortlichen Handelns verbleiben. Aus diesem Grund ist die Möglichkeit eines Mehrheitseigners, seine Ziele durchzusetzen, sehr viel größer und es bedarf nicht der vertraglichen Absicherung. In der Praxis werden allerdings häufig trotzdem Ergebnisabführungsverträge mit GmbHs abgeschlossen, da dies Voraussetzung für den Abschluss einer steuerlichen Organschaft ist (vgl. Kirchner et al. 2009, S. 88 f.) Von daher ist auch die Erfordernis eines eigenen GmbH Konzernrechts geringer. In der Rechtsprechung wird daher auch meistens auf die Bestimmungen des AktG zurückgegriffen.

Ein reales Phänomen sind auch Konzerne unter der Führung bzw. unter Beteiligung von Personengesellschaften. Personengesellschaften sind durch die persönliche Haftung mindestens eines Gesellschafters geprägt. In vorliegenden Abhängigkeitsverhältnissen werden die Minderheitsgesellschafter durch die Treuepflicht jedes Gesellschafters gegenüber dem Unternehmen geschützt. Wie das mit einem möglicherweise schädlichen Einfluss eines herrschenden Unternehmens durch die einheitliche Leitung vereinbar ist, ist derzeit noch nicht von Gesetzgebung oder Rechtswissenschaft diskutiert worden.

Ein weiteres reales Phänomen, das durch den Übergang von erheblichen Vermögenswerten der Nachkriegsgeneration an ihre Nachfolger noch deutlich bedeutender wird, ist der Stiftungskonzern. Da Dritte sich nicht an Stiftungen beteiligen dürfen, kommt die

Stiftung nur als herrschendes Unternehmen in Betracht. Zur Sicherung der unabhängigen Fortführung des Unternehmens wählen insbesondereviele Familienunternehmen die Übertragung des Unternehmens auf eine Stiftung bei der Nachfolge. Diese Stiftung kann dann als herrschendes Unternehmen den ehemaligen Familienkonzern führen. Dabei kann die Stiftung entweder als Beteiligungsträgerstiftung, die sich an Kapital- oder Personengesellschaften beteiligt, oder als Unternehmensträgerstiftung, die selbst ein Wirtschaftsunternehmen betreibt, ausgestaltet sein (vgl. Koss et al. 2009, S. 81). Ein Stiftungskonzern ist der Bosch Konzern. Seit 1964 gehört die Robert Bosch GmbH als Muttergesellschaft des Konzerns mehrheitlich der Robert Bosch Stiftung.

Mit der Schaffung der europäischen Aktiengesellschaft (SE – Societas Europaea) zum Jahresende 2004 ergibt sich die Möglichkeit, einen Konzern nach europäischem Recht zu führen. Die SE kann sowohl herrschendes als auch beherrschtes Unternehmen sein. Sie schafft die Möglichkeit, europaweit einheitlich aufzutreten und erleichtert die Möglichkeiten einer Fusion zwischen Unternehmen aus verschiedenen Ländern der EU. Das starke Vordringen der SE in der deutschen Unternehmenspraxis zeigt die Vorteilhaftigkeit dieser supranationalen Rechtsform (vgl. Beyer et al. 2009, S. R480). So haben sich die Unternehmen BASF, Allianz und MAN inzwischen in eine SE umgewandelt. Die SE-Verordnung sieht explizit vor, dass eine Holding in der Form der SE gegründet werden kann, was ein Indiz dafür ist, dass sie ausdrücklich als Konzernführungsgesellschaft vorgesehen ist. Bei der Gründung einer Holding SE müssen zwei Kapitalgesellschaften aus verschiedenen Ländern beteiligt sein (oder eine Kapitalgesellschaft hat seit mindestens zwei Jahren eine Tochterkapitalgesellschaft in einem anderen Land der EU).

Es zeigt sich, dass es kein einheitliches Konzernrecht gibt. Im Wesentlichen findet auch für Konzerne anderer Rechtsform als der AG ein Rückgriff auf das AktG statt. Unabhängig von der unzureichenden rechtlichen Systematik ergibt sich für das Controlling, welches mit dem realen Phänomen Konzern konfrontiert wird, die Aufgabe, die rechtliche Vielfalt des Konzerns zu überwinden und die wirtschaftliche Einheit als betriebswirtschaftlichen Kern des Konzerns zu berücksichtigen.

1.3 Betriebswirtschaftliche Klassifikation von Konzernen

Die betriebswirtschaftliche Klassifikation von Konzernen kann verschiedenen Ansätzen folgen. Zum einen kann die Rolle des herrschenden Unternehmens Klassifikationsmerkmal sein, also die Frage, welche Entscheidungen von der Muttergesellschaft entschieden werden und wie viel Autonomie die verschiedenen Tochtergesellschaften haben. Zum anderen können die Aufgaben der verschiedenen Konzernunternehmen in der Wertschöpfungskette Klassifikationsmerkmal sein, also die Frage, ob vor- oder nachgelagerte bzw. unabhängige Stufen der Wertschöpfungskette von den Konzernunternehmen betrieben werden. Auf die Klassifikation von internationalen Konzernen nach betriebswirtschaftlichen Kriterien werden wir im Weiteren noch zurück kommen (vgl. Kap. 6).

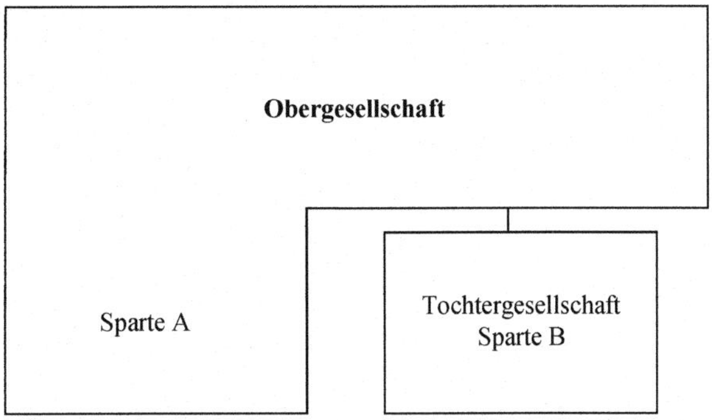

Abb. 1.5 Grundstruktur eines Stammhauskonzerns. (Vgl. Frese 2000, S. 553)

1.3.1 Differenzierungen nach der Rolle des herrschenden Unternehmens

1.3.1.1 Der Stammhauskonzern

Beim Stammhauskonzern (s. Abb. 1.5) ist es das Unternehmensziel, das unternehmerische Auftreten der Obergesellschaft zu unterstützen. Um dies zu erreichen, werden rechtlich selbstständige und – vorrangig – unselbstständige Einheiten gegründet, die das Auftreten der Obergesellschaft unterstützen sollen. Mindestens ein Produktbereich, der auch selbstständig am Markt auftritt, ist Teil der Obergesellschaft. In vielen Stammhauskonzernen ist die Obergesellschaft die Einheit, die den größten Umsatz bzw. die größte Wertschöpfung zu dem Konzern beiträgt (vgl. Leker und Cratzius 1998, S. 362). Außerdem nimmt das Stammhaus direkten Einfluss auf das Tagesgeschäft in den Tochtergesellschaften. Der Zentralisationsgrad ist in Stammhauskonzern en hoch, die Tochtergesellschaften haben wenig Autonomie.

In einer empirischen Untersuchung wurden 1995 von 151 börsennotierten Konzernen 61 % als Stammhauskonzern klassifiziert (vgl. Mellewigt 1995). In der aktuellen Konzernpraxis spielt der Stammhauskonzern aber eine deutlich geringere Rolle. Immer mehr traditionell als Stammhauskonzern geführte Konzerne haben sich in letzter Zeit in Holdingkonzern e umgewandelt, so die Deutsche Telekom, die RWE AG oder die Bayer AG (vgl. Schreyögg et al. 2003, S. 721). Von daher wird vielfach davon ausgegangen, dass Stammhauskonzerne eine immer geringere Rolle spielen. Anzumerken ist aber, dass nicht börsennotierte mittelständisch geprägte Konzerne meist in den Untersuchungen fehlen und man vermuten kann, dass diese stärker im Typus des Stammhauskonzerns geführt werden.

1.3.1.2 Der Holdingkonzern

Bei einem Holdingkonzern (s. Abb. 1.6) ist eine rechtlich selbstständige Führungsgesellschaft, die selber nicht am Markt auftritt, die Obergesellschaft des Konzerns. Die einzelnen Sparten werden in rechtlich selbstständigen Tochtergesellschaften geführt.

Die Idee des Holdingkonzern s ist es, Dezentralisierungsvorteile zu nutzen. Die dezentralen Einheiten können flexibler auf das Marktgeschehen reagieren. Bei der Obergesellschaft

Abb. 1.6 Grundstruktur eines Holdingkonzerns. (Vgl. Frese 2000, S. 553)

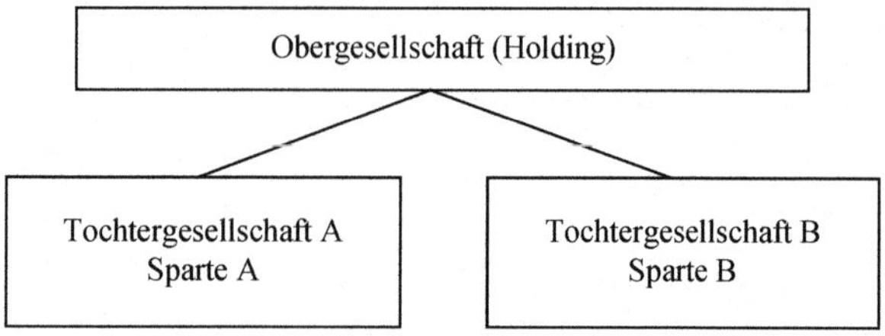

verbleiben lediglich Steuerungsfunktionen, die je nach Ausgestaltung des Holdingkonzerns variieren. In jedem Falle ist in der Holding ein Konzerncontrolling angesiedelt, da hier mindestens die Konzernfinanzierung verbleibt. Daneben erlaubt die Holdingstruktur eine komplette Ergebnisverantwortlichkeit der Tochtergesellschaften. Durch die rechtliche Verselbstständigung wird darüber hinaus ein eigener Zugang der Töchter zum Kapitalmarkt ermöglicht. Auch der Verkauf einer operativen Einheit wird durch die Bildung eigener Tochtergesellschaften deutlich erleichtert, so dass ein Holdingkonzern schneller und umfassender auf veränderte Rahmenbedingungen für einzelne Sparten reagieren kann.

Vom Stammhauskonzern zum Holdingkonzern: Die Bayer AG

Bis 2002 wurde der Chemiekonzern Bayer als Stammhauskonzern geführt. Der Umbau zum Holdingkonzern erfolgte, indem drei Teilkonzerne für das operative Geschäft gebildet wurden, die Bayer Material Science, die Bayer Crop Science und Bayer Health Care. Diese drei Gesellschaften haben die volle operative Verantwortung für ihre Geschäftsfelder. Die Klammer für die Gesamtkonzernverantwortung wird durch das Corporate Center gebildet. Dazu kommen drei Servicegesellschaften, die u. a. Infrastrukturleistungen zur Verfügung stellen. Hintergrund der Umstrukturierung war der Wunsch schnell auf sich ändernde Rahmenbedingungen reagieren zu können. Die Flexibiltät sollte deutlich verbessert werden. Dadurch sollte auch eine Art Unternehmertum in den Teilkonzernen etabliert werden. Die Manager der Teilkonzerne können vollständig für ihr operatives Ergebnis verantwortlich gemacht werden. Das Corporate Center mit dem Konzernvorstand ist für die Strategie des Gesamtkonzerns verantwortlich, setzt die Ziele des Gesamtkonzerns und entscheidet über das Portfolio. Zudem liegt die Nominierungsverantwortlichkeit für das Top-Management und das Finanzmanagement beim Gesamtvorstand. Die Koordination wird durch unterschiedliche Verantwortlichkeiten gelöst, die durch eine differenzierte Führungsverantwortung ausgedrückt wird. Dazu hat Bayer das R-A-F Konzept entwickelt. Dieses regelt die Verantwortlichkeit für einen Mitarbeiter. R bezeichnet dabei die Ressourcenverantwortung. Diese umfasst die Festlegung der persönlichen Ziele für einen Mitarbeiter aber auch die Kompetenz der konkreten Stellenbesetzung. A bezeichnet die administrative Verantwortlichkeit. Dies ist die operative Personalführung und die konkrete Ausgestaltung des Arbeitsvertrages. F bezeichnet die fachliche Führung. Ein Mitarbeiter kann nach dem Konzept bis zu drei Führungskräfte haben, wobei praktisch 95 % aller Mitarbeiter nur einen Chef haben.

Die genauen Personalverantwortlichkeiten sind in detaillierteren Regeln niedergelegt. Insgesamt zieht Bayer nach über 10 Jahren in der neuen Holdingstruktur ein sehr positives Fazit. Die dezentrale Führung hat sich bewährt.

Quelle: Becker, L.: Insgesamt hat sich eine Dezentralisierung bewährt, zfo, 82. Jg. (2013), S. 180–183.

Der Grad der Autonomie der Tochtergesellschaften variiert stark nach dem Typ der Holding. Die Holding muss mindestens mit so vielen Kompetenzen ausgestattet sein, dass sie die zentrifugalen Kräfte, die typisch sind, für Konzerne mit vielen autonomen Einheiten, im Zaum halten kann. Aus diesem Grund muss die richtige Mischung aus Zentralisierung und Dezentralisierung gefunden werden. In der Praxis haben sich daher verschiedene Ausgestaltungen der Holding etabliert, die im Folgenden dargestellt werden.

- Die Finanzholding: Diese Form lässt den Tochtergesellschaften die weiteste Autonomie. Die Holding beschränkt sich auf die Tätigkeit als Anteilsverwalterin und hat gegenüber den Tochtergesellschaften lediglich einen finanziellen Führungsanspruch (vgl. Wenger 1999, S. 127). Die Töchter bekommen finanzielle Vorgaben in Form von Kennzahlen und die Holding ordnet Finanzströme den Tochtergesellschaften für Investitionen zu. Im Grundsatz wird auf eine Einmischung in strategische und operative Fragestellungen durch die Holding verzichtet. Mittelbar wird allerdings doch durch die ständige Optimierung des Beteiligungsbesitzes und die Allokation von Kapital mindestens in strategische Fragestellungen eingegriffen. Dies gilt auch für die Ausübung von Beteiligungsrechten. Die Finanzholding besetzt die Bei- und Aufsichtsräte der Tochtergesellschaften und übt damit auch einen erheblichen Einfluss auf die strategische und operative Tätigkeit der Tochterunternehmen aus.
- Führungsholding (oder strategische Management Holding): Bei der Führungsholding geht die Tätigkeit der Holding über die reine Portfolio Optimierung hinaus. Die Holding erhebt auch einen Führungsanspruch über das Finanzielle hinaus und mischt sich in die strategischen Überlegungen ihrer Tochtergesellschaften ein. Diese Einmischung soll ermöglichen, dass die der Holding zugehörenden Einheiten gemeinsam mehr Wert haben als die Einzelteile (Synergieeffekt). Eine typische Aufgabe der Führungsholding ist darauf zu achten, dass z. B. Produktionen nicht doppelt betrieben werden und Investitionen in neue Produktionsanlagen in den Tochtergesellschaften stattfinden, in denen sie am meisten Erfolg versprechen.
- Managementholding: Bei der Managementholding ist die Kompetenz der Holding noch einmal deutlich größer. Die einzelnen Geschäftsbereiche sind ausnahmslos auf der zweiten Hierarchieebene angesiedelt und jeweils in gesellschaftsrechtlich selbstständigen und betriebswirtschaftlich ergebnisverantwortlichen Einheiten angeordnet (vgl. Theisen 2000, S. 181). Man will erreichen, dass die Produktbereiche in flachen Hierarchien geführt werden können und für ihr ganzes Ergebnis die Verantwortung übernehmen können. Damit soll die Marktbeziehung der Produktbereiche deutlich gestärkt werden. Die Managementholding wird von den operativen Aufgaben entlastet und

kann sich auf die finanzielle und strategische Führung des Konzerns beschränken und die dafür notwendigen Kompetenzen in der Holding bündeln. Dabei kann die Tiefe der Führung durchaus variieren. Um Wettbewerbsvorteile zu erreichen, kann Wissen zwischen den einzelnen Sparten transferiert werden, um bei gleichartigen Geschäftsaktivitäten voneinander zu lernen und Verbundvorteile zu schaffen (vgl. Porter 1987, S. 39). Der Holding kommt hier die Koordinationsaufgabe zu. Es kann eine einheitliche Konzernstrategie für alle Geschäftsfelder gelten oder pro Geschäftsfeld eine andere Strategie eingeführt werden. Dabei muss sich diese Strategie nicht auf alle unternehmerischen Aktivitäten erstrecken. So wird in vielen Holdingkonzern en z. B. eine einheitliche Corporate Identity gewählt (vgl. Schreyögg et al. 2003, S. 723). Deutlich marktbezogener ist die Aufgabe der Holding, wenn sie die Aufgabe übernimmt, die Kernkompetenzen, die in den einzelnen Produktbereichen des Konzerns sind, zu managen. Die Kernkompetenzen der einzelnen Produktbereiche müssen von der Holding so eingesetzt und kombiniert werden, dass neue Märkte und neue Entwicklungen bearbeitet werden können. Dies muss verbunden werden mit einer über den Konzern einheitlichen Personalplanung und einer zentralen Strategie für Investitionen und Desinvestitionen. Damit sind die Aufgaben einer Holding, die sich das Management der Kernkompetenzen auf die Fahnen geschrieben hat, am größten (vgl. Amponsem et al. 1996).

Die Übergänge zwischen den hier vorgestellten Konzerntypen sind fließend. In der Praxis gibt es viele verschiedene Mischformen der Aufgabenteilung zwischen Muttergesellschaft und Tochtergesellschaften. Häufig findet man auch, dass bestimmte Tätigkeiten wie z. B. die Buchhaltung als Servicecenter entweder in der Holding oder bei einer Tochtergesellschaft zentralisiert sind und von allen Konzerngesellschaften gemeinsam genutzt werden.

1.3.2 Differenzierung nach den Aufgaben der Konzernunternehmen in der Wertschöpfungskette

1.3.2.1 Vertikale Konzerne

Ein vertikaler Konzern vereinigt Unternehmen, die auf den unterschiedlichen Stufen der Wertschöpfungskette tätig sind. So können Unternehmen mit vorgelagerten Bereichen (Rohstoffherstellung und Fabrikation, z. B. ein Konzern, der Eisenerz und Kohle abbaut und damit Stahl herstellt) oder mit nachgelagerten Bereichen (Produktion von Konsumgütern wie Lebensmitteln und Einzelhandelsgeschäfte für Lebensmittel) zusammengefasst sein.

Ein Grund für die Aufnahme nachgelagerter Aktivitäten in einen Konzern kann es sein, dass man die gesamte Wertschöpfungskette kontrollieren will. Nehmen wir an, ein Hersteller hat ein besonders gutes Produkt, das zu einem höheren Preis als der Wettbewerb vertrieben wird, aber mehr Wartung während der Nutzungsdauer benötigt. Ein Händler könnte verleitet sein, die Wartung nicht ordnungsgemäß auszuführen, um seine eigenen Kosten zu senken. Der Reputationsverlust trifft i. d. R den Hersteller. Daher kann es für den Hersteller sinnvoll sein, die Distribution und den Service selbst zu übernehmen. Außerdem hat eine eigene Distribution den Vorteil des direkten Kundenkontakts, wodurch Trends und Änderungen im Nachfrageverhalten frühzeitig erkannt werden können (vgl. Weston et al. 1990, S. 37).

Gründe für die Aufnahme vorgelagerter Aktivitäten ist es, die Kontrolle über die Qualität der Komponenten und Rohstoffe zu bekommen. Außerdem kann der Schutz von intellektuellem Kapital, wie Know-how, eine vertikale Integration nötig machen.

Beispiele für vertikal integrierte Konzerne sind die Ölkonzerne, die von der Exploration über die Förderung und Raffinierung bis zum Vertrieb von Kraftstoffen alle Leistungen in einem Unternehmen anbieten.

Ein weiteres Beispiel ist der RWE Konzern, der innerhalb des Konzerns sowohl den Braunkohleabbau in dem rheinischen Revier durchführt als auch die Braunkohlekraftwerke, die die geförderte Braunkohle weiterverarbeiten, betreibt. Hier ist es von Bedeutung, dass die Investition in einen Braunkohletagebau ein sehr spezifisches Investment ist. Eine Investition wird dann als spezifisch bezeichnet, wenn sie für eine andere Verwendung gar nicht oder nur eingeschränkt verwendbar ist (vgl. Pfahler und Rieken 2008, S. 656). Der Braunkohleabbau benötigt die Kraftwerke als Abnehmer und das Kraftwerk benötigt die Braunkohle als Zulieferer. Ohne die Leistungsbeziehung untereinander wären die Investitionen nicht durchgeführt worden. Beide Parteien werden, sofern sie sich über den Preis koordinieren und nicht über die Hierarchie in einem Unternehmen, um die sogenannte Quasi-Rente streiten. Die Quasi-Rente bezeichnet die Differenz zwischen dem Nutzen einer Investition in dem spezifischen Kontext und in einem anderen Kontext (vgl. Picot und Dietl 1990, S. 179). Gibt es keine alternative Verwendung der Investition, wäre die Investition wertlos bei einer anderen Verwendung. Der gesamte Nutzen würde als Quasi-Rente und damit als Streitobjekt zur Verfügung stehen. Da jeweils die andere Seite die Abhängigkeiten der Gegenseite kennt, wird diese versuchen, die gesamte Quasi-Rente für sich zu vereinnahmen, da die Gegenseite bei einer Ablehnung der spezifischen Verwendung der Investition noch schlechter dastehen würde. Dieses Konfliktpotential lässt die vertikale Integration in einem Konzern als eine Lösungsmöglichkeit erscheinen (vgl. Williamson 1990, S. 61). Die Koordination findet in einem Konzern dann über die Hierarchie in den Entscheidungsgremien des Konzerns statt. Das Konfliktpotential ist nach wie vor vorhanden, aber in dem Konzern können die Beteiligten von einem hierarchisch höher gestellten Mitarbeiter, der das Gesamtwohl des Konzerns im Blick hat, überstimmt werden.

In den letzten Jahren zeigt sich häufiger ein gegenteiliger Trend, der zur vertikalen Desintegration. Immer mehr Konzerne konzentrieren sich auf die Tätigkeiten, in denen sie Kernkompetenzen besitzen, die sie also besser machen als andere. Alle anderen Funktionen werden outgesourced und von spezialisierten Unternehmen übernommen. Dabei ergeben sich inzwischen andere Unternehmensorganisationen und hybride Formen zwischen Koordination im Konzern und über den Markt. Beispielsweise konzentriert sich ein Unternehmen wie Nike allein auf das Management der Wertschöpfungskette. Nike konzentriert sich darauf, Produktdesign und Marketing im eigenen Konzern zu machen. Produktion und Vertrieb sind weitgehend auf unabhängige Partner verlagert (vgl. Roberts 2004, S. 191). Nike geht davon aus, dass es dem Kunden nicht darauf ankommt, wer ein Produkt hergestellt hat, sondern welche Ausstrahlung es hat. Hier hat Nike seine Kernkompetenz entwickelt. Die relativ leichte Herstellung von Kleidung und Sportartikeln kann dahingegen von vielen potentiellen Herstellern in aller Welt wahrgenommen werden.

1.3.2.2 Horizontale Konzerne

Bei horizontalen Konzernen sind die verschiedenen Unternehmen des Konzerns auf ein und derselben Stufe der Wertschöpfungskette tätig. Anfang des 20. Jahrhunderts hat sich diese Form in den ersten amerikanischen Großkonzernen DuPont und General Motors entwickelt (M-Form Organisation). Diese Unternehmen hätte man auch in einem Unternehmen führen können (U-Form Organisation), aber man hat sich dafür entschieden, die Strukturen zu dezentralisieren. Die Erklärung dazu liefert die Transaktionskostentheorie (vgl. Williamson 1975): Durch das Wachstum der Unternehmen entstehen Kommunikationsprobleme. Für die Unternehmensführung war es aufgrund der beschränkten Rationalität jedes Menschen nicht mehr möglich, die Unternehmensführung für alle Bereiche effektiv zu übernehmen. Die einzelnen Bereiche konnten ihre eigenen Ziele verfolgen, die sich nicht zwingend mit den Zielen des Gesamtunternehmens decken (opportunistisches Verhalten). Hinzu kam eine gewisse Flexibilität, wo welche Stufen der Entscheidungen innerhalb des Konzerns sinnvoll angesiedelt werden. So waren Forschung, Finanzen, Planung, Recht und Controlling bei General Motors immer zentral, Marketing und Produktion dezentral in den operativen Tochterunternehmen (vgl. Ouchi 1984). Außerdem erlaubt diese Struktur, dass weitere Geschäftsaktivitäten dem Konzern hinzugefügt werden in Form von weiteren rechtlich selbstständigen Unternehmen. Mit dieser Flexibilität hat sich die M-Form weltweit verbreitet. In den 30er Jahren folgten englische Unternehmen (Imperial Chemical Industries, ICI) und japanische Unternehmen wie Matsushita dem amerikanischen Vorbild (vgl. Hannah 1976; Bartlett und Ghosal 1989).

Auch heute sind die meisten Konzerne als horizontale Konzerne aufgestellt. Ein Beispiel ist der Volkswagen Konzern, bei dem verschiedene Marken desselben Produkts in rechtlich selbstständigen Tochtergesellschaften produziert werden. Volkswagen, Skoda, Audi, Bentley, Seat, Lamborghini, Bugatti und Porsche stellen alle Autos her. Die Differenzierung in dem horizontalen Konzern mit rechtlich selbstständigen Tochtergesellschaften erlaubt die Differenzierung nach Marken und damit eine breite Marktabdeckung des Volkswagen Konzerns.

1.3.2.3 Laterale Konzerne

Laterale Konzerne werden häufig auch als Mischkonzerne oder Konglomerate bezeichnet. Laterale Konzerne sind diversifiziert, d. h. sie betreiben unterschiedliche Geschäfte, die nicht unmittelbar miteinander verbunden sind. Ende der 80er Jahre des vergangenen Jahrhunderts war die Diversifizierung eine Management Mode, die von vielen Unternehmen verfolgt wurde. So versuchte sich insbesondere Daimler unter der Führung des damaligen Vorstandsvorsitzenden Edzard Reuter zu einem integrierten Technologiekonzern aus verschiedenen Elementen von Hausgeräten über Autos bis hin zu Luft- und Raumfahrt weiterzuentwickeln. Dies führte zu einer der größten Kapitalvernichtungen in der deutschen Wirtschaftsgeschichte (Friedrich 2007, S. 8 ff.).

Ein erfolgreicher lateraler Konzern war lange Zeit die amerikanische Gesellschaft ITT. Das Unternehmen arbeitete auf vielen Gebieten, insbesondere der Unterhaltungselektronik, dem Versicherungsgeschäft, Autovermietungen, Hotels und Satellitenkommunikation. ITT war besonders stark in der Finanzplanung und in dem Controlling ihrer Beteiligungen (vgl. Weston et al. 1990, S. 40). Auch heute besteht ITT nach wie vor als lateraler Konzern, der insbesondere in der Wassertechnik und der Verteidigungstechnik tätig ist.

Heute hat sich der britische Virgin Konzern erfolgreich als lateraler Konzern etabliert. Zu der Gruppe des englischen Unternehmers Richard Branson gehören Fluglinien, Musikverlage, Eisenbahnen, Telefonbetreiber, Getränkefirmen, Weltraumtouristik etc. Gemeinsame Klammer über alle diese Aktivitäten ist die Marke „Virgin." Man kann die Strahlkraft der Marke als eine Begründung für das Funktionieren dieses lateralen Konzerns ansehen. Die ursprünglich im Musikgeschäft entwickelte Marke ist eine Ressource, die von den unverbundenen geschäftlichen gemeinschaftlich genutzt wird. Die Stärke der Marke kann die Kernkompetenz in dem Virgin Konzern sein (vgl. Roberts 2004, S. 217).

Mannesmann: Bewusste Entwicklung zum lateralen Konzern

Die Mannesmann AG hatte sich Ende der 1980er Jahre bewusst zu einer lateralen Diversifikation entschieden. Das Portfolio ihrer Geschäftsbereiche war stark unausgewogen. Sowohl der Bereich Stahl als auch der Bereich Röhren war am Ende ihres Produktlebenszyklusses angekommen. Weiteres Wachstum war tendenziell von beiden Bereichen nicht zu erwarten. Man entschloss sich bewusst zu einem Einsteigen in einen völlig neuen Bereich mit der damals neuen Mobilfunktechnologien (D2Mannesmann). Das Unternehmen konnte enorm wachsen. Der ehemalige Bereich D2Mannesmann ist heute als Vodafone Deutschland präsent.

Die finanzierungstheoretische Begründung für laterale Konzerne ist, dass ein Unternehmen in verschiedenen Geschäftsbereichen sein Risiko streut. Trotzdem kam es in den 90er Jahren zu einer Welle von Entflechtungen lateraler Konzerne. Dahinter steckte die Erkenntnis, dass ein einzelner Aktionär seine Anlagen besser diversifizieren kann, indem er in unterschiedliche Aktienwerte investiert. Ein an der Börse notiertes Konglomerat ist dazu nicht notwendig und führt im Gegenteil zu Bewertungsabschlägen. Allerdings muss man sagen, dass der laterale Konzern und die Investition in verschiedene nicht miteinander verbundene Geschäftsaktivitäten für Familienunternehmen durchaus positiv sein kann. So ist z. B. der Familienkonzern Dr. Oetker neben der Nahrungs- und Getränkeproduktion auch in der Schifffahrt, der Hotellerie oder als Bank tätig. Da die Familie in dem Konzern ihre hauptsächlichen Vermögenswerte hat, ist die Diversifikation auf dieser Ebene durchaus sinnvoll.

1.4 Controlling im Konzern

1.4.1 Der Begriff „Controlling"

Controlling ist ein schillernder Begriff, der in Theorie und Praxis für verschiedene Tätigkeiten eingesetzt wird und für den es keine übereinstimmende allgemein anerkannte Definition gibt. Die Unbestimmtheit des Begriffs bringt das folgende Zitat zum Ausdruck (Anthony 1965, S. 28):

> In practice, people with the title of controller have functions that are at one extreme, little more than bookkeeping and, at the other extreme, de facto general management.

Die Verschiedenheit des Verständnisses von Controlling kann man sehr schnell bei der Lektüre der Stellenanzeigen in den überregionalen Tageszeitungen erkennen. Dort werden unter der Bezeichnung „Controlling" ganz verschiedene Funktionen gesucht, die von einem stark rechnungswesensorientierten Controller bis hin zu einem Controller mit vielfältiger Verantwortung in Projekten und für Investitionen reichen. Die Vielfältigkeit des Begriffs soll im Folgenden zum einen durch eine theoriegeleitete Aufgabenbeschreibung des Controllings und zum anderen durch eine Analyse der in der Praxis vom Controlling übernommenen Aufgaben aufgelöst werden.

Das Management eines Konzerns muss vielfältige Entscheidungen treffen: Soll in eine neue Anlage investiert werden? Soll das neue Produkt zuerst in Europa oder in Amerika auf den Markt gebracht werden? Soll ein neuer Mitarbeiter eingestellt werden oder soll die Filiale in einer ausländischen Stadt geschlossen werden? All diese Entscheidungen müssen von einem Manager im Zustand der begrenzten Rationalität (bounded rationality, vgl. Simon 1961) getroffen werden. Der Manager ist zwar gewillt, eine rationale Entscheidung zu treffen, aufgrund der Beschränkungen der menschlichen Wahrnehmung und Informationsverarbeitung ist er aber nicht in der Lage, tatsächlich eine rationale Entscheidung zu treffen. Die menschlichen Beschränkungen äußern sich insbesondere in (vgl. Sanders und Kianty 2006, S. 171 f.):

- Begrenzungen des Wissens: Es liegen nicht die vollständigen Informationen über alle Zustände im Unternehmen und am Markt vor. Der Manager weiß nicht, was die Konkurrenz plant oder welche Potentiale im Unternehmen noch schlummern, z. B. welche Mitarbeiter besondere Talente haben.
- Begrenzungen der Antizipation: Die möglichen Konsequenzen von Handlungen sind nicht vollständig zu übersehen. Der Manager kennt die Reaktion des Wettbewerbs nicht, wenn sich das Unternehmen entscheidet, das eigene Produkt im Preis zu senken. Auch die Reaktion von Mitarbeitern, die als besonders talentiert gelten, auf die Schließung einer Filiale ist nicht antizipierbar.
- Begrenzungen der Handlungsmöglichkeiten: Ebenso ist dem Management nicht vollständig klar, welche Handlungsmöglichkeiten zur Verfügung stehen. Zum einen sind

nur die Möglichkeiten wahrnehmbar, die heute bekannt sind. Neue Möglichkeiten, die durch Warten genutzt werden könnten, z. B. durch die Weiterentwicklung einer Technologie, sind unbekannt. Aber aufgrund der begrenz ten Informationsverarbeitungskapazität des Menschen sind auch die heutigen tatsächlich offenstehenden Möglichkeiten nicht vollständig bekannt.

Diese Einschränkungen führen dazu, dass das Management eines Konzerns die Entscheidungen nicht – wie von der neoklassischen Theorie postuliert – unter vollständiger Information treffen kann. Nimmt man hinzu, dass der Managementalltag stark durch Unterbrechungen geprägt ist und ein Manager außerordentlich selten die Gelegenheit hat, sich eine ausreichende Zeit an einem Stück intensiv mit einer Frage auseinanderzusetzen (vgl. Mintzberg 2009), ist die Möglichkeit zur rationalen Entscheidungsfindung für jeden Konzernmanager außerordentlich beschränkt. Da aber das Bestreben ist, Entscheidungen möglichst rational zu treffen, wird eine Funktion im Unternehmen geschaffen, die exakt die Aufgabe bekommt, die Rationalität des Managements soweit wie möglich (die aufgezeigten Beschränkungen gelten naturgemäß auch für das Controlling) sicher zu stellen. Damit ist die theoriegeleitete Definition des Controllings die Rationalitätssicherung der Führung (so auch Weber und Schäffer 1999).

Kritisch wird hierzu häufig eingewandt, dass der Begriff zu weit gezogen ist, da ja auch der Controller ein auf den eigenen Vorteil bedachter, nur mit begrenzter Rationalität ausgestatteter Mensch ist (vgl. z. B. Horváth 2002, S. 341). Diese Feststellungen sind sicher berechtigt. Für die Funktion des Controllings ist dennoch die Rationalitätssicherung als Leitlinie wichtig, da es so eine Funktion im Unternehmen gibt, die explizit sich um möglichst rationale Führung kümmert und dies trotz aller eigenen Unzulänglichkeiten als Aufgabe begreift.

Um die funktionale Beschreibung der Rationalitätssicherung weiter füllen zu können, bedarf es einer Klärung des Begriffs Rationalität. Rationalität ist ein zentraler wissenschaftlicher Begriff in verschiedenen Disziplinen. Die Ökonomie begreift Rationalität als Zweck-Mittel Rationalität, wie sie im ökonomischen Prinzip zum Ausdruck kommt. Das ökonomische Prinzip verlangt, ein vorgegebenes Ziel mit dem geringsten Mitteleinsatz zu erreichen (Minimalprinzip) oder mit einem vorgegebenen Mitteleinsatz ein möglichst weitgehendes Ziel zu erreichen (Maximalprinzip). Aufgabe des Controllers ist mithin die Rationalitätssicherung der Führung mit dem ökonomischen Prinzip als Leitmaxime. Dabei arbeitet der Controller unter den Bedingungen der beschränkten Rationalität.

Aus dieser Aufgabe des Controllings folgt auch unmittelbar die Abgrenzung zwischen den Aufgaben des Controllers und des Managements. Die Manager tragen die Verantwortung für die Führung des Unternehmens. Sie müssen folglich auch die Entscheidungen treffen und sind für die Konsequenzen der Entscheidung verantwortlich. Der Controller ist dabei ein Berater, der die Entscheidungen vorbereitet, sie aber nicht selbst trifft. Hier kann man das Bild von dem Fahrer und Beifahrer bemühen. Der Manager ist der Fahrer, der das Steuerrad selbst in der Hand hält und entscheidet, welcher Weg

Tab. 1.1 Aufgabenspektrum von Controllern. (Vgl. Weber et al. 2009, S. 81)

Berichtswesen	22 %
Operative Planung und Kontrolle	18 %
Kostenrechnung	15 %
Beratung des Managements	11 %
Spezifische Projekte	11 %
Strategische Planung und Kontrolle	8 %
Investitionscontrolling	7 %
Sonstiges	8 %

tatsächlich gefahren wird. Der Controller ist der Beifahrer, der die Karte liest und mit seinen Vorschlägen für eine Route die Entscheidungen des Managers vorbereitet.

Trotz der Tatsache, dass der Controller Entscheidungen nicht selbst trifft, darf man seinen Einfluss nicht unterschätzen. Durch die Aufgabe der Entscheidungsvorbereitung für das Management hat der Controller idealtypisch die Rolle eines wichtigen Beraters des Konzernmanagements. Je nachdem, wie der Controller die Entscheidung vorbereitet, kann sich ein anderes Entscheidungsverhalten des Managements ergeben.

Was aber sind Aufgaben, die Controller in der Praxis durchführen? Das Eingangszitat hat die Vielfältigkeit der Aufgaben bereits dargestellt (so auch Amshoff 1993). An der Wissenschaftlichen Hochschule für Unternehmensführung Koblenz wird ein Controllerpanel betrieben, an dem sich jährlich ca. 800 Unternehmen beteiligen. Damit sind diese Befragungen die größte zur Verfügung stehende Datenbasis für empirische Aussagen zu Controllertätigkeiten in Deutschland. Die Befragung beinhaltet auch, welche Aufgaben in den Controlling Abteilungen durchgeführt werden (s. Tabelle 1.1).

Die einzelnen Aufgaben des Controllings sind auch nach dieser Umfrage sehr heterogen. Systematisch lassen sich die genannten Aufgaben in vier Gruppen einteilen (vgl. auch Weber et al. 2009, S. 82 ff.):

- Informationsaufgaben: Informationen beinhalten Wissen über die Wirklichkeit, das für das Fällen von Entscheidungen relevant ist (vgl. Schneider 1994, S. 202). Sowohl das Berichtswesen als auch die Kosten- und Leistungsrechnung haben die Funktion solches Wissen über die Wirklichkeit zur Verfügung zu stellen. Die Aufgabe des Controllings ist es, steuerungsrelevante (also für die Entscheidung notwendige) Informationen zusammen zu stellen und damit die Entscheidung für den Manager vorzubereiten. Dabei kann die Funktion des Controllers als Lotse für das Management verstanden werden. Kaum ein Unternehmen krankt daran, dass es zu wenige Informationen zur Verfügung hat. Der Regelfall ist, dass das Management mit zu vielen Informationen belastet ist. Da ist es die Aufgabe des Controllers, Transparenz durch Sortierung, Auswahl und Aufbereitung zu schaffen (so auch Weber 2008, S. 60). Die Informationsaufgaben helfen dem Management, Entscheidungen auf einer besseren Informationsbasis zu treffen. Daher gehört diese Aufgabe unmittelbar zur Rationalitätssicherung der Führung als dem theoretischen Leitmotiv für die Controllerfunktion.

- Planungs- und Kontrollaufgaben: Planung ist „prospektives Denkhandeln“, also das systematische Durchdenken und Festlegen von Zielen, Maßnahmen, Mitteln und Wegen künftiger Zielerreichung. Damit wird „zukünftiges Tathandeln“ vorweggenommen (vgl. Wild 1982, S. 13; Kosiol 1967, S. 79). Die Kontrolle ist das Pendant zur Planung. Mit der Kontrolle wird ermittelt, in welchem Maße der Plan erfüllt worden ist (vgl. Horváth et al. 2015, S. 68). Die Aufgaben der operativen und strategischen Planung gehören zu diesem Komplex. Mit dieser Differenzierung kommt bereits zum Ausdruck, dass Planung und Kontrolle in mehreren Zeitebenen durchgeführt wird. Strategische Planungen befassen sich mit einem langfristigen Planungshorizont (vgl. Chandler 1962, S. 13) zwischen drei und zehn Jahren. Operative Planung befasst sich dahingegen mit kurzfristigen Fragestellungen bis zu einem Jahr. Planungen sind notwendig, um die einzelnen Funktionen im Unternehmen zu koordinieren, um Ziele für Mitarbeiter zu bestimmen und um kontrollieren zu können, ob gewollte Zustände eintreten oder nicht. Planvolles Handeln und seine Kontrolle gehört ebenfalls zu den Grundfunktionen der Rationalitätssicherung der Führung.
- Koordinationsaufgaben: Die Koordinationsaufgaben des Controllings beziehen sich darauf, dass die verschiedenen Steuerungsebenen abgestimmt werden: Die Operative Planung muss zur Strategischen Planung passen, die persönlichen Zielsetzungen aller Mitarbeiter müssen so beschaffen sein, dass sie zu den Plänen des gesamten Unternehmens beitragen. Häufig übernimmt der Controller auch die Organisationsentwicklung, indem er Impulsgeber ist für organisatorische Änderungen (vgl. Weber et al. 2009, S. 92 f.). All diese Koordinations- und Abstimmungsaufgaben sorgen dafür, dass die Steuerung des Unternehmens in konsistenter Art und Weise durchgeführt wird. Auch damit sind sie unmittelbar Ausfluss der Rationalitätssicherungsfunktion.
- Rationalitätssicherungsfunktion: Explizit rationalitätssichernd tritt der Controller als Berater des Managements und bei spezifischen Projekten auf. Der Controller muss dabei die Aufgabe übernehmen, den Manager von Fehlentscheidungen zu bewahren, indem er ihn berät oder bei Projekten die Rolle des „betriebswirtschaftlichen Gewissens“ übernimmt. Wichtig ist, dass diese Rolle nicht nur ex post im Rahmen der Kontrolle gespielt wird sondern auch ex ante als Berater des Managements.

Die Aufgaben, die Controller in der Praxis übernehmen, passen gut zu der theoriegeleiteten Aufgabenbeschreibung, die diskutiert wurde. Von daher kann die Rationalitätssicherung der Führung sowohl theoretisch als auch praktisch als die Kernaufgabe des Controllings unterstellt werden.

1.4.2 Besonderheiten des Controllings im Konzern

Nachdem wir die Funktion „Controlling“ im Unternehmen beschrieben und abgegrenzt haben, wird im Folgenden darauf eingegangen, welche Besonderheiten des Controllings sich im Konzern ergeben und warum die Einrichtung eines speziellen Konzerncontrollings notwendig ist.

Das Erkenntnisobjekt des Konzerncontrollings ist der Konzern in seiner Gesamtheit, womit sich die Notwendigkeit ergibt die rechtliche Vielheit auszublenden und die wirtschaftliche Einheit herauszustellen. Dies kann man als die konzerndimensionale Komponente des Controllings begreifen (so Theisen 2000, S. 249). Die wirtschaftliche Einheit erfordert so z. B. eine andere Informationsbasis, nämlich das Konzernrechnungswesen, in dem der Konzern wie eine wirtschaftliche Einheit dargestellt wird. Daneben muss das Konzerncontrolling aber auch die rechtliche Einheit der einzelnen Konzernunternehmung als Erkenntnisobjekt im Blick halten (vgl. Theopold 1993, S. 180). Die Erfordernis dazu ergibt sich aus den vielfältigen Verpflichtungen, die sich aus der rechtlichen Vielheit verbunden mit der wirtschaftlichen Einheit des Konzerns ergeben: So gibt es in einem Konzern i. d. R vielfältige Leistungsbeziehungen zwischen den einzelnen Konzernunternehmen, da jedes Konzernunternehmen aber als Einzelunternehmen besteuert wird, ergibt sich die Erfordernis, Transferpreise so zu bestimmen, dass die Gewinne so anfallen, als ob es keine wirtschaftliche Einheit gäbe.

Mit der größeren Komplexität und Dynamik der Unternehmensumwelt haben viele Unternehmen Managementkompetenzen an die dezentralen Einheiten delegiert (vgl. Maier 1997, S. 96). Damit verbunden war auch die Einrichtung von Controlling Abteilungen in den dezentralen Einheiten (vgl. Truxius 1999, S. 176). In größeren Konzernen gibt es dabei i. d. R eine Aufgabenteilung zwischen einem zentralen Konzerncontrolling, einem dezentralen Bereichscontrolling und einem dezentralen Controlling der Tochtergesellschaft. Je nach Größe eines Konzerns kann es dabei mehrere Zwischenstufen geben. Das zentrale Konzerncontrolling hat die bereichsübergreifenden methodischen und überwachenden Aufgaben (vgl. Hahn und Hungenberg 2001, S. 927 f.):

- Aufgaben aus der Konzernergebnisrechnung und -planung,
- eher strategische Planungs- und Kontrollaufgaben,
- Koordination zwischen den einzelnen Geschäftsbereichen (z. B. das Festlegen von Transferpreisen),
- Bereichsübergreifende Sonderaufgaben, wie z. B. Unternehmenskäufe oder Desinvestitionen,
- Controlling-Kultur, z. B. durch Personalentwicklung für den Controllingbereich,
- Festlegung von einheitlichen Methoden und Richtlinien,
- Betreuung von Informationssystemen z. B. für den Konzernvorstand.

Demgegenüber stehen die Aufgaben des Bereichscontrollings. Dieses agiert ebenfalls auf Konzernebene, aber nicht auf Ebene des Gesamtkonzerns sondern in den strategischen Geschäftsfeldern. Hier steht nicht mehr der Gesamtkonzern sondern das Produkt des strategischen Geschäftsfeldes im Zentrum der Betrachtung (vgl. Vellmann 1990, S. 551 ff.). Typische Aufgaben sind:

- Betriebswirtschaftliche Beratung der Leitung und der operativen Ebenen des strategischen Geschäftsfeldes,
- Operatives Controlling, z. B. Planung auf der Ebene von Kostenstellen,
- Anpassung der zentral vorgegebenen Methoden und Standards auf die Notwendigkeiten des strategischen Geschäftsfelds und,
- Zusammenarbeit mit dem zentralen Konzerncontrolling in Fragen des strategischen, Geschäftsfeldes.

Wie genau die Aufgaben zwischen Konzerncontrolling und Bereichscontrolling aufgeteilt werden ist abhängig von der Organisation des Konzerns. Je mehr Entscheidungskompetenzen in der Zentrale konzentriert sind desto mehr wird man sich standardisierter, konzernweit einheitlicher Methoden des Controllings bedienen (vgl. Hoffjan und Weide 2006, S. 395).

Je nach Größe des Konzerns gibt es eine dritte Ebene, nämlich ein Controlling in der einzelnen Konzerngesellschaft. Wenn ein strategisches Geschäftsfeld aus mehreren rechtlich selbstständigen Gesellschaften besteht, übernimmt der Controller einer Einzelgesellschaft die Aufgaben des operativen Controllings auf Einzelunternehmensebene und betreut die Managementebene der Unternehmensleitung. Hier werden die Planungen, Ergebnisrechnungen und Analysen auf Unternehmensebene vorgenommen. Dies ist notwendig, um die Anforderungen der Rechtspersönlichkeit des Konzernunternehmens sicherzustellen.

Die Aufgabenteilung ermöglicht eine Spezialisierung. Für das Konzerncontrolling gibt es die Möglichkeit, sich mehr auf beratende und konzeptionelle Fragen zu konzentrieren, da die operativen Tätigkeiten stärker von den Bereichscontrollern wahrgenommen werden (vgl. von Portatius 1991, S. 286). Zwischen den einzelnen Controlling Abteilungen gibt es dabei zahlreiche Beziehungen, die beachtet werden müssen. Das Konzerncontrolling benötigt die Daten der Bereiche, um das Konzernmanagement umfassend und zielgerichtet informieren zu können. Das Bereichscontrolling benötigt demgegenüber bereichsübergreifende Daten, die als Rahmenbedingungen für den Bereich Verwendung finden (vgl. Küpper et al. 2013, S. 563). Ohne eine funktionierende Verbindung zwischen den einzelnen Controllingbereichen kann keine der Aufgaben des Controllings im Konzern richtig wahrgenommen werden (vgl. David 2005, S. 134).

Die dargestellte Dreiteilung findet sich häufig in Konzernen, die eine Matrixstruktur implementiert haben, wo es auf Konzernebene strategische Geschäftsfelder gibt, die in einer Landesgesellschaft gebündelt werden (s. Abb. 1.7).

Die Matrix ist eine häufig anzufindende Konzernstruktur in internationalen Konzernen. Durch die unterschiedlichen Kompetenzen kommt es an den Schnittpunkten der

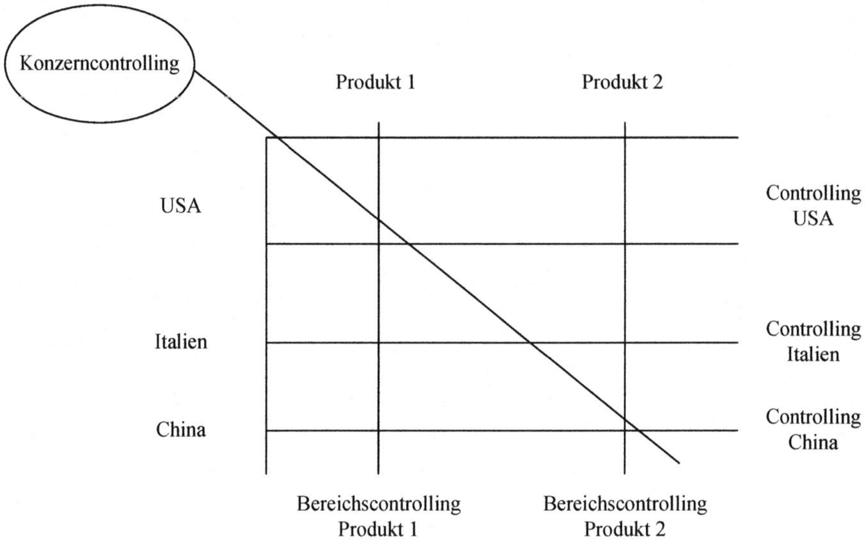

Abb. 1.7 Organisation des Controllings in einem Matrixkonzern

Linien zu potentiellen Konflikten. Hier trifft die Kompetenz der Landesgesellschaft mit der Kompetenz der strategischen Geschäftseinheit aufeinander. Hinzu kommt noch die durch die Diagonale angedeutete Kompetenz des Konzerncontrollings, z. B. Methoden zu vereinheitlichen. Aus organisatorischer Sicht ist hierbei zu beachten, dass das Controlling auf jeder Ebene seine hauptsächliche Loyalität jeweils gegenüber dem Management der Ebene haben wird, dem es zugeordnet ist. Dies ist auch notwendig, um das Funktionieren der Rationalitätssicherung sicher zu stellen. Problematisch wird es, wenn die Informationen, die aufgrund höherer Marktnähe nur in den dezentralen Bereichen des Controllings vorhanden sind, nicht den Weg ins Konzerncontrolling finden und damit auch nicht zum Konzernmanagement. Dies kann aufgrund bewussten Zurückhaltens von Informationen geschehen oder durch unzureichend definierte Kommunikationswege. Ist dies der Fall, so kann das Konzerncontrolling seiner Aufgabe der Rationalitätssicherung der Führung nicht mehr nachkommen. Eine Möglichkeit dies zu umgehen ist es, ein Weisungsrecht für das Konzerncontrolling gegenüber den dezentralen Controllingeinheiten einzuführen, das über die reine Methodik hinausgeht.

Controlling im VW Konzern

Das Organigramm zeigt die Aufbauorganisation des Controllings im weltweit operierenden Volkswagen Konzern.

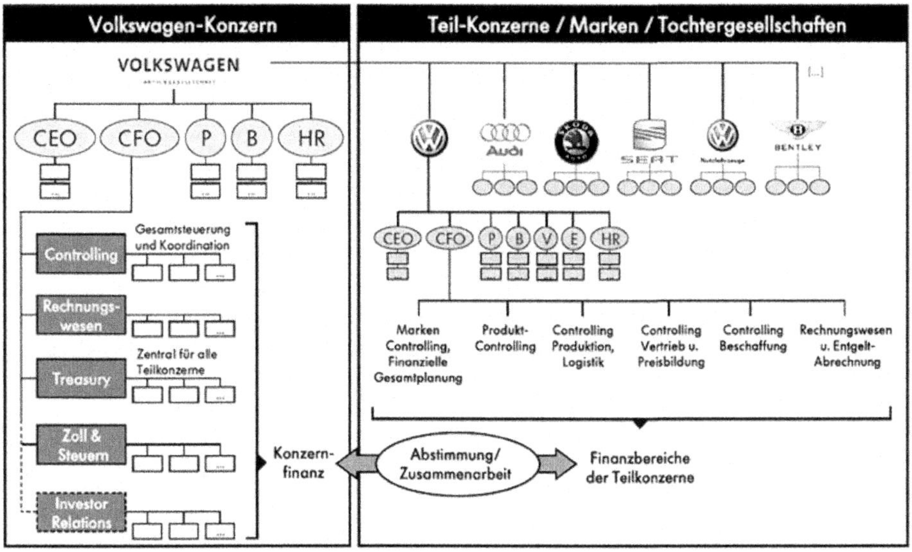

Controlling im VW-Konzern. (vgl. Britzelmaier 2017, S. 44 mit Verweis auf Sander und Vycital)

Im Volkswagen Konzern gibt es demnach ein zentrales Controlling, was im Bereich des CFO angesiedelt ist und für die Gesamtsteuerung und Koordination auf Konzernebene zuständig ist. Dieses arbeitet eng zusammen mit den Controllings der einzelnen Teilkonzerne, die bei VW nach Marken aufgebaut sind. Auf der Ebene der Teilkonzerne gibt es zudem spezialisierte Bereichsonctroller, die sich mit Markencontrolling, Produktcontrolling oder Logistikcontrolling befassen. Das zentrale Controlling kann im Bedarfsfall auf diese einzelnen Controllingbereiche zurückgreifen, z. B. wenn aus den aggregierten Berichten der Teilkonzerne eine Unstimmigkeit zu erkennen ist.

In der Konstellation mit mehreren Controlling Abteilungen in einem Konzern sind Konflikte und Konkurrenz zwischen den einzelnen Abteilungen vorprogrammiert. So kann es zu einem Wettbewerb um Ressourcen kommen und damit, welche Controlling Abteilung über mehr Einfluss im Management verfügt (vgl. Spillecke 2006, S. 60). In einer empirischen Untersuchung ist gezeigt worden, dass ein positiver Zusammenhang besteht zwischen einer guten Zusammenarbeit zwischen Konzern- und Bereichscontrolling sowie den Leistungen des Controllings insgesamt (vgl. Sieber et al. 2009). Aus diesem Grund müssen die Kompetenzen der einzelnen Abteilungen klar umrissen werden und ein reger Austausch zwischen den Bereichen organisiert werden. Von dieser Kooperation profitiert insbesondere das Management auf der Ebene des Konzerns, aber auch auf der Ebene der Bereiche, da sie die Hauptkunden des Controllings sind.

Häufig findet sich in der Literatur auch der Begriff Beteiligungscontrolling. Dieser ist weiter gefasst als das Konzerncontrolling. Beteiligungscontrolling bezeichnet unabhängig von der Konzerneigenschaft jedes Controlling von Beteiligungsgesellschaften durch ihre Anteilseigner (vgl. Botta 1990, S. 30). Von daher kann das Konzerncontrolling als ein Spezialfall des Beteiligungscontrollings aufgefasst werden, bei dem zusätzlich zum Vorliegen von Beteiligungen noch die wirtschaftliche Einheit „Konzern" besteht (vgl. ebenda). Im Folgenden konzentrieren wir uns auf das Konzerncontrolling.

1.5 Fallstudie: Die Struktur des Troubadix Konzerns

Die Troubadix GmbH wurde 2000 gegründet. Der Konzern arbeitet insbesondere im Musikalienhandel. Man ist Marktführer in der Herstellung von Leiern, wie sie bei historischen Aufführungen Verwendung finden. Das Geschäft hat sich sehr gut entwickelt. Das hat man dazu genutzt, im Jahr 2010 eine Tochtergesellschaft in Rennes, Frankreich, zu gründen, die den Vertrieb der in Deutschland hergestellten Instrumente in Frankreich übernimmt. Das Kapital liegt vollständig im Eigentum der Troubadix GmbH. Im Jahr 2010 wurde zusätzlich die Automatix Musikverlag GmbH mit Sitz in Flensburg übernommen. Die Kapitalanteile wurden dem Alteigentümer zu 100 % abgekauft. Die Geschäftsführung der Troubadix GmbH und der Automatix Musikverlag GmbH wird in Personalunion von Herrn Müller wahrgenommen. Für die französische Gesellschaft hat man sich entschieden, einen lokalen Geschäftsführer, Herrn Lacroix, einzustellen, da Herr Müller der Auffassung ist, dass das Musikgeschäft besonders von der lokalen Kultur beeinflusst ist. Es ergibt sich das in Abb. 1.8 dargestellte Organigramm des Troubadix Konzerns.

Die Konzerneigenschaft wird erfüllt, da es ein herrschendes Unternehmen (die Troubadix GmbH) und mindestens ein beherrschtes Unternehmen gibt, das rechtlich selbstständig ist. Sowohl die Troubadix SA als auch die Automatix Musikverlag GmbH sind als beherrschte Unternehmen Teil des Troubadix Konzerns. Die Gesellschaften bilden einen faktischen Konzern. Auf den Abschluss von Unternehmensverträgen ist bislang verzichtet worden.

Da die Troubadix GmbH selbst operativ tätig ist, erfüllt der Konzern die Eigenschaften des Stammhauskonzerns. Insbesondere die französische Tochtergesellschaft ist

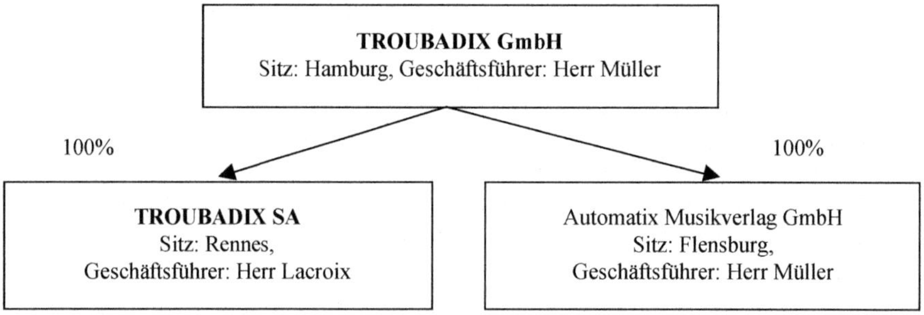

Abb. 1.8 Organigramm des Troubaidx Konzern

gegründet worden, um das internationale Geschäft des Stammhauses zu unterstützen. Wie bei Stammhauskonzernen üblich, erwirtschaftet die Muttergesellschaft den größten Umsatz in dem Konzern.

Herr Müller betrachtet den Konzern als horizontalen Konzern. Zwar ist das Geschäft des Automatix Musikverlags GmbH nicht deckungsgleich mit den anderen Aktivitäten, weist aber enge Beziehungen zu dem Verkauf und der Produktion der Instrumente auf. Außerdem wird durch den Musikverlag ein sehr enger Kontakt zu den Musikern gesucht. Da es erhebliche Synergieeffekte zwischen den beiden Geschäftsbereichen gibt, kann man der Klassifikation als horizontaler Konzern zustimmen.

Das Controlling im Troubadix Konzern übernimmt die Aufgaben der Informationsversorgung des Managements, der Planung und Kontrolle, der Koordination und der Rationalitätssicherung. Herr Müller versteht das Controlling als Partner und Berater, wobei er als Manager das Steuer hält und die Richtung vorgibt, und das Controlling, Entscheidungen vorbereitet. Herr Müller arbeitet dementsprechend eng und vertrauensvoll mit der Leiterin des Konzerncontrollings Frau Römer zusammen. Insgesamt gibt es die folgenden Controlling Abteilungen im Troubadix Konzern:

- Konzerncontrolling: Die Abteilung wird von Frau Römer geleitet. Sie hat die Aufgabe für einheitliche Methoden im Controlling zu sorgen. Außerdem werden alle Controllingaktivitäten auf Konzernebene von Frau Römers Abteilung vorgenommen: Konsolidierung, Konzernplanung, Informationsversorgung für das Konzernmanagement, insbesondere für Herrn Müller.
- Controlling in den Konzerngesellschaften: In jeder der Konzerngesellschaften gibt es ein eigenes Controlling, dass sich mit dem operativen Controlling für die Tochtergesellschaft befasst. Außerdem werden hier Informationen auf Produktebene zur Verfügung gestellt, die notwendig sind für Entscheidungen im Vertriebsbereich (Preisentscheidungen, Entscheidungen über das Sortiment etc.).

Die insgesamt vier Controlling Abteilungen arbeiten eng zusammen. Die drei Konzerngesellschaftsabteilungen liefern monatlich einen Bericht über die Geschäftsentwicklung bestehend aus Bilanz, Gewinn- und Verlustrechnung und Cash-flow Rechnung an das Konzerncontrolling. Im Konzerncontrolling werden diese Berichte konsolidiert und aufbereitet. Der so aufbereitete Bericht wird monatlich an Herrn Müller geliefert. Ergeben sich Abweichungen zwischen Plan und Ist vertieft das Konzerncontrolling seine Analyse durch einen Fragenkatalog an die Konzerngesellschaften. Dabei können die Fragen bis auf die Ebene von einzelnen Produkten oder Aufträgen reichen, je nachdem wie stark die Abweichungen sind. Außerdem hat das Konzerncontrolling die Methodenhoheit, d. h. die Grundlagen der Rechnungslegung (z. B. Ausübung von Wahlrechten) werden vorgegeben und die Controlling Abteilungen in den Konzerngesellschaften müssen diesen Vorgaben folgen.

Literatur

Amponsem H, Bauer S, Gerpott TJ, Mattern K (1996) Konzernorganisation nach Kernkompetenzen. Z Führ Organ. 1996(4):219–225

Amshoff B (1993) Controlling in deutschen Unternehmen - Realtypen, Kontext und Effizienz, 2. Aufl. Gabler, Wiesbaden

Anthony RN (1965) Planning and Control Systems: A Framework for Analysis. Harvard University Press, Boston

Bartlett CA, Ghoshal S (1989) Managing across borders. Harvard Business School Press, Boston

Beyer W, Hoffmann T, Schmidt J (2009) Ein Blick in die deutsche SE-Landschaft fünf Jahre nach Inkrafttreten der SE-VO. AG, S. R480–R482

Botta V (1990) Ausgewählte Probleme des Beteiligungscontrollings. In: Schulte C (Hrsg.) Beteiligungscontrolling: Grundlagen, Strategische Allianzen und Akquisitionen. Erfahrungsberichte. Gabler, Wiesbaden, S. 25–40

Britzelmaier, B (2017) Controlling, 2. Aufl. Pearson München

Chandler A (1962) Strategy and Structure. MIT Press, Cambridge

David U (2005) Strategisches Management von Controllerbereichen. Konzept und Fallstudien. Gabler, Wiesbaden

Emmerich V, Sonnenschein J, Habersack M (2008) Konzernrecht, 9 Aufl. Heymann, Berlin

Frese E (2000) Grundlagen der Organisation, 8 Aufl. Gabler, Wiesbaden

Friedrich K (2007) Erfolgreich durch Spezialisierung, 2 Aufl. Redline Wirtschaftsverlag, Heidelberg

Hahn D, Hungenberg H (2001) PuK Planung und Kontrolle, Planungs- und Kontrollsysteme, Planungs- und Kostenrechnung, Wertorientierte Controllingkonzepte, 6. Aufl. Gabler, Wiesbaden

Hannah L (1976) The Rise of the Corporate Economy. Methuen, London 1976

Hoffjan A, Weide G (2006) Organisation des internationalen Controlling – Im Spannungsfeld zwischen Standardisierung und Differenzierung. Unternehmung 6:389–406

Horváth P (2002) Controlling: In: Gaugler E, Köhler R (Hrsg.) Entwicklungen der Betriebswirtschaftslehre. 100 Jahre Fachdisziplin - zugleich eine Verlagsgeschichte. Schäffer-Poeschel, Stuttgart, S. 340–360

Horváth P, Gleich, R, Seiter M (2015) Controlling, 13. Aufl. Vahlen, München

Jung H (2016) Allgemeine Betriebswirtschaftslehre, 13. Aufl. Oldenbourg, München

Kirchner A, Torwegge C, Rüth H (2009) Holding und Beteiligung. Gabler, Wiesbaden

Klein N (2001) No Logo. Picador, München

Kosiol E (1967) Zur Problematik der Planung in der Unternehmung. Z Betr 37:77–96.

Koss C, Meyn C, Richter A (2009) Die Stiftung: Umfassende Erläuterungen, Beispiele und Musterformulare für die Rechtspraxis, 2 Aufl. Haufe, Freiburg

Küpper H-U et al. (2013) Controlling. Konzeption, Aufgaben, Instrumente, 6. Aufl Schäffer-Poeschel, Stuttgart

Lange KW (1998) Die virtuelle Fabrik. Neue Form überbetrieblicher Unternehmenskooperation. Betr Berat 1998(23):1165–1171

Leker J, Cratzius M (1998) Erfolgsanalyse von Holdingkonzernen. Betr Berat 1998(7):362–366

Maier J (1997) Zur Dezentralisation von Führungsaufgaben in Konzernen – eine Analyse der Führungsbeziehungen zwischen der Konzernmutter- und Tochtergesellschaften. In: Roth A, Behme W (Hrsg.) Organisation und Steuerung dezentraler Unternehmenseinheiten. Gabler, Wiesbaden, S. 95–113

Mellewigt T (1995) Konzernorganisation und Konzernführung: eine empirische Untersuchung börsennotierter Konzerne. Peter Lang, Frankfurt a. M.

Mintzberg H (2009) Management. Berrett-Koehler, San Francisco

Möllering G, Behar B, Sommer F (2005) Strategische Beschaffung in hybriden Organisationsformen. Konzerne und Netzwerke im Vergleich. Wirtsch Stud 2005:315–320

Ouchi WG (1984) The M-Form Society. Avon, Menlo Park

Pfahler T, Rieken W (2008) Transaktionskostentheorie als Auswahlkriterium für ökonomische Koordinationsformen. Wirtsch Stud 2008:654–662

Picot A, Dietl H (1990) Transaktionskostentheorie. Wirtsch Stud 1990:178–184

von Portatius B (1991) Zum Verhältnis von Konzernleitung und Controlling – dargestellt am Beispiel der Unternehmensgruppe Otto Wolff. Z Bert Forsch Ergänz 3(1991):269–290

Porter M (1987) From competitive advantage to corporate strategy. Harv Bus Rev 1987(3):43–60

Roberts J (2004) The modern firm. Organizational design for performance and growth. Oxford University Press, Oxford

Sanders K, Kianty A (2006) Organisationstheorien. Eine Einführung. VS, Wiesbaden

Schneider D (1994) Allgemeine Betriebswirtschaftslehre. 3. Aufl. Oldenbourg, München

Schreyögg G, Kliesch M, Lührmann T (2003) Bestimmungsgründe für die organisatorische Gestaltung einer Management-Holding. Wirtsch Stud 2003:721–727

Simon HA (1961) Administrative Behavior, 2 Aufl. Macmillan, New York

Sieber C, Hirsch B, Weber J (2009) Kooperation von Zentralcontrolling und Bereichscontrolling. Eine empirische Analyse. Unternehmung 63(3):346–374

Spillecke D (2006) Interne Kundenorientierung des Controllerbereichs. Messung, Erfolgsauswirkungen, Determinanten. Gabler, Wiesbaden

Sydow J (1992) Strategische Netzwerke. Evolution und Organisation. Gabler, Wiesbaden

Sydow J (2003) Konzerne als Netzwerk - Netzwerke als Konzerne. Wirtsch Stud 2003:693–698

Theisen M (2000) Der Konzern. 2 Aufl. Schäffer-Poeschel, Stuttgart

Theopold S (1993) Strategische Führung in der operativen Holding. Eine empirische Untersuchung bei Stammhauskonzernen. Shaker, Aachen

Truxius D (1999) Internationales Beteiligungscontrolling. In: Meyer E, Liesmann K, Freidank C C (Hrsg) Controlling-Konzepte. Werkzeuge und Strategien für die Zukunft, 4 Aufl. Gabler, Wiesbaden. S. 173–189

Vellmann KH (1990) Organisation von Controlling in einem Konzern. In: Meyer E, Weber J (Hrsg) Handbuch Controlling. Schäffer-Poeschel, Stuttgart. S. 535–563

Weber J (2008) Von Top Controllern lernen: Controlling in den DAX-30 Unternehmen. Wiley-VCH, Weinheim

Weber J, Schäffer U (1999) Sicherstellung der Rationalität von Führung als Aufgabe des Controlling? Betriebswirtschaft 59(6):731–747

Weber J, Bender M, Eitelwein O, Nevries P (2009) Von Private Equity Controllern lernen. Wiley-VCH, Weinheim

Wenger AP (1999) Organisation multinationaler Konzerne. Haupt, Bern

Weston JF, Chung KS, Hoag SE (1990) Mergers, restructuring and corporate control. Prentice Hall, Englewood Cliffs

Wild J (1982) Grundlagen der Unternehmensplanung, 4 Aufl. Rowohlt, Reinbek

Williamson OE (1975) Markets and Hierarchies. Analysis and Antitrust Implications. Free Press, New York

Williamson OE (1990) Die ökonomischen Institutionen des Kapitalismus. Unternehmen, Märkte, Kooperationen. Mohr Siebeck, Tübingen

Konzernrechnungslegung 2

2.1 Notwendigkeit und Funktionen der Konzernrechnungslegung

Durch das Konzernverhältnis kann und wird das herrschende Unternehmen in die wirtschaftlichen Transaktionen des beherrschten Unternehmens eingreifen. So ist es in Konzernen üblich, dass verschiedene Stufen der Wertschöpfung in rechtlich selbstständigen Unternehmen angesiedelt sind (horizontaler Konzern). Hier kann das herrschende Unternehmen eine Warenlieferung unter den Herstellungskosten verlangen, was in dem liefernden Unternehmen zu Verlusten im Einzelabschluss und beim belieferten Unternehmen zu überhöhten Gewinnen führen würde. Außerdem bündeln viele Konzerne ihre Bestände an liquiden Mitteln (Cash Pooling) in einem zentralen Unternehmen, so dass die Liquiditätsposition im Einzelabschluss falsch dargestellt wird. Damit würde der Einzelabschluss zu verzerrten Informationen führen. Daneben kann es sich im Konzern ergeben, dass eine Lieferung zwischen einer Produktionsgesellschaft und einer Vertriebsgesellschaft im Einzelabschluss zu Gewinnen führt, die aber noch nicht durch einen Verkauf an Dritte objektiviert sind (vgl. Theisen 2000, S. 494). Wenn der VW Konzern zentral Komponenten bei Skoda in Tschechien produzieren lässt, die in Deutschland in Autos eingebaut werden, führen diejenigen Komponenten, die in noch nicht an Endkunden verkaufte Autos verbaut sind, trotzdem zu Gewinn bei Skoda. Sollte VW dieses Auto nie an einen Endkunden verkaufen und am Ende als unverkäuflich verschrotten, wird es diesen Gewinn für den Konzern aber nie geben. Insofern darf dieser bei Skoda ausgewiesene Gewinn im Konzern erst zum Zeitpunkt des endgültigen Verkaufs des Autos an einen Dritten gezeigt werden.

Die Konzernrechnungslegung soll die Mängel der Einzelbetrachtung in der Rechnungslegung beheben und bessere Informationen sowohl für interne (das Konzernmanagement) als auch für externe Adressaten (tatsächliche und potentielle Investoren)

S. Behringer, *Konzerncontrolling*,
https://doi.org/10.1007/978-3-662-55778-5_2

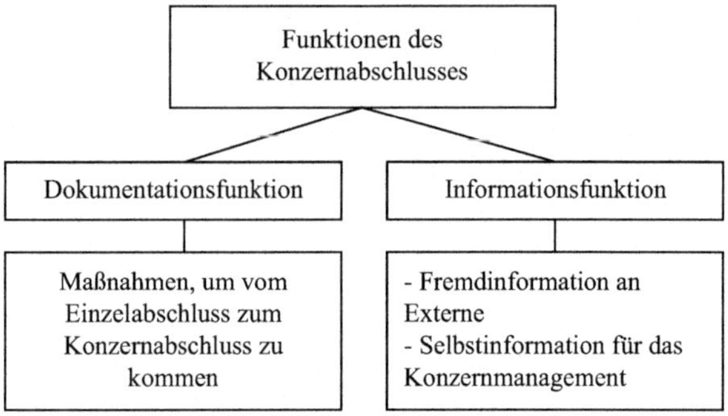

Abb. 2.1 Funktionen des Konzernabschlusses. (Vgl. Buchholz 2016, S. 169)

bereitstellen (vgl. Gräfer und Scheld 2016, S. 5). Dazu ist es notwendig, die wirtschaftliche Einheit des Konzerns darzustellen. Deshalb verlangt § 297 Abs. 3 Satz 1 HGB:

> Im Konzernabschluss ist die Vermögens-, Finanz- und Ertragslage der einbezogenen Unternehmen so darzustellen, als ob diese Unternehmen insgesamt ein einziges Unternehmen wären.

Mit dieser Entfernung von der rechtlichen Realität, der vielen Unternehmen, als Grundlage für den Einzelabschluss, zur wirtschaftlichen Realität, der wirtschaftlichen Einheit des Gebildes „Konzern" kann der Konzernabschluss die Informationsfunktion besser erfüllen als die Einzelabschlüsse der Konzernunternehmen.

Daneben hat der Konzernabschluss eine Dokumentationsfunktion. Da die einzelnen Geschäftsvorfälle auf Ebene der Einzelgesellschaften dokumentiert werden, beschränkt sich die Dokumentationsfunktion auf Konzernebene auf die Überleitung von den Einzelabschlüssen zum Konzernabschluss, also darauf, welche Korrekturen notwendig waren, um die Forderung des § 297 Abs. 3 Satz 1 HGB, den Konzern wie ein einziges Unternehmen darzustellen zu erfüllen (vgl. Baetge et al. 2015, S. 49).

Der Konzernabschluss hat keine Funktion für die Ausschüttungsbemessung, diese ergibt sich aus dem Einzelabschluss der Unternehmen. Außerdem setzt die Besteuerung von Unternehmen an ihrem Einzelabschluss an. Damit ergibt sich im Konzernabschluss kein Konflikt zwischen steuerlichen Regeln und den handelsrechtlichen Vorschriften. Abbildung 2.1 fasst die Funktionen des Konzernabschluss zusammen.

2.2 Pflicht zur Aufstellung des Konzernabschlusses

2.2.1 Das Control Konzept des HGB

Während im Aktiengesetz das Prinzip der einheitlichen Leitung konstituierend ist für das Vorliegen eines Konzerns, gilt im Handelsgesetzbuch seit Inkrafttreten des BilMoGs im Mai 2009 das Control Konzept als konstituierend für die Konzerneigenschaft. § 290 Abs. 1 überträgt die Pflicht zur Aufstellung des Konzernabschlusses dem Mutterunternehmen mit beherrschendem Einfluss auf eine Tochtergesellschaft, sofern es eine Kapitalgesellschaft mit Sitz im Inland ist. Rechtsform und Sitz der Tochtergesellschaft ist dabei unbeachtlich. So kann eine Aktiengesellschaft mit Sitz in Berlin konzernrechnungslegungspflichtig durch eine Personengesellschaft mit Sitz in Großbritannien werden.

Was einen beherrschenden Einfluss ausmacht wird in § 290 Abs. 2 HGB weiter ausgeführt, was in Tab. 2.1 zusammengefasst wird.

Durch das BilMoG ist zum einen gestrichen worden, dass eine Beteiligung zwischen herrschendem und beherrschtem Unternehmen bestehen muss. Ebenso wurde der Begriff der einheitlichen Leitung gestrichen. Damit wird die Konzernrechnungslegungspflicht nicht mehr an formalen Voraussetzungen festgemacht, sondern allein an der Beherrschungsmöglichkeit des Mutterunternehmens angesetzt (vgl. Scheffler 2009, S. R 221). Von besonderer Bedeutung ist die neu hinzugekommene vierte Kategorie der Beherrschung. Damit wird die Lehre aus dem Zusammenbruch des Enron Konzerns gezogen, der seine wahre wirtschaftliche Lage verschleierte durch Zweckgesellschaften, die nicht in den Konzernabschluss einbezogen werden mussten (vgl. Behringer 2013, S. 31). Auch in der deutschen Unternehmenspraxis wurden Zweckgesellschaften in der Vergangenheit so ausgestaltet, dass eine Konsolidierungspflicht nicht entstand. So haben die initiierenden Unternehmen i. d. R nur eine geringe Kapitalbeteiligung übernommen bzw. auf die Stimmrechte verzichtet. Damit galt keine Konsolidierungspflicht. In Zweckgesellschaften ausgelagerte Verbindlichkeiten waren somit nicht Teil der Konzernbilanz (vgl. Kümpel und Piel 2009, S. 14). Der Gesetzgeber hat die Änderung durchgeführt, um dies künftig zu vermeiden und dem Bilanzleser eine bessere Übersicht über die Finanzlage des Konzerns zu ermöglichen (vgl. Göllert 2008, S. 1165).

Bei der Berechnung der Stimmenmehrheit müssen auch indirekt gehaltene Stimmrechte einbezogen werden. In dem Beispiel in Abb. 2.2 haben weder die Walzwerk AG noch die Schrauben AG eine Mehrheit der Stimmrechte bei der Hammer AG. Rechnet man aber sowohl die direkte Beteiligung der Walzwerk AG als auch die indirekt über die Schrauben AG gehaltenen 15 % zusammen, so ergibt sich eine Mehrheit und damit eine Pflicht zur Einbeziehung in den Konzernabschluss.

Da die Walzwerk AG über die Mehrheit der Stimmrechte bei der Schrauben AG verfügt sind ihr diese Stimmrechte in voller Höhe zuzurechnen.

Tab. 2.1 Beherrschender Einfluss nach § 290 Abs. 2 HGB

Festlegung der Organmitglieder	Mutter ist Gesellschafterin und kann die Mehrheit der Mitglieder von Leitungs-, Verwaltungs- oder Aufsichtsorgan der Tochter bestellen oder abberufen
Beherrschungsvertrag oder Satzung	Mutter hat einen Beherrschungsvertrag oder in der Satzung der Tochter wird der Einfluss der Mutter bestimmt
Zweckgesellschaft	Mutter trägt wirtschaftlich die wesentlichen Risiken und Chancen eines Unternehmens bzw. einer anderen juristischen Person oder eines Sondervermögens

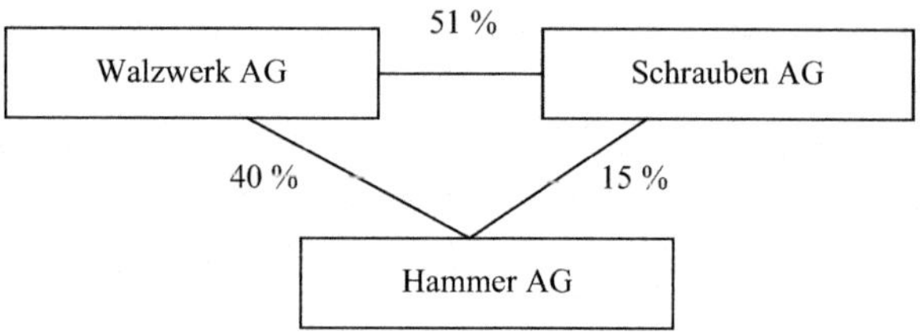

Abb. 2.2 Beispiel zur Berechnung der Stimmrechte zur Feststellung eines beherrschenden Einflusses

In die Berechnung der Stimmrechte sind auch Stimmen einzubeziehen, die z. B. durch Vollmacht übertragen worden sind. Entscheidend ist mithin immer das Stimmrecht, nicht das Eigentum über das das Stimmrecht begründende Wertpapier.

Kann die Muttergesellschaft die Leitungs-, Verwaltungs- oder Aufsichtsorgane der Tochtergesellschaft besetzen, so ist ebenfalls ein beherrschender Einfluss gegeben. Bei einer Aktiengesellschaft sind dies die Organe (Aufsichtsrat und Vorstand). Dies ist gegeben, wenn die Mehrheit der Stimmrechte vorhanden ist, aber oft genügt für die Besetzung des Aufsichtsrates, der von der Hauptversammlung gewählt wird, eine weit geringere Stimmenzahl, da nicht alle Stimmen auf einer Hauptversammlung vertreten sein müssen.

Auf den Beherrschungsvertrag ist bereits in Kap. 1 eingegangen worden. Zudem kann sich ein herrschendes Unternehmen den Einfluss auf ein anderes Unternehmen in der Satzung sichern. Satzungsänderungen sind nur mit einer drei Viertel Mehrheit des bei der Hauptversammlung vertretenen Kapitals möglich (§ 179 AktG), so dass auch hier eine hohe Hürde eingezogen wurde, um zum Konzern dazuzugehören.

Zweckgesellschaften (special purpose vehicles) sind Gesellschaften, die für einen genau definierten Zweck gegründet worden sind. Beabsichtigt ist es meist, bestimmte Sachverhalte außerhalb des Rechnungswesens abzubilden. Dies geschieht meist dadurch, dass das initiierende Unternehmen Vermögen an die Zweckgesellschaft überträgt und gleichzeitig das Recht zur Nutzung dieses Vermögens wieder zurückübertragen bekommt. Die Finanzierung der Zweckgesellschaft wird aber durch einen konzernexternen Investor vorgenommen. Obwohl der Konzern an der Zweckgesellschaft also nur unwesentlich oder gar nicht beteiligt ist bleiben bei ihm die wirtschaftlichen Chancen und Risiken, diese werden über Rechte geregelt, die dem Konzern einen beherrschenden Einfluss zubilligen (vgl. Küting und Mojadadr 2013, S. 589 ff.). Somit gehören Zweckgesellschaften betriebswirtschaftlich aber in den überwiegenden Fällen nicht rechtlich zum Konzern (vgl. Zwirner und Künkele 2009, S. 646). Der § 290 Abs. 2 HGB regelt die Konsolidierungspflicht verbindlich für alle Konzerne (vgl. Kessler et al. 2009, S. 559 ff.).

Die Vorschriften des HGB beziehen sich auf Kapitalgesellschaften. Die Konzernrechnungspflicht der Personengesellschaften ist im PublG geregelt. Danach müssen Muttergesellschaften einen Konzernabschluss aufstellen, wenn sie die Kriterien des HGB erfüllen und zudem zwei von drei Kriterien an drei aufeinanderfolgenden Bilanzstichtagen überschritten haben (§ 11 PublG). Tab. 2.2 fasst die Kriterien zusammen.

Tab. 2.2 Größenkriterien für die Pflicht zur Aufstellung eines Konzernabschlusses nach § 11 PublG

Größenkriterien	Mio. €
Bilanzsumme	>65
Umsatzerlöse	>130
Durchschnittlich beschäftigte Arbeitnehmer	>5,000

Die Größenkriterien des PublG beinhalten bereits die zum Konzernabschluss vorzunehmenden Änderungen. Damit ergibt sich für Unternehmen die Problematik, dass sie einen Probekonzernabschluss machen müssen, um zu prüfen, ob sie der Pflicht des PublG unterliegen.

2.2.2 Befreiungen von der Aufstellungspflicht im HGB

Die Aufstellungspflicht des § 290 HGB gilt im Grundsatz. Es gibt aber Befreiungstatbestände, die die Pflicht zur Aufstellung einschränken. Um die Rationalitätssicherung der Führung wirksam durchführen zu können, kann es aber auch in den Fällen, in denen eine Befreiung möglich ist, sinnvoll sein, einen Konzernabschluss zu internen Steuerungszwecken aufzustellen. Hier entfallen allerdings die aufwändigen und teuren Maßnahmen der Prüfung und Veröffentlichung.

International agierende Konzerne sind häufig mehrstufig aufgestellt. Dies bedeutet, dass es formal mehrere Konzerne gibt. Abbildung 2.3 gibt ein Beispiel für einen solcherart aufgebauten Konzern.

Unterstellt, dass jeweils eine Mehrheit der Stimmrechte zwischen den einzelnen Konzernunternehmen der Schrauben und Nagel AG gegeben ist, sind in der Abb. 2.3 mehrere Konzerne abgebildet. Zum einen gibt es den Schrauben und Nagel Konzern, der alle sieben abgebildeten Unternehmen umfasst. Zum anderen sind die Schrauben AG mit ihrer französischen und dänischen Tochter ein weiterer Konzern. Des Weiteren bildet auch die britische Nagel Ltd. mit ihren französischen und dänischen Tochtergesellschaften einen Konzern. Die Konzerne auf der zweiten Stufe werden Teilkonzerne genannt.

Der Wortlaut des § 290 HGB gibt die Verpflichtung zur Aufstellung des Konzernabschlusses an jedes inländische Konzernunternehmen. Dieses sogenannte Tannenbaumprinzip (vgl. Lutz und Eidel 2000, S. 25) besagt, dass auf jeder Stufe des Konzerns ein Konzernabschluss aufgestellt werden muss. Durchbrochen wird das Tannenbaumprinzip durch die Vorschriften des § 291 HGB. Teilkonzernabschlüsse müssen dann nicht aufgestellt werden, wenn der Teilkonzern bereits in den Konzernabschluss der Mutter einbezogen ist, die ihren Sitz im Europäischen Wirtschaftsraum (EU Staaten und Norwegen, Island und Liechtenstein) hat. Um Investoren und Gläubiger zu schützen, gilt diese Befreiung nicht, wenn der Teilkonzern kapitalmarktorientiert ist bzw. Minderheitseigner widersprechen (§ 291 Abs. 3 HGB). Im Fall des Schrauben und Nagel Konzerns wirkt die Befreiung für beide Teilkonzerne, sowohl der deutsche Schraubenkonzern als auch

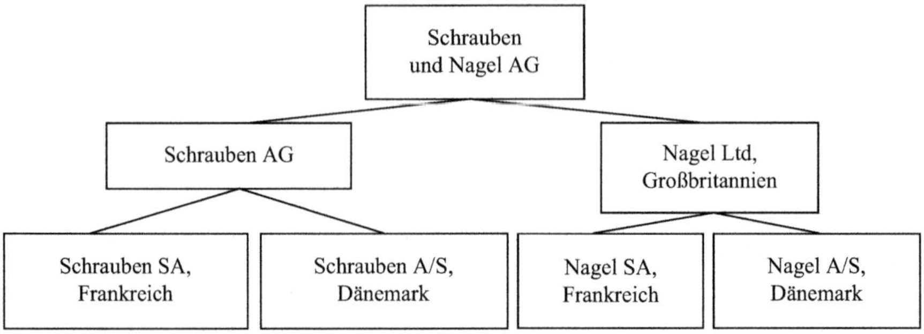

Abb. 2.3 Konzernstruktur eines mehrstufigen Konzerns

die britische Nagel Ltd. können sich auf den von der deutschen Schrauben und Nagel AG als Muttergesellschaft aufzustellenden Konzernabschluss berufen und müssen keinen eigenen Teilkonzernabschluss aufstellen.

Zur Entlastung kleiner Konzerne gibt es größenabhängige Befreiungen, die in § 293 HGB geregelt sind. Die Größenkriterien werden regelmäßig angepasst, um der Geldentwertung Rechnung zu tragen. Zuletzt geschah dies mit der Umsetzung des Bilanzrichtlinie-Umsetzungsgesetzes (BilRuG), das Mitte 2015 in Kraft getreten ist. Zwei von drei genannten Kriterien müssen an zwei aufeinanderfolgenden Bilanzstichtagen erfüllt sein, wobei nicht die gleichen Kriterien erfüllt sein müssen (vgl. Buchholz 2016, S. 176 f.). Es gibt zwei verschiedene Berechnungsmöglichkeiten für die Kriterien:

- Bruttomethode (oder additive Methode): Die Größen der einzelnen Konzernunternehmen werden einfach aufsummiert, Doppelzählungen werden nicht berücksichtigt.
- Nettomethode: Die Größen werden bereits saldiert, so dass z. B. die Doppelzählungen im Kapital berücksichtigt werden. Im Endeffekt muss also hier bereits eine Art Probekonzernabschluss (vgl. Buchholz 2016, S. 176) aufgestellt werden, der viel Arbeit erfordert.

Die Unternehmen können die für sie günstigste Methode anwenden. Daher kann man davon ausgehen, dass in der Praxis die aufwändige Nettomethode nur dann Anwendung findet, wenn es aufgrund großer Nähe zu den Befreiungsgrenzwerten zwingend notwendig ist. In Tab. 2.3 sind die Größenklassen dargestellt.

Um Investoren zu schützen, gilt die Befreiung – genau wie bei den Teilkonzernabschlüssen – nicht für kleine Konzerne, die kapitalmarktorientiert sind. Kapitalmarktorientiert sind Konzerne dann, wenn Anteile oder Schuldtitel an einem geregelten Kapitalmarkt zum Handel zugelassen sind (vgl. Burger et al. 2006, S. 113).

Daneben gibt es noch die Erleichterungen des § 296 HGB, die für diejenigen Fälle gelten, in denen:

Tab. 2.3 Größenkriterien zur Befreiung von der Aufstellungspflicht nach § 293 HGB

Kriterium	Bruttomethode	Nettomethode
Bilanzsumme	≤ 24 Mio. €	≤ 20 Mio. €
Umsatzerlöse	≤ 48 Mio. €	≤ 40 Mio. €
Arbeitnehmerzahl	≤ 250	≤ 250

- Die Rechte des Mutterunternehmens an Vermögen und Geschäftsführung nachhaltig beeinträchtigt sind (§ 296 Abs. 1 Nr. 1 HGB), z. B. wenn aufgrund politischer Unruhen in einem Land keine tatsächliche Verfügung über die Tochtergesellschaft besteht.
- Die Kosten oder die Zeitverzögerung zur Informationsbeschaffung unverhältnismäßig sind (§ 296 Abs. 1 Nr. 2 HGB).
- Die Anteile der Tochtergesellschaft ausschließlich zur Weiterveräußerung gehalten werden (§ 296 Abs. 1 Nr. 3 HGB).
- Das Tochterunternehmen für die den tatsächlichen Verhältnissen entsprechende Darstellung der Vermögens-, Finanz- und Ertragslage von untergeordneter Bedeutung ist. Trifft dies auf mehrere Tochtergesellschaften zu, so sind diese in ihrer Gesamtheit zu betrachten (§ 296 Abs. 2 HGB).

Wird eine der Erleichterungen des § 296 HGB in Anspruch genommen, so sind diese im Konzernanhang zu begründen. Alle Erleichterungen sind Wahlrechte.

Für die Aufstellung des Konzernabschlusses haben Konzerne gemäß § 290 Abs. 1 Satz 1 HGB fünf Monate Zeit. Für kapitalmarktorientierte Konzerne verkürzt sich diese Frist auf vier Monate (§ 325 Abs. 4 Satz 1 HGB).

Ein Problem kann immer dann entstehen, wenn die Befreiung von der Aufstellungspflicht beispielsweise durch ein Überschreiten der Größenkriterien wegfällt. Der Zeitpunkt ab dem ein Konzernabschluss aufgestellt werden muss, ist wichtig, da sich danach die Zeitwerte bestimmen und Abschreibungsdauern ableiten. Aus diesem Grund kann der Zeitpunkt, ab dem konsolidiert wird, erhebliche Ergebnisauswirkungen haben (vgl. Landgraf et al. 2012, S. 335 ff.).

2.2.3 Aufstellungspflicht nach den IFRS

HGB und IFRS gründen ihre Regeln zur Zusammensetzung des Konsolidierungskreises auf dem Control Konzept. 2011 hat der IASB den IFRS. 10 veröffentlicht, der die bisherigen Standards zur Bestimmung des Konsolidierungskreises ersetzt hat (vgl. Stamm und Giorgini 2012, S. 8 ff.). Das Mutterunternehmen muss Macht („power") haben, um die Tätigkeiten des Beteiligungsunternehmens zu bestimmen. Außerdem muss das Mutterunternehmen auf variable Ergebnisbestandteile des Tochterunternehmens haben. Die Konsolidierungspflicht ergibt sich dann, wenn diese beiden Elemente miteinander verknüpft sind, also das Mutterunternehmen die Höhe der variablen Ergebnisbestandteile aus dem Unternehmen beeinflussen kann (link between power and variable returns). Dabei kann diese Möglichkeit nicht nur aus einer Mehrheit der Stimmrechte erwachsen, sondern auch aus anderen vertraglichen Rechten. Es ergibt sich also die Notwendigkeit einer komplexen Analyse von Rechten und Pflichten zwischen Mutter- und Tochtergesellschaft.

Ausnahmeregelungen, wie sie nach den Konsolidierungsvorschriften des HGB vorgesehen sind, gibt es nach IFRS grundsätzlich nicht. IFRS. 5.A6 schreibt sogar vor, dass eine Konsolidierung in dem Fall erfolgen muss, dass eine Beteiligung allein zum Zwecke der Weiterveräußerung erworben wurde. In der Kommentarliteratur wird aber meist ein Wahlrecht für die Einbeziehung von Tochterunternehmen aus Kosten-Nutzen Überlegungen bzw. aus Wesentlichkeitsgründen bejaht (vgl. Lüdenbach et al. 2017, § 32 Rn. 104). Außerdem steht zu erwarten, dass der IFRS in näherer Zukunft seine sehr restriktive Haltung bezüglich des Konsolidierungskreises aufgibt und Erleichterungen für Unternehmen künftig zulassen wird (vgl. Landgraf et al. 2012, S. 336 f.).

Es war das Bestreben des deutschen Gesetzgebers mit der Veröffentlichung des BilMoG die Regln zur Aufstellungspflicht zu vereinheitlichen. Mit der Neuregelung in den IFRS mit der Verabschiedung des IFRS. 10, der ab 2013 gilt, ergibt sich aber wiederum ein Auseinanderfallen (vgl. Küting 2012, S. 2821 f.), so dass das Ziel des Gesetzgebers nicht erreicht worden ist.

Rechtlich ist die Aufstellungspflicht nach IFRS für deutsche Unternehmen allerdings ohne Belang. Die Pflicht zur Aufstellung bestimmt sich ausschließlich nach den deutschen Vorschriften des HGB (vgl. Landgraf et al. 2012, S. 335 f.).

2.3 Die Bestandteile des Konzernabschlusses

Welche Bestandteile zum Konzernabschluss dazugehören, bestimmt sich nach dem einschlägigen Rechnungslegungsstandard. Das HGB erlaubt nicht-kapitalmarktorientierten ein Wahlrecht den Konzernabschluss nach HGB oder nach IFRS aufzustellen. Kapitalmarktorientierte Konzerne müssen nach IFRS bilanzieren (vgl. Abb. 2.4).

Wird von einem nicht-kapitalmarktorientierten Konzern das HGB als Rechnungslegungsvorschrift gewählt, gehören zum Konzernabschluss verpflichtend die folgenden Bestandteile:

- Konzernbilanz,
- Konzern Gewinn- und Verlustrechnung,
- Konzernanhang,
- Eigenkapitalveränderungsrechnung,
- Kapitalflussrechnung.

Daneben besteht ein Wahlrecht, eine Segmentberichterstattung aufzustellen. Ein Segmentbericht stellt die Teilbereiche des Unternehmens in strukturierter Form mit qualitativen und

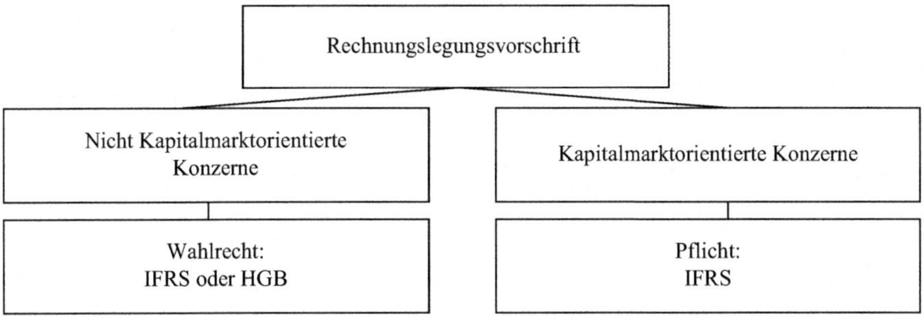

Abb. 2.4 Anwendung von Rechnungslegungsvorschriften. (Vgl. Buchholz 2016, S. 180)

quantitativen Daten dar. Dies ist i. d. R eine Aufteilung des Unternehmens in Geschäftsbereiche oder Regionen (vgl. Rogler 2009, S. 501). Außerdem ist ein Konzernlagebericht zu erstellen, der eine Darstellung und Analyse des Geschäftsverlaufs und der Lage des Konzerns enthalten muss nebst der voraussichtlichen Entwicklung mit ihren zukünftigen Chancen und Risiken. Der Konzernlagebericht ist selbst aber nicht Teil des Konzernabschlusses.

Erläutert wird die Konzernlageberichterstattung im DRS. 20 (vgl. Wollmert und Oser 2013, S. 63 ff.). Hier werden die folgenden Berichtselemente genannt, die ein Konzern behandeln sollte:

- Grundlagen des Konzerns,
- Wirtschaftsbericht,
- Nachtragsbericht,
- Prognose-, Chancen- und Risikobericht,
- Internes Kontrollsystem und Risikomanagementsystem bezogen auf den Konzernrechnungslegungsprozess,
- Risikoberichterstattung über die Verwendung von Finanzinstrumenten,
- Übernahmerelevante Angaben,
- Erklärung zur Unternehmensführung (nach § 289a HGB) und
- Versicherung der gesetzlichen Vertreter.

Diese Berichtselemente müssen je nach Unternehmen noch um branchenspezifische Elemente ergänzt werden, so für Kreditinstitute und Versicherungen. Der Bericht sollte vollständig sein, verlässlich und ausgewogen, klar und übersichtlich, nur wesentliche Informationen enthalten. Die Informationen sollten dabei abgestuft gegeben werden (Grundsatz der Informationsabstufung). Bei größeren Unternehmen sollte der Umfang und der Detaillierungsgrad höhere Anforderungen erfüllen als bei kleineren Unternehmen. Die Informationen sollten zudem immer die Sicht der Konzernleitung vermitteln.

Besonders schwierig ist es, dabei der Prognoseteil des Konzernlageberichts abzubilden. Der DRS. 20 verlangt von Konzernen, dass ein Prognosehorizont von mindestens einem Jahr gerechnet vom letzten Abschlussstichtag abgedeckt wird. Aussagen sind so zu treffen, dass die Richtung von Entwicklungen (positiver oder negativer Trend) und ihre Intensität (stark, mittel, leicht etc.) angegeben werden. Nur bei außergewöhnlich hoher Unsicherheit kann von diesen Vorgaben abgewichen werden. Empirische Untersuchungen zeigen allerdings, dass Unternehmen sich mit der Umsetzung dieser Vorgaben sehr schwer tun und die entsprechenden Berichte erhebliche Defizite aufweisen (vgl. Eidel und Strickmann 2013, S. 2038).

Nach den IFRS sind die gleichen Bestandteile Teil des Konzernabschlusses. Für nicht-kapitalmarktorientierte Gesellschaften ist lediglich keine Segmentberichterstattung vorgesehen, während diese für kapitalmarktorientierte Gesellschaften verpflichtend erstellt werden muss. Ein Konzernlagebericht ist nicht zwingend vorgesehen. Im Dezember 2010 wurde aber ein Practice Statement „Management Commentary" veröffentlicht. Dieser enthält aber keine Angaben darüber, welche Unternehmen diesen Kommentar, der starke Ähnlichkeiten zum Lagebericht nach dem HGB hat, erstellen muss. Dies wird den nationalen Gesetzgebern überlassen, genauso wie die Regelung, ob der Management Commentary auch einer Prüfung zu unterziehen ist oder nicht (vgl. ausführlich Kajüter und Fink 2012, S. 247 ff.).

2.4 Die Grundsätze der Konzernrechnungslegung

2.4.1 Die Einheitstheorie

Die bereits zu Eingang des Kap. 2 erwähnte Generalnorm des HGB für die Konzernrechnungslegung in § 297 HGB bestimmt, dass für den Konzernabschluss die rechtliche Vielheit überwunden und die wirtschaftliche Einheit des Konzerns stattdessen in den Mittelpunkt gestellt werden muss. Damit bekennt sich das HGB zur Einheitstheorie (Entity Concept) als Leitmaxime für die Konzernrechnungslegung. Die Einheitstheorie unterstellt, dass alle Anteilseigner eines Konzerns gleichgerichtete Interessen haben. Minderheitsgesellschafter werden wie die Mehrheitsgesellschafter behandelt, ihr Anteil wird im Eigenkapital angegeben. Die Schrauben AG ist das Mutterunternehmen der Nieten AG, die Nieten AG hat aber noch einen externen Aktionär, der Anteile in Höhe von 20 % hält. Nach der Einheitstheorie wird der Minderheitenanteil als solcher im Eigenkapital des Konzerns ausgewiesen.

Alternativ gibt es die Ansicht der Interessentheorie (Parent Company Concept). Diese unterstellt ungleiche Interessen der an einem Konzern beteiligten Gesellschafter. Die Interessentheorie gestaltet den Konzernabschluss aus dem Blickwinkel der Gesellschafter der Muttergesellschaft und behandelt die Minderheitsaktionäre wie Fremdkapitalgeber. In unserem Beispiel würde der Minderheitenanteil von 20 % als Fremdkapital ausgewiesen (vgl. Haaker 2006, S. 451 f.). Die Interessentheorie betrachtet den Konzern allein mit den Anteilen, die die Eigner der Muttergesellschaft halten. Nur deren Einflussbereich wird dargestellt. Minderheitsgesellschafter werden konsequent als Fremde betrachtet. Im HGB und in den IFRS wird im Grundsatz der Einheitstheorie gefolgt, wenn auch einzelne Vorschriften Elemente der Interessentheorie haben (vgl. für HGB Scherrer 1994, S. 147 f.).

Aus der Einheitstheorie folgt, dass alle Einheiten des Konzerns als unselbstständige Bestandteile des Konzerns angesehen werden. Die rechtliche Vielheit wird komplett aufgelöst. Das bedeutet, dass Transaktionen innerhalb des Konzerns nicht Bestandteil des Konzernabschlusses werden dürfen. Genauso wie es in einem einzelnen Unternehmen im Einzelabschluss keine Geschäfte mit sich selbst geben darf, müssen jetzt in einem Konzern auch die Geschäfte mit sich selbst eliminiert werden. Nur Geschäftsvorfälle, die mit Dritten abgeschlossen werden, dürfen noch Bestandteil im Konzernabschluss werden. Beispiele für Geschäftsvorfälle, die zu eliminieren sind, werden im Folgenden dargestellt:

- Die Volkswagen AG verkauft einen VW Polo aus deutscher Produktion an ihre italienische Tochtergesellschaft.
- Die deutsche Muttergesellschaft agiert als Finanzholding und vergibt einen Kredit an ihre Tochtergesellschaft, die sich mit der Produktion medizintechnischer Geräte beschäftigt, um ein neues Entwicklungsprojekt zu finalisieren.
- Der Geschäftsführer der Muttergesellschaft übernimmt in Personalunion auch die Geschäftsführung einer Konzerngesellschaft. Sein Gehalt wird von der Muttergesellschaft bezahlt. Um seine Leistungen für die Tochtergesellschaft angemessen zu würdigen, übernimmt die Tochtergesellschaft einen Teil des Gehalts und zahlt monatlich eine Pauschale an die Muttergesellschaft.

Alle diese Transaktionen gehen allein innerhalb eines Konzerns vonstatten. Deshalb müssen sie in der Konzernrechnungslegung eliminiert werden. Diesen Vorgang nennt man im Konzernrechnungswesen Konsolidierung. Konsolidierung kommt vom lateinischen *consilidare* (*festmachen*). Die Einzelabschlüsse werden zu einem Konzernabschluss zusammengefasst.

Für die Beurteilung eines Geschäftsvorfalls und seine Behandlung ist es immer wichtig, sich vor Augen zu führen, dass nur diejenigen Transaktionen Bestandteil des Jahresabschlusses werden dürfen, die mit Dritten abgewickelt werden. Im Folgenden werden wir diesen Grundgedanken für die Konzernrechnungslegung immer wieder aufnehmen.

2.4.2 Das schematische Vorgehen bei der Erstellung des Konzernabschlusses

Die Konzernrechnungslegung wird gespeist aus den Einzelabschlüssen der dem Konzern angehörigen Unternehmen. Sie sind die Basis des Konzernabschlusses und werden in der Konzernrechnungslegung als Handelsbilanz I bezeichnet. Da diese Einzelabschlüsse z. B. von Unternehmen mit verschiedenen Herkunftsländern kommen, ist es notwendig, die Bilanzierungs- und Bewertungsstandards zu vereinheitlichen. Dies passiert in der

Handelsbilanz II. Danach werden die derart vereinheitlichten Bilanzen und Gewinn- und Verlustrechnungen aufsummiert zur Summenbilanz und Summengewinn- und -verlustrechnung. Gemäß der Einheitstheorie als Leitmaxime der Konzernrechnungslegung ist es nun noch notwendig, Transaktionen innerhalb des Konzerns zu eliminieren. Dies erfolgt in der Konsolidierung, wo durch Konzernbuchungen interne Geschäftsvorfälle gestrichen werden. Abbildung 2.5 zeigt den schematischen Ablauf der Erstellung von Konzernabschlüssen.

Damit wird deutlich, dass der Konzernabschluss ein derivatives Rechenwerk ist, abgeleitet aus den Einzelabschlüssen der Konzerngesellschaften. Grundsätzlich möglich wäre auch die originäre Erstellung eines Konzernabschlusses aus einer Konzernbuchführung.

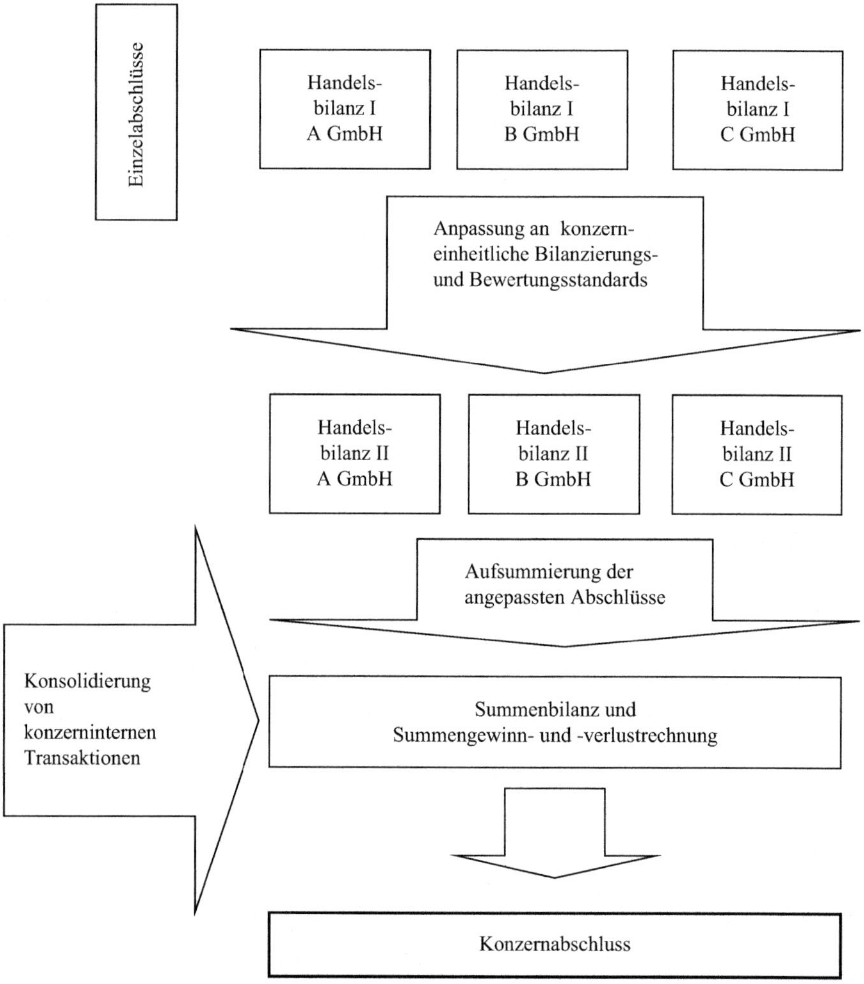

Abb. 2.5 Schematisches Vorgehen bei der Erstellung eines Konzernabschlusses

Der Konzernabschluss wird zum Stichtag erstellt. Am nächsten Stichtag sind wieder die neuen Abschlüsse der Konzerngesellschaften relevant, eine kontinuierliche Buchung über das Geschäftsjahr hinweg findet im Konzernrechnungswesen nicht statt (vgl. Küting 2010, S. 178).

Gegen die originäre Erstellung des Konzernabschlusses spricht insbesondere Folgendes (vgl. Rapp 2013, S. 948):

1. Ein originärer Buchungskreis würde den administrativen Aufwand der Abschlusserstellung enorm erhöhen. Es verbliebe z. B. aus steuerlichen Gründen die Notwendigkeit eines Buchungskreises auf Ebene der Einzelgesellschaften.
2. Dieser administrative Aufwand würde auch erhebliche organisatorische Änderungen notwendig machen, da sich die Finanzbuchhaltung auf Ebene des Konzerns verlagern müsste.
3. Es gibt derzeit keine Softwarelösungen für die originäre Erstellung des Konzernabschlusses.

2.4.3 Die Handelsbilanz II: Anpassungen und Währungsumrechnung

Die Handelsbilanz II hat entscheidende Bedeutung für das Konzernrechnungswesen. Auf dieser Stufe wird erreicht, dass nur wirklich vergleichbare Abschlüsse in einen Konzernabschluss gelangen. Zum einen unterliegen die Einzelabschlüsse der Tochtergesellschaften in international tätigen Konzernen unterschiedlichen Rechnungslegungsstandards. In der Handelsbilanz II wird eine Anpassung auf den Rechnungslegungsstandard der Muttergesellschaft vorgenommen. Zum anderen können auch bei Unternehmen, die dem gleichen Rechnungslegungsstandard folgen, Wahlrechte anders ausgeübt werden. So erlaubt § 255 HGB die Aktivierung von Entwicklungskosten. Die konzernangehörigen Unternehmen können dieses Wahlrecht in ihren Einzelabschlüssen unterschiedlich ausüben. In der Handelsbilanz II muss eine konzerneinheitliche Ausübung sichergestellt werden.

Die Vereinheitlichung, die bei der Handelsbilanz II, erfolgt erstreckt sich also auf die Bilanzierung, also den Bilanzansatz dem Grunde nach, und die Bewertung, also den Bilanzansatz der Höhe nach (vgl. Bitz et al. 2003, S. 109). Daneben müssen die Einzelabschlüsse von internationalen Unternehmen in Euro umgerechnet werden. Der Konzernabschluss von deutschen Unternehmen muss nach § 298 Abs. 1 i. V. m. § 244 HGB in Euro aufgestellt werden. Daher ist es erforderlich, die in anderen Währungen aufgestellten Einzelabschlüsse in Euro umzurechnen. § 308a HGB bestimmt, dass die modifizierte Stichtagskursmethode anzuwenden ist. Diese Bestimmung ist mit dem BilMoG in das deutsche Recht übernommen worden. So gab es in der Praxis vor dem BilMoG mehrere Verfahren zur Umrechnung und kein einheitliches Bild (vgl. z. B. von Wysocki und Wohlgemuth 1996, S. 232).

Die Vereinheitlichung mit dem BilMoG soll laut Gesetzesbegründung die verbreitete betriebliche Praxis übernehmen (vgl. Pöller 2008, S. 261). Die Vergleichbarkeit von Abschlüssen internationaler Unternehmen wird in jedem Fall gesteigert. Die modifizierte Stichtagsmethode verwendet für die Bilanzpositionen den Devisenkassamittelkurs zum Bilanzstichtag, d. h. alle Aktiv- und Passivposten werden mit diesem Kurs in Euro umgerechnet. Für die Eigenkapitalpositionen gelten andere Regeln, die im Zusammenhang mit der Kapitalkonsolidierung erläutert werden. Mit der Verwendung des Stichtagkurses wird der Zeitpunktbezogenheit der Bilanz Rechnung getragen. Für die Gewinn- und Verlustrechnung als zeitraumbezogener Rechnung greift die modifizierte Stichtagsmethode folgerichtig auch auf einen Durchschnittskurs zurück. Die Positionen der Gewinn- und Verlustrechnung werden mit dem Durchschnittskurs der Periode, für die die GuV aufgestellt wird, umgerechnet.

Fallen Devisenkassamittelkurs am Stichtag für die Bilanz und der Durchschnittskurs für die Gewinn- und Verlustrechnung auseinander, so ergibt sich zwangsläufig eine Wechselkursabweichung, da der Jahresüberschuss von der Gewinn- und Verlustrechnung in die Bilanz übertragen werden muss. Diese Differenzen werden ausgewiesen als „Eigenkapitaldifferenz aus Währungsumrechnung." Diese Position ist im Eigenkapital nach den Rücklagen auszuweisen.

2.4.4 Die Summenbilanz

Im nächsten Schritt werden die einzelnen Positionen der Bilanzen und Gewinn- und Verlustrechnungen aufsummiert. Mit den Anpassungen in der Handelsbilanz II ist sichergestellt worden, dass nur Daten mit dem gleichen Bewertungs- und Bilanzierungsstandard Teil des Konzernabschlusses werden. Mit der Summierung wird der Konzern zum ersten Mal als Gesamtheit betrachtet. Die Summen enthalten allerdings noch Elemente, die zur korrekten Darstellung der wirtschaftlichen Einheit Konzern eliminiert werden müssen.

2.4.5 Die Konsolidierung zum Konzernabschluss

Um von der Summenbilanz zum Konzernabschluss zu kommen, muss konsolidiert werden. Doppelzählungen sind noch Bestandteil der Summen, so z. B. wenn die Produktionsgesellschaft an die Vertriebsgesellschaft Fertigerzeugnisse verkauft. Sollte die Vertriebsgesellschaft das Fertigerzeugnis an einen konzernfremden Endkunden verkaufen, so sind zwei Umsätze in der Summe enthalten:

- Der Verkauf von Produktionsgesellschaft an die Vertriebsgesellschaft.
- Der Verkauf von Vertriebsgesellschaft an den Endkunden.

Tab. 2.4 Überblick über die verschiedenen Konsolidierungsarten. (Behringer und Lühn 2016, S. 129)

Konsolidierungsarten		Beispiel
GuV	Bilanz	
Aufwands- und Ertragskonsolidierung		Leistungsbeziehung innerhalb des Konzerns. Verrechnung Konzernbinnenumsatz mit dem Materialaufwand
Zwischenergebniseliminierung	Zwischenergebniseliminierung Schuldenkonsolidierung	Eliminierung von konzerninternen Gewinnen und Verlusten durch interne Leistungsbeziehungen
	Schuldenkonsolidierung	Verrechnung von konzerninternen Forderungen und Verbindlichkeiten
	Kapitalkonsolidierung	Eliminierung von konzerninternen Kapitalverflechtungen

Diese Doppelzählung muss gestrichen werden und es kann im Sinne der Einheitstheorie nur der Verkauf an den konzernfremden Endkunden stehen bleiben. Sollte die Vertriebsgesellschaft das Fertigerzeugnis zum Bilanzstichtag noch nicht weiter veräußert haben, so ist der Gewinn, den die Produktionsgesellschaft durch den konzerninternen Verkauf gemacht hat, noch nicht realisiert, da kein Dritter als Kunde gefunden worden ist. Dieser Gewinn muss ebenfalls eliminiert werden. Tabelle 2.4 gibt einen Überblick über die Konsolidierungsarten, die in Kap. 2.5 weiter vertieft werden.

Sind alle notwendigen Konsolidierungsschritte getan, ist die Konzernbilanz und die Konzerngewinn- und -verlustrechnung entstanden.

2.5 Die Konsolidierungsarten

2.5.1 Die Aufwands- und Ertragskonsolidierung

Sinn und Zweck der Aufwands- und Ertragskonsolidierung ist es, Doppelzählungen durch konzerninterne Leistungsverflechtungen zu eliminieren. Dabei hat die Aufwands- und Ertragskonsolidierung (vgl. § 305 HGB) ausschließlich Auswirkungen in der Gewinn- und Verlustrechnung. Der wichtigste Anwendungsfall ist die Eliminierung von Konzernbinnenumsätzen.

Nehmen wir an, die Mutter AG stellt Handtaschen her. Sie vertreibt die Handtaschen in Deutschland über eigene Mitarbeiter. In Frankreich hat sie eine Tochter SA, die sie beherrscht und die für den Vertrieb in Frankreich zuständig ist. Die Mutter AG verkauft nun für 100 € Handtaschen an die Tochter SA. Die Herstellungskosten für die Handtaschen bei der Mutter AG betragen 80 €. Die Tochter SA verkauft diese Handtaschen für 120 € weiter an einen Endkunden. Dieser Geschäftsvorfall schlägt sich in der Gewinn- und Verlustrechnung der Mutter AG wie folgt nieder:

Umsatz	100 €
Herstellungskosten	80 €
Gewinn	20 €

Der Geschäftsvorfall zeigt sich bei der Tochter SA wie folgt:

Umsatz	120 €
Herstellungskosten	100 €
Gewinn	20 €

Da es bei diesem Geschäftsvorfall keine Anpassungen bezüglich Bilanzierung und Bewertung gibt und beide Gesellschaften in Euro Rechnung legen, sind keine Anpassungen zur Handelsbilanz II notwendig. Es muss als erstes die Summen Gewinn- und Verlustrechnung gebildet werden. Dies ist eine einfache Addition der Gewinn- und Verlustrechnung der Mutter AG und der Tochter SA:

Umsatz	220 €
Herstellungskosten	180 €
Gewinn	40 €

Der Umsatz ist in der Summenbilanz zu hoch dargestellt. Es ist ein und dieselbe Handtasche, die einmal innerhalb des Konzerns verkauft worden ist und einmal an einen externen Kunden. Diese Doppelzählung muss eliminiert werden, indem die interne Transaktion heraus gerechnet wird und nur noch die Geschäftsvorfälle stehen bleiben, die mit Externen vorgenommen worden sind. Dies ist die Herstellung der Handtasche, da die Rohstoffe, die Löhne etc. an Konzernfremde gezahlt worden sind. Zum anderen ist es der Verkauf der Handtasche an eine französische Endkundin. Konsolidiert werden müssen mithin der Umsatz der Mutter AG und die Herstellungskosten der Tochter SA, die durch diesen Umsatz entstanden sind. Es ergibt sich nach der Konsolidierung als Konzernabschluss:

Umsatz	120 €
Herstellungskosten	80 €
Gewinn	40 €

Es sind nur noch die beiden Teile des Geschäftsvorfalls vorhanden, die mit Externen durchgeführt wurden. Dabei fällt auf, dass diese Konsolidierung ergebnisneutral ist, der Gewinn bleibt der gleiche wie in der Summenbilanz. Dies ist bei der Aufwands- und Ertragskonsolidierung immer der Fall (abgesehen von Wechselkursänderungen).

Neben den Umsätzen und Aufwendungen aus konzerninternen Leistungsverrechnungen gibt es noch zahlreiche andere Sachverhalte, bei denen eine Aufwands- und Ertragskonsolidierung vorgenommen werden muss, z. B.:

- Die Muttergesellschaft mietet für den gesamten Konzern ein Bürogebäude. Die Mutter vermietet die von den Töchtern benutzten Räumlichkeiten unter und er hält dafür Mietzahlungen von den Töchtern, die Ertrag bei der Mutter und Aufwand bei den Töchtern sind.
- Die Buchhaltung für den ganzen Konzern wird zentral in einer dem Konzern ebenfalls zugehörigen Servicegesellschaft in Indien gemacht. Diese stellt ihre Leistungen allen Konzernunternehmen in Rechnung, was bei diesen zu Aufwand und bei der indischen Gesellschaft zu Ertrag führt.
- Die Muttergesellschaft gibt ihrer Tochter zur Finanzierung größerer Investitionen ein Darlehen in Höhe von 1.000.000 €. Darauf wird ein jährlich zu entrichtender Zins in Höhe von 5 % vereinbart. Dies führt jährlich zu einem Zinsertrag in Höhe von 50.000 € bei der Mutter und zu einem Zinsaufwand in Höhe von 50.000 € bei der Tochter. Beide müssen gegeneinander konsolidiert werden.

Insbesondere die Verrechnung von konzerninternen Umsätzen und den zugehörigen Aufwendungen kann schnell unübersichtlich werden, da die Zahl der Geschäftsvorfälle sehr groß ist. Diese Geschäftsvorfälle werden in der Rechnungslegungssoftware auf einem separaten Konto „Umsätze mit verbundenen Unternehmen“ erfasst. Spiegelbildlich gibt es ein Aufwandskonto für verbundene Unternehmen. Abweichungen zwischen der Erlös- und Aufwandsposition kann es nur durch einen zeitlich späteren Weiterverkauf an Endkunden oder Wechselkurseffekte geben. Im ersten Fall müssen die noch nicht durch Verkauf an Konzernfremde objektivierten Gewinne, die das liefernde Unternehmen innerhalb des Konzerns gemacht hat, eliminiert werden.

2.5.2 Die Zwischenergebniseliminierung

§ 304 Abs. 1 HGB schreibt die Eliminierung von Zwischenergebnissen vor:

> In den Konzernabschluss zu übernehmende Vermögensgegenstände, die ganz oder teilweise auf Lieferungen oder Leistungen zwischen in den Konzernabschluss einbezogenen Unternehmen beruhen, sind in der Konzernbilanz mit einem Betrag anzusetzen, zu dem sie in der auf den Stichtag des Konzernabschlusses aufgestellten Jahresbilanz dieses Unternehmens angesetzt werden könnten, wenn die in den Konzernabschluss einbezogenen Unternehmen auch rechtlich ein einziges Unternehmen bilden würden.

Zentrale Forderung des § 304 Abs. 1 HGB ist, dass ganz im Sinne der Einheitstheorie alle Transaktionen innerhalb des Konzerns, die bilanz- oder GuV-wirksam sind und noch nicht durch den Markt objektiviert worden sind, eliminiert werden müssen. Der Konzern wird wie ein Unternehmen behandelt, in dem Vermögensgegenstände zu den Konzernherstellungskosten angesetzt werden. Erfolg im Konzern entsteht erst, wenn ein Verkauf an Dritte erfolgt ist (vgl. Buchholz 2016, S. 209). Betrachten wir die Mutter AG, die eine Handtasche an ihre französische Tochter zum Preis von 100 € verkauft. Die Herstellungskosten betrugen 80 €, so dass in der Einzel Gewinn- und Verlustrechnung der Mutter AG ein Gewinn von 20 € ausgewiesen wird. Jedoch kann die französische Tochter SA diese Handtasche bis zum Bilanzstichtag nicht weiterverkaufen. In der Einzelbilanz der Tochter SA wird diese Handtasche als Bestand an fertigen Erzeugnissen ausgewiesen. Diese im Lager befindliche Handtasche darf im Konzernabschluss nicht mit den Anschaffungskosten der Tochter SA bewertet werden, sondern die Bewertung muss zu den Herstellungskosten bei der Mutter AG also zu 80 € erfolgen. Dadurch wird der Gewinn, der im Einzelabschluss der Mutter AG schon entstanden ist, eliminiert. Generell dürfen keine Gewinne oder Verluste durch konzerninterne Lieferungen entstehen. Bereits in Einzelabschlüssen realisierte Gewinne oder Verluste aus konzerninternen Transaktionen müssen neutralisiert werden.

Allgemein kann definiert werden:

- Zwischengewinn: Der Einzelabschlusswert ist größer als die Konzernherstellungskosten.
- Zwischenverlust: Der Einzelabschlusswert ist kleiner als die Konzernherstellungskosten.

Der Einzelabschlusswert ist der Wertansatz, den ein Vermögensgegenstand in den Vorräten des empfangenden Unternehmens hat, wobei davon ausgegangen werden soll, dass die Anpassungen zur Handelsbilanz II schon vorgenommen worden sind (vgl. Küting und Weber 2008, S. 459). Das liefernde Unternehmen verkauft die Ware i. d. R mit einem Gewinnaufschlag. Betragen die Herstellungskosten beispielsweise 10 € und der Gewinnaufschlag 50 %, so wird der Vermögensgegenstand zu 15 € an das empfangende Unternehmen fakturiert. Bei der Tochter (sieht man von Anschaffungsnebenkosten ab) fallen Anschaffungskosten in gleicher Höhe an. Der Einzelabschlusswert beträgt 15 €, bei den Konzernherstellungskosten muss aber auf die Herstellungskosten beim liefernden Unternehmen in Höhe von 10 € zurückgegriffen werden. Der zu eliminierende Zwischengewinn (der Einzelabschlusswert ist höher als die Konzernherstellungskosten) ist 5 € pro Stück.

Die Berechnung der Konzernherstellungskosten beinhaltet ein Wahlrecht: Der Konzern kann wählen, ob die Konzernherstellungskosten mit oder ohne allgemeinen Verwaltungskosten berechnet werden. Dieses Wahlrecht muss konzerneinheitlich ausgeübt werden, ist aber unabhängig davon, welche Wahl auf Ebene der Einzelabschlüsse getroffen wurde. Berücksichtigt man dieses Wahlrecht, so kann man einen konsolidierungspflichtigen und einen konsolidierungsfähigen Zwischengewinn unterscheiden. Abbildung 2.6 zeigt diese Kategorien graphisch.

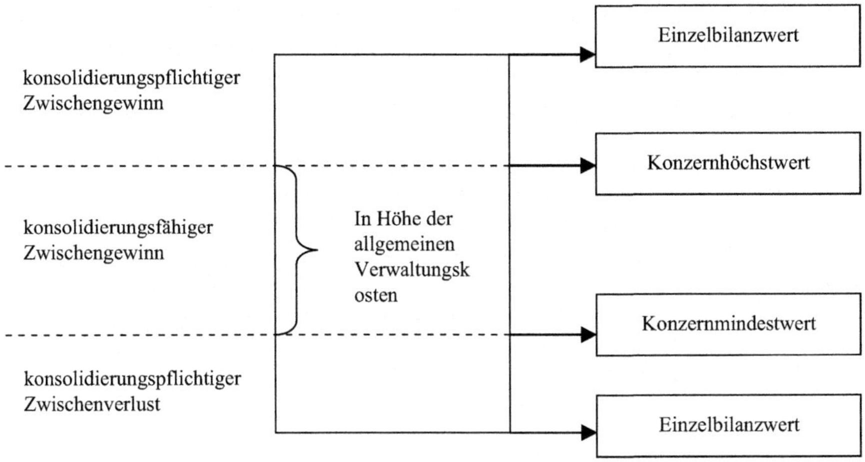

Abb. 2.6 Konsolidierungspflichtiger und konsolidierungsfähiger Zwischengewinn. (In Anlehnung an Theisen 2000, S. 515)

Es ergibt sich ein Spielraum für den Rechnung legenden Konzern in Höhe der allgemeinen Verwaltungskosten, die entweder zu den Konzernherstellungskosten geschlagen werden oder außen vor bleiben können. Variieren wir das Beispiel von oben, um die Wertgrenzen zu illustrieren (vgl. Buchholz 2016, S. 211): Die Herstellungskosten beim liefernden Unternehmen sollen ohne allgemeine Verwaltungskosten 7 € und mit 10 € betragen. Der Ansatz mit allgemeinen Verwaltungskosten ist der Konzernhöchstwert, derjenige ohne entspricht dem Konzernmindestwert. Die Differenz zwischen Konzernhöchstwert von 10 € und dem Transferpreis von 15 € ist konsolidierungspflichtig. Die weitere Differenz zwischen dem Konzernhöchstwert und Konzernmindestwert in Höhe von 3 € ist konsolidierungsfähig. Für einen eventuellen Zwischenverlust gelten die Aussagen mit umgekehrten Vorzeichen.

Während bei dem Zwischengewinn konzerninterne Lieferungen abgewertet werden müssen, müssen sie bei vorliegenden Zwischenverlusten aufgewertet werden.

Mit Ausübung des Wahlrechts ergeben sich bilanzpolitische Spielräume aus Konzernsicht. Bilanzpolitik (gebräuchlich ist auch der Begriff Jahresabschlusspolitik) bezeichnet das gezielte Ergreifen von Maßnahmen, die Auswirkungen auf den Jahresabschluss haben, um damit Bilanzadressaten oder Rechtsfolgen zu beeinflussen. Ziel der Bilanzpolitik ist es folglich, die Lage des Unternehmens in einem bestimmten Licht erscheinen zu lassen und damit Bilanzadressaten in einem bestimmten Sinne zu beeinflussen (vgl. Wagenhofer und Ewert 2015, S. 265 f.). Die meisten Möglichkeiten, Bilanzpolitik zu betreiben, ergeben sich auf der Ebene der Einzelabschlüsse. Die Zwischenergebniseliminierung ist einer der bilanzpolitischen Mittel auf Konzernebene. Allerdings muss hier ebenfalls der Grundsatz der Stetigkeit beachtet werden. Danach muss die einmal getroffene Wahl beibehalten werden, sodass die Berechnung der Herstellungskosten in gleicher Weise erfolgen muss, um die Vergleichbarkeit zwischen Perioden zu entwickeln.

Bisher sind wir davon ausgegangen, dass ein Vermögensgegenstand zum direkten Weiterverkauf an ein konzernzugehöriges Unternehmen verkauft worden ist. Betrachten wir nun einen Geschäftsvorfall, bei dem die Absicht des Weiterverkaufs nicht besteht: Die Mutter AG verkauft eine Großanlage an die Tochter AG, die diese Anlage in ihrer Produktion einsetzen will. Der Kaufpreis betrage 100.000 €. Der Buchwert der Anlage bei der Mutter AG lag bei 50.000 €. Durch diesen Geschäftsvorfall hat die Mutter AG Erträge von 100.000 € bei Aufwendungen von 50.000 €, mithin ergibt sich ein Gewinn von 50.000 €, der im Sinne des § 304 Abs. 1 HGB noch nicht realisiert ist. Zum Zeitpunkt der Transaktion müssen die 50.000 € Zwischengewinn folglich eliminiert werden. Da die Anlage aber auf längere Dauer bei der Tochter AG im Einsatz sein soll, muss sie bei der Tochter AG im Anlagevermögen mit den Anschaffungskosten von 100.000 € aktiviert werden. Hierdurch entsteht auch ein Konsolidierungsbedarf in den Folgeperioden. Die Abschreibung (angenommen die Anlage wird über 10 Jahre linear abgeschrieben) wird im Einzelabschluss auf die Anschaffungskosten von 100.000 € berechnet, also 10.000 € pro Jahr. Die Konzernanschaffungskosten entsprechen aber dem ursprünglichen Buchwert bei der Mutter AG, also 50.000 €. Folglich muss für den Konzern die Abschreibung auch auf den niedrigeren Konzernanschaffungswert berechnet werden, was erfordert, dass jährlich die Abschreibung, die in der Summengewinn- und -verlustrechnung zu hoch ausgewiesen wird, auf den niedrigeren Konzernwert korrigiert wird.

Auf Konzernebene gibt es die Möglichkeit, bei der Gewinn- und Verlustrechnung zwischen dem Gesamtkosten- und dem Umsatzkostenverfahren zu wählen (vgl. ausführlich zur Unterscheidung Buchholz 2016, S. 153 ff.). Wenn sich ein Konzern für das Gesamtkostenverfahren entscheidet, muss darauf geachtet werden, dass die Bestandsveränderungen korrekt abgebildet werden. Angenommen die Mutter AG liefert unfertige Erzeugnisse an die Tochter AG zu einem Preis von 100.000 €. Die Aufwendungen für die Herstellung betrugen 50.000 €. Es müssen die folgenden Punkte in dem Konzernabschluss berücksichtigt werden:

- Der Umsatz der Mutter AG an die Tochter AG muss eliminiert werden, da er nicht durch Dritte objektiviert worden ist.
- Der Gewinn in Höhe von 50.000 € muss eliminiert werden.
- Der Bestand muss auf die Konzernanschaffungskosten in Höhe von 50.000 € korrigiert werden.
- In der Konzern Gewinn- und Verlustrechnung muss eine Bestandserhöhung unfertiger Erzeugnisse in Höhe von 50.000 € gezeigt werden.

Praktisch wird die Zwischenergebniseliminierung in mehrstufigen Konzernen auf Vorräte meistens vereinfachend vorgenommen. Man rechnet die durchschnittliche Marge des liefernden Unternehmens mit dem jeweiligen Vermögensgegenstand aus und wendet diese Marge auf die Bestände beim belieferten Unternehmen an. Die Zwischenergebniseliminierung wertet (bei Gewinnen) den Bestand ab und mindert gleichzeitig die Konzernaufwendungen (bei Verlusten sind die Vorzeichen umgekehrt). Ein logistisches Problem für die Konzernbuchhaltung sind Vermögensgegenstände mit Zwischengewinnen, die im Anlagevermögen von konzernangehörigen Unternehmen verbleiben. Hier wird eine eigene Konzernanlagenbuchhaltung erforderlich, die die Buchwerte und Abschreibungen, die nur auf Konzernebene relevant sind, benötigt.

2.5.3 Die Schuldenkonsolidierung

Die Schuldenkonsolidierung ist in § 303 HGB geregelt. Sie betrifft insbesondere folgende Geschäftsvorfälle:

- Ausleihungen an verbundene Unternehmen: Sie haben einen langfristigen Charakter (z. B. ein Darlehen über 5 Jahre an eine Tochtergesellschaft). Diesen stehen spiegelbildlich die Verbindlichkeiten verbundener Unternehmen gegenüber.
- Forderungen gegenüber verbundenen Unternehmen: Forderungen haben einen kurzfristigen Charakter und entstehen meist durch konzerninterne Lieferungen und Leistungen. Diese sind ebenfalls als Verbindlichkeiten gegenüber verbundenen Unternehmen bei der Tochtergesellschaft gebucht.
- Aktiver Rechnungsabgrenzungsposten: Diesen stehen i. d. R spiegelbildlich die passiven Rechnungsabgrenzungsposten der Tochtergesellschaft gegenüber. Ein Beispiel ist die Mietvorauszahlung im Dezember für den Januar. Da dies ein periodenfremder Ertrag bei der Mutter ist (wenn Kalenderjahr und Geschäftsjahr übereinstimmen), muss ein aktiver Rechnungsabgrenzungsposten gebildet werden. Da es bei der Tochter ein periodenfremder Aufwand ist, muss ein passiver Rechnungsabgrenzungsposten in gleicher Höhe gebildet werden.

Wenn die Forderung und Verbindlichkeit bei Mutter und Tochter (oder umgekehrt) übereinstimmen, können beide einfach ausgebucht werden. Nach Bildung der Summenbilanz wird dann „Verbindlichkeiten gegenüber verbundenen Unternehmen an Ausleihungen an verbundene Unternehmen" gebucht.

Angenommen, die deutsche Mutter AG hat der von ihr beherrschten irischen Tochter Ltd. einen über drei Jahre laufenden Kredit in Höhe von 100.000 € gegeben. Dadurch gibt es folgende Wertansätze in den Einzelbilanzen:

Mutter AG	Ausleihungen an verbundene Unternehmen	100.000 €
Tochter Ltd.	Verbindlichkeiten gg. verbundene Unternehmen	100.000€

Es ergibt sich die folgende Summenbilanz:

Aktiva	Passiva
Ausleihungen an verbundene Unternehmen 100.000	Verbindlichkeiten gg. verbundene Unternehmen 100.000

Die beiden Wertansätze entsprechen sich und können durch den Buchungssatz: Verbindlichkeiten gg. verbundene Unternehmen an Ausleihungen an verbundene Unternehmen eliminiert werden. Die Sollbuchung eliminiert die aus der Handelsbilanz II der Tochter Ltd. in die Summenbilanz gelangte Verbindlichkeit, die Habenbuchung die Ausleihung, die durch die Handelsbilanz II der Mutter AG in den Summenabschluss gekommen ist. Der Vorgang ist mithin erfolgsneutral. Wenn die Ausleihung durch eine Banküberweisung geleistet worden ist, ergibt sich neben dem Leihgeschäft eine Überweisung innerhalb des Konzerns von einem Bankkonto der Mutter AG auf ein Bankkonto der Tochter AG. Der Ausweis des Bestandes an liquiden Mitteln ändert sich durch dieses Leihgeschäft nicht, einzig gelangt der Bestand jetzt durch die Handelsbilanz II der Tochter Ltd. in den Summenabschluss, was vorher durch die Handelsbilanz II der Mutter AG geschah.

In der Praxis ergibt sich häufig das Problem, dass die Beträge der Forderungen und Verbindlichkeiten nicht deckungsgleich sind. Dies kann zum einen durch unechte Aufrechnungsdifferenzen entstehen: Ursache sind unterschiedliche Zeitpunkte des Entstehens von Forderungen und Verbindlichkeiten. Die Muttergesellschaft liefert am 31.12.2010 Waren an die Tochtergesellschaft. Die Mutter bucht die Forderungen gegen die Tochter im Geschäftsjahr 2010. Die Ware geht erst am 02.01.2011 bei der Tochter ein, die damit auch erst in 2011 wirtschaftlicher Eigentümer wird und erst in diesem Moment die Verbindlichkeit bucht. In der Summenbilanz ist damit eine Forderung, der keine Verbindlichkeit gegenüber steht. Um dieses Problem zu vermeiden, stoppen Konzerne häufig kurz vor dem Bilanzstichtag konzerninterne Lieferungen, sofern dadurch keine geschäftlichen Verluste entstehen. Die zweite Ursache für unechte Aufrechnungsdifferenzen sind Fehler in der Berichterstattung, z. B. dass eine eigentlich konzerneigene Verbindlichkeit versehentlich auf dem Konto für Verbindlichkeiten mit fremden Dritten berichtet wird. Die unechten Aufrechnungsdifferenzen müssen aufgefangen werden, in dem noch nicht entstandene Verbindlichkeiten schon vorher erfasst werden (vgl. Schildbach 2008, S. 257) bzw. Fehler korrigiert werden.

Schwieriger ist die Behandlung von echten Aufrechnungsdifferenzen. Diese können entstehen durch:

- Das Imparitätsprinzip, das Verluste und Gewinne ungleich behandelt (von Lateinisch impar = ungleich). Während Gewinne erst ausgewiesen werden dürfen, wenn diese realisiert sind, müssen Verluste vorweggenommen werden. Dies führt zu einer Ungleichbehandlung von Aktiva und Passiva, wobei tendenziell Aktiva eher abzuwerten sind und Passiva tendenziell höher zu bewerten sind. Die Mutter AG hat eine Tochtergesellschaft, die Frank Rott GmbH. Die Mutter AG gewährt der Frank Rott AG ein langfristiges Darlehen über 100.000 €. Die Frank Rott AG wird von der Mutter AG mit sehr vielen Freiheiten geführt, was zu Zahlungsschwierigkeiten führt, so dass ein 50 %iger Zahlungsausfall wahrscheinlich ist. Dies hat zur Folge, dass die Mutter AG ihre Forderung im Einzelabschluss auf 50 % abschreiben muss. Es ergeben sich die folgenden Wertansätze in den Einzelabschlüssen:

- Mutter AG: Ausleihungen an verbundene Unternehmen 50.000€
- Frank Rott AG: Verbindlichkeiten gg. verbundene Unternehmen 100.000€

Im Konzernabschluss müssen folgende Korrekturen vorgenommen werden:

- Die Abschreibung auf die Ausleihungen der Mutter AG muss korrigiert wer den, so dass der Konzerngewinn um 50.000 € erhöht wird.
- Dadurch werden Forderung und Verbindlichkeit wieder auf den gleichen Wert in der Summenbilanz gebracht und beide können gegeneinander konsolidiert werden.
- Wenn die Frank Rott AG wieder wirtschaftlich gesundet und doch die volle Darlehenssumme zurückbezahlen kann, entsteht im Einzelabschluss der Mutter AG ein außerordentlicher Ertrag. Dieser muss – da ja im Konzern die Forderung nie abgewertet worden ist – auf Konzernebene dann rückgängig gemacht werden.
- Fällt das Darlehen allerdings tatsächlich aus, müssen erst zum Zeitpunkt dieses Ereignis die 50.000 € abgeschrieben werden, so dass hier von einer Durchbrechung des Imparitätsprinzips gesprochen werden kann.
- Geschäfte in Fremdwährungen können bei Wechselkursdifferenzen zu echten Aufrechnungsdifferenzen führen. Wenn die Mutter AG einen langfristigen Kredit von ihrer Tochtergesellschaft im Wert von 1.000 britischen Pfund erhalten hat (der Wechselkurs betrage zum Zeitpunkt der Lieferung 1 € = 1 Britisches Pfund) und der Wechselkurs verändert sich auf 1 Britisches Pfund = 1,1 €, so muss die Mutter AG die Verbindlichkeit mit 1.100 € bilanzieren. Da es sich um ein langfristiges Darlehen handelt muss die britische Tochter nach dem Realisationsprinzip das Darlehen weiterhin mit umgerechnet 1.000 € bilanzieren. Es entsteht eine echte Aufrechnungsdifferenz von 100 €, die erfolgswirksam konsolidiert werden muss. Gemäß § 256a Satz 2 HGB gilt das Realisationsprinzip bei kurzfristigen Forderungen (also i. d. R bei Forderungen aus Lieferungen und Leistungen) nicht, so dass sich Forderungen und Verbindlichkeiten in gleicher Höhe gegenüberstehen würden.
- Aufrechnungsdifferenzen entstehen desweiteren durch unverzinsliche Darlehen. Gibt die Mutter AG ein unverzinsliches Darlehen an die Tochter AG, so muss die Mutter AG dieses abgezinst aktivieren, um den Opportunitätskosten Rechnung zu tragen, da bei einer alternativen Anlage Zinsen erlöst würden. Die Tochter AG muss allerdings den Nominalbetrag der Verbindlichkeit passivieren. Würde also z. B. ein zweijähriges Darlehen über 1.000 € bei einem Marktzins von 5 % vergeben, würden sich folgende Wertansätze ergeben:
  - Mutter AG: Ausleihungen 826 € (berechnet als 1.000 €/$1{,}1^2$)
  - Tochter AG: Verbindlichkeiten 1.000€
- Die Aufrechnungsdifferenz in Höhe von 174 € muss erfolgswirksam konsolidiert werden. Der Konzerngewinn steigt um diesen Betrag.

§ 303 Abs. 2 erlaubt, die Schuldenkonsolidierung nicht anzuwenden, wenn die zu konsolidierenden Beträge für die Beurteilung der Vermögens-, Finanz- und Ertragslage des Konzerns nur von untergeordneter Bedeutung sind.

2.5.4 Die Kapitalkonsolidierung

2.5.4.1 Grundlagen

Durch die Addition der Einzelbilanzen zur Summenbilanz kommt es automatisch zu einer Doppelzählung. Zum einen ist in einer Summenbilanz die Beteiligung der Muttergesellschaft an ihrer Tochtergesellschaft enthalten. Im Falle des von der Muttergesellschaft selbst gegründeten Tochterunternehmens stellt dies eine Kapitalhingabe dar, die die Tochter nutzt, um Vermögensgegenstände mit den in ihrer Bilanz als Eigenkapital ausgewiesenen Mitteln zu erwerben. Diese Vermögensgegenstände sind aber auch wiederum Teil der Summenbilanz. Diese Doppelzählung wird durch die Kapitalkonsolidierung eliminiert.

Nehmen wir an, die Mutter AG gründet eine Tochtergesellschaft, die eine Fabrik für Handtaschen aufbauen soll und gibt ihr ein Eigenkapital von 100.000 € in bar mit, die später zum Ankauf von Maschinen verwendet werden soll, so ergeben sich die folgenden Wertansätze:

- Die Mutter AG hat eine Beteiligung an der Tochter in Höhe von 100.000 €. Durch die Gründung und die Kapitalüberlassung sind die liquiden Mittel um 100.000 € zurückgegangen.
- Die Tochter AG hat ein Eigenkapital in Höhe von 100.000 €. Dem stehen auf der Aktivseite 100.000 € liquide Mittel gegenüber.

Die Beteiligung bei der Mutter AG und das Eigenkapital der Tochter AG müssen gegeneinander konsolidiert und damit die Doppelzählung rückgängig gemacht werden.

Die Kapitalkonsolidierung ist in § 301 HGB geregelt. Der Grundsatz ist immer die Konsolidierung der Beteiligung der Mutter gegen das Eigenkapital der Tochter.

Bisher haben wir den Fall beleuchtet, dass Eigenkapital und Beteiligung gleich hoch sind. Dies ist i. d. R nur dann der Fall, wenn die Muttergesellschaft eine Tochtergesellschaft selbst gründet. Im Falle eines Kaufes einer Tochtergesellschaft ist regelmäßig das Eigenkapital der Tochter geringer als die Beteiligung. Die Beteiligung bei der Mutter bestimmt sich nach den Anschaffungskosten, also nach dem Kaufpreis, der aufgewendet wurde. Preise für Unternehmen sind Ergebnisse von Verhandlungsprozessen in den ökonomische, psychologische und taktische Überlegungen eingehen (vgl. Behringer 2012, S. 56). Dabei geht nicht allein die bilanzielle Sphäre des Unternehmens in die Preisbildung ein: Die Zukunftsaussichten des Unternehmens, immaterielle Vermögensgegenstände wie selbsterstellte Patente, Markenwerte etc. sind ebenfalls von großer Bedeutung. Auch wenn formal das Eigenkapital das Reinvermögen darstellt, ergeben sich i. d. R höhere Kaufpreise für ein Unternehmen als ihr Eigenkapital. Wie mit diesen Unterschiedsbeträgen umzugehen ist, wird im Folgenden erläutert.

Daneben müssen auch noch zwei unterschiedliche Zeitpunkte der Konsolidierung betrachtet werden: Die Konsolidierung erfolgt zum Zeitpunkt des Erwerbs und in den

Folgeperioden in unterschiedlicher Art und Weise. Außerdem ergeben sich Unterschiede hinsichtlich der Beteiligungshöhe der Muttergesellschaft. Im Folgenden gehen wir immer zunächst von einer Beteiligung von 100 % aus, um dann die Behandlung von Minderheiten bei Beteiligungen von mehr als 50 % aber weniger als 100 % zu thematisieren.

2.5.4.2 Erstkonsolidierung ohne Minderheitsgesellschafter

Nehmen wir an, die Mutter AG hat eine 100 % Beteiligung an der italienischen Tochter SpA erworben. Der Kaufpreis betrug 100.000 €. Wesentliches Motiv des Beteiligungserwerbs war der Eintritt in den italienischen Markt, der durch die Beteiligung gelingen soll. Das Eigenkapital in der Bilanz der Tochter SpA liegt bei 20.000 €. Somit ergibt sich eine Diskrepanz zwischen dem formalen Reinvermögen der Tochter und den Anschaffungskosten der Mutter von 80.000 €. Dieser (positive also aktive) Unterschiedsbetrag kann wie folgt behandelt werden.

Die Kapitalkonsolidierung kann nach Erwerbsmethode (purchase method) erfolgen, d. h. es wird angenommen, dass der Unternehmenskauf einem Erwerb der einzelnen Vermögensgegenstände und Schulden des gekauften Unternehmens gleich kommt. Daher wird im ersten Schritt die Aufdeckung von stillen Reserven, die in den Vermögensgegenständen des erworbenen Unternehmens enthalten sind, vorgenommen, also alle Vermögensgegenstände werden zu ihren beizulegenden Zeitwerten angesetzt. Nach den IFRS bezeichnet der beizulegende Zeitwert denjenigen Betrag, zu dem ein Vermögenswert zwischen sachverständigen, vertragswilligen und unabhängigen Dritten getauscht werden würde. Es ist naturgemäß so, dass die Aufteilung sehr stark bilanzpolitisch gesteuert werden kann, da die Zeitwerte der Vermögensgegenstände nicht objektiv messbar sind, sondern stark subjektiv sind. Insofern ist es für das Konzerncontrolling eine vornehme Aufgabe, die Aufdeckung der stillen Reserven zu bestimmen. Dabei ergeben sich je nach Zielrichtung der Bilanzpolitik unterschiedliche Möglichkeiten: Soll der Kaufpreis des Unternehmens schnell aufwandswirksam gebucht werden, so ist es wichtig, die Aufdeckung bei solchen Vermögensgegenständen vorzunehmen, die schnell abgeschrieben werden. Umgekehrt müssen Vermögensgegenstände zugeschrieben werden, die noch eine lange Restnutzungsdauer haben, wenn eine langfristige Verteilung des Kaufpreises erwünscht ist. Im Endeffekt werden alle Vermögensgegenstände im Rahmen der Erstkonsolidierung auf ihren aktuell richtigen Wertansatz umgewertet. Man spricht daher von der Neubewertungsmethode (vgl. Baetge et al. 2015, S. 223). Stille Reserven und stille Lasten werden bei diesem Vorgehen vollständig aufgedeckt.

Zur Konkretisierung hat das deutsche Institut der Wirtschaftsprüfer (IdW) die Methoden der Wertermittlung konkretisiert (IDW RS HFA 16). Dabei werden drei Verfahren unterschieden:

1. Die marktpreisorientierten Verfahren (market approach): Gibt es für einen Vermögensgegenstand einen aktiven Markt, so wird dieser für die Bewertung herangezogen. Besteht dieser nicht, so werden Methode 2 und 3 als Analogie zum Marktpreis herangezogen.

2. Die kapitalwertorientierten Verfahren (income approach): Diese Verfahren ermitteln den Wert durch Diskontierung der mit einem Vermögensgegenstand erzielbaren Cashflows über die Nutzungsdauer.
3. Die kostenorientierten Verfahren (cost approach): Der Wert berechnet sich nach den historischen oder künftigen Kosten der Wiederbeschaffung bzw. Reproduktion eines Vermögensgegenstands (vgl. Menninger 2012, S. 926).

Alle diese Verfahren eröffnen aufgrund ihrer Ausgestaltung und zwangsläufigen mangelnden Spezifizität erhebliche Gestaltungsmöglichkeiten, die vom Konzerncontrolling zur zielgerichteten Gestaltung ihrer Abschlüsse genutzt werden kann.

Die Erwerbsmethode erlaubt zudem den Ansatz von Vermögensgegenständen, deren Ansatz im Einzelabschluss nicht erlaubt ist. So verbietet § 248 Abs. 2 Satz 2 HGB die Aktivierung von selbst geschaffenen Marken, Drucktiteln, Verlagsrechten, Kundenlisten oder vergleichbaren immateriellen Vermögensgegenständen. Durch den Unternehmenskauf wird aber das Kriterium „selbsterstellt" nicht mehr erfüllt. Aus Sicht des Konzerns wurden diese Vermögensgegenstände erworben. Auch hier ergibt sich das Problem, wie viel des Unterschiedsbetrags auf diese immateriellen Vermögensgegenstände entfallen soll. Wiederum muss es Aufgabe des Konzerncontrollings sein, auf diese Bewertungen Einfluss zu nehmen. Zu Methoden zur Bestimmung der einzelnen selbsterstellten immateriellen Vermögensgegenständen sei auf die Literatur verwiesen (vgl. z. B. Moser 2008, S. 788 ff.; Moser und Goddar 2008, S. 121 ff.; Hommel et al. 2007, S. 371 ff.).

Der Teil des Unterschiedsbetrages, der weder durch Aufdeckung von stillen Reserven bereits bilanzierter Vermögensgegenstände noch durch Ansatz bislang nicht bilanzierter Vermögensgegenstände, gedeckt werden kann, wird als Firmenwert (synonym Goodwill) im Konzern aktiviert. In dem Goodwill sind im Idealfall keinerlei stille Reserven vorhanden (vgl. Eisolt 1992, S. 250). Damit ergibt sich die Frage nach der Werthaltigkeit des Goodwills. Die Werthaltigkeit kann als unsicher und der Goodwill als „zweitklassiger Abschlussposten" (Küting 2000, S. 98) angesehen werden. In der Literatur wird der Goodwill auch als „Sorgenkind" (Moxter 1979, S. 1102) bezeichnet. In der englischsprachigen Literatur findet sich die Bezeichnung als „the most inatngible oft he intangibles" (Boyd und McCarthy 2002, S. 10). In all diesen Bezeichnungen kommt die Skepsis zum Ausdruck, die mit diesem speziellen Vermögenswert verbunden wird. Im Resultat muss der Goodwill als rechnerische Differenz interpretiert werden, der zwischen dem Preis des Unternehmenskaufs (mit seinen psychologischen, taktischen und zukunftsbezogenen Komponenten) und dem bilanziell festzusetzenden Wert technisch entsteht (vgl. Moxter 1998, S. 476). Für die Bilanzanalyse ist der Goodwill mithin als kritische Größe zu beurteilen, die aufgrund seiner Zukunftsbezogenheit unsicher ist oder aufgrund taktischer oder psychologischer Elemente sich einer objektiven Bilanzanalyse entzieht oder gar einen zu hohen Kaufpreis darstellt. Von daher sollte das Konzerncontrolling darauf achten, dass der Goodwill so gering wie möglich ausgewiesen wird.

Betrachten wir die Konsolidierungsschritte bei der Erstkonsolidierung der Tochter SpA. Das Konzerncontrolling muss die folgenden Schritte machen:

- Es muss geprüft werden, welche Vermögensgegenstände stille Reserven haben. Hier finden sich Maschinen und Gebäude, die von 30.000 auf 50.000 € aufgewertet werden können.
- Im zweiten Schritt muss geprüft werden können, ob es Vermögensgegenstände gibt, die bislang nicht bilanziert wurden und die jetzt durch den Unternehmenskauf auf Konzernebene aktivierungsfähig geworden sind. Dies sei der Kundenstamm, dem ein Wert von 30.000 € zugerechnet wird.
- Es verbleibt ein Firmenwert von 30.000 €, der als Firmenwert in die Konzernbilanz Eingang finden muss.

Abbildung 2.7 zeigt zusammenfassend, wie der Kaufpreis von 100.000 € komponentenweise aufgeteilt wird.

Der Regelfall ist, dass die entstehenden Unterschiedsbeträge positiv sind, d. h. der Kaufpreis für das Unternehmen höher ist als das Eigenkapital. Ein Spezialfall ist das Entstehen eines passivischen (negativen) Unterschiedsbetrags (auch Badwill genannt), also dass der Kaufpreis niedriger ist als das Eigenkapital. Das Vorgehen ist spiegelbildlich zu dem bei dem Vorliegen eines Goodwills: Zum einen müssen stille Lasten durch zu hoch bewertete Aktiva oder unterbewertete Passiva aufgedeckt werden. Verbleibt dann noch ein Badwill, so wird dieser als „Unterschiedsbetrag aus der Kapitalkonsolidierung" auf der Passivseite nach dem Eigenkapital ausgewiesen (§ 301 Abs. 3 Satz 1 HGB). Wichtig ist dabei zu beachten, dass der Badwill betriebswirtschaftlich unterschiedliche Charaktere je nach Entstehungsgrund haben kann:

- Ist die Entstehung des passivischen Unterschiedsbetrags auf einen sogenannten lucky buy zurückzuführen, hat er tatsächlich einen ertragserhöhenden Charakter. Der Käufer

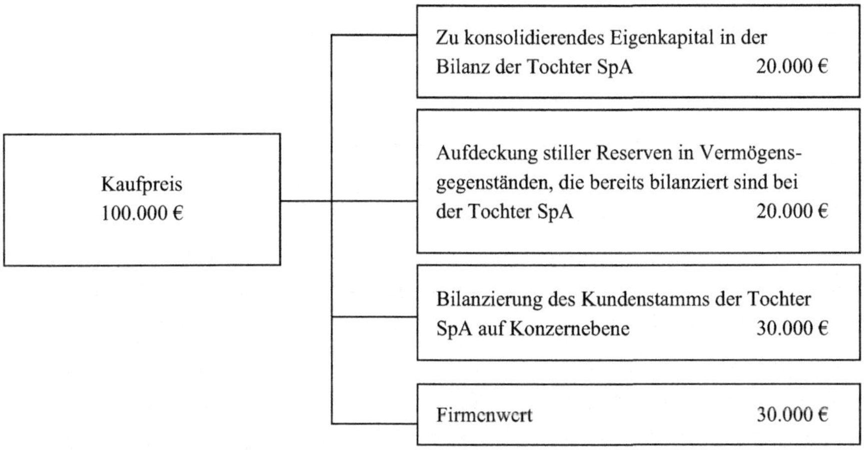

Abb. 2.7 Komponentenweise Aufteilung des Unternehmenskaufpreises in der Kapitalkonsolidierung

hat aufgrund seines Verhandlungsgeschicks bzw. seiner außerordentlichen Verhandlungsposition einen Preis, der unter dem Eigenkapital liegt, erreicht (vgl. Kußmaul und Richter 2004, S. 703).

Lufthansa und Swiss: Entstehung eines Badwills

Einen größeren Badwill hatte der Lufthansa Konzern in ihren Büchern nach der Übernahme der schweizerischen Fluggesellschaft Swiss.

2005 erwarb die deutsche Fluglinie den schweizer Konkurrenten. Dieser war nach einer verunglückten Expansion in Zahlungsschwierigkeiten geraten, so dass Lufthansa aufgrund der prekären Situation einen geringeren Kaufpreis aushandeln konnte als die einzelnen Vermögensgegenstände bewertet waren. Mit der vollständigen Übernahme aller Anteile im Jahre 2005 wurde der gesamte Badwill in Höhe von 279 Mio. € ergebniswirksam aufgelöst. Die Ergebnisse wurden im Finanzergebnis des Lufthansa-Konzerns ausgewiesen.

- Die Ursache des passivischen Unterschiedsbetrags kann aber auch in einer künftigen negativen Entwicklung des erworbenen Unternehmens liegen. Damit kann der Badwill eher eine zukünftige Verpflichtung darstellen, die durch ihn antizipiert wird. Damit wäre der Badwill als betriebswirtschaftliches Fremdkapital ähnlich wie eine Rückstellung zu charakterisieren (vgl. Sauthoff 1997, S. 619 ff.). Allerdings muss man in diesem Fall ein irrationales Verhalten der Käufer unterstellen, da der Wert des Unternehmens nicht unter seinen Liquidationswert sinken kann. Also auch in diesem Fall hat der Käufer zu viel gezahlt. Es wäre besser gewesen, das Unternehmen zu liquidieren (vgl. Siegel und Bareis 1993, S. 1478 f.)

Für das Konzerncontrolling ist es von entscheidender Bedeutung, bei der Erstkonsolidierung die Weichen in die gewünschte bilanzpolitische Richtung zu stellen. Aufgrund des Stetigkeitsgebots ist eine spätere Änderung der Behandlung außerordentlich schwierig.

2.5.4.3 Folgekonsolidierung ohne Minderheitsgesellschafter

Die Erstkonsolidierung war, wie oben gezeigt, erfolgsneutral. Die Folgekonsolidierungen führen allerdings zu Erfolgswirkungen. Die Fortführung der stillen Reserven und des Firmenwertes führen zu Aufwendungen im Konzernabschluss.

Die aufgedeckten stillen Reserven bei bereits bilanzierten Vermögensgegenständen führen zu höheren Wertansätzen in der Konzernbilanz. Die Abschreibungen für abnutzbare Vermögensgegenstände müssen für die Restnutzungsdauer auf diese höheren Wertansätze gerechnet werden, was zu höheren Konzernabschreibungen führt. Dies gilt genauso für die erstmals aktivierten Vermögensgegenstände, für die im Einzelabschluss ein Aktivierungsverbot bestand. Auch diese müssen über ihre Restnutzungsdauer abgeschrieben werden, was zu höheren Konzernabschreibungen führt.

Die Behandlung des Firmenwertes hängt sehr stark an dem verwendeten Rechnungslegungsstandard. IFRS und HGB unterscheiden sich hier fundamental. Im Folgenden wird zunächst die Folgekonsolidierung des Goodwills im HGB dargestellt.

§ 309 Abs. 1 HGB verweist zur Behandlung des Firmenwertes auf die Vorschriften des Teils für alle Kaufleute. Daraus ergibt sich, dass der Firmenwert planmäßig über die Nutzungsdauer abzuschreiben ist. Als Abschreibungsmethode wird regelmäßig die lineare Methode verwendet. Die Nutzungsdauer wird individuell bestimmt. Der Gesetzgeber geht aber von einer regelmäßig 5 Jahre betragenden Nutzungsdauer aus, da § 285 Nr. 13 HGB verlangt, dass wenn eine längere Nutzungsdauer angewendet wird dies im Anhang zu erläutern ist. Kriterien für die Festlegung der Nutzungsdauer können die folgenden sein (vgl. Engel-Ciric 2009, S. 449):

- Stabilität und Bestandsdauer der Branche,
- Lebenszyklus der Produkte,
- Auswirkungen von Veränderungen der Absatz- und Beschaffungsmärkte sowie der wirtschaftlichen Rahmenbedingungen auf das erworbene Unternehmen,
- Laufzeit wichtiger Absatz- oder Beschaffungsverträge,
- voraussichtliche Tätigkeit wichtiger Mitarbeiter oder Mitarbeitergruppen.

Liegt ein passivischer Unterschiedsbetrag vor, so richtet sich die Behandlung in den Folgejahren nach der Ursache für dessen Entstehung. Im Falle eines lucky buy wird der Badwill im Zeitpunkt des Verkaufs aufgelöst oder es ist ein Realisationszeitpunkt anzugeben und zu erläutern (vgl. Coenenberg 2005, S. 642 f.). Im Falle einer künftigen negativen Entwicklung ist der Badwill im Zeitpunkt des Eintretens der negativen Entwicklung aufzulösen.

Eine gänzlich andere Herangehensweise für die Behandlung des Goodwills in den Folgeperioden wählen die IFRS. Es erfolgt keine planmäßige Abschreibung des Goodwills nach IFRS. Stattdessen werden die Anschaffungskosten fortgeführt und jährlich einem Werthaltigkeitstest (impairment test) unterzogen. Es erfolgt somit keine planmäßige Rückführung des heiklen Vermögensgegenstandes Goodwill mehr.

Um die Voraussetzungen für eine Folgebewertung zu schaffen, muss zunächst der errechnete Goodwill auf sogenannte cash generating units (cgu) verteilt werden. Gemäß IAS. 36.6 ist die cgu die kleinste identifizierbare Gruppe von Vermögensgegenständen, die Zahlungen generiert, die unabhängig sind von anderen Gruppen von Vermögensgegenständen oder anderen Mittelzuflüssen. Diese Definition lässt erhebliche Spielräume bei der Bildung von cgu zu (vgl. Brösel und Müller 2007, S. 36). Die Bildung von cgu ist aber notwendig, da das übernommene Unternehmen durch die Übernahme eventuell nicht identisch weitergeführt wird. Konkret muss die Bildung von cgu dem management approach folgen, d. h. es soll auf vorhandene Berichtsstrukturen zurückgegriffen werden, also auf die kleinsten berichteten Einheiten im Management Reporting des Unternehmens. Dies soll diejenige Einheit sein, bei der das Unternehmen selbst überprüft, ob der Unternehmenserwerb zu einem positiven oder negativen Ergebnis führt (vgl. Brücks et al. 2005, S. 2). Sind die cgu bestimmt, muss der Goodwill auf diese verteilt werden. Auch hier besteht wieder ein erheblicher Spielraum, da IAS. 36.80 sehr weitläufig bestimmt, dass diese Aufteilung der voraussichtlichen Nutzenstiftung folgen soll.

Goodwill-Abschreibung bei der Deutschen Telekom AG

Nach Jahren der Schwierigkeiten hat die Deutsche Telekom versucht ihre amerikanische Mobilfunktochter zu verkaufen. T-Mobile USA wurde 2001 durch Akquisition gegründet. Im Laufe der Zeit (bis 2007) kamen weitere Akquisitionen hinzu, die aus T-Mobile USA den viertgrößten amerikanischen Mobilfunkanbieter machten. Im Jahr 2011 wurden die Bemühungen um einen Verkauf von Erfolg gekrönt. Die Deutsche Telekom konnte den Verkauf an den amerikanischen Telekomanbieter AT&T vermelden. Allerdings wurde im Dezember 2011 die Transaktion durch das amerikanische Justizministerium untersagt, die Befürchtungen hatten, dass der Wettbewerb auf dem Mobilfunkmarkt durch den Zusammenschluss erheblich eingeschränkt worden wäre. AT&T wäre bereit gewesen 39 Mrd. US-Dollar für die Akquisition zu bezahlen. Dies hatte eine erste Welle von Goodwill-Abschreibungen in der Konzernbilanz der Deutschen Telekom zur Folge. Im Oktober 2012 fand die Telekom dann einen neuen Käufer in dem kleineren Wettbewerber MetroPCS Communications. Im Zuge dieser Transaktion musste die Telekom eine Neubewertung des Goodwills der T-Mobile USA vornehmen. Diese Neubewertung ergab einen Abschreibungsbedarf in Höhe von 7,4 Mrd. €, die im 4. Quartal 2012 gebucht worden ist.

In jedem Jahr muss die Werthaltigkeit des Goodwills jeder cgu überprüft werden. Dazu werden der aktuelle Buchwert jeder cgu (carrying amount) mit dem sogenannten erzielbaren Betrag (recoverable amount) verglichen. Der carrying amount besteht aus dem aktuellen Buchwert der der cgu anrechenbaren Vermögensgegenstände abzüglich der Schulden zuzüglich des der cgu zugeordneten Goodwills. Der recoverable amount ist der höhere Betrag aus dem Nutzungswert, der die fortgesetzte betriebliche Nutzung der cgu unterstellt, oder aus dem beizulegenden Zeitwert abzüglich der Verkaufskosten, der die Veräußerung der cgu unterstellt. Ist der recoverable amount niedriger als der carrying amount, so muss auf den niedrigeren Wert abgeschrieben werden. Die Abschreibung erfolgt zunächst auf den auf die cgu entfallenden Goodwill. Ist dieser vollständig abgeschrieben, wird buchwertproportional auf die einzelnen Vermögensgegenstände der cgu abgeschrieben.

Abbildung 2.8 gibt eine schematische Übersicht über den Vergleich.

Eine Zuschreibung ist nicht erlaubt. Sollte also der carrying amount kleiner sein als der recoverable amount, so muss eine Zuschreibung unterbleiben, da IAS 36.125 davon ausgeht, dass es sich bei einer Wertsteigerung jeweils um einen selbst geschaffenen (originären) Firmenwert handelt, für den ein Bilanzierungsverbot besteht.

Die einzelnen Werte werden wie folgt ermittelt:

- Beizulegender Wert abzüglich Verkaufskosten: Zur Ermittlung geben die IASB eine Werthierarchie vor (vgl. Brücks et al. 2005, S. 3). Am ehesten ist ein bindendes Kaufangebot für die cgu geeignet, den Wert zu bestimmen. Danach kann auf einen aktiven Markt, z. B. für einzelne Aktien zuzüglich einer Kontrollprämie, zurückgegriffen werden. Ist kein aktiver Markt vorhanden, so kann auf kürzlich vorgenommene Verkäufe der cash generating unit verwiesen werden. Wenn auch dies nicht möglich ist bzw. der

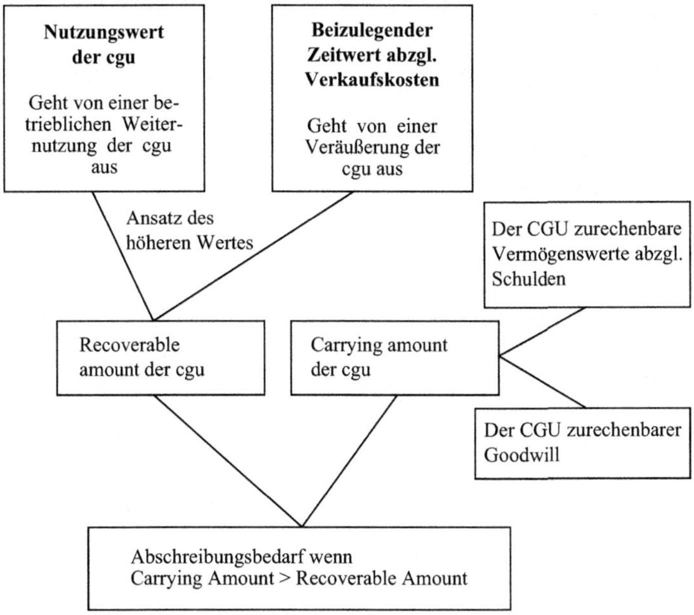

Abb. 2.8 Schematisches Vorgehen beim impairment test für Firmenwerte. (Eigene Erstellung in Anlehnung an Brösel und Müller 2007, S. 36)

zurückliegende Vergleich nicht mehr repräsentativ für den heutigen Wert ist, soll ein Preis analytisch ermittelt werden. Da dies aber praktisch unmöglich ist (vgl. Behringer 2012, S. 56), lässt sich fast jeder Preis rechtfertigen (vgl. Damodaran 2001, S. 253). Von dem so errechneten Wert müssen die Kosten der Veräußerung (Notar, Rechtsanwälte, eventuell zu zahlende Provisionen etc.) abgezogen werden.
- Nutzungswert der cgu: Der Nutzungswert wird bestimmt als Barwert der erwarteten künftigen Cash-flows der cg und Da die künftigen Cash-flows anzusetzen sind, ergibt sich automatisch ein Spielraum für ihre Ermittlung. Die Cash-flows müssen auf Basis der Vergangenheit geschätzt werden. Nicht einbezogen werden dürfen Erweiterungsinvestitionen oder Restrukturierungen, die geplant sind. Der Barwert soll berechnet werden mit einem risikolosen Zins, der um einen Risikozuschlag, der mit Hilfe des Capital Asset Pricing Models (CAPM) geschätzt werden soll (vgl. Brösel und Müller 2007, S. 37), erhöht wird.
- Der carrying amount der cgu: Hier ist darauf zu achten, dass nicht Äpfel mit Birnen verglichen werden, also, dass der carrying amount auf gleiche Art und Weise und in gleicher Abgrenzung errechnet wird, wie beizulegender Wert oder Nutzungswert.

Die dargestellte Behandlung der Folgekonsolidierung eines Goodwills in den IFRS ist ohne Zweifel eine komplexe Angelegenheit. Wichtig festzuhalten ist, dass es diverse Spielräume für das Konzerncontrolling gibt, die beachtet werden müssen (vgl. auch Brösel und Müller 2007, S. 42). Dabei gehen die IFRS von der Fiktion aus, dass es einen objektiven Unternehmenswert (fair value) gibt, der berechnet werden kann (vgl. Schildbach 2009, S.

377 ff.). Das Konzerncontrolling muss bei der Ausfüllung der gebotenen Spielräume das Spannungsfeld beachten, auf der einen Seite die Regeln der Rechnungslegung einzuhalten und auf der anderen Seite das Wohl des Unternehmens im Auge zu behalten und das Unternehmen nach außen als attraktiv für Investoren darzustellen. Durch die nicht mehr kontinuierliche Abwertung des Goodwills steigern sich die Amplitudenausschläge der betriebswirtschaftlichen Ergebnisse. Wird durch den impairment test festgestellt, dass ein Abschreibungsbedarf vorhanden ist, so kann dies das operative Ergebnis eines Konzerns schnell überlagern. Von daher ist eine genaue Prüfung des Goodwills für das Konzerncontrolling eine der Kernaufgaben auch im Sinne eines Frühwarnsystems. Die Überprüfung der Werthaltigkeit sollte demnach in ausreichender Zeit vor dem Abschlussstichtag erfolgen, was auch nach IAS. 36.96 durchaus möglich ist. In der Praxis wird sich meistens an den Intervallen zur normalen internen Berichterstattung orientiert (vgl. Wirth 2005, S. 20). Um unliebsame Überraschungen zu vermeiden, erscheint daher die regelmäßige Befassung mit der Werthaltigkeit des Goodwills geboten zu sein.

Wie Tab. 2.5 zeigt, sind Goodwills ein bedeutender Vermögensgegenstand in sehr vielen Konzernbilanzen. Daher bedürfen sie der besonderen Aufmerksamkeit des Konzerncontrollings. Dies wird noch durch den dargestellten flüchtigen Charakter dieser Vermögensposition unterstrichen. Dabei kann ein impairment nach IFRS das Eigenkapital stark angreifen (vgl. Kap. 2.5.4.3). Die Bedeutung des Goodwills für den Konzern wird damit klar, selbst eine am Volumen des Goodwills relativ geringe Abschreibung kann den Konzern in Schwierigkeiten bringen. Insbesondere da eine Situation, in der Goodwillabschreibungen notwendig werden auch mit operativen Verlusten verbunden ist. Der Anreiz für Unternehmen eine eigentlich gebotene Abschreibung in solchen Zeiten zu verschieben ist sehr groß. Dies kann dazu führen, dass Abschreibungen auf die immateriellen Vermögensgegenstände erst dann vorgenommen werden, wenn sie unaufschiebbar sind und dann eventuell das gesamte Eigenkapital eines Konzerns auffressen können.

2.5.4.4 Erst- und Folgekonsolidierung mit Minderheitsgesellschafter

Bislang wurde immer von dem Fall ausgegangen, dass die Muttergesellschaft zu 100 % Eigentümerin der Tochtergesellschaft ist. Im Folgenden wird der Fall betrachtet, dass es einen Minderheitsgesellschafter gibt. Die Regeln für die Behandlung von Minderheiten unterscheiden sich wiederum danach, welche Rechnungslegungsnorm angewendet wird.

Bestehen die Voraussetzungen des Beherrschungsverhältnisses, wird das Tochterunternehmen vollkonsolidiert, unabhängig davon, ob noch Minderheiten vorhanden sind oder nicht. Alle Vermögensgegenstände und Schulden werden in den Konzernabschluss übernommen. Dies hat zur Folge, dass im Konzernabschluss mehr Vermögensgegenstände und Schulden ausgewiesen werden, als dem Konzern zustehen. Da die Minderheitsgesellschafter ebenfalls Eigentümer des Unternehmens sind, steht ihnen ein Anteil am Eigenkapital ihres Unternehmens zu. § 307 Abs. 1 HGB bestimmt, dass für Minderheitsgesellschafter ein Ausgleichsposten im Eigenkapital auszuweisen ist. Gleichzeitig ist in der Gewinn- und Verlustrechnung nach dem Jahresüberschuss ein Posten für auf andere Gesellschafter entfallende Gewinne und Verluste zu bilden.

Tab. 2.5 Goodwills und Goodwill-Abschreibungen in den Bilanzen der DAX-30 Unternehmen (Quelle: Schuermann 2017, S. 74)

Unternehmen	Bilanzierte Goodwills (2016)	Goodwill in % zum Eigenkapital (2016)	Durchschnittl. Abschreibung 2005–2016 (in MEUR)	Durchschnittl. Abschreibung 2005–2016 (in % zum Goodwill)
Adidas	1.412	22	36	2,7
Allianz	12.372	18	88	0,7
BASF	10.073	31	43	0,7
Bayer	16.312	52	0	0,0
Beiersdorf	63	1	18	20,0
BMW	364	1	0	0,0
Commerzbank	1.484	5	109	6,4
Continental	6.857	47	17	0,3
Daimler	1.188	2	3	0,3
Deutsche Bank	4.103	6	656	8,3
Deutsche Börse	2.721	59	1	0,0
Deutsche Post	11.658	103	88	0,8
Deutsche Telekom	14.310	37	1.043	5,9
E.on	3.463	269	827	6,3
Fresenius	22.901	110	0	0,0
Fresenius Medical Care	12.965	119	0	0,0
HeidelbergCement	11.828	66	99	1,1
Henkel	11.626	77	5	0,1
Infineon	799	16	2	1,0
K+S	642	18	0	0,0
Lanxess	174	7	0	0,0
Linde	11.405	74	0	0,0
Lufthansa	636	9	26	5,0
Merck	15.064	107	5	0,1
Münchener Rück	2.817	9	128	3,9
ProSieben Sat.1	1860	130	13	1,0
RWE	11.663	146	185	1,5
SAP	23.311	88	0	0,0
Siemens	24.159	69	169	1,0
ThyssenKrupp	3.763	144	47	1,3
Volkswagen	23.558	25	1	0,0
Vonovia	2.718	20	0	0,0

Nehmen wir an, die Mutter AG hat einen Anteil von 90 % an der Tochter AG für 50.000 € erworben. Das Eigenkapital der Tochter AG sei 10.000 €. In den Aktiva der Tochter AG sind zudem stille Reserven in Höhe von 20.000 € enthalten, die aufgedeckt werden und den Firmenwert mindern. Der Kaufpreis bzw. das Eigenkapital werden wie in Tab. 2.6 angegeben auf den Konzern und die Minderheit aufgeteilt.

In der Konzernbilanz muss der den Minderheiten zustehende Betrag im Eigenkapital als Ausgleichsposten für Minderheitsgesellschafter ausgewiesen werden. Im Beispiel beträgt dieser 3.000 €. Der Betrag gibt an, wie viel vom Reinvermögen der Tochter AG deren Minderheiten vorenthalten werden. Es fällt auf, dass der Minderheitsgesellschafter keinen Anteil am Firmenwert erhält. Dieser wird vollständig der Mutter AG zugeordnet (vgl. Coenenberg 2005, S. 631).

In den IFRS gibt es bezüglich der Kapitalkonsolidierung ein Wahlrecht zwischen dem Full-Goodwill Approach, bei dem der Goodwill vollständig aufgedeckt wird, und dem Purchased-Goodwill Approach, bei dem nur der beteiligungsproportionale, d. h. von der Mutter bezahlte Goodwill aufgedeckt wird (vgl. Küting und Wirth 2007, S. 462). Die vorgestellte Methode des deutschen Bilanzrechts entspricht dem Purchased-Goodwill Approach, so dass im Folgenden nur noch auf die Full Goodwill Methode eingegangen wird. Wenn es keine Minderheitsgesellschafter gibt, so führen beide Methoden zum gleichen Ergebnis.

Beim Full-Goodwill Approach ist Ausgangspunkt der Goodwill Ermittlung der fair value der Beteiligung. Da zum Zeitpunkt der Erstkonsolidierung der Erwerb der Beteiligung gerade stattgefunden hat, liegt ein kürzlich tatsächlich stattgefundener Verkauf vor, der als objektiviert angesehen werden kann. Der Fair Value entspricht den Anschaffungskosten der Mutter. Es wird aber nicht nur auf den Konzernanteil abgestellt, sondern der gesamte fair value der Tochterunternehmung betrachtet. Beispiel: Die Mutter AG hat einen 80 % Anteil an der Tochter AG für 100.000 € erworben. Es ergibt sich ein anzusetzender gesamter fair value für 100 % an der Tochter AG in Höhe von 120.000 €. Damit sind auch die Anteile der konzernfremden Minderheitsgesellschafter berücksichtigt (vgl. Küting et al. 2008, S. 143). Genau wie bei allen anderen Vorschriften zur Kapitalkonsolidierung wird dann das gesamte Vermögen der erstmalig zu konsolidierenden Tochtergesellschaft neu bewertet und stille Reserven aufgedeckt. Anders als im Beispiel zur Berechnung des Firmenwertes im HGB (vgl. Tab. 2.6) muss bei der Full Goodwill Methode das gesamte Vermögen dem gesamten fair value gegenübergestellt werden ohne einen Abzug für die Anteile von Minderheitsgesellschaftern. Ergibt sich durch diese Aufrechnung ein positiver Unterschiedsbetrag, so ist dieser als Goodwill zu aktivieren.

Tab. 2.6 Aufteilung der Beträge in der Kapitalkonsolidierung zwischen Mehrheits- und Minderheitsgesellschafter

	Mutter AG (90 %)	Minderheiten (10 %)
Buchwert Eigenkapital	9.000	1.000
Stille Reserven	18.000	2.000
Firmenwert	23.000	

Im Full-Goodwill Approach wird davon ausgegangen, dass der Goodwill eine Einheit darstellt, so dass keine Aufteilung des Goodwills auf Mehrheits- und Minderheitseigner vorgenommen werden muss. Dem so erhöhten Goodwill steht auf der Passivseite ein „Anteil nicht kontrollierender Gesellschafter am Eigenkapital" gegenüber. Wenn man die Einheitstheorie konsequent zu Ende denkt, kann man die Full Goodwill Methode als logische Weiterentwicklung interpretieren (vgl. Haaker 2006, S. 453). Der Goodwill, der auf die Minderheiten entfällt, entsteht zwar nicht durch die Minderheiten, repräsentiert aber das auf sie entfallende Potenzial an Synergien. Allerdings entsteht das Problem bei dieser Interpretation, dass es sich bei dem dann aktivierten Goodwill eigentlich um einen selbstgeschaffenen (d. h. nur in der wirtschaftlichen Einheit des Konzerns möglichen) originären Goodwill handelt, für den ein Aktivierungsverbot besteht. Insgesamt ist auch hier den komplexen Vorschriften zu konstatieren, dass erhebliche Bewertungsspielräume in den Methoden angelegt sind (so auch Brösel 2008, S. 246 f.).

In der Folgekonsolidierung nach IFRS ist genauso zu verfahren, wie im Fall, wenn keine Minderheitsgesellschafter vorhanden sind. Die neu bewerteten Vermögensgegenstände sind fortzuschreiben und die Abschreibung muss auf die um die stillen Reserven erhöhten Wertansätze auf die Restnutzungsdauer verteilt werden. Der Goodwill ist jährlich einem impairment test zu unterziehen und bei einer Wertminderung außerplanmäßig abzuschreiben. Ergibt sich eine Wertminderung, ist auch beim Full-Goodwill Approach der gesamte Wertberichtigungsbedarf in der Konzerngewinn- und -verlustrechnung zu zeigen. Erst in dem „davon Vermerk" „Auf nicht kontrollierende Gesellschafter entfallende Gewinne und Verluste" ist der auf die Minderheit entfallende Wertberichtigungsbedarf zu zeigen. Ist gesellschaftsvertraglich nichts anderes vereinbart, so wird der gesamte Wertberichtigungsbedarf mit der Beteiligungsquote multipliziert (vgl. Küting et al. 2008, S. 148).

Im HGB erfolgt die Folgekonsolidierung ebenfalls genauso, wie im Fall ohne Minderheitsgesellschafter. Das neu bewertete Vermögen wird mit den um die stillen Reserven erhöhten Wertansätzen über die Restnutzungsdauer abgeschrieben. Dadurch vermindert sich auch der Anteil der Minderheit an den stillen Reserven. Da der Firmenwert hier nur für den Anteil der Konzernmutter aufgedeckt wird, betreffen die darauf entfallenden planmäßigen Abschreibungen lediglich den Konzern und nicht die Minderheit.

Wird Gewinn in der Tochtergesellschaft thesauriert, so wird der anteilig der Minderheit zustehende Gewinn dieser über den Ausgleichsposten für Minderheitsgesellschafter zugerechnet.

2.6 Konsolidierung von nicht beherrschten Unternehmen

Das HGB geht von einem Stufenkonzept bei der Konsolidierung aus: Je geringer der Einfluss auf das Unternehmen ist, desto geringer ist der anzuwendende Konsolidierungsumfang. Bislang wurde der Fall der Vollkonsolidierung von verbundenen Unternehmen betrachtet, bei der – der Einheitstheorie folgend – alle Leistungsbeziehungen zwischen den rechtlich selbstständigen Unternehmen eliminiert werden müssen. Weniger intensiv muss bei den Unternehmen konsolidiert werden, auf die Einfluss ausgeübt wird, bei denen aber kein Beherrschungsverhältnis vorliegt.

Gemeinschaftsunternehmen sind solche Unternehmen, die von einem eigenen in den Konzernabschluss einbezogenen Unternehmen gemeinsam mit einem oder mehreren dritten Unternehmen geleitet werden. Voraussetzung ist mithin, dass bereits ein Konzern besteht, also ein herrschendes und mindestens ein beherrschtes Unternehmen vorhanden sind und diese Anteile an einem Gemeinschaftsunternehmen halten. Bei Gemeinschaftsunternehmen besteht ein Wahlrecht, ob dieses Unternehmen quotenkonsolidiert wird oder nach der at equity Methode in den Konzernabschluss einbezogen wird. Assoziierte Unternehmen sind nach § 311 Abs. 1 HGB solche Unternehmen, an denen eine Beteiligung besteht und auf die ein maßgeblicher Einfluss auf die Geschäfts- und Firmenpolitik ausgeübt wird. Die Bestimmung, was mit einem maßgeblichen Einfluss gemeint ist, ist schwierig (vgl. Sahner und Gersenich 1990, S. 189 f.). Man sollte davon ausgehen, dass wenn an bedeutenden Unternehmensentscheidungen mitgewirkt wird, der maßgebliche Einfluss tatsächlich vorliegt. Es ist zu betonen, dass der Wortlaut des Gesetzes auf einen tatsächlich ausgeübten Einfluss abstellt (vgl. Theisen 2000, S. 519). Vermutet wird ein maßgeblicher Einfluss bei einer Beteiligung von 20 % (vgl. § 311 Abs. 2 HGB). Assoziierte Unternehmen müssen at equity in den Konzernabschluss einbezogen werden. Liegt ein Anteil von weniger als 20 % vor oder besteht kein maßgeblicher Einfluss, sind die Anteile als Wertpapiere des Anlagevermögens mit ihren Anschaffungskosten anzusetzen. Abbildung 2.9 gibt einen Überblick über das Stufenkonzept des HGB zur Konsolidierung.

2.6.1 Quotenkonsolidierung

Für die Konsolidierung von Gemeinschaftsunternehmen besteht ein Wahlrecht, ob diese quotal oder at equity konsolidiert werden. Ein Gemeinschaftsunternehmen wird von einem konzernangehörigen Unternehmen und einem externen Unternehmen gemeinsam geleitet. International, auch in den IFRS (IAS. 31.3), ist für Gemeinschaftsunternehmen

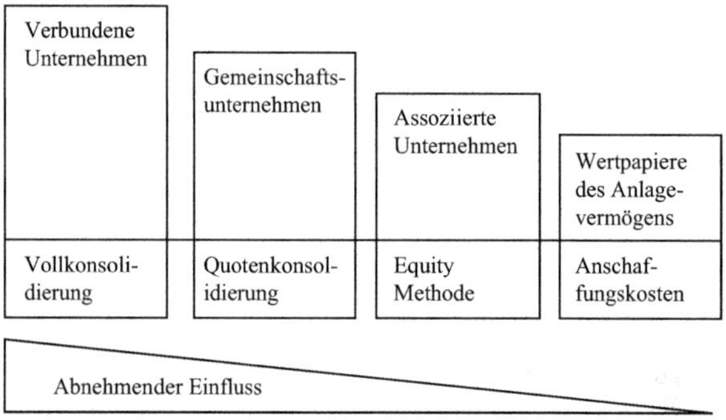

Abb. 2.9 Stufenkonzeption des HGB zu den Konsolidierungsmethoden. (Vgl. Küting und Weber 2008, S. 133)

der Begriff „Joint Venture“ gebräuchlich. Joint Ventures werden genutzt, um gemeinsam ein zeitlich befristetes Geschäft zu machen (z. B. Bau einer Großanlage). Außerdem kann ein Markt gemeinsam bearbeitet werden, wie z. B. bei der Bosch-Siemens Hausgeräte GmbH, die gemeinsam von Bosch und Siemens betrieben werden. International spielen Joint Ventures eine große Bedeutung für Markteintritt insbesondere in Entwicklungs- und Schwellenländern. So ist insbesondere in China der Markteintritt häufig mit Joint Ventures gelungen, so z. B. bei VW Shanghai (vgl. Kutschker und Schmid 2008, S. 885 ff.).

Quotenkonsolidierung bedeutet, dass das Tochterunternehmen mit dem Anteil der Muttergesellschaft in den Konzernabschluss übernommen wird. Hat die Mutter AG z. B. einen Anteil von 50 % an der Tochter AG, so gehen die Bilanz und die Gewinn- und Verlustrechnung der Tochter AG zur Hälfte in die Summenbilanz des Konzerns ein. Die Konsolidierung von Gemeinschaftsunternehmen erfolgt im Grundsatz genauso wie bei vollkonsolidierten Unternehmen, wobei jeweils nur der Anteil der Mutter konsolidiert wird (also im Beispiel 50 %). Im Einzelnen bedeutet dies für die Konsolidierung:

- Innenumsatzerlöse sowie Aufwendungen und Erträge werden nur in Höhe der Beteiligungsquote eliminiert. Wurde im Beispiel eine Ware zu 100 € von der Mutter an das Gemeinschaftsunternehmen verkauft, so werden nur 50 € konsolidiert, da ja auch nur 50 € in die Summenbilanz eingeflossen sind.
- Auch Zwischenerfolge werden nur anteilig eliminiert.
- Die Schuldenkonsolidierung erfolgt analog.
- Bei der Kapitalkonsolidierung erfolgt ebenfalls eine Verrechnung des Beteiligungsbuchwerts mit dem Eigenkapital der Tochter. Bleibt ein Goodwill stehen, so wird dieser genauso behandelt wie bei der Vollkonsolidierung (planmäßige Abschreibung). Systembedingt anders werden die stillen Reserven, die durch die Neubewertung der Vermögensgegenstände der Tochter entstehen, und das anteilige Eigenkapital, das den anderen Gesellschaftern zusteht, behandelt. Einen Ausgleichsposten für Anteile anderer Gesellschafter gibt es nicht, da nur der Anteil der Muttergesellschaft überhaupt in den Konzernabschluss eingeht.

Die Quotenkonsolidierung ist eine Durchbrechung der Einheitstheorie und geht auf die Interessentheorie zurück. Mit der nur quotalen Einbeziehung und folgerichtig nur quotalen Konsolidierung wird der Gedanke von der wirtschaftlichen Einheit des Konzerns durchbrochen und wird auf das rechtliche Eigentum der Muttergesellschaft abgestellt. Aus diesem Grund wird die Anwendung der Quotenkonsolidierung in der Literatur häufig abgelehnt (vgl. Theisen 2000, S. 158 f.). In einer empirischen Untersuchung für das Geschäftsjahr 2005 wurde aber sehr wohl eine große Bedeutung der Quotenkonsolidierung festgestellt (vgl. Labrenz et al. 2008, S. 186). So gaben 19 % der Unternehmen an, dass sie ihre Gemeinschaftsunternehmen im Wege der Quotenkonsolidierung in den Konzernabschluss übernehmen. Obgleich das Wahlrecht zwischen Quotenkonsolidierung und at equity Methode in § 310 HGB als individuelles Recht ausgestaltet ist, so dass verschiedene

Gemeinschaftsunternehmen in einem Konzern verschieden behandelt werden können, so wird in der Praxis dieses Wahlrecht als Unternehmenswahlrecht aufgefasst, so dass alle Gemeinschaftsunternehmen eines Konzerns entweder at equity oder quotal konsolidiert werden. Hauptbegründung für die Anwendung der Quotenkonsolidierung ist der bei der at equity Methode eintretende Informationsverlust.

Mit der Verabschiedung eines neuen Standards zur Bilanzierung von gemeinsamen Vereinbarungen (IFRS 11) ist die Behandlung von gemeinschaftlichen Aktivitäten neu geregelt worden. Es gibt zwei verschiedene Kategorien von Gemeinschaftsaktivitäten. Handelt es sich um eine joint operation ist eine quotale Einbeziehung vorgesehen. Dies ist dann der Fall, wenn keine Rechtspersönlichkeit besteht, die die Aktivitäten durchführt oder wenn es sich um eine eigene Rechtspersönlichkeit handelt, bei denen aufgrund der vertraglichen Konstruktion bestimmte Rechte an Vermögenswerten bestehen. Bei dem typischen Gemeinschaftsunternehmen (Joint Venture), bei dem ein Recht am Nettovermögen des Unternehmens besteht, ist seit der Neuregelung lediglich die Equity-Konsolidierung erlaubt. Abbildung 2.10 systematisiert diese Unterscheidung.

In den US-GAAP ist dahingegen die Quotenkonsolidierung in keinem Falle zulässig.

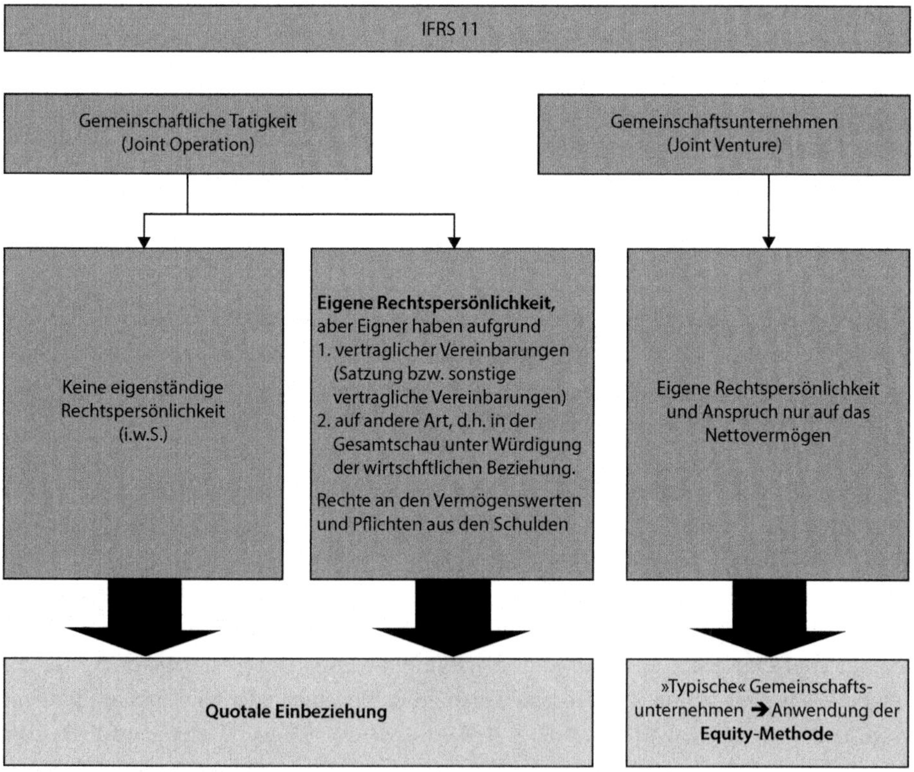

Abb. 2.10 Systematisierung der Unterscheidung zwischen joint operation und joint venture (vgl. Küting und Wirth 2012, S. 151)

2.6.2 At Equity Konsolidierung

Assoziierte Unternehmen müssen nach der at equity Methode in den Konzernabschluss einbezogen werden (§ 311 HGB). Gemeinschaftsunternehmen können entweder quotal konsolidiert werden oder at equity einbezogen werden. Die at equity Methode hat ein grundlegend anderes Vorgehen als die Voll- und Quotenkonsolidierung. Das at equity einzubeziehende Unternehmen wird nicht mehr konsolidiert, d. h. die Bilanz sowie die Gewinn- und Verlustrechnung werden nicht Teil der Summenbilanz des Konzerns. Ausgewiesen wird lediglich ein Beteiligungswert, der fortgeschrieben wird, um dem Bilanzleser weiterführende Informationen zu geben, die dem maßgeblichen Einfluss der Mutter Rechnung tragen.

Die at equity Methode ist nur im Konzernabschluss anzuwenden. Hat ein Unternehmen also bedeutende Beteiligungen an assoziierten Unternehmen i. S. d. § 311 HGB, unterliegt aber sonst nicht der Konzernrechnungspflicht, so greifen die Vorschriften für den Einzelabschluss, nachdem eine Beteiligung grundsätzlich mit den Anschaffungskosten anzusetzen ist. Erst wenn unabhängig vom assoziierten Unternehmen ein Konzernabschluss aufzustellen ist, greift die at equity Methode.

Nach § 312 Abs. 1 HGB muss die at equity Methode als Buchwertmethode angewendet werden. Ausgangspunkt der Ermittlung des at equity Wertes sind die Anschaffungskosten der Beteiligung. Hat die Mutter AG eine 20 %ige Beteiligung an der Equity AG für 100.000 € erworben, werden zum Zeitpunkt der Erstkonsolidierung diese 100.000 € als at equity Buchwert für die Equity AG gezeigt. Dieser muss allerdings jetzt aufgeschlüsselt werden, analog zum Vorgehen bei einer Vollkonsolidierung. Gehen wir von einem Eigenkapital der Equity AG von 300.000 € aus und von stillen Reserven in Höhe von 100.000 €, die durch die Neubewertung aller Vermögensgegenstände aufgedeckt werden, so ergeben sich für den at equity Buchwert folgende Komponenten:

- Anteiliges Eigenkapital = 300.000 € × 20 % = 60.000 €
- Anteilige stille Reserven = 100.000 € × 20 % = 20.000 €
- Der Restbetrag zu den Anschaffungskosten in Höhe von 20.000 € ist der Goodwill.

Im Konzernanhang ist der Unterschiedsbetrag zu nennen.

In den Folgeperioden ist der at equity Buchwert fortzuschreiben. Zum einen sind die aufgedeckten stillen Reserven den einzelnen Vermögensgegenständen zuzuordnen und entsprechend ihrer Restnutzungsdauer abzuschreiben. Hier entsteht häufig ein erhebliches praktisches Problem. Da die Angaben zu den einzelnen Vermögensgegenständen nicht im Zugriff des Konzernrechnungswesens sind, ist die richtige Abschreibung nur unter Annahmen möglich. Daher wird in der Praxis die eigentlich gebotene Neubewertung der Vermögensgegenstände meist ignoriert bzw. auf einen besonders wichtigen Vermögensgegenstand (ein Patent o. ä.) beschränkt. Daneben ist der ermittelte Goodwill abzuschreiben. Daher entfällt auch meistens die Angleichung auf gleiche Bilanzierungs- und Bewertungsstandards, wie sie in § 312 Abs. 5 HGB gefordert wird. In diesem Falle ist dies im Anhang des Konzerns anzugeben.

Zum zweiten wird der at equity Buchwert durch das Eigenkapital des assoziierten Unternehmens verändert. Die folgende Tab. 2.7 zeigt die wesentlichen Sachverhalte, die zu Erhöhung oder Minderung des at equity Buchwertes führen (für einenkompletten Überblick über alle Sachverhalte vgl. Baetge et al. 2004, S. 411).

Wir gehen davon aus, dass die Equity AG im Jahr nach der Erstkonsolidierung einen Gewinn von 30.000 € ausweist, von denen 15.000 € an die Eigentümer ausgeschüttet werden. Wenn zudem angenommen wird, dass die stillen Reserven sich auf eine Anlage beziehen, die eine Restnutzungsdauer von 4 Jahren hat, so ergeben sich die folgenden Wertansätze:

- Abschreibung auf den Firmenwert (über 5 Jahre): 4.000 €
- Abschreibung auf die stillen Reserven: 5.000 €
- Anteiliger Gewinn = 30.000 € × 20 % = 6.000 €
- Abzüglich anteiliger Ausschüttung = 15.000 € × 20 % = 3.000 €

Dies ergibt folgenden at equity Wert:

at equity Wert = 100.000 – 4.000 – 5.000 + 6.000 – 3.000 = 94.000.

Der at equity Wert ist in der Konzernbilanz für die Equity AG einzusetzen. Die Veränderung des Equity Wertes erfolgt erfolgswirksam über die Konzerngewinn- und -verlustrechnung. Anders als im Einzelabschluss sind bei der at equity Methode die Anschaffungskosten der Beteiligung nicht die Wertobergrenze. Also sollte in den Folgejahren der at equity Buchwert der Equity AG über 100.000 € steigen, so kann dieser Wert vollständig angesetzt werden.

Sind in dem at equity Wert keine stillen Reserven und Firmenwerte mehr enthalten, so entspricht der Beteiligungsbuchwert genau dem anteiligen Buchwert des Eigenkapitals des assoziierten Unternehmens. Aus diesem Grund wird die at equity Methode auch als Spiegelbildmethode bezeichnet (vgl. Küting und Weber 2008, S. 520).

Nach § 312 Abs. 5 HGB soll zudem eine Zwischenergebniseliminierung vorgenommen werden, soweit die dazu notwendigen Informationen zugänglich sind. In der Literatur wird häufig gefordert, dass wenn diese Informationen nicht zugänglich sind, die Zwischenergebnisse geschätzt werden (vgl. Fröhlich 2001, S. 41 ff.). Lediglich wenn die Zwischenergebnisse insgesamt nicht wesentlich für den Konzernabschluss sind, kann darauf verzichtet werden. Auch hier werden sich erhebliche praktische Probleme ergeben. Eine plausible Schätzung von Zwischengewinnen, ohne Zugang zu internen Unterlagen des assoziierten Unternehmens zu haben, wird schwerlich möglich sein.

Tab. 2.7 Fortschreibung des at equity Buchwerts. (Vgl. Buchholz 2016, S. 227)

Erhöhung	Verminderung
Gewinne des assoziierten Unternehmens	Verluste des assoziierten Unternehmens
	Abschreibung stiller Reserven und des Firmenwerts
	Vereinnahmte Gewinne

2.7 Die Bedeutung der Konzernrechnungslegung für das Konzerncontrolling

In Kap. 1 ist die Rationalitätssicherung der Führung als Leitmaxime für das Controlling entwickelt worden. Dazu waren Informationsaufgaben, Planungs- und Kontrollaufgaben sowie Koordinationsaufgaben als Elemente der Rationalitätssicherung definiert worden. Erkenntnisobjekt dieser Aufgabe ist der Konzern.

Unmittelbar hat die Konzernrechnungslegung Einfluss auf die Informationsaufgaben des Konzerncontrollings. Hier wird der Konzern in seiner wirtschaftlichen Einheit dargestellt. Aus diesem Grund ist auf die Konzernrechnungslegung als Informationsbasis zurückzugreifen für alle Informationen, die die Dimension des Konzerns beleuchten. Allerdings muss das Konzerncontrolling auch weiterhin die Dimension des Einzelabschlusses betrachten, um Entwicklungen in den rechtlichen Einheiten darstellen zu können. Dies sind z. B. steuerliche Wirkungen, Insolvenztatbestände, Ausschüttungen zur Konzernfinanzierung etc. Diese können nur anhand der Einzelabschlüsse bewertet werden. Durch die Pflicht zum jährlichen impairment test bei der Kapitalkonsolidierung nach IFRS werden sowohl die Konzerndimension als auch die Einzeldimension angesprochen. Im Zuge einer durchgängigen Ergebnisprognose ist es eine Kernaufgabe des Konzerncontrollings, die Werthaltigkeit der Goodwills zu überwachen, da sich bei Wertminderungen erhebliche Auswirkungen auf das Konzernergebnis ergeben können, die die operativen Ergebnisse überlagern.

Planungs- und Kontrollaufgaben erfordern, dass die geplanten Größen in genau der gleichen Abgrenzung erhoben werden, wie sie später im Ist erhoben werden. Nur dadurch kann ein relevanter Soll-Ist Vergleich zur Ergebniskontrolle stattfinden. Dieser ist aber aus diversen Gründen nötig, z. B. zur Bemessung von erfolgsabhängigen Vergütungsbestandteilen. Um diese Aufgaben wahrnehmen zu können, ist in der Dimension „Konzern" die Konzernrechnungslegung das notwendige Instrumentarium.

Koordinationsaufgaben verlangen, dass der Konzerncontroller in den verschiedenen Dimensionen Konzern und Einzelunternehmung tätig wird, die wirtschaftlichen und finanziellen Interdependenzen aufzeigt (vgl. Rühli 1992, Sp. 1167 ff.) und die Arbeitsteilung zwischen den einzelnen Ebenen des Controllings koordiniert (Konzerncontrolling und Controlling auf Ebene der Einzelunternehmen vgl. Littkemann 2004, S. 59). Dazu ist es notwendig, die Zusammenhänge zwischen Einzel- und Konzernabschluss zu kennen und zu verstehen. Außerdem müssen die Implikationen von Handeln auf Ebene der Einzelunternehmung auf den Konzern als Ganzes erkannt werden.

Dazu kommen im Rahmen der Rationalitätssicherungsfunktion vielfältige Aufgaben. So ist es z. B. bei der Akquisition eines Unternehmens eine Kernaufgabe des Controllings, die Kaufpreisallokation so vorzunehmen, dass die künftige Behandlung im Konzernabschluss zielgerichtet vorgenommen wird. Dies erfordert häufig auch die zielgerichtete Vertragsgestaltung, die dafür sorgt, dass der Goodwill entweder niedrig oder hoch ist (vgl. Leibfried 2007, S. 48 ff.). Auch andere Investitionsentscheidungen müssen vor dem Hintergrund der Konzernrechnungslegung beurteilt werden.

Um von Anfang an eine Einheitlichkeit der Methoden zu gewährleisten und auch eine ständige Vergleichbarkeit der Daten zu ermöglichen, greifen die meisten großen Konzerne zu einer Bilanzierungsrichtlinie, in der der Konzern einheitliche Bilanzierungsstandards (also z. B. Nutzung von Wahlrechten) verbindlich für alle Tochtergesellschaften vorgibt. Dies kann so weit gehen, dass in dem dezentralen Buchhaltungssystem die Rollen von Handelsbilanz I und II vertauscht werden. In diesem Fall wird das Rechnungswesen nach Handelsbilanz II führend gebucht und der Einzelabschluss durch Anpassungen auf lokale Standards erstellt. Dies ermöglicht es, vergleichbare Daten für Auswertungen, Planungen oder zur Kontrolle jederzeit zu erfassen – auch durch einen online Zugriff auf die Buchhaltungssoftware der Tochtergesellschaft durch die Konzernzentrale. Mit der Umstellung der Rechnungslegung auf IFRS, der viele Staaten auch in der nationalen Rechnungslegung für den Einzelabschluss gefolgt sind, haben einige internationale Konzerne ein anderes Vorgehen gewählt: Der IFRS-Kontenrahmen bildet für alle Tochtergesellschaften verbindlich den Rahmen. Buchungen werden zunächst nach den Konzernstandardsgemacht und eine Überleitung findet dann zu den nationalen Regelungen für den nationalen Einzelabschluss statt. Ein praktisches Beispiel ist der Bosch Konzern, bei dem dieses Vorgehen gewählt wird (vgl. Kümmel und Watterott 2008, S. 255).

Befördert wird diese Vorgehensweise durch den „management approach", der von den IFRS gefordert wird. So heißt es im IFRS Framework, dem grundlegenden Anforderungskatalog der IFRS: „...published financial statements are based on the information used by management." Das Unternehmen soll auch für den externen Bilanzleser durch die Augen des Managements zu betrachten sein (vgl. Martin 1997, S. 29). Damit werden Informationen aus dem Controlling relevant für die externe Rechnungslegung. Diese Informationen können für den Investor relevanter sein, da auch das Management seine Entscheidungen darauf gründen wird. Für das Controlling bedeutet diese Herangehensweise allerdings, dass bei der Bereitstellung von Informationen auch darauf geachtet werden muss, welche Außenwirkung eine bestimmte Information haben wird. Dies ist naturgemäß der Rationalitätssicherung der Führung relativ wenig zuträglich. Abgemildert wird diese Problematik dadurch, dass alle Informationen des Controllings erst im Nachhinein veröffentlicht werden und das Unternehmen in gewissen Rahmen aussuchen kann, welche Informationen publiziert werden.

Insgesamt lässt sich konstatieren, dass die Konzernrechnungslegung eines der Hauptinstrumente des Konzerncontrollings ist. Auch wenn in größeren Unternehmen das externe Konzernrechnungswesen selbst nicht Teil des Konzerncontrollings ist, soergeben sich doch erhebliche Überschneidungen. Insbesondere, weil es vielfach kein originäres internes Rechnungswesen mehr gibt, das vom Controlling betreut wird, sondern die Analysen auf dem externen Konzernrechnungswesen aufbauen.

2.8 Latente Steuern

2.8.1 Grundlagen: Latente Steuern im Einzelabschluss

Latente (vorhanden, aber nicht offenkundig) Steuern dienen dazu, die Diskrepanzen zwischen dem steuerlichen und handelsrechtlichen Ergebnis aufzulösen. Ursache ist, dass die Steuerbilanz Bemessungsgrundlage der Steuerschuld ist. Aufgrund unterschiedlicher Bestimmungen und Ausübung von Wahlrechten kann es Abweichungen zwischen den verschiedenen Rechenwerken geben. Dies würde zwangsläufig Fehldarstellungen zur Folge haben, die durch den Ausweis latenter Steuern ausgeglichen werden sollen. Die Wirkungsweise von latenten Steuern sollen an einem Beispiel illustriert werden.

Wirkungsweise latenter Steuern

Die Gewährleistungsrückstellung wird nach Handelsrecht und Steuerrecht nach anderen Maßstäben bewertet (vgl. ausführlich Behringer 2011 S. 326 ff.). Nach HGB müssen Preissteigerungen durch Inflation im Wertansatz berücksichtigt werden, im Steuerrecht ist dies gemäß § 6 Abs. 1 Nr. 3a Buchstabe f EStG verboten. Außerdem ist im Steuerrecht der Zinssatz zur Abzinsung der Rückstellung mit 5,5 % nach § 12 Abs. 3 BewG vorgegeben, während nach HGB der aktuelle Marktzins, wie er von der Deutschen Bundesbank veröffentlicht wird, maßgeblich ist. Damit ergeben sich zwangsläufig unterschiedliche Wertansätze für die Gewährleistungsrückstellung in der Handels- und Steuerbilanz. Nehmen wir an, es würde sich in dem Jahr 1 ein Wertansatz für die Gewährleistungsrückstellung von 100 nach Steuerrecht und 150 nach Handelsrecht ergeben. Wenn wir von einem Ergebnis von 500 vor Bildung der Gewährleistungsrückstellung und einem Steuersatz von 30 % ausgehen, so ergibt sich folgende Situation in Jahr 1:

Jahr 1	Steuerrecht	Handelsrecht
Ergebnis vor Gewährleistungsrückstellung-	500	500
Gewährleistungsrückstellung	100	150
Ergebnis nach Gewährleistungsrückstellung	400	350
Steuern	120	120
Ergebnis nach Steuern	280	230

Der laufende Steueraufwand bestimmt sich immer nach dem Ergebnis der Steuerbilanz. Auch in der Handelsbilanz wird der reale Steueraufwand aus der Steuerbilanz übernommen. Rechnerisch kommt es zu einem Steueranteil von 34 %, was nicht dem realen Steueranteil von 30 % entspricht. Dies führt zur Fehlinformation für den Bilanzleser, die durch die latenten Steuern korrigiert werden sollen, so dass auch im Handelsrecht die tatsächliche Steuerquote ausgewiesen werden kann.

Jahr 1	Steuerrecht	Handelsrecht
Ergebnis nach Gewährleistungsrückstellung	400	350
Laufende Steuern	120	120
Latente Steuern		+15
Ergebnis nach Steuern	280	245

Nach Korrektur durch die latenten Steuern wird in beiden Rechenwerken jeweils eine Steuerquote von 30 % ausgewiesen. Die Ergebniseffekte werden in dem Beispiel jedoch nur vorweggenommen. Wenn wir annehmen, dass die Preissteigerung für die Gewährleistung in Jahr 2 auch tatsächlich eintritt, so ist das Ergebnis wiederum verzerrt.

Jahr 2	Steuerrecht	Handelsrecht
Ergebnis vor Gewährleistung	500	500
Aufwand für Gewährleistung	150	150
Davon ergebniswirksam, da nicht zurückgestellt	50	0
Ergebnis vor Steuern	450	500
Steuern	135	135
Ergebnis nach Steuern	315	365

In der Steuerbilanz ist die Preissteigerung nicht zurückgestellt gewesen, so dass sie jetzt vollständig ergebniswirksam ist. Dadurch ist das Ergebnis um 50 niedriger als im Handelsrecht, wo die Preissteigerung bereits berücksichtigt wurde. Wiederum ist im Handelsrecht die Steuerquote fehlerhaft ausgewiesen. Für den Bilanzleser ergibt sich lediglich eine Steuerlast von 27 %. Durch Ansatz von latenten Steuern kann dieser Effekt wiederum ausgeglichen werden.

Jahr 2	Steuerrecht	Handelsrecht
Ergebnis nach Gewährleistungen	450	500
Laufende Steuern	135	135
Latente Steuern		−15
Ergebnis nach Steuern	315	350

Die handelsrechtliche Steuerquote ist jetzt in jedem Jahr entsprechend der steuerrechtlichen, so dass der Bilanzleser eine korrekte Information über die Vermögens- und Ertragslage erhält. Außerdem ist ersichtlich, dass sich die Steuerkorrektur im zweiten Jahr wieder umkehrt. Im ersten Jahr wird ein latenter Steuerertrag gebucht, da die laufende Steuerbelastung zu hoch berechnet worden ist, und im zweiten Jahr ein latenter Steueraufwand. Diese Umkehr der latenten Steuer ist – wie noch zu zeigen sein wird – nicht immer der Fall.

Die latenten Einkommensteuern schaffen also eine Angleichung des handelsrechtlichen Abschlusses in der Form, dass der Ausweis der Steuern die tatsächliche Steuerlast anzeigt und es keinen verzerrten Ausweis gibt. Dabei werden stets nur diejenigen Unterschiede betrachtet, die sich in der Zukunft umkehren. Diejenigen, bei denen es nie zu einer Umkehrung kommt dürfen nicht als latente Steuern angesetzt werden. Ein Beispiel für eine permanente Differenz wäre die Abschreibung auf die Beteiligung an einer Kapitalgesellschaft, die nach § 8b KStG steuerlich unwirksam ist (vgl. Steiner et al. 2010, S. 205). Latente Steuern können dabei in zwei Ausprägungen auftreten (vgl. Küting und Weber 2013):

- Aktive latente Steuern: Diese sind Forderungen für bereits gezahlte Steuern. Durch die Unterschiede zwischen Handels- und Steuerbilanz werden in der Steuerbilanz höhere Steuern ausgewiesen, als nach handelsrechtlichem Ergebnis nötig wären. In späteren Abschlüssen kehrt sich dieses Verhältnis um (damit ist das obige Beispiel ein solcher Ausweis von aktiven latenten Steuern).
- Passive latente Steuern: Diese stellen eine Rückstellung für spätere Steuerzahlungen dar. Das Unternehmen zahlt nach Handelsbilanz zu wenige Steuern.

Aktive latente Steuern sind unsichere Vermögenswerte. Folgerichtig unterliegen sie einer Ausschüttungssperre gemäß § 268 Abs. HGB 8.

Der Grundsatz des Ansatzes von latenten Steuern wurde in der Vergangenheit nach HGB und IFRS unterschiedlich dargestellt. Mit dem Bilanzrechtsmodernisierungsgesetz hat aber auch der deutsche Gesetzgeber das internationale Prinzip übernommen (vgl. Kessler et al. 2008, S. 110). Das „temporary-Konzept" stellt auf unterschiedliche Ansätze in der Bilanz zwischen Handels- und Steuerrecht ab. Es werden alle Unterschiede erfasst, selbst dann, wenn der Zeitpunkt der Umkehrung der Unterschiede noch nicht klar ist (sogenannte quasi-permanente Differenzen). Im deutschen Handelsgesetzbuch alter Fassung galt vorher das „timing-Konzept", welches an der GuV orientiert war und auf Unterschiede in den Erträgen und Aufwendungen zwischen steuerlichen und handelsrechtlichen Abschluss abstellte. Das „temporary-Konzept" ist umfangreicher, da es auch die quasi-permanenten Differenzen ausweist, die beim „timing-Konzept" nicht berücksichtigt werden. Es wird ein Vermögensvergleich angestellt. Mehrvermögen in der Handelsbilanz z. B. durch Ansatz eines Vermögensgegenstandes in der Handelsbilanz, der im Steuerrecht nicht bilanzierungsfähig ist oder einem geringeren Ausweis von Verbindlichkeiten in der Steuerbilanz (bei einer steuerlich nicht anerkannten Rückstellung) führt zu einem Ansatz passiver latenter Steuern. Demgegenüber führt Mindervermögen zum Ansatz von aktiven latenten Steuern.

Zusätzlich können latente Steuern aus Verlustvorträgen resultieren. Dies lässt sich streng genommen weder auf das „timing" noch auf das „temporary"-Konzept zurückführen. Ein Verlustvortrag bedeutet, dass zukünftige Gewinne mit in der Vergangenheit realisierten Verlusten aufgerechnet werden können. Die künftige Steuerlast wird also gesenkt, vorausgesetzt Gewinne sind in der Zukunft zu erwarten. Unter dieser Voraussetzung können auch aktive latente Steuern auf Verlustvorträge oder Steuergutschriften anderer Art angesetzt werden. § 274 Abs. 1 Satz 4 HGB konkretisiert die Voraussetzung, indem es den Ansatz von latenten Steuern auf die voraussichtlich in den nächsten fünf Jahren ausgeschöpften Verlustvorträge beschränkt. Mit der Beschränkung auf den 5-Jahres-Zeitraum wird allerdings die Möglichkeit für den Bilanzleser eingeschränkt, alle künftigen Auswirkungen des Unterschieds zwischen Handels- und Steuerbilanz zu erkennen (siehe auch die Kritik bei Karrenbrock 2011, S. 684). Zur Rechtfertigung des Ansatzes von aktiven latenten Steuern auf Verlustvorträge muss der Bilanzierende eine detaillierte Steuerplanung vorlegen, aus der hervorgeht, dass es wahrscheinlich ist, den Verlustvortrag durch künftige Gewinne zu nutzen. Damit ergeben sich subjektive Gestaltungsspielräume (vgl. Küting und Lam 2013, S. 1741). Zu beachten ist allerdings, dass bei einer falschen, d. h. zu optimistischen Prognose, das zukünftige Ergebnis doppelt belastet wird. Zu den dann anfallenden operativen Verlusten tritt die aufwandswirksame Auflösung von zu viel aktivierten latenten Steuern (Schildbach 1998, S. 945).

2.8.2 Latente Steuern im Konzernabschluss

Es gibt im Konzern drei Arten von latenten Steuern, die in Abb. 2.11 schematisch dargestellt sind.

Die latenten Steuern werden im Einzelabschluss in ihrer Gesamtheit betrachtet, aktive und passive latente Steuern werden saldiert. Je nachdem, ob der Saldo aktiv oder passiv ist, ergibt sich eine unterschiedliche Behandlung: Ein passiver Saldo muss ausgewiesen werden, ein aktiver Saldo kann ausgewiesen werden. Da es sich bei passiven latenten Steuern um eine Verpflichtung für künftige Steuerzahlungen handelt während aktive latente Steuern künftig einlösbare Forderungen gegen den Fiskus darstellen, ist diese Ungleichbehandlung nachvollziehbar. Das Wahlrecht bezüglich des Ausweises aktiver

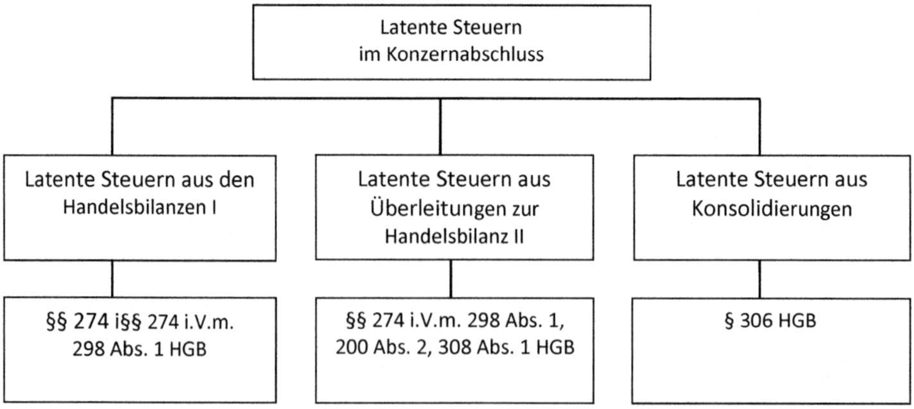

Abb. 2.11 Latente Steuern im Konzernabschluss (vgl. Steiner et al. 2010, S. 207)

latenter Steuern muss im Konsolidierungskreis einheitlich ausgeübt werden. Etwaige Anpassungen müssen beim Übergang auf die Handelsbilanz II vorgenommen werden.

Das Prinzip der konzerneinheitlichen Bewertung kann aber auch noch in anderer Weise zu latenten Steuern führen. Bei der Überleitung der in den Einzelabschluss einzubeziehenden Abschlüsse können sich ebenfalls latente Steuern ergeben. Die Handelsbilanz I bleibt Grundlage der Steuerbemessung. Müssen Bilanzansätze der Höhe und/oder dem Grunde nach angepasst werden, so passt die in der Handelsbilanz I errechnete Steuerlast nicht mehr zu dem für den Konzernabschluss relevanten Steuerbetrag. Betrachten wir ein Unternehmen, dass eine Maschine verwendet, die für 1.000 € angeschafft wurde. Im Einzelabschluss wird diese Maschine über 10 Jahre abgeschrieben, so dass sich ein jährlicher Abschreibungsbetrag von 100 € ergibt. Nach einem Jahr liegt der Bilanzansatz der Maschine bei 900 €. Konzerneinheitlich wird dieser Maschinentyp allerdings über 5 Jahre abgeschrieben, was einen jährlichen Abschreibungsbetrag von 200 € ergibt. Nach einem Jahr muss der Bilanzansatz in der Handelsbilanz II bei 800 € liegen. Auf den Wertunterschied zwischen Handelsbilanz I und II von 100 € muss nun die latente Steuer berechnet werden. Liegt der Steuersatz bei 30 % ergibt sich eine latente Steuer von 30. Dabei handelt es sich um aktive latente Steuern. Der Grund liegt darin, dass die tatsächliche Steuerlast, die sich nach der Handelsbilanz I ergibt, höher ist (weniger Abschreibung, höherer Gewinn, höhere Steuern). Diese Situation kehrt sich aber im Laufe der Zeit um. Die Maschine ist nach Handelsbilanz II bereits nach 5 Jahren abgeschrieben, so dass der Gewinn nicht weiter gemindert wird. Nach Handelsbilanz I mindert die Abschreibung den Gewinn aber bis zum Jahr 10.

§ 306 bestimmt, dass latente Steuern, deren Ursachen in Konsolidierungsmaßnahmen begründet sind, angesetzt werden müssen. Dies gilt in diesem Fall auch für aktive latente Steuern, so dass sich hier eine Abweichung zu den anderen Regelungen bezüglich latenter Steuern ergibt. Latente Steuern können sich insbesondere ergeben durch:

- Die Aufdeckung von stillen Reserven im Zuge der Kapitalkonsolidierung. Diese führen zu temporären Unterschieden zwischen Handels- und Steuerbilanz. Dies gilt nicht für den Geschäfts- oder Firmenwert, auf den keine latenten Steuern zu berechnen sind.
- Schuldenkonsolidierung, z. B. durch konzerninterne Rückstellungen, steuerwirksame Abschreibungen auf konzerninterne Forderungen.
- Zwischenergebniseliminierung, die sich durch Wertdifferenzen bei konzerninternen Lieferungen ergeben und die noch nicht weiterveräußert worden sind, sondern noch in den Vorräten von einzelnen Tochtergesellschaften liegen.

Alle drei Tatbestände führen zwangsläufig zu Abweichungen zwischen der handels- und steuerrechtlichen Bilanz eines Unternehmens. Damit ergibt sich nach dem „temporary-Konzept“ die Notwendigkeit des Ansatzes von latenten Steuern.

Eine Ausnahme dieses Grundsatzes bildet der aus der Kapitalkonsolidierung resultierende Geschäfts- oder Firmenwert. Ursache hierfür ist ein praktisches Problem. Der Geschäfts- oder Firmenwert ist genau der Unterschiedsbetrag, der sich rechnerisch nach der Transaktion ergibt. Dieser Unterschiedsbetrag würde sich beim Ansatz von passiven latenten Steuern erhöhen, was wiederum den Ansatz weiterer latenter Steuern bedingen müsste. So würde sich eine Endlosschleife mit immer weiter steigenden latenten Steuern und Firmenwerten ergeben (vgl. Kessler et al. 2010, S. 46).

Bei der Aufwands- und Ertragskonsolidierung entstehen keine latenten Steuern. Es werden sich spiegelbildlich gegenüberstehende Aufwendungen und Erträge konsolidiert, so dass keine Veränderung von Wertansätzen in der Bilanz entsteht und folglich auch keine latenten Steuern resultieren.

2.8.3 Die Bewertung von latenten Steuern

Zu diskutieren ist, mit welchem Steuersatz die latenten Steuern berechnet werden sollen. Es ist offensichtlich, dass eine Veränderung des zugrunde liegenden Steuersatzes zu erheblichen Veränderungen bei den ermittelten latenten Steuern führen kann. In der Literatur werden im Wesentlichen vier mögliche Steuersätze diskutiert (Küting und Weber 2013):

1. Da erfolgswirksame Geschäftsvorfälle mit dem Ansatz von latenten Steuern korrigiert werden sollen, so wäre es theoretisch richtig, denjenigen Steuersatz anzusetzen, der bei dem Unternehmen anfällt, das die Transaktion ausgelöst hat. Dies würde es aber notwendig machen, dass jede einzelne Transaktion untersucht wird, welcher Steuersatz zugrunde gelegt werden muss, was unpraktikabel ist.
2. Dies gilt ebenso für den Ansatz des effektiven marginalen Steuersatzes des Geschäftsvorfalls, der einer Konsolidierungsmaßnahme zugrunde liegt. Auch wenn dies der theoretisch richtige Steuersatz wäre, so muss man konstatieren, dass dies den Konsolidierungsvorgang praktisch nicht mehr handhabbar werden lassen würde.
3. Vor dem Hintergrund der Einheitstheorie kann man den Spitzensteuersatz der Konzernobergesellschaft als korrekt ansetzen. Dies würde der Tatsache Rechnung tragen, dass letztlich alle erfolgswirksamen Vorgänge im Konzern ihren Niederschlag in den Rücklagen der Konzernobergesellschaft finden.
4. Pragmatisch bietet sich an, auf einen einheitlichen Steuersatz abzustellen. In der Praxis, gestützt auch von der Literatur, wird dabei meist auf einen durchschnittlichen Konzernsteuersatz abgestellt. Dafür spricht auch, dass die Differenz zwischen dem tatsächlichen und dem durchschnittlichen Steuersatz i. d. R am geringsten sein wird. Allerdings erlaubt der DSR dieses Vorgehen nur, wenn die Berechnung des individuellen Steuersatzes zu kompliziert ist. Ansonsten sollte der unternehmensindividuelle Steuersatz angesetzt werden.

Berücksichtigt werden dürfen nur diejenigen Steuern, die das Unternehmen auch tragen muss. Dies sind bei deutschen Kapitalgesellschaften die Körperschaftsteuer, die Gewerbesteuer und der Solidaritätszuschlag. Bei Personengesellschaften ist nur die Gewerbesteuer relevant, da die Einkommensteuer und der Solidaritätszuschlag der Privatsphäre der Gesellschafter zuzuordnen ist.

Des Weiteren gibt es unterschiedliche Methoden, wie mit zukünftigen Änderungen in den Steuersätzen umzugehen ist. In der „deferred-method" (Abgrenzungsmethode) werden lediglich die am Abschlussstichtag geltenden Steuersätze angesetzt. Damit wird auch nur ein korrekter Ausweis für das jeweilige Geschäftsjahr erreicht. Eine Umkehr des Ausweises, wie es im obigen Beispiel gezeigt worden ist, findet bei der tatsächlichen Steuerzahlung bzw- -ersparnis nicht statt. Veränderungen in den Steuersätzen werden dann erfolgswirksam ausgewiesen. Bei der „liability method" (Verbindlichkeitenmethode) steht demgegenüber der korrekte Ausweis der künftigen steuerlichen Belastung im Mittelpunkt, so dass der zukünftige Steuersatz Anwendung finden soll. Das HGB enthält keine Vorschrift, welche der beiden Methoden zu verwenden ist. Der DSR empfiehlt die liability-method.

Entgegen dem Vorgehen bei anderen langlaufenden Bilanzpositionen (z. B. Rückstellungen) ist eine Diskontierung bei den latenten Steuern nicht vorgesehen (§ 274 Abs. 2 Satz 1 HGB). Dies wird als zu komplex angesehen und deswegen verworfen. Diese Komplexität liegt darin, dass der Zeitpunkt der Umkehrung und damit der korrekte Referenzpunkt nicht richtig vorherzusagen ist. Das Handelsrecht klassifiziert die latenten Steuern damit auch als Sonderposten eigener Art. Letztlich führt das Abzinsungsverbot aber zu einer erneuten Verzerrung: Die Vermögenslage des Unternehmens wird bei langfristigen aktiven latenten Steuern zu positiv, bei langfristigen passiven Steuern zu negativ ausgewiesen (vgl. Briese 2012, Rz. 216).

2.8.4 Ausweisvorschriften nach HGB

Aktive und passive latente Steuern dürfen saldiert oder unsaldiert in der Konzernbilanz ausgewiesen werden. Die latenten Steuern aus Konsolidierungsmaßnahmen dürfen mit denjenigen nach § 274 saldiert werden (aus den Handelsbilanzen I bzw. aus den Übergängen zu den Handelsbilanzen II). Zu beachten ist, dass ein einmal ausgeübtes Wahlrecht nach dem Grundsatz der Stetigkeit auch beibehalten werden sollte. In der GuV sind die entsprechenden Veränderungen separat unter der Position „Steuern vom Einkommen und Ertrag" auszuweisen.

Im Anhang muss zudem erläutert werden, auf welchen Sachverhalten (sprich bilanziellen Differenzen und Verlustvorträgen) der Ansatz von latenten Steuern basiert und mit welchen Steuersätzen diese berechnet worden sind. Laut Beschlussempfehlung des Bundestags zum BilMoG sollte eine Erläuterung auch dann gegeben werden, wenn in Ausübung des Wahlrechts auf den Ausweis eines Aktivüberhangs latenter Steuern verzichtet wird (vgl. Briese 2012, Rz. 225).

Zusätzlich verlangt der DRS 18.67 eine Überleitungsrechnung von gesamten zum tatsächlichen Steueraufwand. Ziel ist es, dass der Bilanzleser die Relation zwischen tatsächlichem und erwartetem Steueraufwand in der GuV erkennen kann. Diese Anforderung des DSR hat aber keinen Niederschlag im Gesetz gefunden.

Steuern im Konzernabschluss von Beiersdorf

Der Beiersdorf Konzern (u. a. Hersteller der Nivea und Tesa Produkte) hat in seinem Jahresabschluss 2012 folgende Erläuterungen zu der Position Steuern gegeben

Tatsächlicher Steueraufwand	(in Mio. €)	
	2011	2012
Erwarteter Steueraufwand bei einem Steuersatz von 28,3 % (Vorjahr: 28,3 %)	124	200
Steuern Vorjahre	2	1
Steuerminderungen aufgrund steuerfreier Erträge	– 19	– 3
Steuermehrung aufgrund steuerlich nicht abzugsfähiger Wertminderung des Geschäfts-oder Firmenwerts	25	3
Steuermehrungen aufgrund sonstiger steuerlich nicht abzugsfähiger Aufwendungen	28	36
Steuerminderungen aufgrund der Nutzung/Aktivierung bislang nicht angesetzter steuerlicher Verlustvorträge	– 8	– 13
Steuermehrungen aufgrund der Nichtansetzung steuerlicher Verlustvorträge	22	14
Sonstige Steuereffekte	7	20
Tatsächlicher Steueraufwand	*181*	*258*

Die Überleitung geht aus von einem erwarteten Steueraufwand, der auf der aus dem Vorjahr übernommenen Steuerquote basiert. Der tatsächliche Steueraufwand ist höher, insbesondere da bestimmte Aufwendungen steuerlich nicht absetzbar sind.

In einer anderen Position der Konzern Gewinn- und Verlustrechnung werden die latenten Steuern dargestellt. Diese werden wie folgt zu den einzelnen Sachverhalten zugeordnet.

Zuordnung der latenten Steuern	(In Mio. €)			
	Latente Steueransprüche		Latente Steuerverbindlichkeiten	
	31.12.2011	31.12.2012	31.12.2011	31.12.2012
Langfristige Vermögenswerte	45	32	63	71
Vorräte	28	26	–	–
Forderungen und sonstige kurzfristige Vermögenswerte	11	19	15	21
Rückstellungen für Pensionen und ähnliche Verpflichtungen	3	3	115	121
Übrige Rückstellungen	34	36	27	25
Verbindlichkeiten	50	58	17	1
Thesaurierte Gewinne	–	–	9	12

Zuordnung der latenten Steuern	(In Mio. €)			
	Latente Steueransprüche		Latente Steuerverbindlichkeiten	
	31.12.2011	31.12.2012	31.12.2011	31.12.2012
Verlustvorträge	14	20	–	–
	185	*194*	*246*	*251*
Saldierungen	–98	–91	–98	–91
Latente Steuern in der Bilanz	*87*	*103*	*148*	*160*

In der Tabelle aus dem Geschäftsbericht des Beiersdorf Konzerns von 2012 ist dargestellt aus welchen Bilanzpositionen die latenten Steuern resultieren. Es sind sowohl aktive (latente Steueransprüche) als auch passive (latente Steuerverbindlichkeiten) latente Steuern dargestellt. Diese werden dann im Ausweis saldiert. Der Beiersdorf Konzern verzichtet weitgehend auf die Abgrenzung von latenten Steuern auf thesaurierte Gewinne bei Tochtergesellschaften, da davon ausgegangen wird, dass diese permanent bei den Tochtergesellschaften investiert bleiben.

2.8.5 Vergleich der latenten Steuern nach HGB mit IFRS

Nach der Einführung des BilMoG haben sich die Konzepte zum Ansatz latenter Steuern nach HGB und IFRS weitestgehend angeglichen. Mit dem Ansatz latenter Steuern befasst sich der IAS 12, der sowohl die Regelungen für den Einzelabschluss als auch für den Konzernabschluss umfasst. Beide Rechnungslegungsstandards folgen dem „Temporaray-Konzept". Allerdings müssen nach den IFRS die aktiven latenten Steuern ausgewiesen werden, ein Aktivierungswahlrecht besteht nicht. Einzige Voraussetzung ist, dass die künftige Steuererleichterung wahrscheinlich ist. Dies gilt auch für den Ansatz von latenten Steuern auf Verlustvorträge. Die Verrechnung mit zukünftigen Gewinnen muss wahrscheinlich sein.

Im Gegensatz zum HGB wird im IAS 12 die Verbindlichkeitenmethode, die die zukünftigen Steuersätze als relevant ansieht, vorgeschrieben. Das HGB trifft hierzu keine Regelung. Wie der Deutsche Rechnungslegungsstandard schreibt auch IAS 12 eine Überleitungsrechnung von gesamtem zu tatsächlichem Steueraufwand vor.

Einen wesentlichen Unterschied in der Berechnung der latenten Steuern nach HGB und IFRS stellt die Behandlung der sogenannten „outside basis difference" dar. Diese entstehen durch unterschiedliche Wertansätze einer Beteiligung in der Steuerbilanz und der Handelsbilanz. Dies kann z. B. durch Gewinnthesaurierungen bei der Tochtergesellschaft entstehen (Wolz 2010, S. 2631). Der Unterschied der beiden Wertansätze gleicht sich erst bei der Liquidation oder Veräußerung der Beteiligung aus, so dass es sich um eine temporäre Differenz handelt, aber der tatsächliche Ausgleich auch erst in der sehr viel ferneren Zukunft stattfinden kann. § 306 Satz 4 HGB schließt den Ansatz von latenten Steuern auf „outside basis difference" explizit aus. IAS. 12 hingegen bestimmt, dass auf „outside basis difference" grundsätzlich latente Steuern zu berechnen sind, allerdings mit der Ausnahme, dass diese in naher Zukunft wahrscheinlich umgekehrt werden müssen. Dies ist normalerweise nur dann der Fall, wenn ein Verkauf der Beteiligung konkret geplant wird und sich die Steuerzahlung auf einen eventuellen Veräußerungsgewinn (oder –verlust) konkretisiert.

2.9 Fallstudie: Der Konzernabschluss im Troubadix Konzern

Zum 31.12.2010 stellt der Troubadix Konzern seinen Konzernabschluss nach HGB auf. Die Konzerngesellschaften liefern dazu ihre Abschlüsse an das Konzerncontrolling, das die Konsolidierung vornehmen wird. Zuvor haben die Konzerngesellschaften eventuelle Anpassungen ihrer Einzelabschlüsse (Handelsbilanz I) auf den Konzernstandard (Handelsbilanz II) vorgenommen. Bei den beiden deutschen Konzerngesellschaften der Troubadix GmbH und der Automatix Musikverlag GmbH ergeben sich keine Anpassungen. Die französische Tochtergesellschaft macht ihren Einzelabschluss nach den französischen Rechnungslegungsstandards. Hier ergibt sich eine wesentliche Änderung, die eine Anpassungsbuchung erforderlich macht. Die Troubadix SA hat ein Wahlrecht zur Aktivierung eines selbsterstellten Patents für eine besondere Variante der Leier ausgeübt. Dieses Patent ist im Jahr 2010 zu 10.000 € aktiviert worden. Die Aktivierung muss für die Handelsbilanz II zurückgedreht werden: Das Anlagevermögen wird um 10.000 € vermindert, der Aufwand um 10.000 € erhöht.

Am Freitag, dem 07.01.2011, erhält das Konzerncontrolling drei Gewinn- und Verlustrechnungen und Bilanzen von den Konzerngesellschaften. Die Berichte stellen die Handelsbilanz II dar. Die Gewinn- und Verlustrechnungen sehen wie folgt aus:

Troubadix GmbH

Umsatz	12.000.000,-
Davon Umsatz an verbundene Unternehmen	2.800.000,-
Materialaufwand	4.000.000,-
Personalaufwand	4.900.000,-
Zinsaufwand	300.000,-
Jahresüberschuss/ -fehlbetrag	2.800.000,-

Automatix Musikverlag GmbH

Umsatz	3.000.000,-
Davon Umsatz an verbundene Unternehmen	100.000,-
Materialaufwand	100.000,-
Personalaufwand	2.200.000,-
Zinsaufwand	100.000,-
Jahresüberschuss/ -fehlbetrag	600.000,-

Troubadix SA, Frankreich

Umsatz	5.800.000,-
Davon Umsatz an verbundene Unternehmen	o,-
Materialaufwand	2.900.000,-
Personalaufwand	3.100.000,-
Zinsaufwand	0,-
Jahresüberschuss/ -fehlbetrag	-200.000,-

Das Konzerncontrolling lässt sich die Verbundbeziehungen jeweils von der liefernden Konzerngesellschaft berichten. Es wird die Annahme gemacht, dass die gelieferten Produkte direkt weiterverkauft werden. Diese Annahme ist plausibel, da in der französischen Tochtergesellschaft keine Lagerhaltung stattfindet. Die Troubadix SA bezieht ihre kompletten Produkte von der deutschen Troubadix GmbH und von der Automatix Musikverlag GmbH. Die belieferten und weiterverkauften Produkte werden als Materialaufwand verbucht. Eine Zwischenergebniseliminierung auf Vorräte muss also nicht vorgenommen werden.

Im ersten Schritt stellt das Konzerncontrolling die Summen Gewinn- und Verlustrechnung auf:

Troubadix Konzern Summen Gewinn- und Verlustrechnung

Umsatz	20.800.000,-
Materialaufwand	7.000.000,-
Personalaufwand	10.200.000,-
Zinsaufwand	400.000,-
Jahresüberschuss/ -fehlbetrag	3.200.000,-

Um zu der Konzerngewinn- und -verlustrechnung zu gelangen, muss die Auf-wands- und Ertragskonsolidierung durchgeführt werden. Die Troubadix GmbH und die Automatix Musikverlag GmbH haben zusammen 2.900.000 € Umsätze an die Troubadix SA gemeldet. Diese sind Materialaufwand in der Gewinn- und Verlustrechnung der französischen Gesellschaft. Beide Positionen müssen gegeneinander konsolidiert werden. Andere Verbundbeziehungen gibt es in der Gewinn- und Verlustrechnung annahmegemäß nicht. Es ergibt sich folgende vorläufige Konzern Gewinn- und Verlustrechnung.

Troubadix Konzern Gewinn- und Verlustrechnung

Summenumsatz	20.800.000,-
Konsolidierung	(minus 2.900.000,-)
Konzernumsatz	**17.900.000,-**
Summenmaterialaufwand	7.000.000,-
Konsolidierung	(minus 2.900.000,-)
Konzernmaterialaufwand	**4.100.000,-**
Personalaufwand	10.200.000,-
Zinsaufwand	400.000,-
Jahresüberschuss/ -fehlbetrag	3.200.000,-

Die drei Bilanzen, die an das Konzerncontrolling berichtet werden, sehen (verkürzt dargestellt) wie folgt aus:

Troubadix GmbH

Beteiligungen	600.000	Eigenkapital	1.200.000
Übriges Anlagevermögen	1.200.000	Verbindlichkeiten aus	
Forderungen	500.000	Lieferungen und Leistungen	100.000
Übriges Umlaufvermögen	900.000	Übrige Verbindlichkeiten	1.900.000
Bilanzsumme	**3.200.000**	**Bilanzsumme**	**3.200.000**

Automatix Musikverlag GmbH

Beteiligungen	0	Eigenkapital	400.000
Übriges Anlagevermögen	900.000	Verbindlichkeiten aus	
Forderungen	300.000	Lieferungen und Leistungen	300.000
Übriges Umlaufvermögen	400.000	Übrige Verbindlichkeiten	900.000
Bilanzsumme	**1.600.000**	**Bilanzsumme**	**400.000**

Troubadix SA, Frankreich

Beteiligungen	0	Eigenkapital	100.000
Übriges Anlagevermögen	100.000	Verbindlichkeiten aus	
Forderungen	300.000	Lieferungen und Leistungen	300.000
Übriges Umlaufvermögen	200.000	Übrige Verbindlichkeiten	200.000
Bilanzsumme	**600.000**	**Bilanzsumme**	**600.000**

Im ersten Schritt summiert das Konzerncontrolling die Bilanzen zur Summenbilanz auf:

Troubadix Konzern Summenbilanz

Beteiligungen	600.000	Eigenkapital	1.700.000
Übriges Anlagevermögen	2.200.000	Verbindlichkeiten aus	
Forderungen	1.100.000	Lieferungen und Leistungen	700.000
Übriges Umlaufvermögen	1.500.000	Übrige Verbindlichkeiten	3.000.000
Bilanzsumme	**5.400.000**	**Bilanzsumme**	**5.400.000**

Annahmegemäß muss keine Zwischenergebniseliminierung vorgenommen werden. Aus Verbindlichkeiten aus Lieferungen und Leistungen bestehen Verbundbeziehungen zwischen der Troubadix GmbH und der Troubadix SA in Höhe von 250.000 € und zwischen der Automatix Musikverlag GmbH und der Troubadix SA in Höhe von 50.000 €. Aufrechnungsdifferenzen bestehen nicht. Da keine Schuldverhältnisse innerhalb der wirtschaftlichen Einheit des Troubadix Konzerns bestehen dürfen, müssen jeweils 300.000 € aus den Forderungen und den Verbindlichkeiten aus Lieferungen und Leistungen eliminiert werden. Es ergibt sich:

Troubadix Konzern Bilanz, nach Schuldenkonsolidierung

Beteiligungen	600.000	Eigenkapital	1.700.000
Übriges Anlagevermögen	2.200.000	Verbindlichkeiten aus	
Forderungen	1.100.000	Lieferungen und Leistungen	700.000
Konsolidierung	(-300.000)	Konsolidierung	(-300.000)
Forderungen nach Kons.	800.000	Verbindlichk. nach Kons.	800.000
Übriges Umlavfvermogen	1.500.000	Übrige Verbindlichkeiten	3.000.000
Bilanzsumme	**5.100.000**	**Bilanzsumme**	**5.100.000**

Bei der Kapitalkonsolidierung sind die selbstgegründete Troubadix SA und die übernommene Automatix Musikverlag GmbH unterschiedlich zu behandeln. Die Troubadix SA ist im Jahr 2010 gegründet worden. Der Gesellschaft ist ein Eigenkapital in Höhe von 100.000 € mitgegeben worden. Dieses Kapital ist zwei Mal Bestandteil der Summenbilanz: Zum einen ist die Beteiligung der Troubadix GmbH mit einem Buchwert von 100.000 € enthalten. Zum anderen ist das ursprüngliche Eigenkapital in Höhe von 100.000 € in der Bilanz der Troubadix SA enthalten. Beide Ansätze müssen gegeneinander eliminiert werden.

Die Automatix Musikverlag GmbH ist übernommen worden. Der Kaufpreis betrug 500.000 €. Dem steht in der Bilanz der Automatix Musikverlag GmbH ein Eigenkapital in Höhe von 400.000 € gegenüber. Es ergibt sich ein Unterschiedsbetrag in Höhe von

100.000 €. Das Konzerncontrolling hat nun die Aufgabe, stille Reserven aufzudecken, um diesen Unterschiedsbetrag zu decken. Hierzu finden sich Rechte an Kompositionen im Vermögen des Musikverlags. Dadurch können 50.000 € stille Reserven aufgedeckt werden. Der verbleibende Unterschiedsbetrag in Höhe von 50.000 € muss als Goodwill in die Konzernbilanz übernommen werden. Es ergibt sich folgende Konzernbilanz nach Kapitalkonsolidierung:

Troubadix Konzern Konzernbilanz

Beteiligungen	600.000	Eigenkapital	1.700.000
Konsolidierung (Troubadix SA)	-100.000	Konsolidierung	- 400.000
Konsolidierung (Automatix SA)	-500.000	**Eigenkapital**	**1.300.000**
Beteiligungen	**0**		
Aufdeckung stille Reserven			
Rechte	**50.000**		
Goodwill	**50.000**		
Übriges Anlagevermogen	2.200.000	Verbindlichkeiten aus	
Forderungen	1.100.000	Lieferungen und Leistungen	700.000
Übriges Umlaufvermogen	1.500.000	Übrige Verbindlichkeiten	3.000.000
Bilanzsumme	**5.000.000**	**Bilanzsumme**	**5.000.000**

Der Goodwill muss planmäßig über 5 Jahre abgeschrieben werden, während die Kompositionsrechte über 10 Jahre abgeschrieben werden müssen. Diese Buchungen werden nur auf Konzernebene vorgenommen, da die entsprechenden Wertansätze in keinem Einzelabschluss vorhanden sind. Es ergibt sich folgender Konzernabschluss:

Troubadix Konzern Gewinn- und Verlustrechnung

Konzernumsatz	17.900.000,-
Konzernmaterialaufwand	4.100.000,-
Personalaufwand	10.200.000,-
Zinsaufwand	400.000,-
Abschreibung Goodwill	10.000,-
Abschreibung Kompositionsrechte	5.000,-
Jahresüberschuss/ -fehlbetrag	3.185.000,-

Die Abschreibungen müssen korrespondierend in der Konzernbilanz berücksichtigt werden.

Troubadix Konzern Konzernbilanz

Beteiligungen	0	Eigenkapital	1.285.000
Rechte	45.000	Verbindlichkeiten aus	
Goodwill	40.000	Lieferungen und Leistungen	700.000
Ubriges Anlagevermogen	2.200.000	Ubrige Verbindlichkeiten	3.000.000
Forderungen	1.100.000		
Ubriges Umlaufvermogen	1.500.000		
Bilanzsumme	**4.985.000**	**Bilanzsumme**	**4.985.000**

Literatur

Baetge J, Kirsch HJ, Thiele S (2015) Konzernbilanzen, 11. Aufl. IDW, Düsseldorf

Behringer S, Lühn M (2016) Cashflow und Unternehmensbeurteilung, 11. Aufl. Erich Schmidt, Berlin

Behringer S (2012) Unternehmensbewertung der Klein- und Mittelbetriebe, 5. Aufl. Erich Schmidt, Berlin

Behringer S (2013) Compliance – Modeerscheinung oder Prüfstein für gute Unternehmensführung. In: Behringer S (Hrsg) Compliance kompakt. 3. Aufl. Erich Schmidt, Berlin, S. 25–43

Behringer S (2011) Wertansätze für Gewährleistungsrückstellungen. Vergleich nach HGB, IFRS und EStG, BBK, Buchführung Bilanz Kostenrechnung, Heft 23 vom 2.12.2011, S 1133–1142

Bitz M, Schneeloch D, Wittstock W (2003) Der Jahresabschluß, 4. Aufl. Vahlen, München

Boyd T, McCarthy, IN (2002) (Goodwill Amortization): Financial Statement. Bank Account Financ 79(2164):10–13

Briese J (2012) Latente Steuern. In: Böcking, HJ et al (Hrsg) Becksches Handbuch der Rechnungslegung. München

Brösel G (2008) „Impairment Only Approach" nach IFRS – Probleme und Lösungsansätze. In: Hering T, Klingelhöfer HE, Koch W (Hrsg) Unternehmungswert und Rechnungswesen, FS Matschke. Gabler, Wiesbaden, S 229–250

Brösel G, Müller S (2007) Goodwillbilanzierung nach IFRS aus Sicht des Beteiligungscontrollings. Z Internat Kapitalmarktorientierte Rechn 2007(1):34–42

Brücks M, Kerkhoff G, Richter M (2005) Impairmenttest für den Goodwill nach IFRS. Vergleich mit US-GAAP: Gemeinsamkeiten und Unterschiede. Z Internat Kapitalmarktorientierte Rechn 2005(1):1–7

Buchholz R (2016) Grundzüge des Jahresabschlusses nach HGB und IFRS, 9. Aufl. Vahlen, München

Burger A, Fröhlich J, Ulbrich PR (2006) Kapitalmarktorientierung in Deutschland. Z Internat Kapitalmarktorientierte Rechn 2006(2):113–122

Coenenberg AG (2005) Jahresabschluss und Jahresabschlussanalyse, 20. Aufl. Schäffer-Poeschel, Stuttgart

Damodaran A (2001) The dark side of valuation. FT Prentice Hall, Upper Saddle River

Eidel U, Strickmann M (2013) Der Lagebericht im Mittelstand zwischen Anspruch und Realität Teil II. DB, S 2037–2042

Eisolt D (1992) US-amerikanische und deutsche Konzernrechnungslegung. Steuer- und Wirtschaftsverlag, Hamburg
Engel-Ciric D (2009) Bilanzierung des Geschäfts- oder Firmenwerts nach BilMoG. Z Bilanzier Rechnungswesen 33:445–450
Fröhlich C (2001) Bilanzierung von Beteiligungen an assoziierten Unternehmen. Linde, Wien
Göllert K (2008) Auswirkungen des Bilanzrechtsmodernisierungsgesetz (BilMoG) auf die Bilanzpolitik. Betrieb 2008(22):1165–1171
Gräfer H, Scheld GA (2016) Grundzüge der Konzernrechnungslegung. 13. Aufl. Erich Schmidt, Berlin
Haaker A (2006) Einheitstheorie und Fair Value Orientierung: Informationsnutzen der full goodwill method nach ED IFRS 3 und mögliche Auswirkungen auf die investororientierte Bilanzanalyse. Z Internat Kapitalmarktorientierte Rechn 2006(7–8):451–458
Hommel M, Buhleier C, Pauly D (2007) Bewertung von Marken in der Rechnungslegung – eine kritische Analyse des IDW ES 5. Betriebs Berat 2007(7):371–377
Kajüter P, Fink C (2012) Management Commentary – Kritische Punkte und offene Fragen zum IFRS Practice Statement des IASB. KoR, S 247–252
Karrenbrock H (2011) Zweifelsfragen der Berücksichtigung aktiver latenter Steuern im Jahresabschluss nach BilMoG. Betriebs Berater, S 683–688
Kessler H, Leinen M, Strickmann M (2008) Bilanzrechtsmodernisierungsgesetz. Die neue Handelsbilanz. Freiburg
Kessler H, Leinen M, Strickmann M (2009) Handbuch Bilanzrechtsmodernisierungsgesetz. Haufe, Freiburg
Kessler H, Leinen M, Paulus B (2010) Das BilMoG und die latenten Steuern, Teil 2. KoR 10. Jg., S 46–49
Kümmel G, Watterott R (2008) Konzerncontrolling am Beispiel Bosch. Globalisierung erfordert Standardisierung. Controlling 2008(4–5):247–257
Kümpel T, Piel K (2009) Zweckgesellschaften im Handelsrecht. Was ändert sich ab 2010? Betriebswirt 2009(4):10–14
Kußmaul H, Richter L (2004) Die Behandlung von Verschmelzungsdifferenzbeträgen nach UmwG und UmwStG. GmbHRundschau 2004:701–707
Küting K (2000) Der Geschäfts- oder Firmenwert – ein Spielball der Bilanzpolitik. AG 3:97–106
Küting K (2010) Problematik der derivativen Erstellung des Konzernabschlusses und des Eigenkapitalausweises. DB, S 177–184
Küting K (2012) Zur Komplexität der Rechnungslegungssysteme nach HGB und IFRS, Der Betrieb, Fachverlag Verlagsgruppe Handelsblatt, Düsseldorf, S 297–304
Küting K, Lam S (2013) Der Zukunftsbezug in der Rechnungslegung nach HGB und IFRS im Vergleich. DB, S 1737–1745
Küting K, Mojadadr M (2013) Offene Fragen der Kapitalkonsolidierung von Zweckgesellschaften nach HGB und IFRS. DB, S 589–597
Küting K, Weber CP (2008) Der Konzernabschluss, 11. Aufl. Schäffer-Poeschel, Stuttgart
Küting K, Weber CP (2013) Der Konzernabschluss, 13. Aufl, Stuttgart
Küting K, Weber CP, Wirth J (2008) Die Goodwillbilanzierung im finalisierten Business Combinations Projekt Phase II. Z Internat Kapitalmarktorientierte Rechn 2008(3):139–152
Küting K, Wirth J (2007) Goodwillbilanzierung im neuen Near Final Draft zu Business Combinations Phase II. Z Internat Kapitalmarktorientierte Rechn 2007(9):460–469
Küting K, Wirth J (2012) Umstellung von Gemeinschaftsunternehmen auf die Equity-Methode gemäß IFRS 11 Grundlagen und buchhalterischer Prozess der Umstellung von der Quotenkonsolidierung, S 150–157
Kutschker M, Schmid S (2008) Internationales Management, 6. Aufl. Oldenbourg, München

Labrenz H, Neubauer L, Schmidt M, Schmidt P (2008) Joint Ventures im Konzernabschluss deutscher börsennotierter Unternehmen. Z Internat Kapitalmarktorientierte Rechn 2008(3):178–187
Landgraf C, Rattler T, Roos B (2012) Zweifelsfragen der erstmaligen Konsolidierung bis dato nicht einbezogener Tochtergesellschaften. KoR, S 335–342
Leibfried P (2007) Unternehmenserwerb und Kaufpreisallokation. Eine Fallstudie zur Anwendung von IFRS 3 und IAS 38. Z Internat Kapitalmarktorientierte Rechn 2007(1):48–56
Littkemann J (2004) Managementorientierte Ausrichtung des Beteiligungscontrollings. In: Littkemann J, Zündorf H (Hrsg) Beteiligungscontrolling. Neue Wirtschafts-Briefe, Herne, S 47–110
Lüdenbach N, Hoffmann WD (2017) Haufe IFRS-Kommentar, 15. Aufl. Haufe Lexware GmbH, Freiburg
Lutz S, Eidel U (2000) Internationalisierung der Rechnungslegung. Strategien für den mittelständischen Konzern. Bilanzbuchhalt Controll 2000(2):25–29
Martin P (1997) The management approach. CA Mag 1997:29–30
Menninger J (2012) Bewertung immaterieller Vermögenswerte. In: Peemöller, VH (Hrsg) Praxishandbuch Unternehmensbewertung, 5. Aufl. NWB Verlag, Herne, S 909–930
Moser U (2008) Bestimmungsgrößen des Goodwill: Untersuchung des Einflusses zukünftiger immaterieller Vermögenswerte. Finanzbetrieb 2008(12):788–803
Moser U, Goddar H (2008) Grundlagen der Bewertung von immateriellen Vermögenswerten am Beispiel der Bewertung patentgeschützter Technologien. In: Schmeisser W (Hrsg) Innovationserfolgsrechnung. Springer, Berlin, S 121–179
Moxter A (1979) Immaterielle Anlagewerte im neuen Bilanzrecht. BB, S 1102–1109
Moxter A (1998) Probleme des Geschäfts- oder Firmenwerts in der höchstrichterlichen Rechtsprechung. In: Matschke MJ, Schildbach T (Hrsg) Unternehmensberatung und Wirtschaftsprüfung. FS Sieben, Stuttgart, S 473–481
Pöller R (2008) Währungsumrechnung im Konzern nach BilMoG: Empfehlungen für die Bilanzierungspraxis. Bilanzbuchhalt Controll 2008:261–264
Rapp M (2013) Praxis des Konzernabschlusses. DB, S 948–953
Rogler S (2009) Segmentberichterstattung nach IFRS 8 im Fokus von Bilanzpolitik und Bilanzanalyse (Teil 1). Z Internat Kapitalmarktorientierte Rechn 2009(9):500–505 (Oser 2013).
Rühli E (1992) Koordination. In: Frese E (Hrsg) Handwörterbuch der Organisation, 3. Aufl. Schäffer-Poeschel, Stuttgart, S 1164–1175
Sahner F, Gersenich C (1990) Assoziierte Unternehmen und Equity Bewertung. In: Albach H, Klein G (Hrsg) Konzernrechnungslegung. Gabler, Wiesbaden, S 175–218
Sauthoff JP (1997) Zum bilanziellen Charakter negativer Firmenwerte im Konzernabschluss. Betriebs Berat 1997(12):619–623
Scheffler E (2009) Wesentliche Änderungen des deutschen Bilanzrechts. AG 2009S:R214–R222
Scherrer G (1994) Konzernrechnungslegung. Vahlen, München
Schildbach T (1998) Latente Steuern auf permanente Differenzen und andere Kuriositäten – Ein Blick in das gelobte Land jenseits der Maßgeblichkeit. WPg, 51. Jg. (1998), S 939–947
Schildbach T (2008) Der Konzernabschluss nach HGB, IFRS und US-GAAP, 7. Aufl. Oldenbourg, München
Schildbach T (2009) Fair-Value-Bilanzierung und Unternehmensbewertung. Betriebswirtschaftliche Forsch Prax 2009(4):371–387
Schuermann C (2017) Die Billionenbombe, WiWo vom 4. August, S 70–74
Siegel T, Bareis P (1993) Der „Negative Geschäftswert“ – eine Schimäre als Steuersparmodell. BB, S 1478 f
Stamm A, Girorgini A (2012) Die konzernrechnungslegung nach IFRS – Darstellung und Würdigung wichtiger Neuregelungen. Bilanzen im Mittelstand 1:8–11

Steiner E, Orth J, Schwarzmann W (2010) Konzernrechnungslegung nach HGB und IFRS. Wiley, Stuttgart

Theisen M (2000) Der Konzern, 2. Aufl. Schäffer-Poeschel, Stuttgart

von Wysocki K, Wohlgemuth M (1996) Konzernrechnungslegung, 4. Aufl. Werner, Düsseldorf

Wagenhofer A, Ewert R (2015) Externes Rechnungswesen, 3. Aufl. Springer, Berlin

Wirth J (2005) Firmenwertbilanzierung nach IFRS: Unternehmenszusammenschlüsse, Werthaltigkeitstests, Endkonsolidierung. Schäffer-Poeschel, Stuttgart

Wollmert P, Oser P (2013) Bilanz Check-up 2013, 2. Aufl., Haufe Lexware GmbH, Freiburg

Wolz C (2010) Latente Steuern nach BilMoG: Analyse der konzeptionellen Neuregelung im Einzel- und Konzernabschluss. DB, S 2625–2633

Zülch H, Fischer D, Erdmann MK (2008) Geplante Änderungen bei der Bilanzierung von gemeinschaftlich geführten Unternehmen durch den Exposure Draft ED 9 Joint Arrangements. Wirtschaftsprüfung 2008(5):204–208

Zwirner C, Künkele KP (2009) Die Bedeutung der Neuregelungen des BilMoG im Kontext der zunehmenden Anwendung der IFRS: Annäherung statt Übernahme. Z Internat Kapitalmarktorientierte Rechn 11:639–648

Kennzahlen im Konzerncontrolling 3

3.1 Arten und Funktionen von Kennzahlen

Kennzahlen haben für das Controlling eine zentrale Bedeutung. Kennzahlen sind quantitative Daten, die in verdichteter Form ein Abbild der Realität geben, dabei die Komplexität reduzieren und betriebswirtschaftliche Sachverhalte transparent darstellen (vgl. Weber und Schäffer 2016, S. 177). Mit der Komplexitätsreduktion ist auch verbunden, dass eine Kennzahl das Wesentliche eines Sachverhalts abbilden soll, aber nicht für jeden Einzelfall geeignet ist (vgl. Dellmann 2002, S. 941).

Kennzahlen lassen sich in absolute und relative Kennzahlen differenzieren. Absolute Kennzahlen geben z. B. Auskunft über die Größe eines Unternehmens. So knüpfen die in Kap. 2.2.1 bzw. 2.2.2 dargestellten Pflichten und Befreiungen zur Aufstellung eines Konzernabschlusses an absoluten Kennzahlen (Umsatz, Bilanzsumme und Mitarbeiterzahl) an. Relative Kennzahlen sind Verhältniszahlen, die eine weitere Aufbereitung der Ausgangsdaten aus dem externen bzw. internen Rechnungswesen darstellen. Relative Kennzahlen haben eine höhere Aussagekraft. So ist z. B. aus dem Umsatz eines Geschäftsjahres nicht erkennbar, wie sich der Umsatz im Vergleich zum Vorjahr entwickelt hat. Dies kann nur durch eine Indexzahl, wie Umsatz im Verhältnis zum Umsatz des Vorjahrs, ausgedrückt werden. Man unterscheidet drei Arten von relativen Kennzahlen (vgl. Hauschildt 1971, S. 340 ff.; Baetge 1998, S. 26 ff.):

- Gliederungszahlen: Hier wird eine Teilgröße ins Verhältnis zu der zugehörigen Gesamtgröße gesetzt. So ist die Eigenkapitalquote, die Eigenkapital und Gesamtkapital eines Unternehmens ins Verhältnis setzt, eine Gliederungszahl.

$$\text{Eigenkapitalquote} = \frac{\text{Eigenkapital}}{\text{Gesamtkapital}}$$

S. Behringer, *Konzerncontrolling*,
https://doi.org/10.1007/978-3-662-55778-5_3

- Beziehungszahlen: Hier werden Relationen zwischen verschiedenartigen Größen hergestellt. So ist z. B. die Eigenkapitalrentabilität eine Beziehungszahl. Ins Verhältnis werden der Jahreserfolg und das Eigenkapital gesetzt.

$$\text{Eigenkapitalrentabilität} = \frac{\text{Jahreserfolg}}{\text{Eigenkapital}}$$

- Das Eigenkapital ist Grundvoraussetzung, um das Unternehmen zu betreiben, es ist also Ursache für den Erfolg, der erwirtschaftet worden ist. Beziehungszahlen versuchen solche Ursache-Wirkungs Beziehungen zwischen unterschiedlichen Größen herzustellen.
- Indexzahlen: Hier wird eine absolute Kennzahl ins Verhältnis gesetzt zu der gleichen Zahl zu einem früheren Zeitpunkt. Beispielsweise wird der Umsatz im Jahr 2009 ins Verhältnis zum Umsatz im Jahr 2010 gesetzt und die Veränderung berechnet. Wichtig dabei ist zu beachten, dass die ins Verhältnis gesetzten Zahlen sich zeitlich, sachlich und wertmäßig entsprechen, also Zähler und Nenner äquivalent sind. Die Perioden der beiden Jahre müssen gleich lang sein (keines der betrachteten Geschäftsjahre darf ein Rumpfgeschäftsjahr umfassen). Die zugrunde liegenden Rechnungslegungsstandards müssen gleich sein. In beiden Fällen müssen die Umsätze entweder netto oder brutto ausgewiesen werden, umdie wertmäßige Äquivalenz zu erreichen. Zudem muss bei Indexzahlen darauf geachtet werden, dass nicht ein außerordentliches Jahr, in dem sich entweder besonders positive oder negative Sachverhalte ergeben haben, zum Basisjahr gemacht wird.

Kennzahlen werden in der Literatur verschiedene Funktionen zugeschrieben (vgl. Weber und Schäffer 2016, S. 178 f.):

- Anregungsfunktion: Kennzahlen dienen zur Anregung, Initiativen zu ergreifen und damit Auffälligkeiten und Probleme zu beseitigen. Dies kann so weit gehen, dass sich das Management eines Unternehmens eine kleine Auswahl von Kennzahlen regelmäßig vornimmt und sich auf Basis dieser Kennzahlen Fragen grundsätzlicher Bedeutung annimmt (vgl. Simons 1995). Diese Funktion der Kennzahlen ist für die Rolle des Controllers im Unternehmen sehr wichtig. Durch die Anregungsfunktion unterscheidet sich die Arbeit des Controllers von der reinen rechnerischen Tätigkeit.
- Operationalisierungsfunktion: Kennzahlen werden benötigt, um Ziele messbar zu machen. So beruhen die Anreizsysteme der meisten Konzerne auf der Erfüllung von Kennzahlen.
- Vorgabefunktion: In einem engen Zusammenhang zur Operationalisierungsfunktion steht die Vorgabefunktion. Durch Kennzahlen werden kritische Ziele als Vorgaben für die operativen Einheiten des Konzerns bis hin zu einzelnen Mitarbeitern gegeben. Kennzahlen dienen damit auch zur Motivation der Mitarbeiter.
- Steuerungsfunktion: Hier hat eine Kennzahl die Funktion, die Steuerung von Systemen im Unternehmen zu gewährleisten. So sollen die verschiedenen Funktionsbereiche aufeinander abgestimmt werden und ein Ineinandergreifen verschiedener

Abteilungen gewährleistet werden. So werden beispielsweise Kennzahlen zur Lagerhaltung von dem Einkauf verwendet, um zu entscheiden, ob neue Einkäufe getätigt werden sollen oder nicht.
- Kontrollfunktion: In dieser Funktion werden Kennzahlen für Soll-Ist Vergleiche herangezogen. Daran anknüpfend können Abweichungsanalysen vorgenommen werden und entsprechende Initiativen zur Änderung gestartet bzw. Sanktionen ausgesprochen werden.

In einem Konzern ist es insbesondere wichtig, dass die Kennzahlen der einzelnen Teilbereiche des Unternehmens vergleichbar sind. Bei Einzelunternehmen taucht das Problem der Vergleichbarkeit bei der zeitlichen Komponente der Indexzahlen auf. Bei Konzernen muss zusätzlich darauf auch bei zwischenbetrieblichen Vergleichen geachtet werden. Es müssen diejenigen Daten herangezogen werden, die in den Konzernabschluss einfließen, sprich die Daten der Handelsbilanz II, in denen unterschiedliche Rechnungslegungsnormen bereinigt worden sind. Dazu ist es eine Kernaufgabe des Konzerncontrollings dafür zu sorgen, dass Kennzahlen einheitlich definiert sind und in gleicher Art und Weise berechnet werden.

Dies gilt solange der Zweck der Kennzahlen ein Vergleich innerhalb des Konzerns ist. Zu den Aufgaben des Konzerncontrollings gehört aber auch die Führung der Beteiligungen als Einzelunternehmen und damit die Übersicht über betriebswirtschaftliche Sachverhalte, die an der Handelsbilanz I, also dem Einzelabschluss des Konzernunternehmens, anknüpfen. Dazu gehören die Besteuerung, mögliche Insolvenztatbestände oder mögliche Ausschüttungen der Tochtergesellschaft an die Muttergesellschaft. Aus diesen Gründen muss das Konzerncontrolling zur Führung der Beteiligung auch auf Daten der Handelsbilanz I zurückgreifen.

3.2 Erfolgskennzahlen

Erfolgskennzahlen drücken aus, wie viel betriebswirtschaftlichen Erfolg ein Unternehmen in einer Periode erwirtschaftet hat. Es handelt sich dabei um absolute Kennzahlen. Einfachste Kennzahl ist dabei der Jahresüberschuss, das Ergebnis der Gewinn- und Verlustrechnung vor der Ergebnisverwendung (Ausschüttung oder Thesaurierung).

Eingebürgert haben sich sehr stark Erfolgskennzahlen, die unterschiedliche Ergebniskomponenten auslassen und damit einen besseren Blick auf die erbrachten Managementleistungen zulassen sollen. Bei diesen EB (Earnings before) Ziffern werden systematisch nicht (vollständig) durch das Management beeinflussbare Komponenten ausgelassen: Steuern (T = Taxes), Finanzergebnis (I = Interest), Abschreibungen auf das materielle Anlagevermögen (D = Depreciation) und Abschreibungen auf das immaterielle Anlagevermögen (A = Amortisation). Die Auslassung dieser Ergebniskomponenten wird durchgeführt, um Unternehmen mit unterschiedlichen Voraussetzungen vergleichbar zu machen (vgl. Malik 2003).

Tab. 3.1 Earnings before Ziffern

Kennzahl	Definition
EBT	Earnings before Taxes Jahresüberschuss + außerordentliches rgebnis + Steuern
EBIT	Earnings before Interest and Taxes Jahresüberschuss + außerordentliches Ergebnis + Steuern + Finanzergebnis
EBITA	Earnings before Interest, Taxes and Amortisation Jahresüberschuss + außerordentliches Ergebnis + Steuern + Finanzergebnis + Abschreibungen auf immaterielle Vermögensgegenstände
EBITDA	Earnings before Interest, Taxes, Depreciation and Amortisation Jahresüberschuss + außerordentliches Ergebnis + Steuern + Finanzergebnis + Abschreibungen auf materielle Vermögensgegenstände + Abschreibungen auf immaterielle Vermögensgegenstände

So gibt es international unterschiedliche Steuerregime. Dieser Effekt wird durch das Auslassen der Steuern eines Unternehmens ausgeblendet. Unternehmen haben unterschiedliche Finanzierungssituationen, je nachdem ob es sich z. B. um ein börsennotiertes Unternehmen handelt oder ob es ein Unternehmen in privater Hand ist. Die Finanzierungssituation und die damit verbundene Zinslast sind unabhängig von dem operativen Erfolg des Unternehmens. Dieser Effekt wird durch das Auslassen des Finanzergebnisses ausgeblendet. Abschreibungen werden nach unterschiedlichen steuerlichen und handelsrechtlichen Regeln berechnet. Dies wird durch Auslassen der Komponente Abschreibungen berücksichtigt. Abschreibungen auf immaterielle Vermögensgegenstände, wie z. B. auf den Firmenwert, können als Sonderbelastungen interpretiert werden. Auch dieser Effekt wird durch Weglassen umgangen.

Die Earnings before Ziffern (s. Tab. 3.1) haben eine große Bedeutung an den Kapitalmärkten (vgl. Hitz und Jenniges 2008, S. 237). Insbesondere die Multiplikatorverfahren der Unternehmensbewertung knüpfen häufig an den EB Ziffern an. Auf den erwirtschafteten EB eines Unternehmens wird dann ein durch den Markt vorgegebener Multiplikator angewandt (vgl. Kuhner und Maltry 2017, S. 266). Vor diesem Hintergrund sollten die EB Ziffern auch im Konzerncontrolling Anwendung finden. Allerdings eignen sich die EB Ziffern nicht zur operativen Führung von Beteiligungen. Das Weglassen von Ergebniskomponenten hat den Sinn, verschiedene Unternehmen vergleichbar zu machen. Das Konzerncontrolling verfügt über die Mittel, vergleichbare Daten aller konzernzugehörigen Unternehmen zu erhalten (Daten der Handelsbilanz II). Diese eignen sich wesentlich besser zur Analyse der Unternehmen. Durch das Weglassen gehen allerdings wichtige Informationen verloren. Ein Unternehmen mit einem absolut hohen EBITDA kann trotzdem einen deutlich negativen, vielleicht sogar existenzbedrohenden Jahresfehlbetrag ausweisen. Malik (vgl. Malik 2003) plädiert ironisch vor dem Hintergrund des weit verbreiteten Gebrauchs der EB Ziffern dafür, dass sich nur eine Kennziffer zur Unternehmensbeurteilung eignet, nämlich ein EAE (Earnings After Everything).

3.3 Rentabilitätskennzahlen

Rentabilitätskennzahlen sind Verhältniszahlen, bei denen eine Ergebnisgröße ins Verhältnis gesetzt wird zu einer vermuteten Einflussgröße und so ein Ursache-Wirkungs Zusammenhang zwischen zwei Größen dargestellt wird. Für das Konzerncontrolling ist vorteilhaft, dass sich durch die Verhältniszahl Unterschiede in der Unternehmensgröße nivellieren und somit ein Vergleich zwischen konzernzugehörigen Unternehmen unterschiedlicher Größe gut möglich ist.

Rentabilitäten sind die in der Praxis am weitesten verbreiteten Kennzahlen (vgl. Hillier et al. 2010, S. 58 f.). Warnend muss gesagt werden, dass es keine eindeutigen Definitionen gibt, die überall verbreitet sind. Aus diesem Grund sollte man immer die verwendete Definition erfragen und hinterfragen.

Die Umsatzrentabilität (Return on Sales) setzt das Ergebnis ins Verhältnis zum Umsatz:

$$\text{Umsatzrentabilität} = \frac{\text{Ergebnis}}{\text{Umsatz}}$$

Die Aussage der Umsatzrentabilität ist, wie viel in Prozent vom Umsatz als Ergebnis des Unternehmens bleibt, also wie viele Cent von einem Euro Umsatz als Gewinn im Unternehmen verbleiben. In dieser Kennzahl kommen alle Bemühungen, die das Unternehmen zur Verbesserung seiner Situation vornimmt, zum Ausdruck, da sowohl mit dem Umsatz alle Erträge betrachtet werden als auch in dem Ergebnis alle Aufwendungen, die benötigt wurden, um diesen Umsatz zu erreichen (vgl. Melching 1997, S. 252). Zu berücksichtigen ist bei dieser Kennzahl allerdings, dass sich in Krisen- und in Wachstumszeiten Zähler und Nenner häufig gleichmäßig erhöhen oder verringern. Daher ist das Erkennen von Auffälligkeiten in solchen Phasen schwierig (vgl. Littkemann und Krehl 2000, S. 30). Zudem ist zu berücksichtigen, dass die Umsatzrentabilität sehr stark von der Branche abhängt. Im Lebensmitteleinzelhandel gibt es Rentabilitäten um 2 % wohingegen es in der pharmazeutischen Industrie 15 % und mehr gibt.

Neben der Umsatzrentabilität gibt es verschiedene Kennzahlen, die eine Kapitalgröße ins Verhältnis zu dem Ergebnis setzen. Dies können z. B. die Gesamtkapitalrentabilität (Return on Assets) oder die bereits vorgestellte Eigenkapitalrentabilität (Return on Equity, s. Kap. 3.1) sein. Dahinter steckt die Überlegung, dass das Kapital die Ursache für das Ergebnis ist und die Kapitalgeber eine entsprechende Rentabilität erwarten. Die Gesamtkapitalrentabilität macht eine Aussage, wie sich das gesamte Kapital verzinst hat:

$$\text{Gesamtkapitalrentabilität} = \frac{\text{Ergebnis}}{\text{Gesamtkapital}}$$

Dahingegen berücksichtigt die Eigenkapitalrentabilität nur das Eigenkapital und gibt an, wie viel mit jedem Euro Eigenkapital verdient worden ist und damit auch wie viel zur Entlohnung der Eigenkapitalgeber zur Verfügung steht.

Der 25 %-Mann: Josef Ackermann und die Eigenkapitalrentabilität

Das Ziel einer Eigenkapitalrentabilität von 25 % (vor Steuern) gab der Vorstandsssprecher der Deutschen Bank Josef Ackermann, der zwischen 2006 und 2012 amtierte, aus. Seine Zielsetzung wurde von vor allem linken Politikern als „obszön" angesehen. Häufig ging damit ein Missverständnis der Kennzahl Eigenkapitalrentabilität einher. Keineswegs muss von jedem Geschäft 25 % Gewinn erwirtschaftet werden, also beispielsweise bei einer Kreditvergabe über 1.000 € ein Gewinn von 250 € im Jahr. Dies wäre bei den derzeit am Markt üblichen Zinsen auch gar nicht realisierbar.

Ackermann konnte die Traumrentabilität von 25 % in manchen Quartalen auch tatsächlich verwirklichen. Allerdings wurden dazu einige Tricks eingesetzt. So wurden Restrukturierungskosten bei der Berechnung der Kennzahl nicht eingesetzt. Dies führte zu einer Erhöhung der Kennzahl. Genauso gelang es der Deutschen Bank durch umfangreiche Aktienrückkaufprogramme die Rentabilität nach oben zu bringen. Durch die Aktienrückkäufe reduziert sich das Eigenkapital. Bei gleichbleibendem Gewinn steigt die Eigenkapitalrendite an (vg. Welp 2009, S. 54).

Als Weiterentwicklung der Gesamtkapitalrentabilität hat sich in der Unternehmenspraxis der Return on Capital Employed (RoCE) etabliert. Bei dem RoCE finden zwei Veränderungen statt: Zum einen wird im Zähler das Ergebnis vor Zinsen verwendet. Damit wird erreicht, dass die Fremdkapitalgeber gleich behandelt werden wie die Eigenkapitalgeber, deren Entlohnung nicht Teil des Jahresüberschusses ist, sondern die die Ausschüttung aus dem Jahresüberschuss erhalten. Zum anderen wird die Nennergröße reduziert um diejenigen Verbindlichkeiten, die keinen Anspruch auf Vergütung erheben. Dies sind insbesondere die Verbindlichkeiten aus Lieferungen und Leistungen und die sonstigen Verbindlichkeiten.

$$\text{RoCE} = \frac{\text{Ergebnis vor Zinsen}}{\text{Gesamtkapital} - \text{nicht zinstragende Verbindlichkeiten}}$$

Mit dem RoCE kann das Konzerncontrolling errechnen, wie viel mit jedem Euro Kapital, das einen Anspruch auf Entlohnung hat, verdient wurde. Damit lässt sich auch feststellen wie viel für die tatsächliche Entlohnung der Kapitalgeber zur Verfügung steht. Den Anspruch haben neben der Konzernmutter als Eigenkapitalgeber noch die anderen Eigenkapitalgeber (sofern vorhanden) und die Fremdkapitalgeber (wie Banken etc.).

3.4 Cash-flow Kennzahlen

Ein weit verbreitetes Bonmot lautet: „Profits are an opinion, only cash is a fact." Darin kommt zum Ausdruck, dass Aufwendungen und Erträge durch bilanzpolitische Maßnahmen, also das zielgerichtete Ausüben von Wahlrechten bzw. Ausnutzen von Schätzungsspielräumen, beeinflussbar sind. Diese Spielräume sind nicht mehr gegeben, wenn man auf Ein- und Auszahlungen abstellt. Die relevante Vermögensgröße, deren Veränderung mit Hilfe von Cash-flow Kennzahlen bestimmt wird, sind damit die liquiden Mittel. Der Cash-flow bildet den in einer Periode erwirtschafteten Zahlungsmittelüberschuss einer Berichtseinheit ab und stellt im wesentlichen eine Kennzahl zur Beurteilung der Finanz- und Liquiditätslage dar, die darüber hinaus das von dem Unternehmen generierte Innenfinanzierungsvolumen angibt. Der Cash-flow betrachtet alle liquiditätswirksamen Vorgänge in einer Berichtseinheit. Ist bei der Bilanz die Residualgröße das Eigenkapital, so ist es bei der Cash-flow Rechnung die Position „Liquide Mittel" (vgl. Behringer und Lühn 2016, S. 57).

Am Anfang der Berechnung des Cash-flows steht die Definition eines Fonds der liquiden Mittel. Zahlungswirksam und damit Teil des Cash-flows sind all diejenigen Vorgänge, die einen Einfluss auf den Fonds haben. In der Regel wird von Nettofonds ausgegangen, die ausschließlich Aktivpositionen behalten. Dies sind liquide Mittel, Bankguthaben und andere den Geldmitteln vergleichbare bzw. schnell zu verflüssigende Positionen (vgl. Ingendahl 1990, S. 28). In der direkten Methode werden unmittelbar die auf diesen Fonds einwirkenden Aufwendungen und Erträge einberechnet:

$$\text{Cash-flow} = \text{Einzahlungswirksame Erträge} - \text{Auszahlungswirksame Aufwendungen}$$

Um die direkte Berechnungsmethode anwenden zu können, ist es erforderlich, dass Erträge und Aufwendungen im Rechnungswesen so erfasst werden, dass die Zahlungswirksamkeit auswertbar ist. Im Rechnungswesen gibt es selten rein zahlungswirksame Positionen. Auch wenn Positionen wie Zinsaufwand und Personalaufwand in großem Maße zahlungswirksam sein werden, so ist bei jeder Position mit Korrekturen zu rechnen. Aus diesen Gründen erfordert die direkte Methode eine breite Informationsbasis für das Konzerncontrolling, wahrscheinlich den Zugriff auf die gesamte Finanzbuchhaltung der Tochterunternehmen. Aus diesem Grund wird die direkte Methode relativ selten in der Praxis angewendet (vgl. Haenel 1998, S. 40).

Weitaus verbreiteter ist die Berechnung nach der indirekten Methode. Diese geht von dem in der GuV ausgewiesenen Jahresüberschuss bzw. Jahresfehlbetrag aus, der um nicht-zahlungswirksame Erträge vermindert und um nicht-zahlungswirksame Aufwendungen erhöht wird (vgl. von Wysocki 1998, S. 19). Auch hier ist die Erfordernis gegeben, die Aufwands- und Ertragspositionen zu ermitteln, die nicht zahlungswirksam sind.

Eindeutig nicht zahlungswirksam sind die Abschreibungen, die die erste wichtige Korrekturgröße darstellen, um zum Cash-flow zu gelangen. Die Abschreibungen verteilen die Anschaffungskosten eines Vermögensgegenstandes auf die Nutzungsdauer und sollen der tatsächlichen Abnutzung folgen, um den periodengerechten Gewinn ermitteln zu können. Zahlungswirksam ist der Erwerb einer Maschine zumeist im Zeitpunkt der Anschaffung.

Der zweite große Block der nicht zahlungswirksamen Positionen stellen die Veränderungen in den Rückstellungen eines Unternehmens dar. Rückstellungen sind betriebswirtschaftlich Schulden. Sie werden gebildet für dem Grunde und/oder der Höhe nach ungewissen Verbindlichkeiten, die mit einiger Wahrscheinlichkeit bestehen und deren wirtschaftliche Verursachung in vorangegangenen Rechnungsperioden liegt. Somit dienen auch Rückstellungen der periodengerechten Gewinnermittlung. In dem Zeitpunkt, in dem die Rückstellung gebildet wird, stellt sie Aufwand dar, der aber nicht zum Abfluss von Geldmitteln führt. Erst wenn die Rückstellung verbraucht wird, fließen liquide Mittel ab. Entfällt der Grund für eine Rückstellung, so wird sie aufgelöst, was einen nicht-einzahlungswirksamen Ertrag darstellt. Aus diesem Grund müssen die Veränderungen der Rückstellungen bei der Cash-flow Berechnung korrigiert werden. In seiner einfachsten Form ist die indirekte Berechnung des Cash-flows somit die Addition aus Jahresüberschuss, Abschreibungen und (positiver) Veränderung der Rückstellungen. Damit kommt man dem tatsächlichen Zahlungsmittelüberschuss bereits sehr nahe. Exakter ist die in Tab. 3.2 dargestellte Berechnungsform.

Das Schema führt zu einer Cash-flow Rechnung für die operative Geschäftstätigkeit des Unternehmens. Um die tatsächliche Veränderung der liquiden Mittel ermitteln zu können, ist es noch notwendig, sowohl den Mittelzufluss als auch den Mittelabfluss aus Investitions- und Finanzierungstätigkeit zu ermitteln. Dies beinhaltet Investitionen in das Anlagevermögen, Einzahlungen aus dem Abgang von Anlagevermögen, Kapitalerhöhungen, Auszahlungen an die Gesellschafter in Form von Ausschüttungen und Dividenden, Aufnahme von Fremdkapital und Tilgung von Fremdkapital. Für das Konzerncontrolling ist es bei der Beurteilung von Tochtergesellschaften allerdings von der größten Bedeutung, auf den operativen Cash-flow zu achten. Langfristig ist ein Unternehmen nur überlebensfähig, wenn es sich aus eigener Kraft aus dem operativen Bereich heraus finanzieren kann (vgl. Holzer und Jung 1990, S. 283). Damit lässt sich auch bestimmen, welche Formen der Unterstützung das Tochterunternehmen von der Konzernmutter in finanzieller Hinsicht künftig benötigt.

Neben der Beurteilung der Konzernunternehmen muss das Konzerncontrolling auch die Beurteilung des Konzerns im Blick haben, um für die Leitung des Konzerns die Rationalität der Führung sicher stellen zu können. Zur Ermittlung des Cash-flows auf Konzernebene gibt es zwei Möglichkeiten: Die Konsolidierung von Kapitalflussrechnungen

Tab. 3.2 Berechnungsschema zur Berechnung des Cash-flows nach der indirekten Methode. (Vgl. Verband der chemischen Industrie 1994, S. 10)

Jahresüberschuss/-fehlbetrag	
+	Abschreibungen auf Gegenstände des Anlagevermögens
–	Zuschreibungen zu Gegenständen des Anlagevermögens
+	Abgänge aus dem Anlagevermögen zu Buchwerten
+/-	Veränderung der Rückstellungen für Pensionen und ähnliche Verpfichtungen
+/-	Veränderung anderer langfristiger Rückstellungen
+/-	Veränderung der Sonderposten mit Rücklageanteil
+/-	Andere nicht-zahlungswirksame Aufwendungen und Erträge von wesentlicher Bedeutung
=	**Cash-flow**

der Einzelunternehmen oder die Ableitung des Cash-flows auf indirekte Weise aus der Konzernbilanz (vgl. Behringer und Lühn 2016, S. 125 ff.).

Das Vorgehen bei der Konsolidierung von Cash-flow Rechnungen ist dem Vorgehen bei der Konzernrechnungslegung sehr ähnlich. In einem ersten Schritt müssen die Cash-flow Rechnungen der einzelnen Konzernunternehmen auf den Konzernstandard gebracht werden (analog zur Handelsbilanz II). Dazu zählt auch, dass Cash-flow Rechnungen in Fremdwährungen in Euro umgerechnet werden müssen.Wichtig ist dabei zu beachten, dass Änderungen an dem Fonds der Zahlungsmittel, die alleine auf Änderungen der Wechselkurse zurückzuführen sind, nicht zahlungswirksam und damit zu eliminieren sind (vgl. Busse von Colbe 1997, S. 425). Die so gleichnamig gemachten Cash-flow Rechnungen werden im zweiten Schritt aufsummiert und sodann konsolidiert.

Zahlungsströme zwischen den in den Konsolidierungskreis einbezogenen Unternehmen sind durch die Konsolidierung zu eliminieren. Zahlungsströme zwischen vollkonsolidierten Unternehmen müssen vollständig konsolidiert werden. Wird ein Unternehmen vollkonsolidiert, ist aber nicht zu 100 % im Eigentum des Konzerns, so bedürfen die Ausschüttungen an die Gesellschafter einer besonderen Behandlung: Es bleiben nur diejenigen Ausschüttungen zahlungswirksam, die an die konzernfremden Gesellschafter gehen. Konzerninterne Ausschüttungen führen nicht zu einem Abfluss an Zahlungsmitteln aus der wirtschaftlichen Gesamtheit Konzern. Quotenkonsolidierte Gemeinschaftsunternehmen gehen nur mit ihrem quotalen Kapitalanteil in die Summenkapitalflussrechnung ein. Bei der Konsolidierung werden Zahlungsströme mit anderen Konzernunternehmen nur in Höhe des Kapitalanteils konsolidiert. Die auf fremde Gesellschafter entfallenden Anteile bleiben aus Konzernsicht zahlungswirksam und dürfen folglich nicht eliminiert werden.

Wird ein Beteiligungserwerb vorgenommen, führt die Investition zu einem Abfluss an liquiden Mitteln bei dem erwerbenden Unternehmen. Dieser bleibt auch bei der Konsolidierung der Kapitalflussrechnung des erworbenen Unternehmens bestehen, da dem Mittelabfluss auf Käuferseite kein Mittelzufluss auf Verkäuferseite innerhalb des Konzerns gegenübersteht. Damit wird diese Investition in der Konzernsicht aufgedeckt, so dass sich eine Durchbrechung zur Bilanz ergibt. Dort wird eine Akquisition als fiktiver Erwerb der einzelnen Vermögensgegenstände und Schulden des erworbenen Unternehmens dargestellt. In der Konzernrechnung sollte man bei dem Cash-flow aus Investitionstätigkeit den Unternehmenserwerb durch Ansatz des gesamten Kaufpreises des Unternehmens berücksichtigen. Wird eine Neuerwerbung vorgenommen, müssen – um die Kapitalflussrechnung aufgehen zu lassen – die erworbenen liquiden Mittel, also diejenigen bei dem neuen Konzernunternehmen zum Zeitpunkt der Übernahme ausgewiesenen liquiden Mittel, als Korrekturposten beim Fonds der Zahlungsmittel angegeben werden.

Die Konsolidierung von Kapitalflussrechnungen ist vergleichsweise arbeitsaufwändig, auch wenn auf die Konsolidierungsschritte aus der Konzernrechnungslegung zurückgegriffen werden kann (vgl. Amen 1998, S. 164). Von daher wird in der Praxis häufiger die andere Methode der Erstellung der Konzern Cash-flow Rechnung verwendet, nämlich die indirekte Ableitung aus dem bereits konsolidierten Konzernabschluss. In diesem Fall ist eine Konsolidierung nicht mehr vorzunehmen. Lediglich konzernspezifische Positionen müssen auf ihre Zahlungswirksamkeit hin untersucht werden.

Die Abschreibungen auf den Goodwill, unabhängig davon, ob sie aus einem impairment test resultieren oder planmäßig vorgenommen werden, sind nicht zahlungswirksam und müssen aus diesem Grund zum Cash-flow addiert werden. Bei der Konsolidierung von Unternehmen nach der at equity Methode wird bei der Fortschreibung des Buchwertes einzig die vereinnahmte Ausschüttung zahlungswirksam. Alle anderen erfolgswirksamen Positionen bei der Fortschreibung des at equity Wertes müssen als nicht zahlungswirksam korrigiert werden. Bei Veränderungen des Konsolidierungskreises aufgrund von Beteiligungserwerb oder -veräußerung müssen die Vorjahreszahlen unverändert gelassen werden. Dann ist der Ausgangswert des Fonds liquide Mittel auf einem anderen Konsolidierungskreis aufgebaut als der Endwert. Die liquiden Mittel, die durch die Beteiligung Teil der liquiden Mittel des Konzerns werden, sind separat in einer Position „Veränderungen im Konsolidierungskreis" auszuweisen (vgl. Behringer und Lühn 2016, S. 138). Dies sind die liquiden Mittel, die das erworbene Unternehmen am Tag der Übernahme in seiner Bilanz hatte. Ab dem Tag der Übernahme zeigen sich alle laufenden Veränderungen in der Gewinn- und Verlustrechnung, die auch Teil des Konzernabschlusses wird. Daneben ist der Zahlungsmittelabfluss für den Erwerb der Beteiligung als Mittelabfluss aus Investitionstätigkeit zu berücksichtigen.

3.5 Finanzkennzahlen

Finanzkennzahlen sollen helfen, die Finanzlage des Unternehmens zu analysieren. Die Finanzstruktur eines Unternehmens sagt aus, wie sicher das Unternehmen ist. Grundlegende Kennzahl ist dabei die Eigenkapitalquote, die bereits in Kap. 3.1 als Gliederungszahl vorgestellt wurde, bei der das Eigenkapital ins Verhältnis zum Gesamtkapital gesetzt wird. Da ein etwaiger Verlust mit dem Eigenkapital verrechnet wird, gibt die Eigenkapitalquote Aufschluss darüber, wie viele Verluste ein Unternehmen noch absorbieren kann und ist damit Maßstab für die unternehmerische Sicherheit (vgl. Littkemann und Michalik 2004, S. 162).

Spiegelbildlich stellt die Fremdkapitalquote oder Debt-Equity-Ratio die Verschuldung des Unternehmens im Verhältnis zum Gesamtkapital dar:

$$\text{Fremdkapitalquote} = \frac{\text{Fremdkapital}}{\text{Gesamtkapital}}$$

Beide Kennzahlen führen aufgrund ihrer Spiegelbildlichkeit zu gleichen Aussagen über die unternehmerische Sicherheit. Hierbei muss allerdings beachtet werden, dass Sicherheit und Gewinnstreben konkurrierende unternehmerische Zielsetzungen sind. Von daher wäre die Aussage, dass eine hohe Eigenkapitalquote bzw. eine niedrige Fremdkapitalquote immer gut ist, falsch. Vielmehr muss die optimale Kapitalstruktur im Einzelfall in

Abhängigkeit von Risikoüberlegungen, branchenspezifischen Faktoren und notwendigen Finanzierungsspielräumen festgelegt werden.

Der statische Verschuldungsgrad betrachtet das Verhältnis von Fremdkapital zu Eigenkapital:

$$\text{statischer Verschuldungsgrad} = \frac{\text{Fremdkapital}}{\text{Eigenkapital}}$$

Der statische Verschuldungsgrad kann als Indikator für eine mögliche Überschuldung des Konzernunternehmens angesehen werden. Da der statische Verschuldungsgrad rein aus der Bilanz und damit aus der Unternehmenshistorie abgeleitet wird, werden künftige Entwicklungen und bereits feststehende Auszahlungen nicht berücksichtigt. Diesen Mangel versucht die Kennzahl des dynamischen Verschuldungsgrads zu beseitigen.

$$\text{dynamischer Verschuldungsgrad} = \frac{\text{Effektivverschuldung}}{\text{operativer Cash-flow}}$$

Die Zählergröße Effektivverschuldung ist dabei definiert als Verbindlichkeiten des Unternehmens zuzüglich der Rückstellungen abzüglich der schnell liquidierbaren Vermögensgegenstände (wie Liquide Mittel, Wertpapiere des Umlaufvermögens). Der dynamische Verschuldungsgrad gibt an, wie lange das Unternehmen braucht, seine vorhandenen Effektivschulden aus dem operativen Cash-flow zu tilgen (daher wird der dynamische Verschuldungsgrad manchmal auch als „Schuldentilgungsdauer" bezeichnet, vgl. Schult 1997, S. 161). Ein kleiner dynamischer Verschuldungsgrad bedeutet mithin, dass das Unternehmen schnell seine Schulden aus eigener Kraft zurückzahlen kann und daher relativ unabhängig von seinen Gläubigern ist. Allerdings muss berücksichtigt werden, dass alle Aussagen auf der Prämisse beruhen, dass das Unternehmen auch in der Zukunft den gleichen operativen Cash-flow wie in der vergangenen Periode erwirtschaften wird.

Zur Liquiditätsanalyse von Unternehmen wird insbesondere die aus dem angloamerikanischen Raum stammende Kennzahl „Working Capital" verwendet. Es wird die Differenz aus kurzfristigem Vermögen (Umlaufvermögen) und kurzfristigen Verbindlichkeiten (jeweils mit einer Laufzeit von bis zu einem Jahr) gebildet. Hintergrund ist die fristenkongruente Finanzierung: kurzfristiges Vermögen soll auch kurzfristig finanziert werden. Die Kennzahl sollte im Normalfall positiv sein, also die kurzfristigen Vermögensgegenstände sollten die kurzfristigen Verbindlichkeiten übersteigen. Ist dies der Fall, so können durch Veräußerung des kurzfristig gebundenen Vermögens die kurzfristigen Verbindlichkeiten gedeckt werden (vgl. Deimel et al. 2013, S. 194). Allerdings sollte dies nicht als Aussage missverstanden werden, das Working Capital zu maximieren. Ein zu hohes Working Capital führt zu einer überhöhten Kapitalbindung. Inzwischen beschäftigt sich eine ganze Fachrichtung des Controllings, das Working Capital Management, mit der komplexen Aufgabe das Working Capital zu optimieren (vgl. u. a. Meyer 2007). Es ist unmittelbar einsichtig, dass z. B. eine zu hohe Vorratshaltung bzw. zu viele ausstehende Forderungen nicht positiv für das Unternehmen sind. Insbesondere die Forderungen und die Vorräte sollten optimiert werden. Bei den Forderungen wird die durchschnittliche Forderungslaufzeit berechnet (Days Sales Outstanding, DSO):

$$\text{DSO} = \frac{\text{Forderungen aus Lieferungen und Leistungen} \cdot 360}{\text{Umsatzerlöse}}$$

Die DSO geben Auskunft wie lange (in Tagen) das Unternehmen durchschnittlich auf sein Geld aus Umsatzerlösen warten muss.

Die Lagerreichweite gibt an, wie lange die Vorräte des Unternehmens ausreichen, um die durchschnittlichen verkauften Produkte der letzten Zeit herzustellen:

$$\text{DIH} = \frac{\text{Durchschnittliches Vorratsvermögen} \cdot 360}{\text{Materialufwand}}$$

Eine Minimierung der DIH wäre verkehrt. Wichtig ist, dass das Unternehmen seine Lieferfähigkeit behält. Kann ein Auftrag aufgrund mangelnder Vorräte nicht ausgeführt werden, so kann man häufig davon ausgehen, dass der Umsatz endgültig verloren ist, da sich der potentielle Kunde woanders mit der Lieferung versorgt.

Beide Kennzahlen werden vom Konzerncontrolling eingesetzt, um die Lage bei Tochtergesellschaften zu beurteilen.

Wiederum gilt es für das Konzerncontrolling, die Finanzkraft auf zwei Ebenen zu erheben und zu beurteilen. Zum einen müssen die Beteiligungen betrachtet werden, so dass Fehlentwicklungen auf der Ebene der Einzelunternehmen rechtzeitig erkannt werden. So knüpft beispielsweise der Insolvenzgrund der Überschuldung einzig an dem Einzelabschluss des Unternehmens an. Daneben muss aber auch die Finanzkraft des Konzerns berücksichtigt werden, da Banken bei ihrer Kreditentscheidung darauf abstellen.

3.6 Wertorientierte Kennzahlen

3.6.1 Logik der wertorientierten Kennzahlen

Die wertorientierten Kennzahlen entstammen der Diskussion um den Shareholder Value, die aus den USA nach Europa kam und insbesondere mit dem 1986 erstmals veröffentlichten Buch „Creating Shareholder Value“ von Alfred Rappaport (vgl. Rappaport 1999) verbunden wird. Entstanden ist dieses Modell aus der Kritik an den traditionellen Kennzahlen, die auf dem externen Rechnungswesen aufbauen (der Jahresüberschuss war der Ausgangspunkt aller Kennzahlenberechnungen bisher in diesem Kapitel). Zum einen haben diese keine Verbindung zum Kapitalmarkt. Zum anderen sind die Eigentümer im externen Rechnungswesen nicht vorgesehen. Die Eigentümer erhalten lediglich das, was übrig bleibt nach Abzug aller Aufwendungen.

Die Grundidee ist, dass ein Unternehmen nur diejenigen Projekte macht, die einen positiven Nettokapitalwert haben. Der Kapitalwert ist schon lange das Kriterium gewesen, nach dem man die individuellen Investitionsentscheidungen beurteilt hat.

Das positive Ergebnis eines Kapitalwerts ist der Vermögenszuwachs, der dem individuellen Investor zukommt. Die Übertragung dieser Idee auf Unternehmen, bei dem die individuelle Zielsetzung des Investors nicht mehr klar ist, wurde mit dem Shareholder Value Konzept getan (vgl. Ballwieser 2009, S. 94). Die Interessenkonflikte, die in der realen Unternehmung zwischen den verschiedenen Anspruchsgruppen (Stakeholder) bestehen, wurden somit ausgeblendet und auf die finanzielle Zielsetzung reduziert. Ziel der Unternehmung wurde damit die Maximierung des finanziellen Einkommens der Investoren (Aktionäre, Shareholder).

Die Operationalisierung der Wertorientierung für die Unternehmenspraxis verlangt eine explizite Berücksichtigung der Ansprüche der Eigenkapitalgeber. Berücksichtigt werden alle Kapitalkosten, also nicht nur diejenigen, die für das Fremdkapital aufgewendet werden müssen, sondern auch diejenigen, die für das Eigenkapital aufgewendet werden müssen. Damit wird die buchhalterische Sicht, nach der Gewinn entsteht, sobald alle Aufwendungen gedeckt sind, verlassen (s. Abb. 3.1). Nach der wertorientierten Sicht entsteht Gewinn erst nachdem auch die Ansprüche der Eigenkapitalgeber gedeckt sind. Die Hürde, über die ein profitables Unternehmen springen muss, um Gewinn zu machen, wird durch die wertorientierte Betrachtung erhöht. Die Eigenkapitalgeber kriegen nicht mehr das, was übrig bleibt, sondern ihre Renditeansprüche vermindern den ausgewiesenen betriebswirtschaftlichen Gewinn (vgl. Hachmeister 2000, S. 150).

Die Einbeziehung des Kapitalmarkts gelingt bei den wertorientierten Kennzahlen durch das CAPM (vgl. Brealey et al. 2016, S. 192 ff.). Dieser Rückgriff ergibt sich aus der Notwendigkeit Eigenkapitalkosten zu ermitteln, um die Ansprüche der Eigenkapitalgeber quantifizieren zu können. Das CAPM errechnet die Rendite, die rationale Investoren fordern, damit sie das Wertpapier dieses Unternehmens in ihr Wertpapierportfolio aufnehmen. Damit wird die Höhe der Hürde bestimmt, die das Unternehmen überspringen muss, um an Eigenkapital zu kommen. Die verschiedenen Ausprägungen der wertorientierten Kennzahlen und die konkrete Ableitung von Eigenkapitalkosten werden im Folgenden eingehend behandelt.

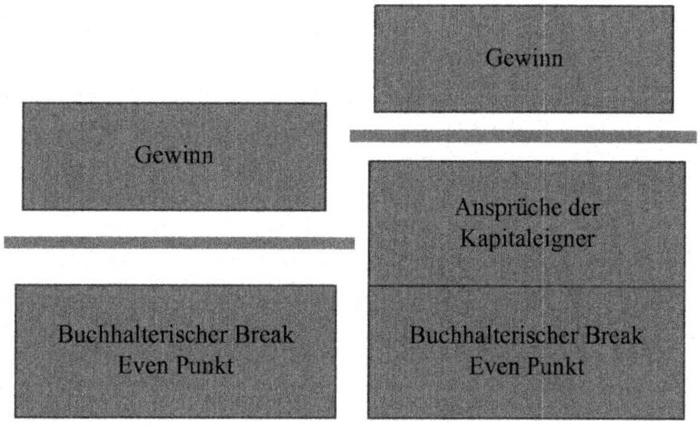

Abb. 3.1 Hürden für die Gewinnerzielung aus buchhalterischer Sicht (*links*) und aus wertorientierter Sicht

3.6.2 Die Weighted Average Cost of Capital (WACC)

Die WACC drücken die Kosten der realisierten Kapitalstruktur eines Unternehmens aus. Die WACC ergeben sich als mit den Anteilen am Gesamtkapital gewichteten Kostensätzen für Eigen- und Fremdkapital. Die WACC müssen folglich von dem Unternehmen gedeckt werden, damit alle Kapitalgeber zufrieden gestellt werden können. Abstrahiert man von unterschiedlicher steuerlicher Behandlung von verschiedenen Kapitalarten und von Mischformen der Finanzierung ergeben sich die WACC nach folgender Formel (vgl. zur Ableitung ausführlich Behringer 2013, S. 236 ff.):

$$WACC = \mathrm{k}_{\mathrm{Fk}} \cdot \frac{FK}{GK} + \mathrm{k}_{EK} \cdot \frac{EK}{GK}$$

Dabei sind

k_{FK} = Fremdkapitalkosten
F_K = Marktwert des Fremdkapitals
G_K = Marktwert des Gesamtkapitals
k_{EK} = Eigenkapitalkosten
E_K = Marktwert des Eigenkapitals

Die Ansprüche, die die Fremdkapitalgeber haben, sind bei einer Unternehmensanalyse i. d. R relativ einfach festzustellen, da diese vertragliche Ansprüche gegen das Unternehmen haben. So schließen Banken Kreditverträge mit dem Unternehmen, in dem ein Zins fix oder variabel vereinbart ist (vgl. Helbling 1993, S. 160). Der verlangte Zinssatz des aufgenommenen Kredits richtet sich dabei im Wesentlichen nach Fristigkeit des Kredits und Risiko des Unternehmens. Daneben gibt es Fremdkapitalien, die dem Unternehmen unentgeltlich überlassen werden. Dazu zählen erhaltene Anzahlungen von Kunden oder Verbindlichkeiten aus Lieferungen und Leistungen (es wird abgesehen von verauslagten oder entgangenen Skonti), also Fremdkapital, das durch die operative Tätigkeit des Unternehmens entstanden ist.

Pensionsrückstellungen, die ein großes Volumen in den Bilanzen der meisten deutschen Unternehmen einnehmen, sind im Gegensatz zu anderen Rückstellungen als verzinslich einzustufen. Pensionsrückstellungen kann man als Schuldtitel interpretieren, hinter denen die Ansprüche der Mitarbeiter auf Zahlung von Altersversorgung stehen. Da eine Sicherung durch den Pensionssicherungsverein bei deutschen Unternehmen vorgenommen werden muss, kann man auf eine Verzinsung zurückgreifen, die für anderes nachrangiges Fremdkapital von dem Unternehmen bezahlt werden. Manche Unternehmen setzen vereinfachend denjenigen Kapitalkostensatz für Pensionsrückstellungen an, der bei der Bilanzierung nach IFRS anzusetzen ist. Nach IFRS sind Marktrenditen für erstklassige festverzinsliche Industrieanleihen mit gleicher Laufzeit anzusetzen (IAS 19.78). Hat das Unternehmen die Pensionszusagen in Pensionsfonds oder Versicherungen mit Direktzusage ausgelagert, ist keine Verzinsung anzusetzen, da die Leistungen des Unternehmens an die externen Fonds bzw. Versicherungen bereits mit Eigen- oder Fremdkapital bezahlt worden sind, die Teil des zu verzinsenden Gesamtkapitals sind (vgl. AK Finanzierungsrechnung 2005, S. 77 f.).

Während sich die Ansätze für die Fremdkapitalkosten relativ leicht aus den tatsächlichen Verpflichtungen des Unternehmens bzw. aus Analogiesätzen ableiten lassen, liegt das eigentliche Problem in der Ableitung der Eigenkapitalkosten. Diese werden auf Basis der Kapitalmarkttheorie und insbesondere des CAPM abgeleitet. Das CAPM will für risikobehaftete Anlagen Gleichgewichtspreise analytisch ermitteln, d. h. die Preise bestimmen, die herrschen, wenn der Markt im Gleichgewicht ist und es keine weiteren Transaktionen gibt. Nach dem CAPM haben rationale Investoren eine Renditeerwartung, die sich zusammen setzt aus dem risikolosen Zinssatz und einer Risikoprämie:

$$r_{EK} = i^* + RP$$

Mit:

r_{EK} = Renditeerwartung der Investoren
i^* = risikoloser Zins
R_P = Risikoprämie

Der potentielle Investor ist also risikoscheu, er verlangt mehr Rendite, da die Anlage mit Risiken behaftet ist. Der risikolose Zinssatz lässt sich aus der Zinsstrukturkurve von Staatsanleihen bester Bonität laufzeitäquivalent und stichtagsbezogen ermitteln (vgl. Ballwieser 2007, S. 83 ff.). Diese werden sowohl von der Deutschen Bundesbank als auch von der Europäischen Zentralbank veröffentlicht, so dass dem Konzerncontroller diese Daten zur Verwendung zur Verfügung stehen (vgl. Obermaier 2009, S. 550 f.).

Die Risikoprämie, die der Investor erwartet, ergibt sich aus zwei Elementen: Eine auf das Investment in risikobehaftete Anlagen im Allgemeinen bezogene Prämie und eine auf das Investment in eine spezielle Anlage bezogene Prämie.

Die Prämie dafür, dass der Investor überhaupt bereit ist, in risikobehaftete Wertpapiere zu investieren, ergibt sich als Differenz aus der Rendite des Marktportfolios und dem risikolosen Zins und sagt damit aus, wie viel mehr man einem Investor bieten muss, damit er grundsätzlich bereit ist, Risiken einzugehen. Das Marktportfolio muss theoretisch alle verfügbaren Anlagemöglichkeiten umfassen, also neben Wertpapieren auch Anlagen in Bildung oder materielle Gegenstände. Dieses Marktportfolio ist praktisch nicht zu erstellen und die Rendite nicht zu ermitteln, wodurch auch die Validität des CAPM nicht testbar ist (vgl. Roll 1977, S. 129 ff.). In der Praxis ist das CAPM dennoch sehr stark verbreitet. Man bedient sich dort zwei Vereinfachungen: Zum ersten wird das Marktportfolio reduziert auf börsengehandelte Wertpapiere, die Aktiva anderer Qualität (wie z. B. Investitionen in das Humankapital) werden nicht weiter beachtet. Zum zweiten reduziert man die Komplexität weiter, indem man auf einen nationalen Börsenindex, wie den DAX oder den Dow Jones zurückgreift (vgl. z. B. Balz 2007, der den CDAX als Näherung an das Marktportfolio verwendet). Damit wird auch diese Größe berechenbar.

Zur Bestimmung des Risikos der individuellen Anlage greift das CAPM auf den Beta Faktor zurück. Dieser drückt die Korrelation des Kurses des betrachteten Wertpapieres j mit der Preisentwicklung des Marktportfolios aus. Mathematisch ergibt sich dies aus der Division der Kovarianz der erwarteten Rendite des betrachteten Wertpapiers mit der erwarteten Rendite des Marktportfolios und der Varianz der Rendite des Marktportfolios:

$$\beta = \frac{\text{cov}\left[r_j; r_M\right]}{\sigma_{M^2}}$$

Ein Beta von 1 bedeutet, dass ein Wertpapier genau in der gleichen Höhe schwankt wie das Marktportfolio. Erhöht sich der CDAX um 1 Punkt steigt die Aktie ebenfalls um 1 Punkt. Ist das Beta kleiner 1, so ist die Schwankung des Wertpapiers geringer als die Schwankungen des Marktportfolios. Bei einem Beta größer 1 ist hingegen die Schwankung des Wertpapiers stärker als die des Marktes. Ist beispielsweise für ein Wertpapier ein Beta von 1,2 berechnet worden, so bedeutet dies, dass, wenn der Markt um 1 Punkt sinkt, das Wertpapier einen Kursabschlag von 1,2 Punkten hinnehmen muss.

Multipliziert man den Beta Faktor der betrachteten Anlage j mit der Risikoprämie für die Investition in das risikobehaftete Marktportfolio, ergibt sich die Risikoprämie, die ein rationaler Investor verlangen wird:

$$r_{Ek} = i^* + \beta_j \cdot \left(r_M - i^*\right)$$

Damit liefert das CAPM unmittelbar einleuchtende Ergebnisse. Der Beta Faktor sagt aus, wie viel stärker oder schwächer ein einzelnes Wertpapier im Vergleich zum Markt schwankt. Dies kann man als Maß des Risikos eines Wertpapieres interpretieren. Je größer der Beta Faktor wird, desto höher wird die von dem Investor verlangte Risikoprämie. Ist der Beta Faktor bei 1, so verlangt der Investor nur die Marktrisikoprämie als Rendite, was ebenfalls unmittelbar einleuchtend ist, da das einzelne Wertpapier in der gleichen Weise wie der Markt schwankt.

Zu beachten ist, dass im theoretischen Modell mit erwarteten Renditen gerechnet wird, in der Praxis aber mit vergangenheitsorientierten Renditen gearbeitet wird. Weiterhin ist zu beachten, dass die Marktdaten für börsennotierte Unternehmen beobachtbar sind. Problematisch wird die Berechnung bei nicht börsennotierten Unternehmen. So wird z. B. mit Analogiesätzen zwischen nicht-börsennotierten Unternehmen und börsennotierten Unternehmen der gleichen Branche gearbeitet. Zwar lassen sich so die Daten leicht berechnen, allerdings ist die tatsächliche Vergleichbarkeit problematisch. Das CAPM ist als Kapitalmarkttheorie konzipiert, weswegen es fraglich ist, ob dieses Modell überhaupt eine Relevanz für nicht kapitalmarktnotierte Unternehmen hat (vgl. Behringer 2012, S. 163 ff.). Aber selbst für kapitalmarknotierte Unternehmen steht die empirische Evidenz des CAPM in Frage. Eine empirische Studie von Fama und French ergab, dass die Korrelation zwischen Beta und der durchschnittlichen Rendite für die Jahre 1941 bis 1990 am amerikanischen Aktienmarkt schwach und für die Zeit zwischen 1963 und 1990 so gut wie nicht existiert (vgl. Fama und French 1992). Dies bringt Fama/French zu dem Schluss (Fama und French 2004, S. 44):

> …we also warn students, that despite its seductive simplicity, the CAPM's empirical problems probably invalidate its use in applications.

Nichtsdestotrotz hat das CAPM eine überragende praktische Bedeutung, da es sowohl in der herrschenden Lehre das Grundmodell der meisten und bedeutendsten wertorientierten Kennzahlen ist und auch in der Praxis eine weite Verbreitung in Finanz- und Controlling Abteilungen aller Branchen hat.

Die Bedeutung der WACC liegt darin, dass sie als so genannte Hurdle Rate verwendet werden können. Damit ist diejenige Hürde gemeint, die ein Investitionsprojekt überspringen muss, um von einem Konzern durchgeführt zu werden, sprich der in einem Kapitalwertkalkül der Unternehmensbewertung anzusetzende Zinssatz. Führt ein Projekt zu höheren Renditen als die WACC, so wird Wert geschaffen und die Hürde zu betriebswirtschaftlichem Gewinn (s. Abb. 3.1) übersprungen. Dies ist ein sehr weit verbreitetes Vorgehen von Konzernen (vgl. Dutta und Fan 2008, S. 405). Empirische Befunde (vgl. Poterba und Summers 1995), dass viele Unternehmen ihre Hurdle Rate unter den tatsächlichen Kapitalkosten ansetzen, können mit unterschiedlichen Zielsetzungen von Managern und Eigentümern erklärt werden. Manager nutzen ihren Informationsvorsprung aus, um ihre Ziele auch gegen den Willen der Eigentümer durchzusetzen. Ein Ziel, das Manager haben, ist es, das Unternehmen zu vergrößern, was sowohl Macht als auch Ansehen der Manager erhöht. Dies kann ein Grund für die zu niedrige Festlegung von Hurdle Rates sein, da niedrige Hurdle Rates mehr Investitionen bedeuten und mehr Investitionen ein größeres Unternehmen. Damit legen die WACC auch fest, welche Projekte realisiert werden. Für den Konzern ist es wichtig, die WACC regelmäßig zu überprüfen und an die neuen Verhältnisse anzupassen. Wenn das nicht geschieht, ist es sehr wahrscheinlich, dass ein Unternehmen allein wegen falsch berechneter WACC profitable Investitionen nicht tätigt, oder – weil diese Technik bei allen großen Konzernen zur Managementpraxis gehört – Bieterwettbewerbe bei Unternehmensübernahmen etc.verliert. Die Bedeutung der ständigen Überprüfung der WACC macht die folgende Aussage deutlich (Economist 1999):

> This makes it all the more surprising that some companies pay little attention to the impact on the discount rate of changes in their cost of capital. Steve Hodge, treasurer of Shell, an Anglo-Dutch oil giant, says that a difference of only one percentage point in the discount rate can change the value of, say, an oil refinery with a 15-year life by hundreds of millions of dollars. Nonetheless, Shell left its hurdle rates unchanged for two decades until it „nudged them down" in 1997, and now intends to keep them at present levels for years to come.

Legt ein Unternehmen seine Hurdle Rate, gebildet aus den WACC, zu niedrig fest, kann eine Investition getätigt werden, die eigentlich nicht rentabel ist, da sie die Renditeforderungen der Kapitalgeber nicht erfüllt. Im Gegensatz dazu werden rentable Investitionsgelegenheiten ausgelassen, wenn die WACC zu hoch berechnet werden. Dies kann deutliche Folgen für die Zukunft eines Konzerns haben.

Empirische Untersuchungen zeigen, dass die Methoden des wertorientierten Controllings in den großen börsennotierten Unternehmen eine enorme Bedeutung erlangt haben. Mehr als die Hälfte der Unternehmen bekennen sich zu einer der Methoden des wertorientierten Controllings und ein Großteil binden überdies die Managervergütung ganz oder teilweise an die Zielerreichung nach wertorientierten Methoden (vgl. u. a. Britzelmaier et al. 2010, oder Quick et al. 2008, S. 156 ff.).

3.6.3 Der Cash-flow Return on Investment (CfRoI)

Der CfRoI geht auf die US-amerikanische Beratungsgesellschaft Boston Consulting Group und ihren Senior Vice President Thomas G. Lewis zurück (vgl. Lewis 1995). Sie übernimmt die Methode des internen Zinsfußes (englisch: Internal Rate of Return, IRR) aus der Investitionsrechnung. Der interne Zinsfuß ist derjenige Zins, bei dem der Kapitalwert einer Investition 0 wird. Folglich ist die Anschaffungsauszahlung der Investition zum Zeitpunkt der Entscheidung gleich dem Gegenwartswert der Nettoeinzahlungen aus dieser Investition. Die Investition wird durchgeführt, wenn der interne Zinsfuß größer ist als der Kalkulationszinsfuß. In der Investitionsrechnung wird die Methode des internen Zinsfußes stark kritisiert, da seine Lösungen nicht immer eindeutig sind (vgl. Kilger 1965).

Der CfRoI wird als interner Zinsfuß eines erwarteten Cash-flow Profils ähnlich wie bei der Investitionsrechnung berechnet (vgl. Männel 2001, S. 44). Dies kann für den gesamten Konzern, eine Tochtergesellschaft oder eine Geschäftseinheit geschehen. Dieses Cash-flow Profil setzt sich aus vier Komponenten zusammen:

- Der Bruttoinvestitionsbasis: Diese ist eine fiktive Anschaffungsauszahlung analog zur Investitionsrechnung. Dieses Bruttoinvestment fingiert eine Situation, in der die notwendigen Vermögensgegenstände zum Zeitpunkt der Rechnung neu beschafft werden würden. Dazu ist es notwendig, die Wiederbeschaffungskosten des Anlagevermögens und des Netto-Umlaufvermögens anzusetzen. Zudem werden die Mietaufwendungen kapitalisiert, um die betriebsnotwendigen aber nicht im Eigentum des Konzerns befindlichen Vermögensgegenstände adäquat zu berücksichtigen. Abgezogen werden ein eventuell aktivierter Firmenwert und alle nicht zinstragenden Verbindlichkeiten. Hierbei sollen auch alle Rückstellungen abgezogen werden, was im Widerspruch zu den Überlegungen zu den Pensionsrückstellungen bei den WACC steht. Letzteres macht die Handhabung des Konzepts einfacher, verzerrt aber das Ergebnis insbesondere bei großen Unternehmen mit hochdotierten Pensionsrückstellungen (vgl. Behringer und Lühn 2016, S. 198).
- Der Brutto Cash-flow: Um zu dem Brutto Cash-flow zu gelangen, wird der Jahresüberschuss um Abschreibungen, Zinsen und Mietaufwendungen erhöht. Der Brutto Cash-flow ist die fiktive periodisch wiederkehrende Einzahlung der Investition. Anders als bei anderen Cash-flow Konzeptionen muss die Rückstellungsbildung beim

CfRoI als zahlungswirksam betrachtet werden, um die Vergleichbarkeit von Brutto Cash-flow und Bruttoinvestitionsbasis zu erreichen (vgl. Lewis 1995, S. 61). Die Anpassungen haben zudem den Zweck, die bilanzpolitischen Gestaltungsspielräume des Jahresüberschusses zu eliminieren. Der Brutto Cash-flow ist ein typischer Cash-flow, der in sämtlichen Perioden der Nutzungsdauer konstant wiederkehrt (vgl. Hirsch 2008, S. 464).

- Die Nutzungsdauer des Sachanlagevermögens: Im CfRoI wird davon ausgegangen, dass die Brutto Investitionsbasis nur während der durchschnittlichen Nutzungsdauer Einzahlungen generiert. Die Nutzungsdauer der Brutto-Investitionsbasis wird näherungsweise als Durchschnitt gerechnet, indem der Wert der Brutto-Investitionsbasis durch die jährliche Abschreibungen dividiert werden. Der Brutto Cash-flow fließt während der Nutzungsdauer in konstanten Raten.
- Die nicht abschreibbaren Aktiva: Die Positionen Finanzanlagen und Grund und Boden sowie das Umlaufvermögen reduziert um die nicht verzinslichen Verbindlichkeiten (wiederum inklusive aller Rückstellungen) werden als ein Residualwert für diejenigen Erträge angesetzt, die nach der durchschnittlichen Nutzungsdauer erzielt werden können. In Analogie zur Investitionsrechnung kann man von einem fiktiven Nettoveräußerungserlös sprechen, da es sich um nichtabnutzbare Vermögensgegenstände handelt, die tatsächlich noch am Ende der durchschnittlichen Nutzungsdauer vorhanden sind.

Abbildung 3.2 fasst die vier Komponenten des CfRoI graphisch zusammen (vgl. Küting et al. 2000, S. 34).

Die Abb. 3.2 ist äquivalent zu der graphischen Darstellung einer Zahlungsreihe einer Investition, wie man sie fiktiv in dem Konzern, dem Tochterunternehmen oder der Geschäftseinheit zum Zeitpunkt der Rechnung vornehmen müsste, um das Geschäft neu zu erstellen. Zur Bestimmung der Werthaltigkeit der Aktivität greift der CfRoI auf einen Vergleich mit den WACC zurück. Ist der CfRoI größer als die WACC, so ist die beurteilte Einheit wertschaffend, ist der CfRoI kleiner als die WACC, so ist sie wertvernichtend.

Aus dem so ermittelten CfROI lässt sich der Cash Value Added (CVA) berechnen. Dieser drückt die Veränderung des Unternehmenswertes innerhalb einer Periode aus. Die Differenz aus CfROI und WACC wird mit der Bruttoinvestitionsbasis (BIB) multipliziert:

$$\text{CVA} = (\text{CfROI} - \text{WACC}) \cdot \text{BIB}$$

Der CVA ist folglich die kapitalisierte Größe der über dem Mindest Cash-flow liegenden Werte. Anders ausgedrückt: Es ist der geschaffene Mehrwert des Unternehmens.

Der CfRoI ist stichtagsbezogen, arbeitet mit Vergangenheitsdaten und ist in Teilen stark vereinfacht. Von ihrer Konzeption her ist die Kennzahl CfRoI eine Renditekennzahl, insofern ist sie nicht geeignet, wertmaximierende Strategien zu erkennen. Allerdings lassen sich durch einen Vergleich mit den WACC solche Strategien identifizieren, die einen positiven Wertbeitrag zum Konzern leisten. Insbesondere wird kritisiert, dass der CfRoI von konstanten Brutto Cash-flows ausgeht, was unrealistisch ist. Daher muss

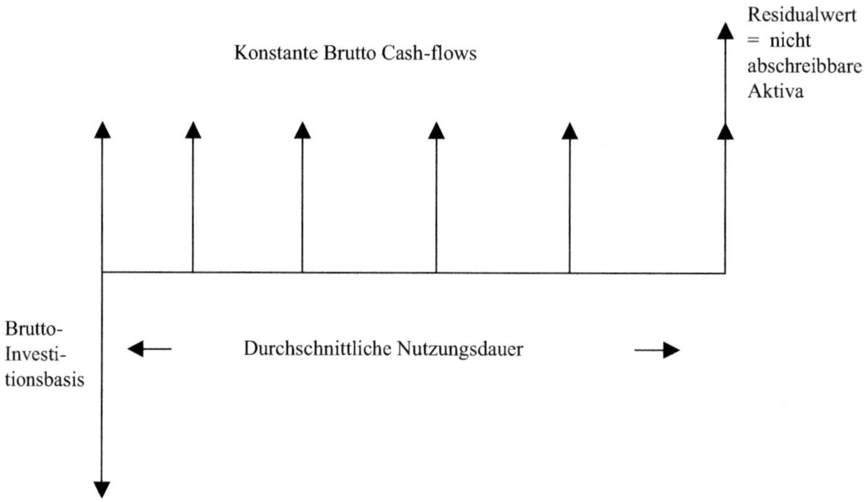

Abb. 3.2 Fiktives Investitionsprofil im CfRoI Modell

man den CfRoI aufgrund seiner Eigenschaften als Kontrollrechnung verwenden. Sinn und Zweck ist eine operative Leistungskontrolle ex post (vgl. Dirrigl 1998, S. 571 f.). Da der CfRoI auch nicht leicht und eingängig zu kommunizieren ist, hat sich die Boston Consulting Group inzwischen von ihrer Erfindung ab- und anderen Kennzahlen zugewandt (vgl. Ballwieser 2000, S. 164). Dennoch findet sich der CfRoI in einigen Unternehmen als Spitzenkennzahl im Konzerncontrolling wieder (vgl. Hahn und Hungenberg 2001, S. 191). So hat sich die Deutsche Lufthansa dafür entschieden den CfRoI als Kennzahl im Konzerncontrolling zu verwenden (vgl. Steinke und Beißel 2004, S. 118). Ebenfalls verwendet das Konzerncontrolling der Robert Bosch GmbH den CfRoI (vgl. Kümmel und Watterott 2008, S. 248).

Der CfROI und CVA bei der Lufthansa

Die Lufthansa berechnet seit 1999 den Cash Value Added auf verschiedenen Ebenen des Konzerns (vgl. Britzelmaier 2017, S. 226 ff.). Er wird sowohl auf Konzern-, Geschäftsfeld- als auch auf Bereichsebene geplant und berichtet. Ein Hauptgrund für die Verwendung dieser Cash-flow orientierten Kennzahl ist, dass sich die Performance der einzelnen Bereiche nicht alleine durch Abschreibungen verändert.

Die Lufthansa definiert für jeden Bereich einen Mindest Cash-flow und zieht diesen vom tatsächlich erreichten Cash-flow ab. Ist diese Subtraktion positiv hat der Bereich Wert für den Konzern geschaffen, ist es negativ, wurde Wert vernichtet. Der Mindest Cash-flow berücksichtigt die Kapitalkosten und drückt damit die Erwartungen der Kapitalgeber aus. Diese werden mit der Kapitalbasis multipliziert. Als Zielkapitalstruktur wird eine 50:50 Mischung von Eigen- und Fremdkapital angenommen. Nicht berücksichtigt wird bei der Kapitalbasis das unverzinsliche Fremdkapital, also

z. B. Verbindlichkeiten aus Lieferungen und Leistungen. Die Kapitalkosten werden mit den tatsächlichen Fremdkapitalkosten, dem durchschnittlichen Zinssatz einer zehnjährigen Bundesanleihe und dem durchschnittlichen Beta-Faktor der Lufthansa Aktie in den vergangenen Jahren berechnet.

Die Renditekennzahl, der CfROI wird als EBITDAplus bezeichnet. Es ist der operative Cash-flow korrigiert um einige Überleitungspositionen. Er wird geteilt in eine operative und in eine finanzielle Größe. Genauso wird bei der Bruttoinvestitionsbasis vorgegangen. Einerseits werden Aktiva berücksichtigt, die der Finanzsphäre und solche die der Leistungssphäre zuzuordnen sind. Als Vereinfachung wird so getan als ob alle Investitionen zur Jahresmitte erfolgt wären.

Schematisch wird die Berechnung des Cash Value Added wie folgt vorgenommen:

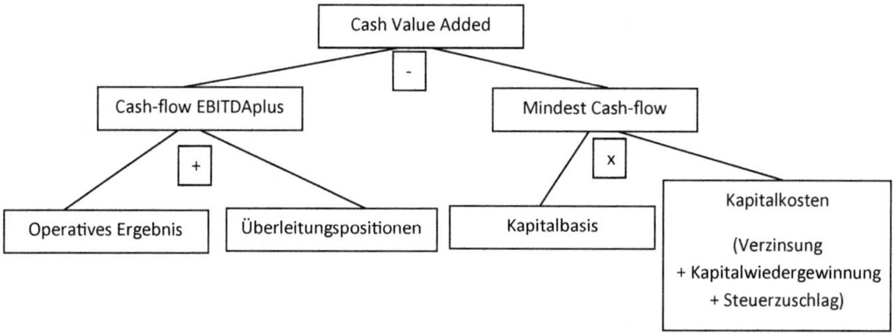

Ermittlung des Cash Value Added im Lufthansa Konzern (in Anlehnung an Britzelmaier 2017, S. 230)

Allen wertorientierten Kennzahlen ist gemein, dass die Bemessung des Cash-flows und die Bestimmung der Kapitalkosten außerordentlich schwierig ist. Alle gängigen Methoden beruhen auf mehr oder wenigen realistischen Annahmen. Insbesondere wenn zukunftsgerichtete Aussagen gemacht werden, entsteht ein unumgängliches Prognoseproblem für die künftig anfallenden Cash-flows. In einem Konzern kommt eine weitere Problematik hinzu, wenn Teile des Konzerns (ob Geschäftsfelder oder Tochtergesellschaft) beurteilt werden: Die Zurechnung der einzelnen Cash-flows zu den Teilbereichen des Konzerns ist nicht immer eindeutig (vgl. Weber et al. 2004, S. 98 ff.). Die Unsicherheit der Prognose und die Uneindeutigkeit der Zurechenbarkeit von Cash-flow kann zu großen Diskussionen innerhalb des Konzerns führen. Das Management von Teilbereichen wird das Konzerncontrolling drängen, die Spielräume zugunsten einer Investition zu nutzen. Noch stärker wird der Druck auf das Konzerncontrolling sein, wenn der Zweck die Leistungsbeurteilung verbunden mit einem Anreizsystem ist. Für das Konzerncontrolling, das die Methodenhoheit bei der Berechnung von Kennzahl haben muss, ist es von daher wichtig, vorher eindeutige und klare Regularien zur Prognose von Zahlen und zur Zurechnung von Cash-flows aufzustellen, die dann in der Auseinandersetzung mit dem Management genutzt werden können.

3.7 Kennzahlensysteme

3.7.1 Funktionen von Kennzahlensystemen

Kennzahlen versuchen, betriebswirtschaftliche Ursache-Wirkungs Zusammenhänge zu erklären. Wird lediglich eine Kennzahl verwendet, so versucht man einen multikausal zu erklärenden Gegenstand wie den Erfolg oder Misserfolg eines Konzerns bzw. eines Konzernteils monokausal zu erklären. Dieser Versuch ist aufgrund der Komplexität der betriebswirtschaftlichen Realität von Anfang an zum Scheitern verurteilt. Mehrere Kennzahlen sind notwendig, um die Situation eines Unternehmens zu erklären und Schlüsse aus der Situation zu ziehen. Von Kennzahlensystemen spricht man dann, wenn zwei oder mehrere Kennzahlen in einem Verhältnis zueinander stehen (vgl. Sandt 2004, S. 14).

Bei den meisten Kennzahlensystemen wird eine Spitzenkennzahl gewählt, die als besonders wichtig erachtet wird und auch Basis für eine Gesamteinschätzung zur Unternehmensbeurteilung ist. Diese Spitzenkennzahl wird weiter in Unterkennzahlen zerlegt, die Aufschlüsse geben sollen über die Ursachen der Situation des Unternehmens. Es entsteht eine Kennzahlenpyramide, in der sich die Aussagen analytisch deduktiv von der Spitze der Pyramide zur Basis ableiten lassen (vgl. Baetge 1998, S. 37 f.).

Daneben gibt es Kennzahlensysteme, die ein möglichst breites Bild über das Unternehmen zeigen wollen. Hier wird die Beschränkung auf finanzielle Kennzahlen aufgehoben. Diese Kennzahlensysteme werden aus diesem Grund als ausgewogen bezeichnet. In Kap. 3.8 wird die Balanced Scorecard als ein ausgewogenes Kennzahlensystem vorgestellt.

3.7.2 Das DuPont Kennzahlensystem

Das DuPont Kennzahlensystem ist das älteste Kennzahlensystem. Es wurde 1919 von dem amerikanischen Chemieunternehmen E. I. du Pont de Nemours and Company entwickelt und eingesetzt. Hintergrund war die Erfindung der multidivisionalen Unternehmung. General Motors gilt als das erste Unternehmen, dass seine verschiedenen Tätigkeiten in Divisionen eingeteilt hat: Autos mit verschiedenen Marken, Lastwagen und Ersatzteile. Diese Vorgehensweise geht zurück auf den Vorstandvorsitzenden von General Motors Alfred Sloane. Wichtigster Eigentümer von General Motors in den 20er Jahren war Pierre du Pont, der auch Eigentümer des Chemieunternehmens DuPont war. Auch in seinem Chemieunternehmen wurden Divisionen gebildet mit Personen, die für ihre Division die Verantwortung hatten (vgl. Micklethwait und Woolridge 2003, S. 104 ff.). Um die Divisionen beurteilen zu können und zu sehen, welche Division sich erfolgreich entwickelt und damit Ressourcen zur Verfügung haben soll, war es notwendig, ein Beurteilungssystem zu haben, was mit der Entwicklung und dem Einsatz des DuPont Kennzahlensystems geschaffen wurde.

Ausgangspunkt ist die Erkenntnis, dass nicht eine absolute Größe wie Gewinn maximiert werden soll. Stattdessen wird als Spitzenkennzahl eine relative Größe, der Return on Investment (RoI) gewählt. Diese Größe wird in dem Kennzahlensystem in ihre mathematischen Elemente zerlegt, so dass die Einflussfaktoren des Unternehmens sichtbar werden. Damit kann man durch die Gegenüberstellung von Kennzahlen der internen Divisionen oder unternehmensübergreifend mit anderen Unternehmen, Schwachstellen erkennen und entsprechende Gegenmaßnahmen einleiten.

Der Return on Investment besagt, wie viel mit dem eingesetzten Kapital verdient worden ist. Die Größe RoI wird dann aufgespalten in die multiplikativ verknüpften Größen Umsatzrentabilität und Kapitalumschlag. Die Umsatzrentabilität besagt, wie viel von einem Euro Umsatz prozentual als Gewinn verbleibt. Die Kennzahl zeigt also, wie das Geld verdient worden ist. In den weiteren Aufspaltungen der Kennzahl Umsatzrentabilität werden die einzelnen Faktoren, die Einfluss auf den Verdienst haben transparent. Der obere Strang des DuPont Systems speist sich aus den Größen der Gewinn- und Verlustrechnung. Dies steht im Gegensatz zum unteren Strang, der sich im Wesentlichen aus Bilanzgrößen zusammensetzt. Damit werden die Quellen, aus denen der Verdienst kommt, dargestellt. Der untere Strang kann also als Ausdruck des Ziels „Verdienstquelle sichern" interpretiert werden (vgl. Baetge 1998, S. 522).

Dem Leiter einer Division wird mit dem DuPont Kennzahlensystem Handlungsfreiheit gegeben. Der RoI, der zu erreichen ist, wird ihm in Form des Managements by Objectives als Vorgabe gemacht. Vorteilhaft ist außerdem, dass das Rentabilitätsziel der Unternehmung nicht aus den Augen verloren wird und die Spaltung des RoI die Möglichkeit gibt, Ursachen für Abweichungen zu erkennen (vgl. Zünd 1973, S. 127 f.). Auf der anderen Seite suggeriert der starke mathematische Zusammenhang der Kennzahlen untereinander das Vorliegen eines mechanischen Systems. Aufgrund der starken und schnellen Veränderungen, denen die Unternehmen ausgesetzt sind, ist diese mechanische Sichtweise nicht angemessen.

Kritisch ist weiterhin anzumerken, dass das DuPont Kennzahlensysteme rein auf finanzielle Kennzahlen abstellt. Damit werden Bereiche, die außerhalb der Finanzsphäre des Unternehmens liegen, aber sehr wohl bedeutend sein können, nicht betrachtet. Insofern muss das DuPont Kennzahlensystem als unausgewogen bezeichnet werden. Da an den Zahlen des externen Rechnungswesens angesetzt wird, sind auch bilanzpolitische Maßnahmen Bestandteil der Kennzahlen. Innovationshemmend kann das System deswegen werden, da nicht aktivierte Innovationen nur als Kosten berücksichtigt werden und damit den RoI verschlechtern. Abbildung 3.3 fasst das DuPont Kennzahlensystem graphisch zusammen.

3.7.3 Economic Value Added

Das Economic Value Added (EVA) basiert auf dem Konzept des Residualgewinns, das auf den englischen Ökonomen Alfred Marshall zurückgeht (vgl. Marshall 1890).

Danach steht dem Unternehmer als dem Berechtigten an dem Residualgewinn dasjenige zu, was übrig bleibt, nachdem das eingesetzte Kapital entsprechend den Erwartungen der Kapitalgeber verzinst worden ist. Also von dem Gewinn werden die Kosten des Fremdkapitals und des Eigenkapitals abgezogen – entsprechend der rechten Säule von Abb. 3.1. In den 50er Jahren wurde das Konzept des Residualgewinns von dem US-amerikanischen Mischkonzern General Electric übernommen und praktisch zur Steuerung der einzelnen Geschäftsbereiche verwendet (vgl. Solomons 1965). Die Entlohnung der Bereichsleiter war an den Erfolg nach angemessener Dotierung des Eigen- und Fremdkapitals gebunden. Mitte bis Ende der 80er Jahre des letzten Jahrhunderts hat die Idee des Residualgewinns bei amerikanischen Beratungsunternehmen eine Renaissance erlebt. Schließlich hat die Beratungsgesellschaft Stern Stewart EVA entwickelt und zu einem vollständigen Kennzahlensystem weiterentwickelt (vgl. Stewart 1991). Stern Stewart hält auch die Markenrechte an dem Begriff EVA, so dass in vielen Unternehmen ein sehr ähnliches System wie EVA unter einem anderen Namen installiert ist.

Die bilanziellen Zahlen sollen in vier Konversionen (vgl. Britzelmaier 2017, S. 232 ff.) umgewandelt werden, so dass sie alleine die betriebliche Leistungsfähigkeit des Unternehmens darstellen und von jeglichen Verzerrungen bereinigt worden sind. Zunächst werden in der Operating Konversion alle nicht betriebsbedingten Sachverhalte und das gesamte nicht-betriebsnotwendige Vermögen eliminiert. In der Funding Konversion werden alle Effekte, die aus der unterschiedlichen Behandlung von Eigen- und Fremdkapital bzw. anderen Formen der Finanzierung entstehen, herausgestrichen. Dies bedeutet z. B., dass Leasing als Finanzierungsform gestrichen wird. In der Taxing Konversion werden die vorhergehenden Anpassungen steuerlich berücksichtigt. Ergebnis ist eine theoretische Steuerbelastung, bei der die o. g. Konversionen ergebniswirksam ihren Niederschlag finden. In der Shareholder Konversion werden die Positionen im Jahresabschluss aus Eigentümersicht dargestellt.

Die Berechnung von EVA erfolgt dann mit drei Kernelemente, den NOPAT (Net Operating Profit After Taxes) als Erfolgsgröße, das Capital als Vermögensgröße und WACC, den Kapitalkostensatz für Eigen- und Fremdkapital:

- NOPAT basiert auf dem Jahresüberschuss. Von ihm werden die Finanzierungskosten (insbesondere Fremdkapitalzinsen) abgezogen, damit alle Kapitalgeber gleich behandelt werden. NOPAT ist eine Nachsteuergröße, wobei allerdings fiktive Steuern eines rein eigenfinanzierten Unternehmens angesetzt werden. Damit wird der steuerliche Vorteil des Fremdkapitals, Fremdkapitalzinsen mindern die Steuerlast, an dieser Stelle eliminiert.
- Das Capital umfasst in aktivischer Betrachtung alle Vermögensgegenstände, die notwendig sind, den NOPAT zu erwirtschaften. Von daher müssen Vermögensgegenstände, die betriebsnotwendig, aber nicht aktiviert sind (wie z. B. selbsterstellte Patente oder Anlagen, die durch einen Operate Lease im Besitz des Unternehmens sind), hinzuaddiert werden. Demgegenüber sind nicht-betriebsnotwendige Vermögensgegenstände, z. B. ein im Wesentlichen privat genutzter Dienstwagen, zu eliminieren.

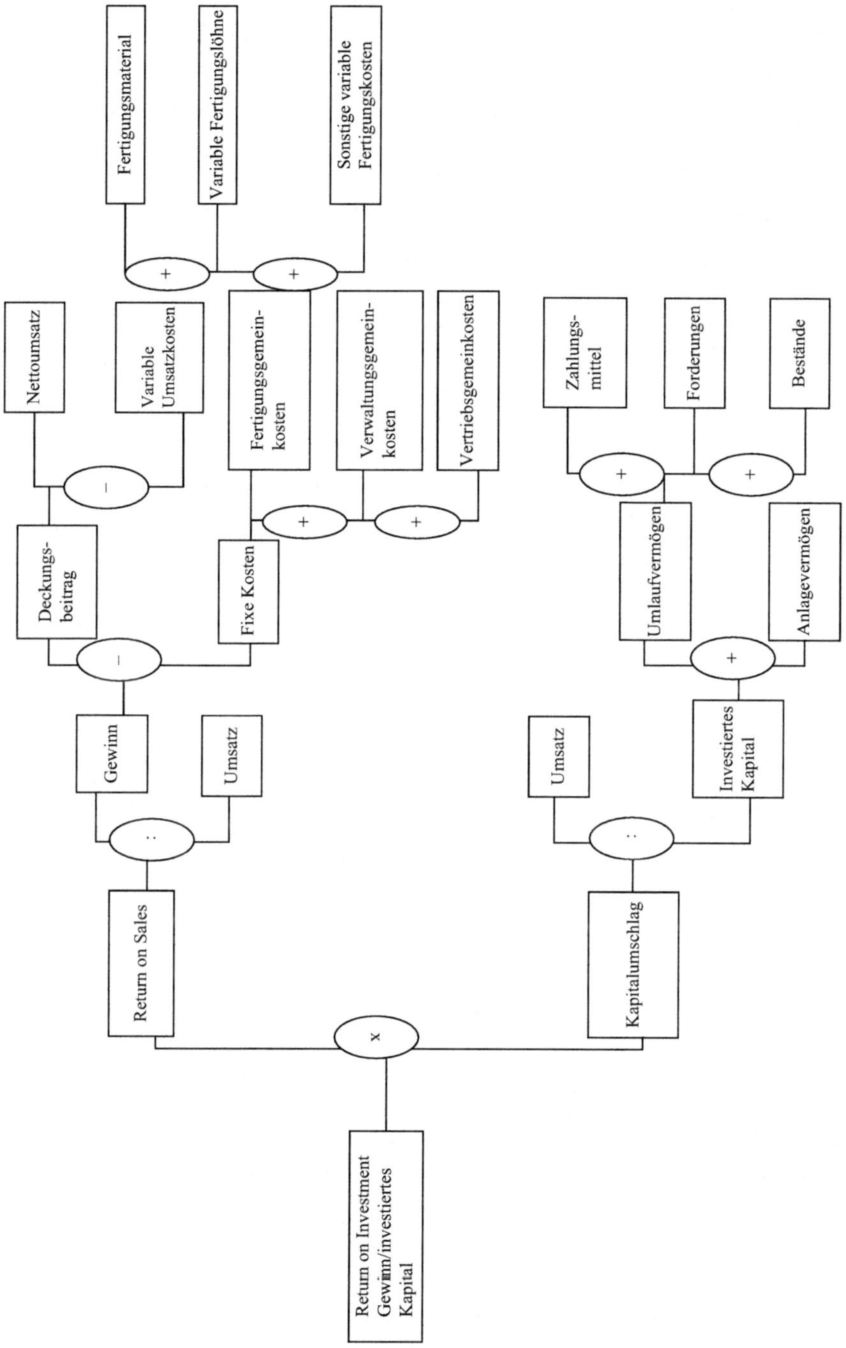

Abb. 3.3 DuPont Kennzahlenschema

In passivischer Abgrenzung umfasst Capital dasjenige Kapital, das hinter den betriebsnotwendigen Vermögensgegenständen steht und einen Anspruch auf Verzinsung hat. Zu eliminieren sind somit die nicht zinstragenden Verbindlichkeiten, insbesondere die Verbindlichkeiten aus Lieferungen und Leistungen.

- WACC sind die gewogenen Kapitalkosten (s. Kap. 3.6.2).

Um zu dem Wert für EVA zu gelangen, muss man von der Erfolgsgröße NOPAT die gesamten Kapitalkosten abziehen, die sich aus der Multiplikation von WACC und Capital ergeben:

$$\text{EVA} = \text{NOPAT} - \text{Capital} \cdot \text{WACC}$$

EVA ist mithin eine Erfolgsgröße, die nichts anderes als den Residualgewinn ausdrückt. Der Absolutbetrag EVA besagt, wie viel Wert durch das Unternehmen, den Geschäftsbereich oder durch eine spezifische Maßnahme geschaffen worden ist. Der Übergewinn steht den Eigenkapitalgebern zur Verfügung und kann ausgeschüttet werden (Abb. 3.3).

In Abb. 3.4 werden NOPAT und Capital weiter in ihre Elemente aufgespalten, so dass man unmittelbar erkennen kann, woraus positive oder negative Entwicklungen resultieren. Hinter den einzelnen quantitativen Elementen stehen sogenannte Werttreiber, die die Zahlen ursächlich beeinflussen. So hat z. B. der Werttreiber „Produktlebenszyklus", also auf welcher Stufe des Produktlebenszyklus ein Produkt des Konzerns steht, Einfluss darauf, welcher Preis für das Produkt am Markt durchgesetzt werden kann. Dieser wiederum beeinflusst den Umsatz, der direkt in den NOPAT eingeht. Hintergrund der Verwendung von Werttreibern ist, dass mit der Kennzahl EVA zwar einem Geschäftsbereichsmanagement mit Gesamtverantwortung eine realistische Vorgabe gemacht werden kann. Aber nicht jeder Mitarbeiter kann seinen Beitrag zur Wertsteigerung, der verlangt wird, daraus ableiten. Mit Hilfe von Werttreibern, wie der genannten Position im Produktlebenszyklus, kann z. B. dem Mitarbeiter eine Verantwortung für die Suche nach Innovationen deutlich gemacht werden. Dem Vertriebsmitarbeiter kann deutlich gemacht werden, dass er möglichst ohne große Rabatte verkaufen soll, um den Preis hoch zu halten.

Werttreiber sind geschäftsspezifisch abzuleiten. Zwar gibt es z. B. bei Rappaport sogenannte generische Werttreiber, die allgemeinen Charakter haben (vgl. Rappaport 1999, S. 67 ff.). Es ist jedoch als Aufgabe des Konzerncontrollings anzusehen, dass geschäftsspezifische Werttreiber identifiziert werden. Dies ist ein komplexer Vorgang, da es ein tiefgreifendes Verständnis der Unternehmensprozesse und des Marktes erfordert. So sind geschäftsbereichsspezifische Werttreiber für die Absatzpreise oder Kostendeterminanten für eingehende Inputfaktoren zu ermitteln. Beispielsweise hat ein Unternehmen der Kupferverhüttung einen sehr großen Strombedarf. Damit ist der Strompreis ein besonderes Risiko und seine Entwicklung ist wichtig für die Möglichkeit, Wert zu schaffen oder nicht. Wird mit der Auswahl des Werttreibers Strompreis die Aufmerksamkeit auf die Wichtigkeit dieses Faktors gelenkt, so kann das Unternehmen beispielsweise handeln, indem es sich Strompreise auf dem Terminmarkt langfristig sichert und damit unabhängig wird von der volatilen Strompreisentwicklung.

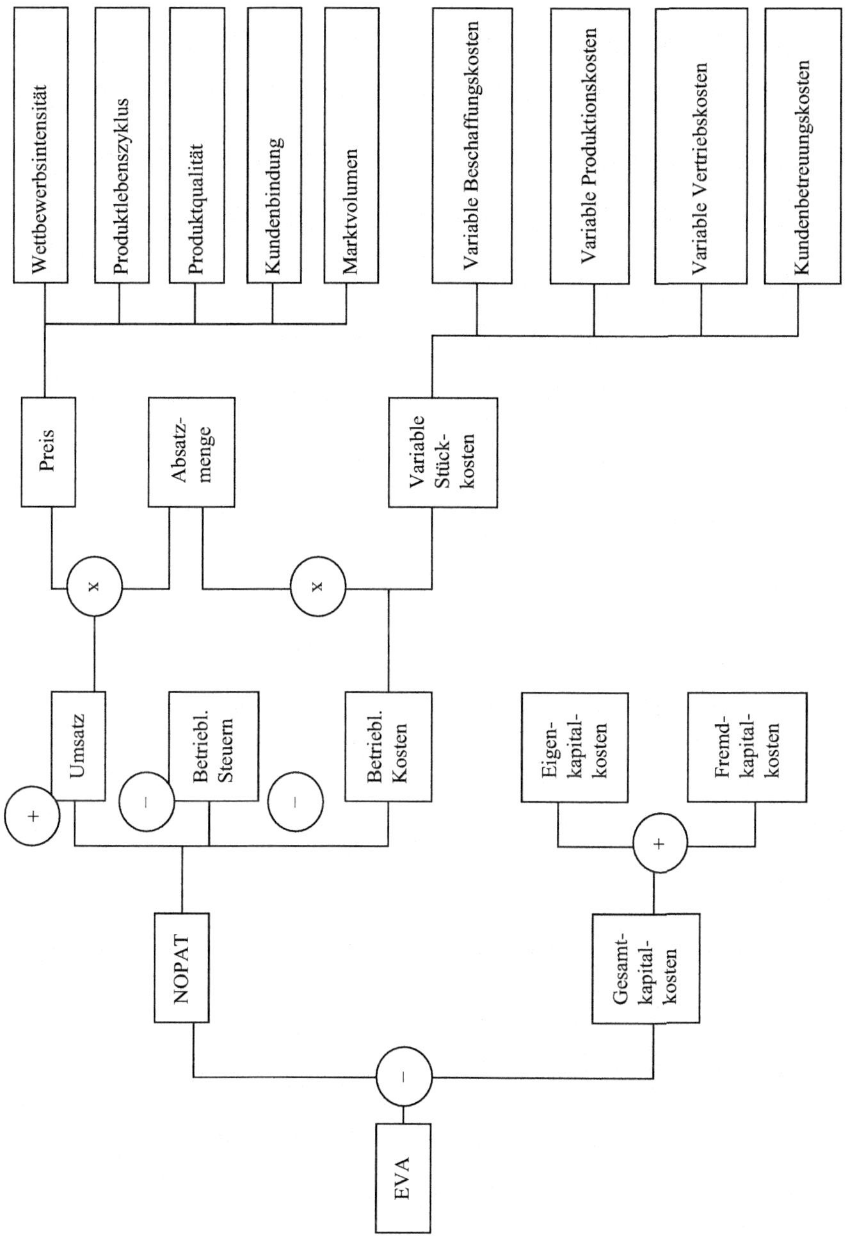

Abb. 3.4 Kennzahlensystem des Economic Value Added. (Quelle: Weber et al. 2002, S. 37)

Verbunden mit der Einführung von EVA sollte die Bindung der Managerentlohnung an diese Kennzahl sein (vgl. Ehrbar 1998). Die Tauglichkeit von EVA zur Bemessung der Managerentlohnung hängt entscheidend an der Beeinflussbarkeit der einzelnen wertbestimmenden Faktoren durch das Management. Hier ergibt sich ein Problem, da das Management der Geschäftsbereiche eines Unternehmens i. d. R zwar die Verantwortung für Forschung und Entwicklung, den Vertrieb und die Produktion, nicht jedoch für die Finanzierung hat. Die Finanzierung wird regelmäßig von der Konzernzentrale organisiert und vorgenommen. Allerdings kann der Manager eines Geschäftsbereichs die absolute Höhe des Kapitalbedarfs und damit einen wichtigen Faktor der Gesamtkapitalkosten beeinflussen. Des Weiteren spielt die absolute Höhe der WACC keine Rolle bei einem Vergleich zwischen den einzelnen Geschäftsbereichen eines Unternehmens und bei dem meistens für die Vergütungsbemessung entscheidenden Vergleich zwischen Soll und Ist. Damit kann man EVA als geeignet für die Bemessung des Managergehalts einstufen. Von Vorteil ist insbesondere die leichte Kommunizierbarkeit von EVA verbunden mit der Aufspaltung in einzelne Komponenten, hinter denen dann Werttreiber stehen, die auch für die Vergütung von Mitarbeitern angewendet werden können, die keine Gesamtverantwortung haben.

EVA bei der METRO

Die METRO Group ist weltweit eines der führenden Handelshäuser (vgl. zu diesem Beispiel Dillerup und Stoi 2016, S. 209 ff.). Das Unternehmen hat über 2.200 Standorte in 32 Ländern Europas, Afrikas und Asiens mit circa 280.000 Mitarbeitern. Um die nachhaltige Wertschaffung des Konzerns sicherzustellen, setzt die METRO Group wertorientierte Kennzahlen ein. Es wird eine modifizierte EVA-Kennzahl, die als EBITaC (Earnings before Interest and Taxes after Cost of Capital) bezeichnet wird, verwendet. Diese wird berechnet als:

$$\text{EBITaC} = \text{EBIT'} - (\text{Geschäftsvermögen} \cdot \text{WACC})$$

EBIT' ist ein modifizierter EBIT, in dem Sonderfaktoren aus dem Effizienzsteigerungsprogramm Shape 2012 berücksichtigt werden. In diesem Programm soll sowohl die operative Effizienz als auch der Kapitaleinsatz optimiert werden. Dieses Programm führt aber durch Restrukturierungen zunächst zu Ergebnisbelastungen, die sich erst später in Effizienzsteigerungen auszahlen.

Die Berechnung von EVA erfolgt in mehreren Schritten:

- Die WACC werden berechnet aus dem Zinssatz für risikolose Anlagen mit 4,3 %
- Einer Marktrisikoprämie von 5,0 %.
- Dem Betafaktor von 1,0

Damit ergibt sich ein Eigenkapitalkostensatz von 9,3 %.

- Der Fremdkapitalkostensatz wird als risikoloser Zins (4,3 %) zuzüglich eines durchschnittlichen langfristigen Aufschlags von 1,5 % berechnet.

- Die steuerliche Abzugsfähigkeit des Fremdkapitals wird durch einen durchschnittlichen Steuervorteil von 1,5 % berücksichtigt. Damit ergibt sich ein Fremdkapitalkostensatz von 4,3 % nach Steuern.

Die Kapitalbasis wird mit 50 % Eigen- und 50 % Fremdkapital angenommen, so dass sich ein Konzern WACC nach Steuern von 6,8 % ergibt. Analog zum EVA-Modell soll nun ein rein eigenfinanziertes Unternehmen simuliert werden, was wiederum eine steuerliche Korrektur erforderlich macht. Dazu wird der Kehrwert des Konzernsteuersatzes (25,4 %) berechnet und mit dem Konzern-WACC nach Steuern berechnet. Diese Multiplikation (6,8 mal 1,34) ergibt die Konzern-WACC vor Steuern von 9,1 %.

Im Jahr 2011 konnte die METRO Group ein bereinigtes EVA von 2.111 Mio. € erzielen. Das durchschnittliche gebundene Kapital lag bei 16.698 Mio. €. Multipliziert mit dem berechneten Kapitalkostensatz von 9,1 % ergeben sich Kapitalkosten von 1.527 Mio. €. Dies gibt einen EBITaC von 584 Mio. € (die Differenz von EBIT und Kapitalkosten). Dies drückt gleichzeitig den von der METRO Group erwirtschafteten Übergewinn aus.

Das Anreizsystem für die Führungskräfte beruht auf diesem wertorientierten Kennzahlensystem. Des Weiteren soll die vorgenommene Bereinigung um das Wertsteigerungsprogramm Shape dazu führen, dass kurzfristige Überlegungen für das Management nicht von so großer Bedeutung bei der Bonusbemessung sind.

Die Wirkung von EVA auf die Ergebnisse von Unternehmen ist in zahlreichen Studien empirisch überprüft worden. Ehrbar (1999) hat in einer Studie, die von den Entwicklern Stern Stewart in Auftrag gegeben worden ist, herausgefunden, dass Unternehmen, die EVA eingeführt haben, über fünf Jahre eine überlegene Ergebnisentwicklung gezeigt haben verglichen mit Unternehmen, die auf einen Einsatz von EVA verzichtet haben. Kleiman (1999) vergleicht Unternehmen der gleichen Branche, die EVA eingeführt haben mit solchen, die darauf verzichtet haben, über vier Jahre nach der Einführung. Er stellt fest, dass die Unternehmen mit EVA in der vier Jahres Periode durchschnittlich 28,8 % mehr Rendite für die Aktionäre erwirtschaften als diejenigen ohne EVA. Griffith (2004) kommt zu einem anderen Ergebnis. Er hat Mandanten von Stern Stewart untersucht und festgestellt, dass Unternehmen die EVA eingeführt haben, vor der Einführung niedrigere Renditen gegenüber ihren Wettbewerbern gehabt haben, was sich nach Einführung von EVA so fortsetzte.

3.8 Balanced Scorecard

3.8.1 Das Grundprinzip der Balanced Scorecard

Bei der Balanced Scorecard handelt es sich um ein ausgewogenes Kennzahlensystem, das die finanzielle Sichtweise um andere für die Unternehmensführung wichtige Sichtweisen erweitert. Prägend war dabei die Erkenntnis, dass die rein finanziellen Kennzahlen für die industrielle Ära ausreichend gewesen sein können. In der neuen Zeit der Wissensgesellschaft mit kürzeren Produktlebenszyklen und internationaler Konkurrenz sind andere Anforderungen für die Unternehmensführung wichtig. Auch ein Pilot braucht verschiedene Informationen über Flughöhe, Geschwindigkeit, Kerosinverbrauch, Entfernung zum Ziel, Wetterbedingungen etc. Nur mit diesen verschiedenen Informationen ist ein Pilot in der Lage, ein Flugzeug zu navigieren und sicher ans Ziel zu bringen. Einem Piloten, der seine Informationen einzig und allein von einem Instrument beziehen würde, würde man nicht vertrauen und dankend auf den Flug verzichten (vgl. Kaplan und Norton 1996a, S. 1). Auch ein Unternehmensleiter kann nicht in der Lage sein, ein Unternehmen nur mit einer Kennzahl zu führen. Vielmehr muss er wie ein Jongleur verschiedene Bälle in der Hand halten, die er mit geeigneten Kennzahlen beobachten muss. Konkret ergänzt die Balanced Scorecard die finanzielle Perspektive um eine Kunden-, eine interne Prozess- und eine Lern- und Entwicklungsperspektive (vgl. Kaplan und Norton 1996a, S. 24 ff.):

- Die finanzielle Perspektive umfasst als einzige monetäre Kennzahlen. Typische Kennzahlen können der Periodengewinn, der Cash-flow, EVA oder der RoI sein. Auch im Modell der Balanced Scorecard behält die finanzielle Perspektive eine überragende Rolle. Zum einen wird in ihr geklärt, welchen monetären Beitrag eine Strategie zum finanziellen Gesamterfolg des Unternehmens beigetragen hat. Zum anderen stellt die finanzielle Perspektive auch das Endziel für die anderen Perspektiven dar. Alle Kennzahlen in der Balanced Scorecard müssen durch Ursache-Wirkungszusammenhänge miteinander verbunden sein, wobei letztlich alle zum finanziellen Erfolg beitragen müssen.
- Die Kundenperspektive betrachtet das Unternehmen vom Markt her. Hier können z. B. Marktanteile, Kennzahlen zur Kundenzufriedenheit oder Kundentreue betrachtet werden. Ziel ist es mit diesen Kennzahlen herauszufinden, wie die Kunden das Unternehmen sehen. Als Frühwarnsystem sollen Probleme im Markt erkannt werden, die sich in den finanziellen Zahlen erst nach Eintritt des Risikos zeigen würden (z. B. in niedrigeren Umsätzen, da die Kunden nicht mit dem Unternehmen zufrieden sind).
- Die interne Prozessperspektive befasst sich mit allen internen Prozessen, die notwendig sind, um die finanziellen und kundenbezogenen Ziele zu erreichen. Kennzahlen können der Zeitbedarf bis zur Marktreife von Neuprodukten (time to market), Kapazitätsauslastungen, Ausschussquoten oder Produktivitäten sein.
- Die Lern- und Entwicklungsperspektive zeigt die Potenziale auf, die entwickelt werden müssen, um die Ziele in den ersten drei Perspektiven zu erreichen. Hierzu zählen Investitionen in die Weiterbildung der Mitarbeiter, Investitionen in Forschung und Entwicklung bzw. in Informationstechnologie. Es können Kennzahlen gemessen werden zur Mitarbeiterzufriedenheit, zur Fluktuationsrate oder zu den getätigten Innovationen im Unternehmen.

Abbildung 3.5 zeigt die Balanced Scorecard graphisch.

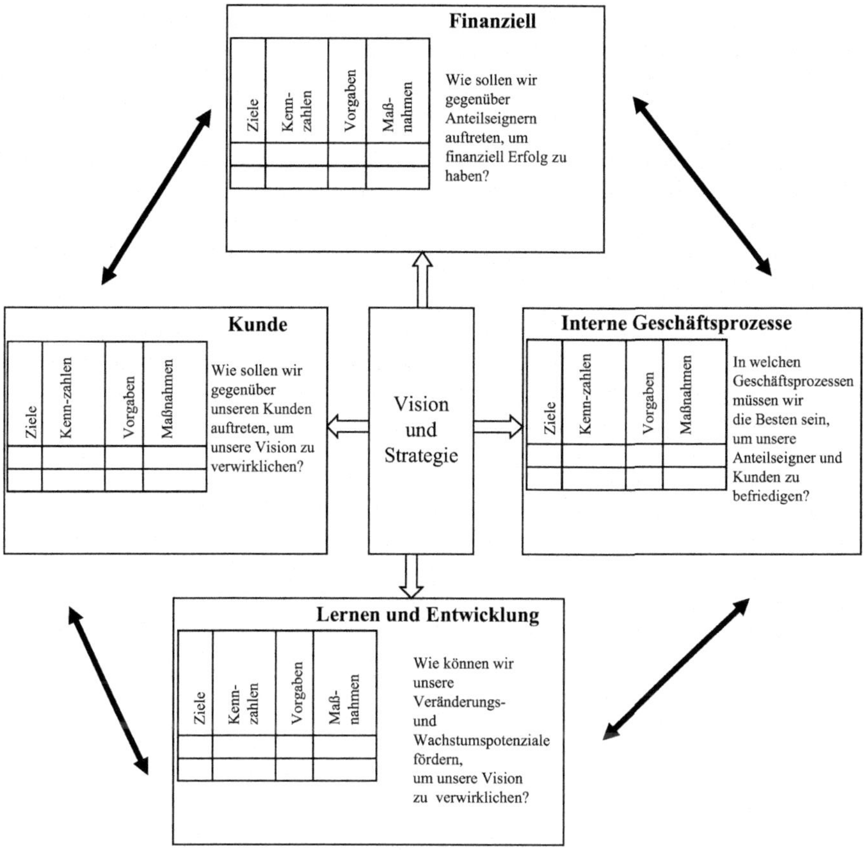

Abb. 3.5 Balanced Scorecard. (Vgl. Kaplan und Norton 1996a, S. 9)

Neben den finanziellen Kennzahlen werden meist sehr geschäftsspezifische Kennzahlen benannt, die auch als Leistungstreiber bezeichnet werden (vgl. Weber und Schäffer 2016, S. 201). Die finanziellen Kennzahlen sind demgegenüber Ergebniskennzahlen, die im Nachhinein zeigen, welches Ergebnis erreicht wurde. Leistungstreiber geben demgegenüber frühzeitig Aufschluss über Entwicklungen und ermöglichen es dem Unternehmen, frühzeitig auf Änderungen zu reagieren. Der Umsatz ist eine Ergebniszahl, die sagt wie viele Kunden gekauft haben, die Kundenzufriedenheit ist ein Leistungstreiber, der darüber Aufschluss geben kann wie sich die Umsätze künftig entwickeln werden.

Um der Überversorgung mit Informationen zu begegnen, wie sie im Unternehmensalltag üblich ist, verlangt die Balanced Scorecard eine klare Begrenzung der verwendeten Kennzahlen auf z. B. fünf pro Perspektive. Damit wird erreicht, dass Wichtiges von Unwichtigem unterschieden werden kann. Allerdings ist die Beschränkung auf vier Perspektiven nicht zwingend. Es können geschäftsspezifische weitere Perspektiven hinzugefügt werden (vgl. Kaplan und Norton 1996a, S. 34). So wird z. B. vorgeschlagen, eine fünfte Perspektive „Nachhaltigkeit" zu ergänzen, um die immer größere Bedeutung des nachhaltigen Wirtschaftens in der Unternehmenspolitik berücksichtigen zu können (vgl. Epstein und Wisner 2001).

Für die Auswahl der Kennzahlen gelten zwei Kriterien. Jede Kennzahl muss einen Strategiebezug aufweisen, d. h. sie muss einen Einfluss auf den Unternehmenserfolg haben. Außerdem müssen die Kennzahlen durch das Management beeinflussbar sein. Alle Kennzahlen müssen durch einen Ursache-Wirkungs Zusammenhang miteinander verbunden sein. Dabei geht es anders als bei dem DuPont Kennzahlensystem nicht um mathematische Verknüpfungen, sondern um sachlogische Verknüpfungen. Die Balanced Scorecard ist ein Ordnungssystem und kein Rechensystem (vgl. Weber und Schäffer 2016, S. 204). Exemplarisch zeigt Abb. 3.6 Ursache- und Wirkungszusammenhänge.

Die Ursache-Wirkungskette unterstellt, dass ein höheres Fachwissen der Mitarbeiter zu einer größeren Prozessqualität und damit verbunden zu einer schnelleren Prozessdurchlaufzeit führt. Dies wiederum hat zur Folge, dass das Unternehmen termintreu ausliefern kann, was zu einer höheren Kundenzufriedenheit führt. Die Kundenzufriedenheit hat zur Folge, dass die Kunden wiederkommen und weitere Aufträge vergeben, was den finanziellen Erfolg des Unternehmens erhöht, der hier beispielhaft am RoCE gemessen wird. Aufpassen muss man allerdings, dass hier keineswegs ein Automatismus gegeben ist. So kann eine höhere Prozessqualität sehr wohl auch zu langsameren Durchlaufzeiten und damit zu einer tendenziell unpünktlicheren Lieferung führen (vgl. Wall 2001, S. 69 ff.).

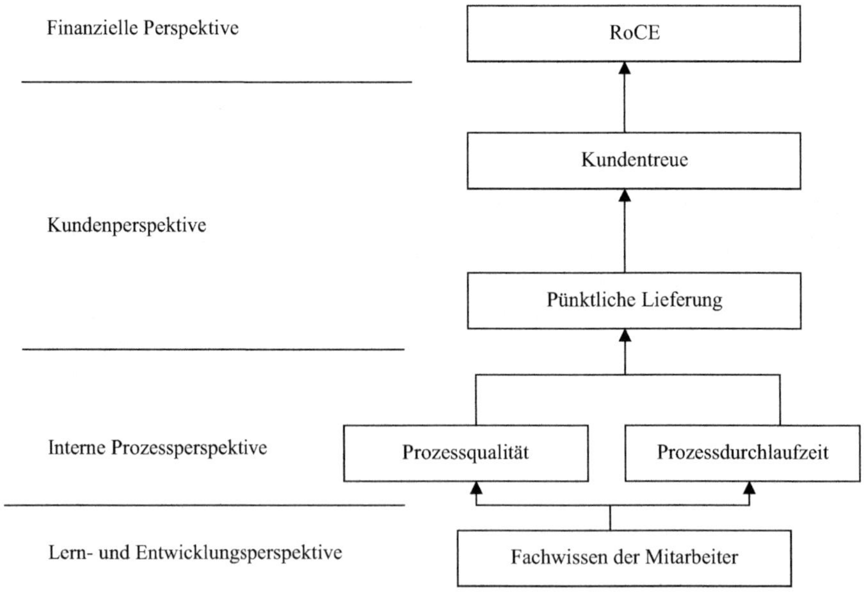

Abb. 3.6 Ursache-Wirkungskette in der Balanced Scorecard. (Vgl. Kaplan und Norton 1996a, S. 31)

Kaplan und Norton verstehen die Balanced Scorecard nicht allein als Instrument zur Ergebnismessung. Sie verstehen es vielmehr als ein Instrument, was man zur Umsetzung von Strategien anwenden soll. Ein Einsatz ist demnach erst sinnvoll, wenn eine Strategie formuliert worden ist. In einem ersten Schritt sind Ziele zu for mulieren, die die Umsetzung der Strategie konkretisieren. Die im zweiten Schritt zu wählenden Kennzahlen, die auf der Balanced Scorecard abgebildet werden, müssen mit diesen Zielen in einem engen Zusammenhang stehen und müssen als Maß der Zielerreichung aufgefasst werden. In der Balanced Scorecard werden sodann die Ist-Werte der Kennzahlen gemessen und mit den Soll-Werten verglichen. Schließlich müssen Maßnahmen abgeleitet werden, wie die Diskrepanz zwischen Soll und Ist verringert bzw. aufgehoben werden kann (vgl. Reichmann 2006, S. 609 f.). Dabei ist es wichtig, dass das Ziel einer Balanced Scorecard über Messung und Kontrolle, wie es traditionelle Kennzahlensysteme vorsehen, hinausgehen soll. Kommunikation, Lernen und Information soll durch die Scorecard erreicht werden (Kaplan und Norton 1996a, S. 56).

Um die Funktion der Strategieumsetzung erfüllen zu können, soll die Balanced Scorecard auch in der Bemessung der variablen Vergütung verwendet werden (vgl. Kaplan und Norton 2001). Damit kann das strategische Ziel operativ auch im Bereich des mittleren Managements Beachtung finden. Die Balanced Scorecard stellt dabei ein einfaches Mittel dar, mit dem diese Ziele an die Mitarbeiter vermittelt werden können. Voraussetzung ist allerdings, dass objektiv messbare Kennzahlen verwendet werden und keine Kennzahlen, deren Messung stark vom Wohlwollen des beurteilenden Managers abhängt.

Mit der Einführung einer Balanced Scorecard sind vielfältige Veränderungen der Anreizstrukturen für alle Mitarbeiter verbunden. Aus diesem Grund sind Einführungsprojekte häufig mit Akzeptanzproblemen verbunden. Insbesondere, wenn tatsächlich die variable Vergütung mit der Balanced Scorecard verknüpft wird. Der Auftrag für eine Einführung kann daher nur von dem Top-Management des Konzerns kommen. Eine Einbeziehung von Beratern kann sinnvoll sein, um damit einen objektiven Blick von außen in das Unternehmen sicherzustellen.

Auch wenn die Balanced Scorecard eine große Verbreitung und Anhängerschaft in der gesamten Managementliteratur gefunden hat, ist die praktische Verbreitung deutlich geringer. Eine empirische Studie (vgl. Speckbacher et al. 2003) hat ergeben, dass von den 200 größten deutschen Aktiengesellschaften lediglich 24 % die Balanced Scorecard verwenden und gar nur 7 % sie als Instrument des strategischen Managements anwenden.

3.8.2 Fallstudie: Die Entwicklung einer Balanced Scorecard für einen Konzern

Für die Konzernzentrale ist die Balanced Scorecard ein wichtiges Instrument, Tochtergesellschaften entsprechend der Konzernstrategie zu führen. Im Folgenden wird ein Beispiel zur Entwicklung einer Balanced Scorecard für die Tochtergesellschaften in Konzernen erörtert. Das Beispiel folgt Kaplan und Norton (vgl. Kaplan und Norton 2005,

S. 172 ff.), die eines der zwölf Unternehmen, die an der ursprünglichen Studie zur Performance Messung teilgenommen haben, verfremdet dargestellt haben. Der Konzern Electronic Circuits Incorporated (ECI) ist in der Halbleiter Branche tätig und hat die Scorecard zunächst für den Gesamtkonzern entwickelt. Ziel ist es dabei, den Fokus der Topmanager des Konzerns auf einige wesentliche Punkte zu konzentrieren. In dieser Phase wird nicht darauf Rücksicht genommen, in welchem Teil die zu den Kennzahlen erfolgte Wertschöpfung geschieht, in der Muttergesellschaft oder den Tochtergesellschaften.

Für alle Unternehmen gehört es inzwischen zum guten Ton, den Kunden und seine Wünsche in den Mittelpunkt zu stellen. Problematisch ist allerdings in vielen Fällen die Operationalisierung dieses Ziels. Kunden sind interessiert an den Kosten, der Zeit bis zur Lieferung oder Fertigstellung und der Qualität einer Leistung. Dabei ist es wichtig, die Wünsche des Kunden zielgenau zu erfüllen. Eine Möglichkeit die Zielgenauigkeit zu erreichen ist es, die Kunden zu fragen, was sie erwarten von ihren Lieferanten. Dies verhindert, dass man als Lieferant viel Geld für Dinge ausgibt, die von den Kunden nicht honoriert werden, oder entscheidende Leistungen für Kunden nicht erbringt. ECI startet eine solche Umfrage unter den zehn wichtigsten Kunden und erhält damit die für die Kunden wichtigsten Punkte für die Balanced Scorecard. Damit wird die Termintreue bei Lieferungen zum Ziel, so wie der Kunde es definiert. Außerdem wird die externe Perspektive noch zusätzlich gestärkt, da das Qualitätsranking von ECI bei den wichtigsten Kunden direkt zum Ziel wird. Da es sich bei der Halbleiterbranche um eine innovative Branche mit kurzen Produktlebenszyklen handelt, ist es für ECI zudem wichtig, dass Innovationen ständig fließen. Aus diesem Grund werden als weitere Kennzahlen für die Kundenperspektive die Umsätze mit eigenen Produkten und neuen Produkten (nicht älter als ein Jahr) definiert.

Die Kundenperspektive als externe Perspektive ist wichtig, um herauszufinden, was der Kunde wirklich will. Hinter diesen Wünschen stehen aber interne Prozesse, die in einer Art und Weise funktionieren müssen, so dass die Kundenwünsche erfüllt werden. Diese interne Perspektive wird durch die Prozessperspektive gegeben. Bei ECI werden als die Kernziele gesehen, dass die Produktion termintreu funktioniert, immer wieder Innovationen gebracht werden können und die Qualität der Produkte sehr gut ist. Diese Zielsetzungen sind wiederum aus den Erwartungen der Kunden entstanden. Da der Einfluss auf die internen Prozesse auf der Ebene der operativen Ebene sehr viel höher ist, ist es von entscheidender Bedeutung, dass die Ziele herunter gebrochen werden, so dass sie direkt in der Fertigung umgesetzt werden können. Dies ermöglicht zudem, dass alle Mitarbeiter in die Strategie von ECI eingebunden werden. Konkrete Ziele sind geringe Fertigungszeiten, niedrige Stückkosten, effiziente Verwendung von Rohmaterialien und die planmäßige Einführung von neuen Produkten. Die Aufgabe ist damit aber noch nicht abgeschlossen, da ECI die allgemein formulierten Ziele auch für die Arbeiter in der Fertigung aufstellen muss. Dabei ist es wichtig, dass mit den detaillierten Zielen auch dann ein Signal an das Management gesendet wird, wenn sich Probleme ergeben. Nur so kann die Balanced Scorecard ihre Funktion als Frühwarnsystem erfüllen.

Um die Prozesse entsprechend den Kundenwünschen zu gestalten, ist es wichtig, dass die Mitarbeiter und die Organisation in der Lage sind, sich entsprechend zu entwickeln. Dies wird in der Lern- und Entwicklungsperspektive beschrieben. Für ECI ist es wichtig, dass Innovationen ständig kommen. Daher wird die Zeit von der Entwicklung zur Marktreife als Kennzahl angesetzt. Außerdem will sich ECI auf einige wenige Produkte konzentrieren. Als Kennzahl wird daher definiert, wie viele Produkte für 80 % der Umsätze benötigt werden. Die Innovationsgeschwindigkeit lässt sich gut messen im Vergleich zu Wettbewerbern. Damit wird auch der Gedanke des Vergleichs mit externen Unternehmen Teil der eigenen Balanced Scorecard.

Letztlich muss sich der Erfolg von ECI in den Finanzkennzahlen zeigen. Eine Strategie, die finanzielle Erfolge nicht mit sich bringen kann, kann die langfristige Existenz eines Unternehmens aufs Spiel setzen. ECI hat drei abgestufte finanzielle Zielsetzungen: überleben, erfolgreich sein, Wert schaffen. Das Überleben wird gemessen mit der Betrachtung des Cash-flows, der Erfolg mit dem quartalsweisen Umsatzwachstum und den Quartalsergebnissen pro Geschäftsbereich und Wert wird mit dem Return on Equity und erhöhten Marktanteilen gemessen.

In Abb. 3.7 wird die Balanced Scorecard von ECI graphisch zusammengefasst.

3.8.3 Die Besonderheiten der Balanced Scorecard im Konzern

Im Konzern ergibt sich wiederum das Erfordernis, die Balanced Scorecard aufzuteilen zwischen dem Gesamtkonzern und seinen Einheiten. Die konkrete Aufteilung ist dabei von der Art der Führung im Konzern abhängig.

Handelt es sich bei dem Konzern um einen Stammhauskonzern, der homogen am Markt auftritt, so kann eine Balanced Scorecard aufgestellt werden, in der die Ergebnisse auf Konzernebene aggregiert sind. Darunter gibt es, wie in einer Hierarchie, mehrere Scorecards, die für die Konzerneinheiten gültig sind. Die Kennzahlen werden in die Einzelbereiche heruntergebrochen, wobei die nicht-monetären Kennzahlen nicht mathematisch heruntergebrochen werden können. Vielmehr müssen die Gesamtziele des Konzerns in eine für die Konzerneinheit passende Form gebracht werden. So kann es durchaus sein, dass z. B. nur für die interne Verwendung produzierende Einheiten die Kundenperspektive nicht beachten müssen. Für diese Einheiten wäre eine Konzentration auf die interne Prozessperspektive bzw. auf die Lern- und Entwicklungsperspektive angemessen. Für den Gesamtkonzern bedeutet dies, dass bestimmte Konzerneinheiten nur für Ausschnitte der gesamten Balanced Scorecard verantwortlich sind (vgl. Weber und Schäffer 2000, S. 68). Dies erfordert im Konzerncontrolling ein genaues Wissen über die Konzernstrukturen, eine sehr detaillierte Kenntnis über die Ursache-Wirkungs-zusammenhänge, die hinter den verwendeten Kennzahlen stehen, und eine große Offenheit gegenüber der Einbindung des Fachwissens der dezentralen Einheiten.

Handelt es sich bei dem Konzern um eine Management- oder Führungsholding, bei denen die Geschäftsbereiche alle in unterschiedlichen Bereichen tätig sind, so wird

Finanzielle Perspektive

Ziele	Messgröße
Überleben	Cash-flow
Erfolg	Quartalsweises Umsatzwachstum und Quartalsergebnisse
Wert	RoE, Marktanteil

Kundenperspektive

Ziele	Messgröße
Neuprodukte	Umsatz mit neuen Produkten, Umsatz mit eigenen Produkten
Termintreue	Pünktliche Lieferung nach Definition der Kunden
Kundenbeziehung	Anteil Key Accounts am Gesamtumsatz, Ranking bei Kunden

Interne Prozessperspektive

Ziele	Messgröße
Produktion	Fertigungszeit
Produktivität	Effiziente Nutzung von Rohstoffen, niedrige Stückkosten
Innovation	Tatsächliche Einführung von neuen Produkten im Vergleich zum Plan

Lern- und Entwicklungsperspektive

Ziele	Messgröße
Time to market	Cash-flow
Produktfokus	Quartalsweises Umsatzwachstum und Quartalsergebnisse
Innovationsgeschwindigkeit	Neuprodukteinführung im Vergleich zu den Wettbewerbern

Abb. 3.7 Balanced Scorecard des ECI Konzerns

jeder Bereich eine eigene auf ihre spezielle Geschäftstätigkeit zugeschnittene Scorecard haben. Die Holding führt diese verschiedenen Scorecards auf Konzernebene zusammen, beschränkt sich dabei auf finanzielle Kennzahlen und auf einige wesentliche zentrale nicht-monetäre Kennzahlen. So führen Kaplan und Norton an, dass der amerikanische Konzern 3 M, der besonders bekannt ist für seine lange Tradition an erfolgreichen Innovationen, Innovationskennzahlen und DuPont, die als Chemiekonzern in einer besonders störfallanfälligen Branche tätig sind, Kennzahlen zur Sicherheit in ihrer zentralen Scorecard haben (vgl. Kaplan und Norton 1996a, S. 163). Die Detaillierung der Kennzahlen zur Beurteilung der Tochtergesellschaften wird größer sein, sofern es sich um eine Managementholding handelt. Die Führungsholding wird sich eher auf die finanziellen Kennzahlen konzentrieren. Neben der Performancemessung für Tochtergesellschaften sollte die zentrale Konzernscorecard ergänzt werden um Wertschöpfungsaktivitäten der

Konzernzentrale. Dies können Kennzahlen für zentral bereitgestellte Dienstleistungen, Förderung von Synergieeffekt en (cross selling Aktivitäten, gemeinsam genutzte Technologien etc.) sein.

Ist der Konzern als Finanzholding ausgestaltet, so hat sich die Konzernspitze bewusst auf die finanzielle Sphäre zurückgezogen. Die Finanzholding stellt ihrPortfolio unter Risiko-Rendite Überlegungen auf. Eine integrierte Scorecard ist insofern nicht sinnvoll. Es reicht aus, wenn sich die Konzernspitze mit den finanziel len Kennzahlen der Konzerneinheiten beschäftigt. Die Einheiten geben sich selber eine Balanced Scorecard, die aber sehr wohl von der Konzernspitze als Bericht abgefordert werden kann, um in einen Dialog mit der dezentralen Einheit über die langfristige wirtschaftliche Entwicklung des Unternehmens einzutreten (vgl. Weber und Schäffer 2000, S. 69).

Im Zuge der Implementierung ihres wertorientierten Steuerungskonzepts hat der Robert Bosch Konzern auch die Balanced Scorecard eingeführt. Die Ausgestaltung der einzelnen Scorecards wird aber von den Bereichen unterschiedlich gehandhabt. Jeder Bereich muss seine Ziele auf Basis des CfRoI als finalem Ziel erreichen. Um diese Ziele in den Bereichen zu konkretisieren setzen einige Bereiche von Bosch die Balanced Scorecard ein (vgl. Kümmel und Watterott 2008, S. 251).

3.9 Kennzahlensysteme zur nachhaltigen Unternehmensführung

3.9.1 Hintergründe

Das Prinzip der Nachhaltigkeit geht auf die klassische Forstwirtschaft zurück. So forderte der Freiberger Forstwirt Hans Carl von Carlowitz in seinem Werk „Sylvicultura oeconomica" aus dem Jahr 1732, dass in einem Jahr nicht mehr Holz geschlagen werden darf als nachwächst (Dillerup und Stoi 2016, S. 78). Operationalisiert worden ist das Prinzip durch die von den Vereinten Nationen eingesetzte Weltkommission für Umwelt und Entwicklung unter dem Vorsitz der ehemaligen norwegischen Ministerpräsidentin Gro Harlem Brundtland, die 1987 in ihrem Bericht nachhaltige Entwicklung so definierten, dass sie den Bedürfnissen der heutigen Generation entsprechen soll ohne, dass die Möglichkeiten künftiger Generationen gefährdet oder deren Bedürfnisse eingeschränkt werden (vgl. WCED 1987, S. 25). Diese Definition stellt den Menschen und seine Ansprüche in den Mittelpunkt. Die natürliche Umwelt bleibt Mittel zum Zweck, die vom Menschen zu seiner Bedürfnisbefriedigung auch genutzt werden kann.

Ursprünglich lag der Schwerpunkt der Überlegungen zum nachhaltigen Wirtschaften auf der Schonung der natürlichen Ressourcen. Im Zeitablauf wurde die Diskussion jedoch erweitert, so dass heute meist die Rede ist von den drei Säulen der nachhaltigen Entwicklung: Die gleichzeitige Berücksichtigung von sozialen, ökologischen und ökonomischen Aspekten (vgl. Crane und Matten 2004, S. 24 f.). Die drei Säulen können dabei in ihren Interdependenzen dargestellt werden (Abb. 3.8).

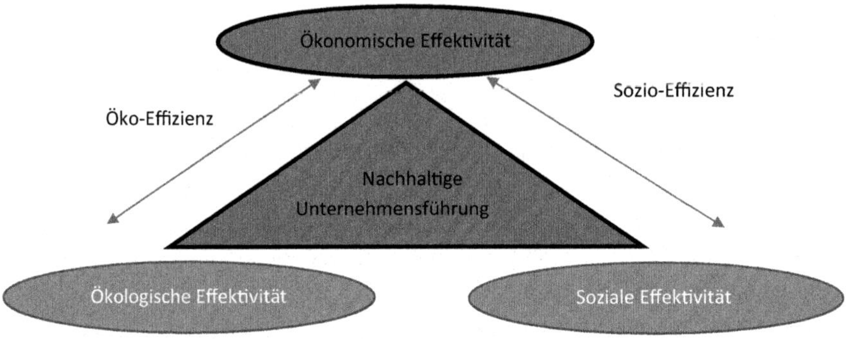

Abb. 3.8 Nachhaltigkeitsdreieck (vgl. Schaltegger 2007, S. 14)

Für Unternehmen steht die ökonomische Effizienz im Vordergrund. Ohne die Erreichung der ökonomischen Ziele ist der langfristige Erhalt eines Unternehmens nicht möglich. Die ökologische und soziale Dimension kann aber sehr wohl einen Beitrag zur ökonomischen Effektivität leisten. So kann die Verminderung von Ressourcenverbrauch in Form von Rohstoffen auch zu monetären Kosteneinsparungen führen. Des Weiteren kann ein gutes Arbeitsklima gepaart mit guten sozialen Bedingungen in Form von Sozialleistungen zu erhöhter Motivation beitragen, was wiederum zu besserer Leistung und erhöhten Erträgen führen kann. Damit wird deutlich, dass erst die Interaktion der drei Eckpunkte des Nachhaltigkeitsdreiecks zu einer wirklich nachhaltigen Entwicklung führen kann.

Die Kennzahlen, die wir bislang in diesem Kapitel diskutiert haben, befassen sich im Wesentlichen mit der ökonomischen Dimension des Nachhaltigkeitsdreiecks. In die Balanced Scorecard sind die anderen Dimensionen zumindest integrierbar. Die gemeinsame Betrachtung von allen drei Dimensionen des Nachhaltigkeitsdreiecks ist damit aber noch nicht gelungen.

Shareholder und Stakeholder von Unternehmen fordern immer stärker Informationen zu den Auswirkungen des unternehmerischen Handelns auf Umwelt und Gesellschaft ein.

Während also einzelwirtschaftlich die ökonomische Nachhaltigkeit im Mittelpunkt steht, ist die gesellschaftliche Diskussion meist auf die ökologische Dimension der Nachhaltigkeit fokussiert (vgl. von Hauff und Jörg 2013, S. 11). Dies findet seine Begründung darin, dass die natürlichen Lebensgrundlagen eine zentrale Bedeutung haben. Aus diesem Grund müssen Unternehmen dafür sorgen, dass sie für ihre Stakeholder zufriedenstellend über ökologische und soziale Dinge berichten, ohne dabei die ökonomische Dimension aus dem Fokus zu verlieren. Dies ist eine relativ neue Herausforderung für Controllingabteilungen, insbesondere für große Konzerne, an denen ein öffentliches Interesse besteht.

Veröffentlichungspflichten zur Berichterstattung über soziale und im Wesentlichen ökologische Kennzahlen sollen in den nächsten Jahren über die Gesetzgebung der EU eingeführt werden. Um ein auseinanderfallendes Reporting zu vermeiden, gibt es Trends zu einem integrierten Reporting, das finanzielle, soziale und ökologische Berichterstattung vereint (vgl. dazu Haller und Zellner 2013, S. 1125 ff.; Maniora 2013, S. 360 ff.). Vor dem Hintergrund dieser Entwicklung ist es notwendig, dass sich auch das Controlling mit nicht finanziellen Kennzahlen auseinandersetzt. Zum einen werden diese Kennzahlen in das Finanzreporting integriert. Zum anderen bekommen die Aussagen der ökologischen und sozialen Kennzahlen eine andere Wertigkeit, da Investoren sie stärker in den Fokus nehmen. Insofern muss auch das Controlling berücksichtigen, welche Schlüsse Investoren aus der Veränderung von ökologischen oder sozialen Kennzahlen ziehen könnten.

3.9.2 Entwicklung von Kennzahlen zur Messung des nachhaltigen Erfolgs von Unternehmen

Um zu planen und zu überprüfen, ob ein Unternehmen in den drei Dimensionen der Nachhaltigkeit erfolgreich ist, bedarf es Kennzahlen, die den Beitrag von Unternehmen messen. Seit Mitte der 70er Jahre des vergangenen Jahrhunderts entwickelt die Betriebswirtschaft entsprechende Kennzahlen (vgl. zur Übersicht Figge und Hahn 2004a, S. 128 ff.)

Eine Möglichkeit ist es, die externen Kosten, die ein Unternehmen durch negative externe Effekte sozialer und ökologischer Art hat, zu messen. Eine mögliche Kennzahl wäre dann der Saldo aus ökonomischem Erfolg und externen Kosten der unternehmerischen Tätigkeit (sogenanntes Net Value Added oder Green Value Added, vgl. Atkinson 2000). Das Problem dieser Kennzahlen besteht darin, dass die externen Effekte schwer zu bewerten sind. Es fehlt ein objektiver Maßstab, um die Kosten einer CO_2-Emission zu bewerten. Aus diesem Grund konnte sich diese Art der Kennzahlen praktisch nicht durchsetzen. Ein Versuch, diese Problematik zu umgehen, ist der Versuch die Umweltbelastungen daran zu messen, welche Kosten eine Vermeidung mit technischen Mitteln verursachen würde bzw. die angefallenen Schäden beseitigt worden wären. Aber auch dieses Konzept fand in der Praxis bisher kaum Verwendung, da auch hier die Praktikabilität kaum gegeben ist (vgl. Figge und Hahn 2004a, S. 128).

Ein anderer Typ von Kennzahlen stellt die Effizienz der unternehmerischen Tätigkeit in den Mittelpunkt. Das Prinzip dieser Kennzahlen ist die Saldierung von ökonomischer Wertschöpfung und ökologischer Schadschöpfung. Der übrig bleibende Saldo sagt aus, ob das Unternehmen effizient wirtschaftet oder nicht. Zur Bemessung der Schadschöpfung werden dabei alle ökologischen Belastungen aggregiert, also Emissionen und Bodenversiegelungen, werden gleichnamig gemacht (d. h. in Geldeinheiten ausgedrückt) und addiert. Diese aggregierte Schadenssumme wird dann ins Verhältnis zur ökonomischen Wertschöpfung gesetzt. Damit kann eine Situation auftreten, die als Reboundeffekt bezeichnet wird: Eine Steigerung der ökologischen Dimension wird dadurch zum Bumerang, da der ökologische Vorteil zu einer verstärkten Nutzung der Ressource führt.

Insgesamt wird in einer solchen Situation die Umwelt stärker belastet als vorher. Dieser Effekt ist insbesondere bei der Pkw-Nutzung intensiv untersucht worden. Sparsame neue Automobile werden mehr gefahren, da die Kosten pro Kilometer deutlich geringer sind als bei alten, umweltschädlichen Autos. Frondel und Vance (2009) haben herausgefunden, dass der Reboundeffekt bei Pkws bis zu 60 % ausmachen kann, d. h. nur 40 % der eigentlich erwartbaren CO_2-Einsparung wird tatsächlich realisiert. Damit werden diese Konzepte insbesondere von Befürwortern der sogenannten „starken Nachhaltigkeit" kritisch betrachtet. Die starke Nachhaltigkeit geht davon aus, dass jede einzelne Ressource in ihrem Bestand erhalten werden muss. Im Gegensatz dazu geht die „schwache Nachhaltigkeit" davon aus, dass ökologische und ökonomische Aspekte substituierbar sind (vgl. Corsten und Roth 2012, S. 4). Die starke Nachhaltigkeit bezieht sich insbesondere auf den Schutz des Naturkapitals, ein Mindestbestand jeglicher Ausprägung soll gewährleistet werden, damit auch künftige Generationen die Möglichkeit zur Nutzung der Natur haben (intergenerative Gerechtigkeit). Genauso gibt es sensible Naturressourcen, die nicht ersetzbar sind, aber von deren Überleben auch das Überleben der Menschheit abhängt.

3.9.3 Sustainable Value Added

Die vorgetragene Kritik an den bisher gängigen Verfahren der Abbildung des Drei-Säulen Modells der Nachhaltigkeit wird im Konzept des Sustainable Value Added aufgenommen und ein neues Verfahren entwickelt, das auf Unternehmen besser angewendet werden kann (vgl. Figge und Hahn 2004a, b, S. 130 ff., S. 173 ff.).

Anders als die anderen hier angerissenen Maße zur Messung der ökologischen und sozialen Effizienz setzt der Sustainable Value Added nicht an den durch das Unternehmen verursachten Schäden an. Vielmehr wird betrachtet, ob das Unternehmen mit den ökologischen und sozialen Ressourcen, die es einsetzt, einen Wert geschaffen hat. Analog zur Unternehmensbewertung (vgl. zu Grundüberlegungen Abschn. 3.6 dieses Buches) wird auf die Opportunitätskosten abgestellt: ein Ressourcenverbrauch schafft dann einen Wert, wenn er in einer anderen Verwendung nicht mehr Wert schaffen würde. Der über den Opportunitätskosten, also den in einer anderen Verwendung erzielbaren Erträge, liegende Ertrag wird als Sustainable Value Added bezeichnet.

Der Sustainable Value Added lässt sich in vier Schritten berechnen:

1. Die Veränderung des Einsatzes von sozialen und ökologischen Ressourcen von einer zur nächsten Periode wird berechnet, also wie viele CO_2-Emissionen mehr oder weniger durch das Unternehmen verursacht worden sind.
2. Ein relevanter Benchmark für die verwendeten Ressourcen wird identifiziert. Dies kann z. B. die Volkswirtschaft sein, aus dem das Unternehmen stammt. In diesem Schritt wird ermittelt, wie viel im Durchschnitt mit einer Ressource in dieser

Volkswirtschaft erwirtschaftet wird, also z. B. wie viel Wert mit einer Tonne CO_2 in Deutschland durchschnittlich geschaffen wird. Dies erhält man, indem man das Bruttoinlandsprodukt Deutschlands durch den gesamten CO_2 Ausstoß teilt. Dies wird für alle relevanten durch das Unternehmen verbrauchten Ressourcen durchgeführt.
3. Im dritten Schritt wird der Durchschnitt der Opportunitätskosten aller ausgewählten verwendeten Ressourcen insgesamt gebildet, also wie viel Wert insgesamt mit den zusätzlichen bzw. bei geringerem Ressourcenverbrauch eingesparten Ressourcen geschaffen worden ist. Resultat sind die gesamten Opportunitätskosten, die die Veränderung des Ressourcenverbrauchs in dem Unternehmen mit sich gebracht hat.
4. Um die gesamte Wertschöpfung des Unternehmens zu erhalten, wird das Resultat von 3. mit der ökonomischen Wertschöpfung des Unternehmens verrechnet. Hat das Unternehmen höhere Opportunitätskosten als ökonomische Wertschöpfung, so hat es Wert vernichtet. Ist das Verhältnis umgekehrt, so hat das Unternehmen Wert geschaffen.

Nimmt man an, dass ein Unternehmen mit einer Mehremission von 1.000 t CO_2 einen Ertrag von 100.000 € erzielt, so hat dieses Unternehmen eine CO_2 Effizienz von 100 €. Haben die anderen Unternehmen der als Benchmark herangezogenen Volkswirtschaft im Schnitt nur eine CO_2 Effizienz von 80 €, so erwirtschaftet das Unternehmen einen absoluten Sustainable Value von 20 € je Tonne, insgesamt 20.000 € (vgl. Arnsfeld et al. 2011, S. 80).

Problematisch bei der Berechnung des Sustainable Value Added ist die Datenbeschaffung. Es können nur diejenigen Ressourcen betrachtet werden, die sinnvoll quantifizierbar sind. Selbst dann, wenn eine Ressource quantifizierbar ist, muss darauf geachtet werden, dass die Berechnung bei vergleichbaren Unternehmen oder innerhalb eines Konzerns gleich vorgenommen wird. Arnsfeld et al. 2011 weisen beispielsweise darauf hin, dass die Definition von gefährlichem Müll von Land zu Land stark variiert und sich damit hier deutlich andere Müllmengen ergeben, die aber tatsächlich nur auf unterschiedlichen Messungen beruhen. Insgesamt ist die Erfassung von Daten im Nachhaltigkeitsbereich deutlich problematischer, da es nur wenige international anerkannte Standards gibt und keine Kontrolle der Einhaltung durch Wirtschaftsprüfer stattfindet. Dies führt auch zu besonderen Problemen bei der Aggregation von Nachhaltigkeitskennzahlen innerhalb eines Konzerns. Aber selbst die Verwendung von Erfolgsgrößen hat erheblichen Einfluss auf den berechneten Sustainable Value Added (vgl. Peemöller und Braune 2013, S. 2096).

Insgesamt gesehen ergibt sich jedoch mit dem Sustainable Value Added eine gute Möglichkeit für das Controlling, die Faktoren Umwelt und Soziales in den Kennzahlen zu erfassen. Mit dieser Kennzahl werden einige, aber bei weitem nicht alle, Quantifizierungsprobleme umgangen. Als Teil der Frühaufklärung durch das Controlling ist es eminent wichtig, dass die Unternehmensleitung auf negative Abweichungen in diesen Kennzahlen rechtzeitig aufmerksam gemacht wird.

Literatur

Amen M (1998) Erstellung von Kapitalflussrechnungen, 2. Aufl. Oldenbourg, München

Arbeitskreis „Finanzierungsrechnung" der Schmalenbach-Gesellschaft für Betriebswirtschaft (2005) Wertorientierte Unternehmenssteuerung in Theorie und Praxis. Z Betriebswirtschaftliche Forsch 2005 (Sonderheft 53)

Arnsfeld T, Peters H-G, Wübben G (2011) Sustainable Value in der Unternehmenssteuerung. Controller Magazin 5(9/10)S :80–85

Atkinson G (2000) Measuring corporate sustainability. J Environ Planning Manage 43:235–252.

Baetge J (1998) Bilanzanalyse. IDW, Düsseldorf

Ballwieser W (2000) Wertorientierte Unternehmensführung: Grundlagen. Z Betriebswirtschaftliche Forsch 52:160–166

Ballwieser W (2007) Unternehmensbewertung. Prozeß, Methoden und Probleme Stuttgart, 2. Aufl. Schäffer-Poeschel, Stuttgart

Ballwieser W (2009) Shareholder Value als Element von Corporate Governance. Z Betriebswirtschaftliche Forsch 2:93–101

Balz U (2007) Ermittlung von Eigenkapitalkosten zur Unternehmensbewertung mittelständischer Unternehmen mit Hilfe des CAPM. Finanzbetrieb 9:737–743

Behringer S (2012) Unternehmensbewertung der Klein- und Mittelbetriebe, 5. Aufl. Erich Schmidt, Berlin

Behringer S (2013) Unternehmenstransaktionen. Erich Schmidt, Berlin

Behringer S, Lühn M (2016) Cashflow und Unternehmensbeurteilung, 11. Aufl. Erich Schmidt, Berlin

Brealey RA, Myers SC, Allen F (2016) Principles of corporate finance, 12. Aufl. McGraw-Hill, Boston u. a.

Britzelmaier B et al. (2010) Wertorientierte Unternehmensführung europäischer Kapitalgesellschaften – Eine Untersuchung der Geschäftsberichte der Dow Jones Stoxx 50-Unternehmen, Pforzheim

Britzelmaier B (2017) Controlling. Grundlagen, Praxis, Handlungsfelder, 2. Aufl. Pearson, München

Busse von CW (1997) Zur Entwicklung der Konzern-Kapitalflussrechnung. Unternehmung 50:417–427

Corsten H, Roth T (2012) Nachhaltigkeit als integriertes Konzept. In: Corsten H, Roth T (Hrsg) Nachhaltigkeit. Unternehmerisches Handeln in globaler Verantwortung. Gabler Verlag, Wiesbaden, S 1–13

Crane A, Matten D (2004) Business ethics: a European perspective. Oxford University Press, Oxford

Deimel K, Heupel T, Wiltinger K (2013) Controlling. Vahlen, München

Dellmann K (2002) Kennzahlen und Kennzahlensysteme. In: Küpper HU, Wagenhofer A (Hrsg) Handwörterbuch Unternehmensrechnung und Controlling, 4. Aufl. Schäffer-Poeschel, Stuttgart, S 940–950

Dillerup R, Stoi R (2016) Unternehmensführung, 5. Aufl. Vahlen, München

Dirrigl H (1998) Wertorientierung und Konvergenz in der Rechnungslegung. Betriebswirtschaftliche Forsch Prax 1998:540–579

Dutta S, Fan Q (2008) Hurdle rates and project development efforts. Account Rev 42:405–432

Economist (1999) How high a hurdle. The Economist, 8. Mai 1999

Ehrbar A (1998) Stern Stewart's Stewart's EVA. Economic value added. Wiley, New York

Ehrbar A (1999) Using EVA to measure performance and to assess strategy. Strateg Leadersh 3:20–25.

Epstein MJ, Wisner PS (2001) Using a balanced scorecard to implement sustainability. Environ Quality Manag 11(2):1–10.
Fama EF, French KR (1992) The cross section of expected stock returns. J Finance 42:427–465.
Fama EF, French KR (2004) The capital asset pricing model: theory and evidence. J Econ Perspect 3:25–46.
Figge F, Hahn T (2004a) Sustainable Value Added – Ein neues Maß des Nachhaltigkeitsbeitrags von Unternehmen am Beispiel der Henkel KGaA. Vierteljahreshefte für Wirtschaftsforschung 73:126–141.
Figge F, Hahn T (2004b) Sustainable value added. Measuring corporate contribution to sustainability beyond eco-efficiency. Ecol Econ 48:173–187.
Frondel M, Vance C (2009) Do high oil prices matter? Evidence on the mobility behavior. Environ Resour Econ 43(1):81–94.
Griffith JM (2004) The true value of EVA. J Appl Finance 14(2):25–29
Hachmeister D (2000) Der Discounted Cash Flow als Maß der Unternehmenswertsteigerung, 4. Aufl. Peter Lang, Frankfurt a. M.
Haenel A (1998) Die Erstellung von Kapitalflussrechnungen – aktuelle Probleme und Lösungsvorschläge. Wissenschaft & Praxis, Sternenfels
Hahn D, Hungenberg H (2001) PuK Planung und Kontrolle, Planungs- und Kontrollsysteme, Planungs- und Kostenrechnung, Wertorientierte Controllingkonzepte, 6. Aufl. Gabler, Wiesbaden
Haller A, Zellner P (2013): Das Integrated Reporting Framework – kurz vor der Zielgeraden. DB 2013(6):1125–1132.
Hauschildt J (1971) Entwicklungslinien der Bilanzanalyse. Z Betriebswirtschaftliche Forsch 33:335–351
Helbling C (1993) DCF-Methode und Kapitalkostensatz in der Unternehmensbewertung falls kein Fair Market Value. Schweiz Treuhänder 67:157–164
Hillier D et al (2010) Corporate finance, European edition. McGraw-Hill, Maidenhead
Hirsch B (2008) Der Cash Value Added. Wirtschaftswissenschaftliches Stud 37:462–467
Hitz JM, Jenniges V (2008) Publizität von Pro-forma-Ergebnisgrößen am deutschen Kapitalmarkt. Z Internat Kapitalmarktorientierte Rechn 2008(4):236–245
Holzer P, Jung U (1990) Der Beitrag von zahlungsorientierten Kapitalflußrechnungen (Statement of Cash Flows) zur Beurteilung der Qualität des Jahresergebnisses. Wirtschaftsprüfung 1990:281–288
Ingendahl J (1990) Die Kapitalflussrechnung im Rechnungslegungsrecht der USA und der Bundesrepublik Deutschland. Duncker & Humboldt, Berlin
Kaplan RS, Norton DP (1996a) Translating strategy into action: the balanced scorecard. Harvard Business School, Boston
Kaplan RS, Norton DP (2001) Transforming the balanced scorecard from performance measurement to strategic management. Account Horizons 2001(June):147–160
Kaplan RS, Norton DP (2005) The balanced scorecard: measures that drive performance. Harv Bus Rev 83(July-August):172–180
Kilger W (1965) Zur Kritik am internen Zinsfuß. Z Betriebswirtschaft 35:765–798
Kleiman RT (1999) Some new evidence on EVA companies. J Appl Corp Finance 12(2):80–91
Kuhner C, Maltry H (2017) Unternehmensbewertung, 2. Aufl. Springer, Heidelberg
Kümmel G, Watterott R (2008) Konzerncontrolling am Beispiel Bosch. Globalisierung erfordert Standardisierung. Controlling 2008(4-5):247–257
Küting K (2000) Der Geschäfts- oder Firmenwert – ein Spielball der Bilanzpolitik. AG 3:97–106
Lewis TG (1995) Steigerung des Unternehmenswertes. Total Value Management. Moderne Industrie, Landsberg

Littkemann J, Krehl H (2000) Kennzahlen der klassischen Bilanzanalyse – nicht auf Krisendiagnosen zugeschnitten. In: Hauschildt J, Littkemann J (Hrsg) Krisendiagnose durch Bilanzanalyse, 2. Aufl. Otto Schmidt, Köln, S 19–32
Littkemann J, Michalik C (2004) Instrumente des operativen Beteiligungscontrollings. In: Littkemann J, Zündorf H (Hrsg) Beteiligungscontrolling. Neue Wirtschafts-Briefe, Herne, S 146–167
Malik F (2003) Gefährliche Worte. Manag Mag 2003(12)
Maniora J (2013) Integrated Reporting – Vom Diskussionsentwurf zum Konsultationsentwurf des IIRC. KoR 7–8:360–369.
Männel W (2001) Der Cash Flow Return on Investment (CFROI) als Instrument des wertorientierten Controlling. Kostenrechnungspraxis 45(Sonderheft 1):39–51
Marshall A (1890) Principles of economics, Bd 1. Prometheus Books, New York
Melching HG (1997) Internationales Rechnungswesen und Ergebniskontrolle bei der Volkswagen AG. Controlling 1997:246–252
Meyer CA (2007).: Working Capital und Unternehmenswert., Deutscher Universitäts-Verlag, Wiesbaden 2007
Micklethwait J, Woolridge A (2003) The company. A short history of a revolutionary idea. Modern Library, London
Obermaier R (2009) Fair Value Bilanzierung nach IFRS auf der Basis von Barwertkalkülen. Z Internat Kapitalmarktorientierte Rechn 2009:545–554
Peemöller VH, Braune M: (2013) Der Einfluss nachhaltigen Wirtschaftens auf den Unternehmenswert, BB, 2013, S. 2091–2096.
Poterba J, Summers L (1995) A CEO survey of US companies' companies' time horizons and hurdle rates. Sloan Manag Rev 37(1):43–53
Quick R, Kayadelen E, Flashaar-Bloedorn M (2008): Kennzahlengestütztes Value Added Reporting in der Geschäftsberichtspublizität der Eurostoxx-50-Unternehmen, Die Wirtschaftsprüfung, 2008, S. 156–164.
Rappaport A (1999) Shareholder value, 2. Aufl. Schäffer-Poeschel, Stuttgart
Reichmann T (2006) Controlling mit Kennzahlen und Management Tools. Die systemgestützte Controlling-Konzeption, 7. Aufl. Vahlen, München
Roll R (1977) A critique of the asset pricing theory's theory's test part I: on past and potential testability of the theory. J Finance Econ 4:129–176.
Sandt J (2004) Gestaltung und Nutzung von Kennzahlen und Kennzahlensystemen. Bestandsaufnahmen, Determinanten und Erfolgsauswirkungen. Dissertation, Vallendar
Schaltegger S (2007) Nachhaltigkeitsmanagement in Unternehmen: Von der Theorie zur Praxis. Leuphana Universität, Lüneburg u.a. 2007
Schult E (1997) Bilanzanalyse, 9. Aufl. Edition S + W, Hamburg
Simons R (1995) Control in an age of empowerment. Harv Bus Rev 73(2):80–88
Solomons D (1965) Divisional performance measurement and control. Richard Irwin, Home-wood
Speckbacher G, Bischof J, Pfeiffer T (2003) A descriptive analysis on the implementation of balanced scorecards in German-speaking countries. Manag Account Research 14(4):361–387.
Steinke KH, Beißel J (2004) Der CVA als wertorientierte Spitzenkennzahl im Lufthansa-Konzern. In: Weber J et al (Hrsg) Wertorientierte Unternehmenssteuerung. Konzepte – Implementierung-Praxisstatements. Gabler, Wiesbaden, S 117–125
Stewart GB (1991) The quest for value. Harper Business, New York
Verband der chemischen Industrie (1994) Cash Flow und Finanzierungsrechnungen unter besonderer Berücksichtigung des Konzernabschlusses, 2. Aufl. Verband der chemischen Industrie, Frankfurt a. M.
Von Hauff M, Jörg A (2013) Nachhaltiges Wachstum. Oldenbourg Verlag, München.

WCED (1987) World council of economic development: our common future. Oxford University, Oxford
Wall F (2001) Ursache-Wirkungsbeziehungen als ein zentraler Bestandteil der Balanced Scorecard Möglichkeiten und Grenzen ihrer Gewinnung. Controlling 13(2):65–74
von Wysocki K (1998) Grundlagen, nationale und internationale Stellungnahmen zur Kapitalfluß-rechnung. In: von Wysocki K (Hrsg) Kapitalflussrechnung. Schäffer-Poeschel, Stuttgart, S 1–33
Weber J, Schäffer U (2000) Balanced scorecard und controlling, 3. Aufl. Gabler, Wiesbaden
Weber J, Schäffer U (2016) Einführung in das Controlling, 15. Aufl. Schäffer-Poeschel, Stuttgart
Weber J, Bramsemann U, Heineke C, Hirsch B (2002) Value Based Management erfolgreich umsetzen. WHU, Vallendar
Weber J, Bramsemann U, Heineke C, Hirsch B (2004) Wertorientierte Unternehmenssteuerung: Konzepte, Implementierung, kritische Analyse. Gabler, Wiesbaden.
Welp C (2009) Der 25 Prozent Mann. WirtschaftsWoche Nr. 19 vom 4.5.2009, S. 54.
Zünd A (1973) Kontrolle und Revision in der multinationalen Unternehmung. Haupt, Bern

Planung und Kontrolle im Konzern 4

4.1 Planungsfunktionen

Planung ist ein Kernelement vieler betriebswirtschaftlicher Teildisziplinen. So spricht man von Marketingplanung, Fertigungsplanung oder Finanzplanung. Ausgangspunkt einer Planung ist das Vorliegen eines Systems, d. h. einer Gesamtheit von Elementen, die miteinander in Beziehung stehen. Ein solches System ist z. B. ein Einzelunternehmen oder ein Konzern. Ausgangspunkt der Planung ist, dass der Zustand dieses Systems von einer Person (dies können der Planer, der Entscheider oder andere sein) als nicht zufriedenstellend oder verbesserungsfähig bzw. aufgrund externer Vorgaben als nicht mehr angemessen empfunden wird. Folglich gibt es einen Unterschied zwischen dem derzeitigen bzw. zukünftig erwarteten Zustand und dem erstrebten durch Ziele beschriebenen künftigen Zustand (vgl. Klein und Scholl 2004, S. 1). Die Planung soll durch Ableitung von Handlungsfeldern dabei helfen, den Zustand des status quo in den angestrebten Zustand zu überführen. Planung ist – wie bereits in Kap. 1 ausgeführt – „prospektives Denkhandeln" mit dem „zukünftiges Tathandeln" vorweggenommen werden soll (Kosiol 1967, S. 79).

Da es die verschiedensten Planungsaktivitäten in Konzernen gibt, ist es wichtig, zu definieren mit welcher Planungsaktivität sich das Konzerncontrolling beschäftigt. Hierzu werden häufig die Begriffe Budget und Budgetierung verwendet. Budgets sind in Werten (also in Geld) ausgedrückte Pläne, die sich auf das Formalziel (die Gewinnerzielung) des Konzerns beziehen und einen gewissen Vorgabecharakter für den Gesamtkonzern oder seine Einheiten haben (vgl. Göpfert 1993, Sp. 589 f.). Budgetierung bezeichnet den Prozess der Erstellung dieses Budgets (vgl. ebenda, Sp. 591). Für diese finanzielle Gesamtschau eines Unternehmens hat sich im angelsächsischen Raum der Begriff master budget eingebürgert. Der so erstellte finanzielle Plan ist die Zusammenführung aller Teilpläne, die im Unternehmen für Absatz, Beschaffung, Fertigung, Marketing oder Personal existieren. Somit ist das master budget die finanzielle Zusammenfassung aller Teilpläne und

S. Behringer, *Konzerncontrolling*,
https://doi.org/10.1007/978-3-662-55778-5_4

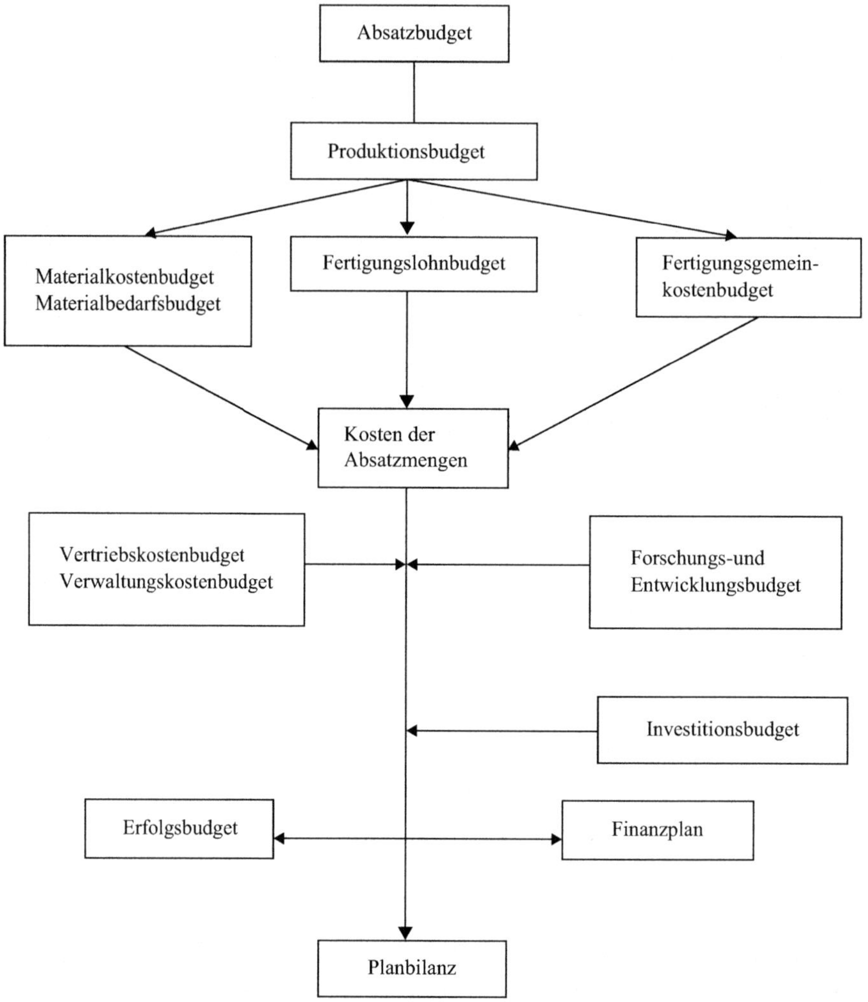

Abb. 4.1 Master Budget. (Vgl. Ewert und Wagenhofer 2014, S. 405)

somit das Substrat des geplanten künftigen Unternehmenshandelns. Abbildung 4.1 stellt die einzelnen Teilpläne und ihre Zusammenführung in einem master budget dar.

Voraussetzung für Planung ist, dass die zu planenden Größen beeinflussbar sind. Man plant beispielsweise nicht das Wetter, sondern nimmt es als Rahmenbedingung oder Umweltzustand, der Relevanz hat auch für Unternehmen und deren Geschäftsbedingungen. Daher ist es für Unternehmen im Rahmen der Planung auch wichtig, sich Vorstellungen über die künftige Entwicklung von Größen zu machen, die sie nicht beeinflussen können. Dieses Vorgehen bezeichnet man als Prognose (vgl. Behringer 2006a, S. 8 ff.).

Die Planung übernimmt in Konzernen eine wichtige Funktion, die sich auch in den auf Planung von Controllern und Managern verwandten Zeitspannen deutlich zeigt (vgl. Weber et al. 2009, S. 90 ff.). Konkret hilft die Planung bei den folgenden Punkten (vgl. Steinmann et al. 2013, S. 355 ff.):

- Man denkt über zukünftig erzielbare Erfolge nach. Das Management wird dazu gezwungen, präzise und in Geldwerten Handlungen der Zukunft abzuleiten. Damit erhält das Management eine stärkere Zukunftsorientierung und kann früher auf sich ändernde Umweltbedingungen reagieren.
- Die Planung führt zu einer Koordination aller Aktivitäten im Unternehmen. Alle Konzernteile werden zur Planung gezwungen. Die Konzernzentrale hat die Möglichkeit, die einzelnen Teilpläne aufeinander abzustimmen und nicht koordiniertes, ineffektives Handeln zu verhindern. Aus dieser Planungsfunktion resultierte auch das Aufkommen der Controllerfunktion. In amerikanischen Unternehmen wurden erste Controllerstellen eingerichtet nachdem die Komplexität des Unternehmens gesteigert wurde und eine Koordination notwendiger wurde (vgl. Stoffel 1995, S. 8). Die Komplexität ist aufgrund des Auseinanderfallens von rechtlicher und unternehmerischer Identität im Konzern i. d. R höher als bei einem Einzelunternehmen. Aus diesem Grund kann man davon ausgehen, dass die Koordinationsfunktion der Planung im Konzern noch deutlich bedeutender ist als in Einzelunternehmen. Dies zeigt sich auch in einer empirischen Beobachtung: Je größer ein Unternehmen ist, desto mehr Controllerstellen gibt es (vgl. Küpper et al. 1990, S. 286).
- Eng verbunden mit der Koordination ist die Förderung der Kommunikation. Die einzelnen Konzernteile werden gezwungen, miteinander zu reden und Informationen auszutauschen. Dadurch ergibt sich für die Konzernzentrale, aber auch für die einzelnen Konzernteile selbst, die Möglichkeit, Engpässe zu identifizieren, die einer besonderen Aufmerksamkeit, z. B. durch Investitionen, bedürfen. Die Planung bietet in der Praxis die Bühne für die umfassende Diskussion über alle geschäftsrelevanten Fragestellungen im Konzern. Sie hat dabei analog zur Haushaltsdebatte in der Politik die Funktion einer Generaldebatte – je nach Ausgestaltung des Planungssystems nur von oben nach unten oder auch von unten nach oben.
- Nicht zu unterschätzen ist die Bedeutung der Planung als Messlatte für Manager. Planung hat eine Vorgabefunktion und gibt so den Mitarbeitern auf allen Hierarchieebenen Auskunft darüber, welche Beiträge zum Konzernerfolg von ihnen erwartet werden. Abweichungen vom Budget nach oben können mit Belohnungen verbunden sein, z. B. durch die Bindung des Einkommens oder eines Einkommensbestandteils an die Erreichung der Budgetvorgaben. Abweichungen vom Budget nach unten können demgegenüber mit Sanktionen verbunden sein.

Eng verbunden mit der letzten Planungsfunktion ist der Begriff der Kontrolle. Hier muss zunächst mit einem weit verbreiteten Irrtum aufgeräumt werden: Controlling ist nicht synonym mit Kontrolle. Vielmehr bedeutet das englische Verb „to control“ steuern. Zum Steuern gehört aber auch dazu, dass der Kurs, der eingeschlagen wurde, geprüft wird. Kontrollieren ist somit eine Teilaufgabe des Controllings. Dabei wird Kontrolle in der Literatur meist prozessual als Soll-Ist Vergleich verstanden (vgl. u. a. Mellerowicz 1976, S. 323; Brockhoff 1999, S. 442). Ergebnis dieses Prozesses eines Abgleichs von Soll- und

Ist-Daten müssen dabei Handlungsempfehlungen sein, die identifizierten Lücken zu schließen. Die konkrete Entscheidung, welche Maßnahmen tatsächlich ergriffen werden müssen, bleibt dabei bei dem Management des Konzerns. Der Konzerncontroller macht dazu gemäß seiner Aufgabe, die Rationalität der Führung sicher zu stellen, Vorschläge.

Im Konzern hat die Planung eine zusätzliche Komplexitätsstufe zu überwinden. Normalerweise folgt der Planungsgegenstand nicht den rechtlichen Grenzen, sondern ist rechtsformübergreifend (vgl. Theisen 2000, S. 228). Die Planung auf Konzernebene nimmt damit den Charakter einer Metaplanung (Planung der Planung) an, die dem eigentlichen Planungsvorgang vorausgehen muss. Strukturen und Prozesse des Planens müssen gedanklich durchdrungen werden, bevor die einzelnen Planungsprobleme aufgegriffen werden.

Einige Autoren (vgl. z. B. Neis und Leis 2011, S. 12) gehen soweit, dass sie eine gesetzliche Verpflichtung zur Planung zu sehen. Diese wird aus den Sorgfaltspflichten der Geschäftsleitung bzw. des Vorstands (§ 43 Abs. 1 GmbHG bzw. § 93 Abs. 1 AktG) abgeleitet. Explizit eingegangen wird auf die Unternehmensplanung bei Aktiengesellschaften in § 90 Abs. 1 Nr. 1 AktG. Danach muss der Vorstand den Aufsichtsrat über die beabsichtigte Geschäftspolitik und die anderen grundsätzlichen Fragen der Unternehmensplanung informieren. Man kann daher insbesondere für Aktiengesellschaften davon ausgehen, dass eine gesetzliche Pflicht zur Unternehmensplanung besteht. Selbst wenn man diese mittelbare gesetzliche Verpflichtung nicht sieht, ist die Unternehmensplanung in jedem Falle eine übliche Technik des Managements, die zum Repertoire der guten Unternehmensführung zwingend dazugehört.

4.2 Elemente der Konzernplanung

4.2.1 Planungshorizont

Planungen lassen sich nach dem Planungshorizont, also dem zeitlichen Umfang der Planung, differenzieren:

- Die operative Planung hat einen Planungshorizont von maximal 1 Jahr. Zunächst werden die sachzielbezogenen Maßnahmen geplant. Vereinfachend ausgedrückt wird geplant, was das Unternehmen im kommenden Jahr machen soll (Absatzplanungen, Marketingplanungen etc.). Diese Planung wird dann umgewandelt in ein Budget, d. h. in Geld bewertet (vgl. Weber und Schäffer 2016, S. 301 f.). Neben dem jährlich zu erstellenden Budget werden im Rahmen der operativen Planung auch noch andere unterjährige Planungsrechnungen wie z. B. monatliche, wöchentliche oder tägliche Finanzplanungen durchgeführt. Der Detaillierungsgrad der operativen Planung ist sehr hoch. Im Regelfall werden die gleichen Rechenwerke wie im Ist erstellt, also zumindest eine Gewinn- und Verlustrechnung, eine Bilanz und eine Cash-flow Rechnung. Diese werden für die Ebene des Gesamtkonzerns nach den Regeln der Konzernrechnungslegung und für die Ebene der rechtlichen und sachlich abgegrenzten Konzernteile aufgestellt. Dabei ist wichtig, dass die gleichen Methoden und Definitionen wie im Ist verwendet werden, damit nachher ein logischer Soll-Ist Vergleich stattfinden kann. Die operative Planung hat einen hohen Verbindlichkeitscharakter, was z. B. dadurch unterstrichen wird, dass die Anreizsysteme für Manager ganz wesentlich auf der operativen Planung aufbauen.

- Die taktische Planung wird häufig auch als Mittelfristplanung bezeichnet und hat einen Planungshorizont von zwei bis vier Jahren. Sie ist i. d. R in der Struktur ähnlich der operativen Planung. Dabei ist der Verbindlichkeitscharakter geringer, was sich auch dadurch äußert, dass häufig nur eine Hochrechnung der operativen Planung stattfindet (vgl. Hamprecht 1996, S. 258 ff.), um ein Bindeglied zwischen operativer und strategischer Planung zu haben. Zur Vereinfachung und Erleichterung gibt es allerdings viele Konzerne, die auf die Erstellung einer taktischen Planung verzichten.
- Die strategische Planung hat einen Planungshorizont von drei bis fünf Jahren, in einzelnen Fällen auch bis 10 Jahre. Ziel ist es, die langfristige Ausrichtung des Unternehmens zu planen, dabei alle im Unternehmen vertretenen Einzeldisziplinen übergreifend einzubinden und genaue Maßnahmen für den Auftritt des Konzerns im Wettbewerb abzuleiten. Der Charakter der strategischen Planung kommt in folgender Definition von Neumann und Morgenstern (1944, S. 79) zum Ausdruck:

> Imagine now that each player [...] instead of making each decision as the necessity for it arises, makes up his mind in advance for all possible contingencies; i.e. that the player [...] begins to play with a complete plan: a plan which specifies what choices he will make in every possible situation, for every possible actual information which he may possess at that moment in conformity with the pattern of information which the rules of the game provide for him for that case. We call such a plan strategy.

- Langfristig werden die Züge geplant, wobei mehrere Züge Bestandteil des Konzernplans werden. Die strategische Planung umfasst damit wichtige Fragestellungen für den Konzern, z. B. Investitionen oder Desinvestitionen. Dabei müssen die Eventualitäten, die aus Reaktionen der Umwelt – Wettbewerb, Kunden etc. – entstehen, berücksichtigt werden. Die Unsicherheit der Planung steigt, was praktisch zur Folge haben muss, dass der Detaillierungsgrad der Planung sinkt. Die Konkretisierung der Strategie erfolgt dann in der operativen Planung. Der strategische Plan muss dabei laufend angepasst werden. Um das Bild mit dem Spiel wieder aufzunehmen, muss der Spieler seinen zu Beginn des Spiels gemachten Plan auf die tatsächlich durchgeführten Züge des Kontrahenten anpassen.

Logisch ist ein dem Planungshorizont entgegengesetztes zeitliches Vorgehen bei der Planerstellung. Die strategische Planung gibt dem Konzern ein unternehmerisches Gesamtkonzept vor, das durch die taktische und operative Planung konkretisiert und implementiert wird (vgl. Theisen 2000, S. 233 f.). Folglich muss am Anfang der Konzernplanung eine strategische Planung stehen und am Ende die operative Planung.

Für alle drei Planungsebenen gibt es verschiedene Planungstechniken und -methoden. Während die Planungsmethoden für die operative Planung sehr eng an die Methoden

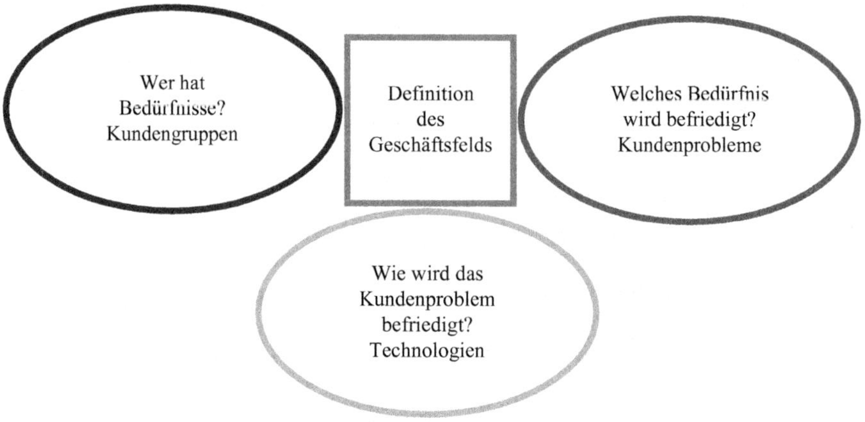

Abb. 4.2 Abgrenzungen von strategischen Geschäftsfeldern. (Vgl. Abell 1980, S. 7)

des externen und internen Rechnungswesens angelehnt sind, so gibt es für die strategische Planung Methoden, die die besondere Unsicherheit über lange Zeiträume explizit berücksichtigen.

4.2.2 Planungsobjekte

Das Planungsobjekt gibt an, auf welcher Ebene die Planung vorgenommen wird. Dabei ist zum einen der Gesamtkonzern als wirtschaftliche Einheit Planungsobjekt, zum anderen sind es die rechtlich selbstständigen Konzernteile, also die Tochtergesellschaften des Konzerns, und weiterhin die strategischen Geschäftsfelder des Konzerns. Dabei müssen sich rechtliche Einheit und strategisches Geschäftsfeld nicht unterscheiden. Es gibt Konzerne, in denen beide Elemente identisch sind, aber sehr wohl auch solche, wo beide auseinanderfallen (z. B. wenn die rechtlichen Einheiten nach Ländern aufgebaut sind und die strategischen Einheiten nach Produkten).

Für den Konzern ist es zunächst wichtig zu definieren, was die strategischen Geschäftsfelder sind. Damit wird auch festgelegt, was die Planungseinheiten im Rahmen der strategischen Planung sind, die dann in der operativen Planung weiter konkretisiert werden. Grundlegend lassen sich strategische Geschäftsfelder nach drei Dimensionen unterscheiden (vgl. Abell 1980, S. 16 ff.), die mit folgenden Fragen verbunden werden können (s. Abb. 4.2):

- Welches Bedürfnis wird befriedigt? Differenzierung nach Kundenproblemen (customer needs).
- Wer hat Bedürfnisse? Differenzierung nach Kundengruppen (customer groups).
- Wie wird das Kundenproblem befriedigt? Differenzierung nach Technologien (technologies).

Ein Beispiel (vgl. Bea und Haas 2005, S. 141 f.) soll dies illustrieren. Das Bedürfnis Durstlöschen kann bei verschiedenen Kundengruppen auftreten, also bei Sportlern, Kindern etc. Die Einteilung der strategischen Geschäftsfelder nach Kundengruppen wäre die erste mögliche Einteilung der strategischen Geschäftsfelder eines Getränkekonzerns. Für die Herstellung von Getränken können verschiedene Technologien angewendet werden (Iso-Getränke, Brauereien, Mineralwässer). Dies könnte eine zweite mögliche Aufteilung der strategischen Geschäftsfelder bedeuten. Neben Durstlöschen können Getränke auch noch die Funktion übernehmen ein bestimmtes Image zu transportieren. Wird nach den verschiedenen Kundenproblemen die Einteilung der strategischen Geschäftsfelder vorgenommen, wäre eine Differenzierung in „Mineralwasser“ und „Lifestyle-Getränke“ denkbar.

In einem erweiterten Kriterienkatalog können fünf Kriterien zur Abgrenzung von strategischen Geschäftsfeldern abgeleitet werden (vgl. Bea und Haas 2017, S. 154 ff.):

- Das Produkt: Die strategischen Geschäftsfelder werden nach Produkten bzw. Produktgruppen differenziert, z. B. ein Hersteller von Lederwaren gliedert sein Geschäft in die strategischen Geschäftsfelder Handtaschen und Schuhe.
- Die Problemlösung: Hier wird nicht auf das Produkt abgestellt, sondern auf den Tätigkeitsbereich für den das Produkt hergestellt wird. Der Lederwarenhersteller stellt Schuhe her, die den Fuß beim Sport schützen sollen und Schuhe, die modisch wirken sollen. Der Hersteller kann sein Geschäft in die Bereiche Sportschuhe und Mode teilen.
- Die Technologie: Das strategische Geschäftsfeld richtet sich nach den verschiedenen eingesetzten Technologien. Diese Differenzierung wird hauptsächlich von technologieorientierten forschungsintensiven Unternehmen vorgenommen. Das Lederwarenunternehmen könnte seine strategischen Geschäftsfelder nach den verschiedenen eingesetzten Methoden des Gerbens einteilen.
- Die Wettbewerber: Hier findet eine Ausrichtung an den identifizierten Wettbewerbern statt. Dies kann z. B. sein, dass man in wettbewerbsintensive und weniger wettbewerbsintensive Märkte teilt. So könnte der Lederwarenhersteller ein Geschäftsfeld für den amerikanischen Markt, in dem starker Wettbewerb herrscht, und in den russischen Markt, in dem wenig Wettbewerb herrscht, bilden.
- Die Nachfrager: Die Nachfrager können nach geographischen, demographischen (Senioren, Jugendliche) oder anderen Merkmalen differenziert werden. Ist das Lederwarenunternehmen sowohl in der Belieferung von Schuheinzelhändlern als auch im Direktvertrieb zu Privatkunden tätig, könnten die strategischen Geschäftsfelder Großabnehmer und Privatkunden gebildet werden.

Unterscheiden muss man bei der Einteilung der strategischen Geschäftsfelder eine interne und eine externe Perspektive, die beide für die Planung zu beachten sind. Strategische Geschäftsfelder werden von der Außensicht gebildet. Für eine interne Betrachtung bildet man strategische Geschäftseinheiten (vgl. Bea und Haas 2017, S. 155). Diese können voneinander abweichen, allerdings verkompliziert dies die Planung und sollte vermieden werden. Gründe für unterschiedliche Geschäftsfelder können z. B. sein, dass eine Technologie verwendet wird, die verschiedene Problemlösungen bietet. So ist die Herstellung optischer Linsen eine Schlüsseltechnologie der optischen Industrie. Diese können für Konsumgüter wie Digitalkameras verwendet werden, aber auch für Investitionsgüter wie medizinische Endoskope. Nach außen erfordern diese Produkte bzw. Problemlösungen verschiedene Auftritte. Nach innen gibt es erhebliche Synergien zwischen beiden Bereichen und es müssen z. B. Forschungsaktivitäten zwischen den Bereichen abgestimmt werden.

Die Strukturierung der strategischen Geschäftsfelder bzw. -einheiten sollte sich also nach sachlogischen Kriterien richten. Dies ist nicht zwingend mit den rechtlichen Einheiten identisch, die in einem Konzern gebildet werden. Hier können andere Kriterien der Bildung von rechtlichen Einheiten ausschlaggebend sein. So können Teile, die zu verschiedenen strategischen Geschäftsfeldern gehören, in einem Land in einer Gesellschaft zusammengefasst werden. Viele Konzerne bilden Landesgesellschaften, die alle ihre strategischen Geschäftsfelder in dem Land repräsentieren, um Kosten zu sparen. Der Betrieb einer rechtlichen Einheit kostet, z. B. durch die Notwendigkeit einen Jahresabschluss aufzustellen, eine Steuererklärung abzugeben etc. Diese Kosten können durch die Bildung von Landesgesellschaften vermindert werden. Da wichtige betriebswirtschaftliche Sachverhalte, wie die Steuerbemessung, die Gewinnausschüttung oder die Insolvenz an der rechtlichen Einheit einer Gesellschaft anknüpfen, reicht es nicht aus, allein die strategischen Geschäftsfelder bzw. -einheiten zu planen. Um ein Budget zu erhalten, das alle finanziellen Aspekte korrekt erfasst, müssen auch die rechtlichen Untereinheiten eines Konzerns geplant werden. Dies ist auch notwendig, um die Konsolidierung der einzelnen Gesellschaften zum Gesamtkonzern korrekt durchführen zu können.

Die Planungsobjekte werden auch dadurch beeinflusst, welche Verantwortlichkeiten und Entscheidungsbefugnisse sie übernehmen dürfen. Je nachdem, wie die Verantwortung im Konzern delegiert ist, müssen bestimmte Sachverhalte entweder zentral oder dezentral geplant werden. Typische Formen der Delegation sind (vgl. Ewert und Wagenhofer 2014, S. 422):

- Cost Center: Dies sind die Einheiten mit den geringsten Einflussmöglichkeiten. Da sie nicht eigenständig am Markt auftreten, haben sie keinen Einfluss auf Preise oder Mengen. Verantwortung trägt das Cost Center allerdings für die Effizienz der Leistungserstellung. Angewendet werden Cost Center z. B. in reinen Produktionseinheiten, wo nur ein Vergleich zwischen Istkosten und Standardkosten stattfindet und damit die Effekte von Über- und Unterbeschäftigung der Einheit – wofür ein Cost Center ja keine Verantwortung trägt – ausgeblendet wird. Außerdem werden Shared Servicecenter, die klar umrissene nachvollziehbare Leistungen erbringen, z. B. eine interne Rechtsberatung, die Leistungen messen kann wie ein extern operierender Rechtsanwalt im Gegensatz zu diesem aber nicht selbst nach außen auftritt, als Cost Center geführt.
- Expense Center: Auch hier ist die Verantwortlichkeit auf die Höhe der Kosten beschränkt. Allerdings ist die Leistung nicht klar fassbar oder es besteht kein eindeutiger Zusammenhang zwischen Input und Output. Die Steuerung erfolgt meistens

über Budgets, die die geplanten Ausgaben beinhalten. Am Ende eines Jahres wird das Expense Center daran gemessen, ob die Budgets eingehalten worden sind oder nicht. Beispiele für Bereiche, die als Expense Center gesteuert werden sind Forschung und Entwicklung, das Marketing oder auch das Konzerncontrolling selbst.

- Revenue Center: Hier wird lediglich eine Verantwortung für die Erlösseite auf dezentraler Ebene übernommen. Damit übernehmen auch Revenue Center keine Verantwortung für das Betriebsergebnis und haben einen eher geringen Autonomiegrad (vgl. Friedrich 2003, S. 1157). Man wendet diese Form in Vertriebsbereichen an, die keinen Einfluss auf die Herstellungskosten eines Produkts haben, aber sehr wohl auf die vereinbarten Preise (z. B. durch die Festlegung von Rabatten). Häufig wird das Revenue Center mit einer begrenzten Kostenverantwortung verknüpft, da auch der Vertrieb selbst Kosten verursacht.
- Profit Center: Hier besteht die Gewinnverantwortung. Das Profit Center Management ist verantwortlich für Kosten und Erlöse. Es bekommt dabei meistens weitgehende Handlungsfreiheit, lediglich Investitions- und Finanzierungsentscheidungen werden zentral getroffen. Ein Profit Center muss selbstständig am Markt auftreten und auch tatsächlich für die gesamte Leistungserstellung verantwortlich sein, so dass das Betriebsergebnis tatsächlich durch das Center Management beeinflusst wird. Eine weitere Voraussetzung besteht darin, dass ein Rechnungswesen so gestaltet sein muss, dass die Kosten auch entsprechend zugerechnet werden (vgl. Preißner 2002, S. 21). Diese Voraussetzung erfordert, dass ein Profit Center eine gewisse Mindestgröße haben muss, damit ein entsprechend verantwortliches Management getragen werden kann (vgl. Menz 1973, S. 8).
- Investment Center: Hier handelt es sich um die weitestgehende Form der Delegation. Auch Investitionsentscheidungen werden dezentral getroffen. Die Zentrale behält sich lediglich die Finanzierungsentscheidungen vor. Konzernteile, die so geführt werden, können Tochtergesellschaften in Finanzholdings sein. Der geeignete Beurteilungsmaßstab für ein Investment Center kann eine wertorientierte Kennzahl wie EVA sein, wobei die zu erreichende Verzinsung von der Zentrale vorgegeben werden muss, da das Investment Center Management für die Finanzierung keine Verantwortung hat.

Einführung eines leistungsorientierten Controllings

Hoffmann und Reinhard (2012, S. 58 ff.) beschreiben ein Projekt, bei dem eine bisher rein auf Kosten basierende Planung und Beurteilung von Shared Service Centern in einem großen Konzern auf Leistungsorientierung umgestellt wird. Problem bei diesem Prozess kann es sein, dass zunächst Leistungen beschrieben werden müssen, die auch tatsächlich marktfähig wären und die Kundebedürfnisse befriedigen. Sind die Leistungen definiert, die auch Kunden befriedigen, so müssen Mengentreiber definiert werden und die Mengen mit den internen Kunden abgestimmt werden. Dies kann z. B. die Anzahl der Personalabrechnungen in der Lohnbuchhaltung sein. Aufbauend auf diesen ersten beiden Schritten wurde in dem dargestellten Beratungsprojekt ein Mengen- und Qualitätsmesssystem aufgebaut inklusive eines Reportings.

Damit konnten zum einen die Istkosten ermittelt werden, die auf eine einzelne Leistung runtergebrochen wurde. Mit der gleichen Methodik können dann auch Zielkosten ermittelt werden. Der damit erreichte Paradigmenwechsel: Steuerung von internen Dienstleistern auf Basis von Leistungen und nicht nur auf Basis von Kosten und Aufwendungen hat sehr positive Auswirkungen auf die Gesamtperformance des Konzerns. Lücken in den Leistungen konnten so identifiziert werden und die Leistungen entsprechend verbessert werden.

Je mehr an Verantwortung an die Konzernteile delegiert wird, desto mehr muss auf dieser Ebene geplant werden. Damit erhalten in Konzernen, die ihre Konzernteile als Investment Center führen, die Bereichscontroller eine wichtigere Stellung im Planungsprozess, da sie zwangsläufig mehr Einfluss auf die Pläne haben müssen. Dies muss allerdings nicht zwangsläufig mit einer schwachen Stellung des Konzerncontrollings einhergehen, da auf Ebene des Konzerns über das Portfolio des Konzerns entschieden wird und damit darüber, ob die Konzernteile langfristig in dem Konzern verbleiben sollen oder nicht. Um einen Konzernplan logisch zu erstellen, ist es darüber hinaus wichtig, dass die Methoden einheitlich von dem Konzerncontrolling vorgegeben werden. Damit werden die Voraussetzungen zur Konsolidierung und der Vergleichbarkeit untereinander geschaffen.

4.2.3 Planungssubjekte

Das Planungssubjekt sagt aus, wer die Planung durchführt. Das Konzerncontrolling hat als Kernaufgabe die Rationalität der Führung sicher zu stellen. Dabei spielt die Planung und die auf ihr aufbauende Kontrolle eine ganz wesentliche Rolle. Von daher ist die Planung auch eine Kernaufgabe für das Konzerncontrolling. Entscheidungen werden allerdings vom Management getroffen, so dass abgegrenzt werden muss, welche Planungsaufgaben im Controlling vorgenommen werden und welche Planungsaufgaben das Management übernehmen muss.

Die eigentliche Planung, also die sachliche und fachliche Ausgestaltung des Plans, liegt eindeutig beim Management. Der Controller übernimmt im Wesentlichen die Aufgaben der Planungsunterstützung und des Planungsmanagements. Der Controller wird i. d. R die sachlichen Vorstellungen des Managements in ein Budget bringen, d. h. die qualitativen Vorgaben in monetäre Größen umwandeln. Hierbei ist es auch Aufgabe eines Controllers, die Prämissen zu hinterfragen und auf ihre Belastbarkeit hin zu untersuchen. Außerdem wird während des Prozesses der Entstehung des Plans von Controllern erwartet, dass sie Vorabstimmungen vornehmen. Das häufig theoretisch vorzufindende Bild eines isoliert entstehenden Planes ist insbesondere bei einem so komplexen Gebilde wie einem Konzern nicht real. Die Interessen und Vorstellungen von einzelnen Konzernteilen gehen in die Planentstehung ein. Dabei müssen die einzelnen Teilplanungen aufeinander aufbauen und zueinander passen. Hier ist es Aufgabe des Controllers, dies schon im Vorwege soweit wie möglich abzustimmen (vgl. Weber und Schäffer 2016, S. 280). Das Konzerncontrolling hat

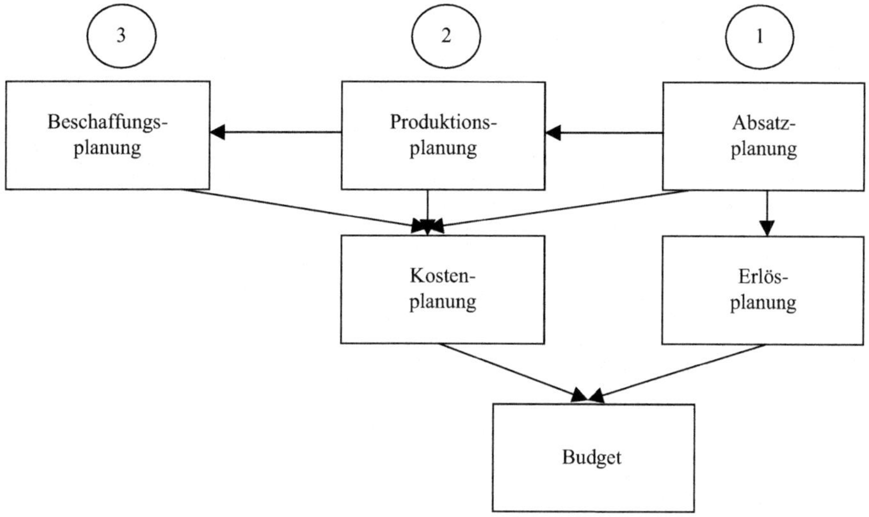

Abb. 4.3 Vereinfachtes Schema einer sequentiellen Planung

zudem den Auftrag, die einzelnen Teilpläne des Unternehmens zum Konzernplan zu konsolidieren. Dabei muss der Konzerncontroller die Techniken der Konzernrechnungslegung anwenden. Welche speziellen Probleme in einer Planungssituation daraus entstehen wird in Kap. 4.2.5 thematisiert.

Ist der Planungsprozess vorüber und ein erster Entwurf eines Gesamtplans liegt vor, so muss der Controller den so entstandenen Plan auf Stimmigkeit prüfen. Es muss endgültig festgestellt werden, ob die einzelnen Annahmen tatsächlich zueinander passen. Die Planung ist ein sequentielles System, wobei die einzelnen Punkte zusammen passen müssen. Ausgangspunkt ist der Engpass, also derjenige Sachverhalt, der das Gesamtunternehmen und seine Entwicklung limitiert. Dies ist in einem marktwirtschaftlichen System normalerweise der Absatz, produziert werden kann so viel wie möglich, die Kunden bestimmen wie viel tatsächlich produziert wird. Denkbar sind allerdings auch Szenarien, in denen die Beschaffung oder die Produktion der limitierende Faktor ist, z. B. der Einkauf eines Rohstoffs. So war die Beschaffung von Silizium zeitweise der Engpass bei der Produktion von Solarzellen. In der Regel muss die Planung aber absatzorientiert sein. Dass alle Teilpläne auf den Minimumsektor abgestimmt werden müssen, bezeichnet man als Ausgleichsgesetz der Planung (vgl. Gutenberg 1983, S. 163 ff.). Das führt auch dazu, dass sich sobald eine Planannahme ändert der ganze Planungsdurchlauf von vorne beginnen muss.

Der normale Verlauf einer sequentiellen Planung ist in Abb. 4.3 vereinfachend dargestellt. Ausgehend von dem Engpass Absatz werden die zu produzierenden Mengen berechnet. Wenn man weiß, wie viele Einheiten produziert werden müssen, kann man den Beschaffungsplan im dritten Schritt ermitteln. Diese drei Schritte werden in Mengen geplant und in einem nächsten Schritt als Kosten- und Erlösplanung monetisiert. Beide Teilpläne fließen in dem Budget zusammen. Die strikte Trennung von Planung in Mengen und in Geldwerten ist ein theoretisches Konstrukt, weil praktisch sehr wohl auch der Absatz in Geld geplant wird, da eine verlässliche Absatzplanung ohne Preisvorstellungen für das Produkt nicht denkbar ist.

Die wichtigste Rolle, die der Controller während der Planung hat, ist das Planungsmanagement, also das Management des Planungsprozesses an sich. So ist der Controller zuständig für die Festlegung des Zeitablaufs, stellt das Planungssystem (z. B. elektronisch in einer Planungssoftware oder durch einzelne Spreadsheets, die für bestimmte Sachverhalte Verwendung finden) zur Verfügung und gibt die Methoden der Planung vor (z. B. welche Methoden werden angewendet, um die Vorteilhaftigkeit einer Investition zu berechnen). Um den sequentiellen Aufbau der Planung am Ende leichter prüfen zu können, geben zudem viele Konzerncontrolling Abteilungen Vorgaben zu bestimmten zentralen Prämissen, wie z. B. der gesamtwirtschaftlichen Entwicklung, Preisentwicklungen für Rohstoffe oder Wechselkurse. Damit wird die Prüfung des logischen Planaufbaus im Nachhinein deutlich erleichtert.

Einige Autoren (vgl. z. B. Weber und Schäffer 2016, S. 282) billigen dem Controller darüber hinaus auch noch die Rolle des advocatus diaboli im Rahmen der Planung zu. In dieser Rolle soll der Controller die Annahmen hinterfragen, die Plausibilität sichern durch bewusst kritisches Herangehen an die Planung. Dies passt zwar zum einen zur Aufgabe des Controllers, die Rationalität der Führung sicher zu stellen, auf der anderen Seite vermischt es fast schon die Rollen von Management und Controllern. Nichtsdestotrotz findet man diese Aufgabe sehr wohl in vielen Konzernen beim Controller wieder. Dieser muss bei dieser Aufgabe achtgeben, dass er oder sie nicht als Bremser oder Störer des Geschäfts abgestempelt wird.

Welche Ebene des Managements – das zentrale Konzernmanagement oder das dezentrale Management der Konzernteile – das entscheidende Planungssubjekt ist, soll im Folgenden diskutiert werden. Die Rolle, die das dezentrale Management des Konzerns übernimmt, hängt von der Planungsphilosophie des Konzerns ab. Man kann die Planungsphilosophie nach der Partizipation des mittleren Managements einteilen.

In der Top-down Planung (auch retrograde Planung genannt) kommt das Budget ohne Partizipation des dezentralen Managements zustande. Das dezentrale Management bekommt damit seine Vorgaben praktisch von der Konzernzentrale diktiert. Voraussetzung für die Durchführung einer Top-down Planung ist, dass planungsrelevantes Wissen bei der Konzernspitze vorhanden ist. Die dezentralen Planungen haben die Funktion, die Vorgaben zu präzisieren und zu detaillieren. Problematisch ist, wenn die Konzernspitze das eigene planungsrelevante Wissen überschätzt. Dann können unrealistische Budgetgrößen entstehen, die zu Fehlentscheidungen führen können. Durch die Beteiligung des dezentralen Managements wird demgegenüber das Wissen der dezentralen Einheiten Bestandteil der Budgets. Des Weiteren kann man davon ausgehen, dass eine Partizipation die eigene Motivation steigert. Ein diktiertes Ziel hat nicht die Identifikation zur Folge, wie ein Ziel, an dessen Formulierung man selber mitgewirkt hat. Der Controller als Planungsmanager hat im Umfeld der Top-down Planung eher die Funktion eines

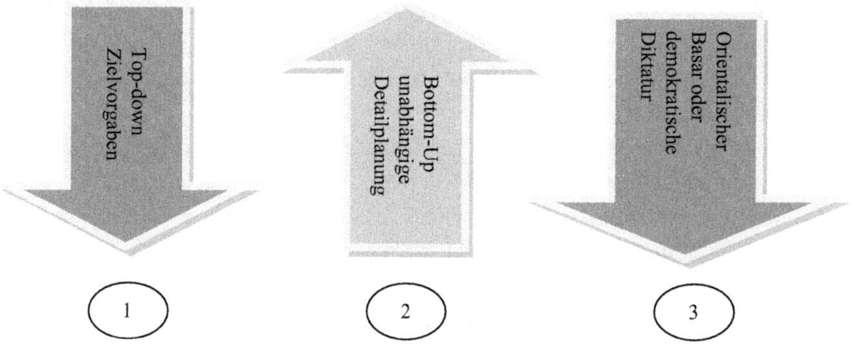

Abb. 4.4 Ablauf einer Planung im Gegenstromverfahren

Einpeitschers, der bei der Übertragung in die dezentralen Budgets darauf achten muss, dass das von der Konzernspitze vorgegebene Ziel auch umgesetzt wird.

Das umgekehrte Extrem wird als Bottom-up Planung (auch progressive Planung genannt) bezeichnet. Das dezentrale Management wird um seine Einschätzung der Situation und der Zukunftsaussichten gebeten. Diese Einschätzung wird von der Zentrale in die Konzernplanung übernommen und der Zentrale kommt lediglich die Funktion zu, die einzelnen Teilpläne miteinander zu koordinieren. Man geht davon aus, dass das planungsrelevante Wissen bei den dezentralen Einheiten liegt. Die Rolle des Konzerncontrollers ist es, die Einzelpläne einzusammeln und sie zum Gesamtplan des Konzerns zu konsolidieren. Dabei muss er darauf achten, dass die einzelnen Teile zueinander passen. Das Problem ist, dass der Koordinationsbedarf deutlich steigt. Daneben gibt es viele Gründe, die die dezentralen Einheiten dazu veranlassen können, nicht die wahren Informationen offen zu legen, z. B. weil ihr Gehalt an die Zielerreichung gebunden ist und sie sich deshalb ein niedriges Ziel geben.

Bottom-up und Top-down Planung sind theoretische Idealbilder, die so in größeren Konzernen nicht zum Einsatz kommen. Die meisten Unternehmen (vgl. Horváth et al. 1985, S. 147) wenden in der Praxis das Gegenstromverfahren (s. Abb. 4.4) an, das versucht die Vorteile der beiden Idealbilder zu vereinigen. Ausgangspunkt ist der Gedanke, dass das planungsrelevante Wissen auf allen Hierarchiestufen des Unternehmens verteilt ist. Das Budget wird iterativ ermittelt. Die Budgetierung verläuft in mindestens drei Schritten. Zunächst gibt die Konzernzentrale (grob) die Ziele im top-down Verfahren für die dezentralen Einheiten vor. Diese dienen als Leitlinie für die Bottom-up Planung der dezentralen Einheiten. Die Leitlinie ist dabei nicht als zwingend zu verstehen, sondern die dezentralen Einheiten werden aufgefordert, tatsächlich ihre Einschätzungen einfließen zu lassen. Diese Bottom-up Planungen werden dann mit den Vorgaben verglichen. In der Regel werden die Bottom-up ermittelten Zahlen weniger herausfordernd sein als die Top-down Vorgaben. In einer dritten Phase werden die beiden Teile der Planung dann zusammengebracht. In dieser dritten Phase kann auf Verhandlungen gesetzt werden, was bedeutet, dass die dezentralen Einheiten stärker beteiligt werden, was in eine Art orientalischen Basar mit Geschacher ausarten kann. Eine zweite Möglichkeit ist eine „Verkündung der Weisheit" durch das zentrale Top-Management, die endgültig das letzte Wort haben will, aber dabei die Erkenntnisse aus der Bottom-up Planung berücksichtigen möchte. Dies kann man als eine Art demokratischer Diktatur auffassen. Die Rolle des Konzerncontrollers kann dabei diejenige eines Moderators sein (vgl. Weber 2000, S. 1933). Er übersetzt den Willen des Konzernmanagements für die dezentralen Bereiche, wobei er die Rolle der Bottom-up gewonnenen Erkenntnisse betonen sollte.

Ziel des Gegenstromverfahrens ist es, die Informationen des dezentralen Managements zu nutzen, aber gleichzeitig die Durchsetzungsfähigkeit des Konzernmanagements zu sichern. Wie viele Runden dabei gedreht werden (was in der Controllersprache als Budgetkneten bezeichnet wird) hängt davon ab, wie das Konzernmanagement die dritte Phase gestaltet und wann es ein Machtwort spricht und das Budget für alle Einheiten endgültig festlegt.

4.2.4 Störfaktoren in der Planung

Ein Aufsatz von Michael C. Jensen in der Harvard Business Review beginnt folgendermaßen (Jensen 2001, S. 96):

> Corporate budgeting is a joke, and everyone knows it. It consumes a huge amount of executives' time, forcing them into endless rounds of dull meetings and tense negotiations. It encourages managers to lie and cheat, lowballing targets and inflating results, and it penalizes them for telling the truth. It turns business decisions into elaborate exercises in gaming. It sets colleague against colleague, creating distrust and ill will. And it distorts incentives, motivating people to act in ways that run counter to the best interests of their companies.

Der Grund für die Schwierigkeiten, die in der Planung auftauchen, liegt in der asymmetrischen Informationsverteilung und den unterschiedlichen Präferenzen zwischen der Konzernzentrale und den dezentralen Einheiten des Konzerns. Damit ist ein klassisches Principal-Agent Problem beschrieben (vgl. Grossmann und Hart 1983): Die Konzernzentrale (der Prinzipal) möchte ein maximales Ergebnis erreichen, kann die Bemühungen der lokalen Einheiten (die Agenten) aber nicht beurteilen, die wiederum die Präferenz haben, sich so wenig wie möglich anstrengen zu müssen. Da Budgets dazu genutzt werden, Manager zu beurteilen entsteht, das oben beschriebene Problem, dass Manager einen Anreiz haben, nicht die Wahrheit zu sagen. Die Prämisse ist, dass Manager belohnt werden, wenn sie das Ziel des Plans erreichen und bestraft werden, wenn sie das gesteckte Ziel verfehlen (vgl. Jensen 2003, S. 382).

Dies führt dazu, Dinge zu tun, die nicht im Interesse des Unternehmens sind. Ein Beispiel (vgl. ebenda) ist, dass ein englischer Baumaschinenhersteller eine Maschine extra halbfertig zum Kunden in die Niederlande transportiert hat, um den Umsatz in einem bestimmten Quartal realisieren zu können und den vereinbarten Bonus zu erhalten.

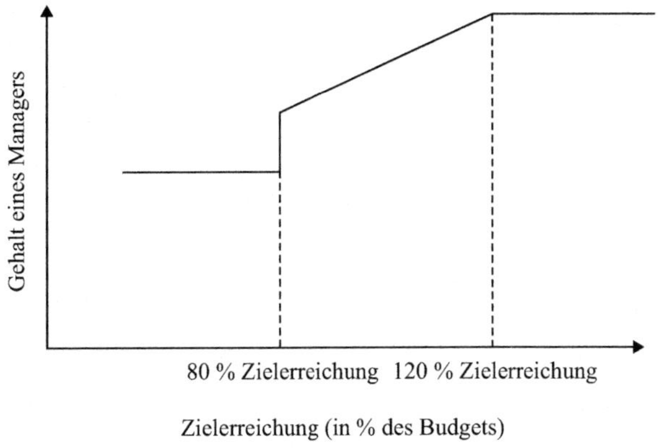

Abb. 4.5 Typischer Verlauf eines Bonus in Großunternehmen. (Vgl. Jensen 2003, S. 386)

Insgesamt war die Aktion aber teurer für das Unternehmen, da die Maschine aufwändig in den Niederlanden zusammen gesetzt werden musste, was in England einfacher und billiger gewesen wäre. Ein anderes von Jensen erwähntes Beispiel (vgl. ebenda, S. 385) ist, dass ein Unternehmen im Bereich langlebiger Güter eine Preiserhöhung zum 2. Januar angekündigt hat. Damit wurde erreicht, dass die Kunden die Produkte früher nachfragen und somit konnten die Manager ihren Bonus für das Vorjahr sicherstellen.

Aber auch im Budgetierungsprozess führt die Verbindung von Planung und Entlohnung zu Problemen, die im schlimmsten Falle dazu führen, dass die anderen wichtigen Funktionen der Planung (Koordination, Kommunikation und Zukunftsorientierung) nicht mehr vollständig wahrgenommen werden können. Der Grund liegt in der Art und Weise, wie die variable Vergütung festgelegt wird (vgl. ebenda S. 386 ff.). Abbildung 4.5 stellt eine typische variable Vergütungsvereinbarung dar.

Der Manager erhält neben einem Fixgehalt einen variablen Anteil, der an die Zielerreichung gebunden ist. Die Zielerreichung wird als Prozentsatz des Budgets dargestellt. Im Regelfall erhält ein Manager erst ab einer bestimmten Zielerreichung überhaupt einen variablen Anteil (im Beispiel bei 80 % des Budgets). Hat ein Autoverkäufer das Ziel 100 Autos im Jahr zu verkaufen, erhält er für 70 Autos einen Bonus von 0. Wird weniger als das Ziel erreicht, so geht der Manager leer aus. Bei 80 % erhält der Manager eine Prämie, dafür, dass er die Hürde geschafft hat. Der Autoverkäufer, der bei 79 verkauften Autos leer ausgegangen wäre, erhält für das 80. Auto, nur weil es die Hürde darstellt, eine Prämie von z. B. 2.000 €. Ab 80 % steigt sein variables Gehalt linear an, der Autoverkäufer erhält für jedes weitere verkaufte Auto einen Bonus von 100 €. Der lineare Anstieg der Vergütung wird allerdings bei 120 % der Zielerreichung gekappt, damit erhält der Autoverkäufer ab dem 121. Auto keinen Bonus mehr.

In einem solchen Anreizsystem ergeben sich einige mögliche Verzerrungen. Der Manager wird alles tun, um die Untergrenze zu erreichen und den Bonus für das Überspringen der Hürde zu realisieren. Dies können die oben genannten widersinnigen Verhaltensweisen sein, aber selbst Bilanzmanipulationen können angewendet werden (für Beispiele vgl. Jensen 2003, S. 383 ff.).

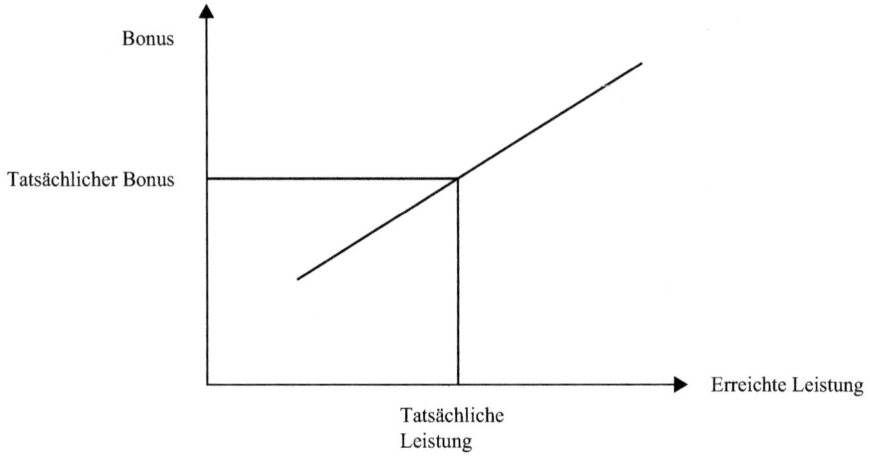

Abb. 4.6 Lineare Bonuskurve zur Lösung der Budgetprobleme. (Vgl. Jensen 2003, S. 389)

Sollte dem Manager allerdings klar werden, dass er die untere Grenze von 80 % nicht überspringen kann, so ändern sich die Anreize deutlich. Jetzt ist es für den Manager rational, Erträge in die nächste Periode zu verschieben und Aufwendungen zu antizipieren. Das erleichtert die Zielerreichung im nächsten Jahr. Das Bonussystem sorgt dafür, dass es dem Manager egal ist, ob er 50, 60 oder 70 % des Ziels erreicht, da es kein weiteres Bestrafungssystem gibt. Dies wird noch durch den „Ratchet Effekt" verstärkt. Dieser wurde in den sozialistischen Planwirtschaften beobachtet (vgl. Meyer und Vickers 1997). Die Planer nehmen den aktuellen Zustand als Ausgangspunkt der Überlegungen für den Plan. Dabei kann man die einmal erreichten Ergebnisse nicht unterbieten, sondern nur überbieten. Das englische Wort „ratchet" bedeutet Sperrklinke, also eine Klinke, die sich nur in eine Richtung öffnen lässt. Für den Manager bedeutet dies, dass die Verschiebung von Käufen in das kommende Jahr nicht nur Erträge für das kommende Jahr liefert, sondern auch dass das von der Konzernzentrale im Folgejahr akzeptierte Ziel voraussichtlich niedriger ausfallen wird. Es ist klar, dass die Aktivitäten eines Managers in so einer Situation nicht zum Gesamtwohl des Unternehmens beitragen: Die potentiellen Autokäufer gehen zum nächsten Autohaus anstatt noch eine Zeit mit dem Kauf zu warten.

Läuft das Geschäft außerordentlich gut und ein Manager erreicht die obere Bonusbegrenzung, so gehen wieder alle Anreize zu weiteren Bemühungen verloren. Da der Autoverkäufer ab dem 121. verkauften Auto leer ausgeht, wird er sich auch nicht mehr bemühen mehr Autos zu verkaufen. Auch hier wirkt der Ratchet Effekt wiederum verstärkend.

Die Probleme entstehen immer an den Schwellenwerten. In der Phase, wo ein Manager einen linear steigenden Bonus erhält, existieren keine Probleme. Aus diesem Grund schlägt Jensen (vgl. Jensen 2003, S. 389) ein vollständig lineare Bonusbemessung (s. Abb. 4.6) vor, so dass der Autoverkäufer vom ersten bis zum letzten verkauften Auto den gleichen Geldbetrag erhalten würde.

Die aufgezeigten Probleme bei der Planung können zu erheblichen Folgen führen. Jensen (vgl. Jensen 2003) nennt den Fall eines Managers eines Softdrinkunternehmens, der, um seine Ziele niedrig zu halten, die erreichbaren Verkaufszahlen bewusst zu niedrig eingeschätzt hat. Dies führte dazu, dass nicht ausreichend produ ziert wurde und das Unternehmen in ihrer wichtigsten Verkaufszeit, den Sommerferien, kein Produkt hatte. Die Planung kann durch die aufgezeigte Problematik also ihre Koordinationsfunktion nur unzureichend erfüllen. Des Weiteren kann auch die Kommunikationsfunktion gestört sein, da nicht ehrlich kommuniziert wird. Dies führt auch dazu, dass das Nachdenken über künftig erzielbare Erfolge nicht mehr auf realistischer Basis erfolgen kann. So wird der Autoverkäufer nicht die wahre Absatzmenge, die er für das kommende Jahr erwartet, nennen, sondern eine niedrigere. Die Konzernzentrale ist i. d. R aber zu weit weg, um die akkuraten Informationen über zukünftige Entwicklungen zu kennen und ist somit auf die korrekten Informationen der Konzernteile angewiesen, um einen realistischen Plan zu erhalten.

Neben diesen in der Integration von Planung und Anreiz bedingten Störfaktoren der Planung, kann auch die kognitive Beschränktheit der Menschen Planungsfehler nach sich ziehen. Einige seien hier beispielhaft aufgeführt (vgl. Riesenhuber 2006):

- Der overconfidence bias beschreibt das Überschätzen der eigenen Fähigkeiten, Sachverhalte richtig erfassen zu können, insbesondere die Fähigkeit, künftige Zustände zu prognostizieren, werden systematisch überschätzt. Dies kann dazu führen, dass bei Planungen die tatsächliche Situation eines Konzernteils falsch eingeschätzt wird und von vorneherein unrealistische Erfolge geplant werden. Die Forschung geht davon aus, dass der overconfidence bias eine allgemeine Eigenschaft des Menschen ist (vgl. De Bondt und Thaler 1995). Daher ist es nicht verwunderlich, dass die Controllingpraxis häufig mit Managern konfrontiert ist, die offensichtlich einen overconfidence bias haben.
- Menschen überschätzen die eigene Bedeutung für das Ergebnis. Der Beitrag, den sie tatsächlich zu einem Ereignis bringen können, wird als zu groß angesehen. Dies bezeichnet man als „illusion of control." Ein Beispiel (vgl. Weber und Schäffer 2016, S. 51 ff.) ist, dass die meisten Autofahrer die Unfallgefahr unterschät zen, weil sie der Ansicht sind, dass sie bessere Autofahrer als der Durchschnitt sind. Für den Konzernplan bedeutet die illusion of control das Risiko, dass Planungen zu ehrgeizig gewählt werden und die Einflüsse der Umwelt unterschätzt werden. Eine besondere Form ist der „egocentric bias", der bedeutet, dass jemand seinen eigenen Beitrag in einem Team oder in einer Gemeinschaft überschätzt (vgl. Ross und Sicoly 1979). So addieren sich in Befragungen die Beiträge, die Ehepartner zur Hausarbeit leisten, nach ihrer Einschätzung regelmäßig zuWerten über 100 %. Übertragen auf die Konzernplanung kann dadurch eine Art Egoismus entstehen, dass bestimmte Konzernteile sich als wichtiger ansehen, da sie meinen, einen größeren Beitrag zum Konzernerfolg zu leisten als andere. Insbesondere Vertriebsbereiche können dazu neigen, da ihre Ergebniswirkung unmittelbar zu sehen ist, was vielleicht für die Forschung und Entwicklung nicht so unmittelbar der Fall ist. Durch den egocentric bias können – je nachdem wer die Entscheidungen trifft – Ressourcen falsch allokiert werden.

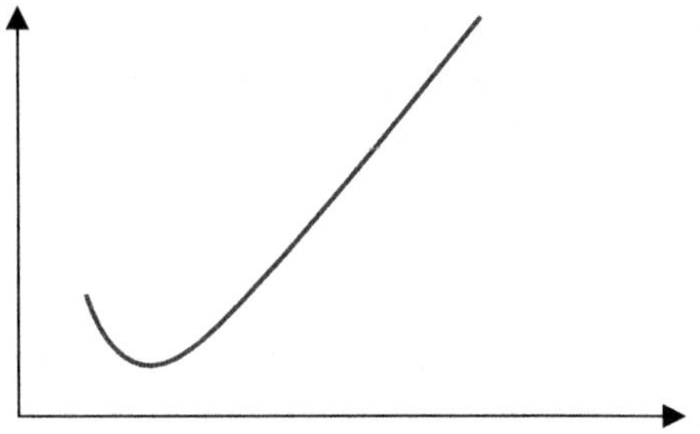

Abb. 4.7 Hockey-stick Effekt der Planung

- Menschen sind außerordentlich optimistisch und schätzen Risiken falsch ein. So werden Projektrisiken unterschätzt. Menschen scheinen dann besonders optimistisch zu sein, wenn sie meinen, die Ereignisse kontrollieren zu können (siehe auch illusion of control) und sie selbst einen persönlichen Anteil an den Vorgängen haben (siehe auch egocentric bias) (vgl. Weinstein 1980). Für die Planung bedeutet dies, dass Projekte zu optimistisch gesehen werden können, z. B. der Abschluss eines Forschungsprojekts, die Marktreife eines neuen Produkts. Die Verzögerungen, die sowohl Airbus als auch Boeing bei der Marktreife ihrer Großflugzeuge getroffen haben, sind ein gutes Beispiel für diesen außerordentlichen Optimismus. Derart verzerrte Pläne können weitreichende Fehlentscheidungen bedingen. So kann beispielsweise ein Vertriebsaußendienst für ein Produkt eingestellt werden, das noch gar nicht marktreif ist. In Planungen erscheint häufig ein Effekt, dass Investitionen in der ferneren Zukunft hochprofitabel sind. Weit entfernte Zeiträume werden überschätzt. Dieses Phänomen bezeichnet man als hockey-stick Effekt (s. Abb. 4.7), da diese Kurven an einen Hockeyschläger erinnern. Weiter entfernt liegende Zeiträume haben trotz des Diskontierungseffekts in den Kalkülen der Investitionsrechnung noch ein großes Gewicht, so dass durch eine bewusste oder unbewusste optimistische Planung Investitionen dadurch profitabel gemacht werden können. Der hockey-stick Effekt taucht insbesondere auch bei Businessplänen von start-up Unternehmen immer wieder auf. Hohe Verluste am Anfang werden mit sehr hohen Gewinnen in der ferneren Zukunft wieder wett gemacht.
- Menschen schätzen Wahrscheinlichkeiten häufig falsch ein. Nehmen wir an, dass an einem Flughafen die Durchleuchtungsgeräte in 99 % der Fälle, in denen Schusswaffen im Gepäck sind, diese auch korrekt anzeigen. Weiterhin nehmen wir an, dass in 1 % der Fälle das Gerät anschlägt ohne, dass eine Schusswaffe im Gepäck ist. Auf dem Flughafen gibt es 1.000.000 Passagiere, die keine kriminellen Absichten haben, und 100 Passagiere, die Schusswaffen schmuggeln wollen. Die intuitive Schätzung der Wahrscheinlichkeit eines Fehlalarms ist 1 %. Wer diese Schätzung abgibt, unterliegt der base rate fallacy. Zwar ist es unmittelbar einleuchtend, da einer von hundert Kriminellen seine Schusswaffe tatsächlich in den Sicherheitsbereich schleusen kann. Die Fehlalarmquote der Maschine ist aber sehr viel höher. Die Maschine löst 99 mal korrekten Alarm bei Kriminellen aus, aber auch 10.000 mal Fehlalarm bei friedlichen Passagieren. Insgesamt ist die Wahrscheinlichkeit, dass die Maschine tatsächlich korrekterweise eine

Schusswaffe findet, 99/10.099. Das Problem der base rate fallacy taucht in der Planung insbesondere dann auf, wenn verschiedene Szenarien z. B. über die volkswirtschaftliche Entwicklung oder Reaktionen von Wettbewerbern entworfen werden und man sich in den zugrundeliegenden Wahrscheinlichkeiten verschätzt. Eine besondere Spielart der base rate fallacy ist die gamblers fallacy. Menschen glauben, dass Sequenzen von unabhängigen Ereignissen einem Muster folgen, also das der Zufall ein sich selbst korrigierender Prozess ist (vgl. Tversky und Kahnemann 1974). Dies zeigt sich bei dem Roulettespieler, der glaubt, dass nachdem 10 mal hintereinander schwarz gekommen ist jetzt mit höherer Wahrscheinlichkeit rot kommt. Dabei ist der nächste Wurf der Kugel vollkommen unabhängig von den vorherigen. Die gamblers fallacy kann für die Konzernplanung wichtig sein in der Prognose der Umweltbedingungen.

Die Erkenntnisse der Psychologie über kognitive Verzerrungen sind für Controller wichtig, da aufgrund dieser Verzerrungen der Pfad der Rationalität verlassen wird. Der Controller muss sich der möglichen Verzerrungen bewusst sein und insbesondere darauf achten, ob Entscheidungen derart verzerrt getroffen werden. Damit kann der Controller die Aufgabe der Rationalitätssicherung der Führung besser wahrnehmen und rechtzeitig auf Rationalitätsdefizite aufmerksam machen. Dies ist insbesondere dann notwendig, wenn Manager Entscheidungen unter Zeitdruck treffen und ihnen die Zeit zur Reflexion fehlt. Gerade dann kommen die bei allen Menschen vorhandenen kognitiven Verzerrungen zum Tragen.

4.2.5 Die Konsolidierung der Einzelpläne zum Konzernplan

Das Budget muss die gleiche Struktur haben und nach den gleichen Regeln aufgestellt sein, wie die Zahlen, die im Ist erfasst und berechnet werden. Dies ist unabdingbare Voraussetzung für das Funktionieren eines Soll-Ist Vergleichs. Daraus folgt, dass der Konzernplan genauso konsolidiert werden muss, wie es im Ist mit dem Konzernabschluss geschieht. Daher ist es notwendig, dass die dezentralen Einheiten des Konzerns planen, ob Verbindungen zu anderen Einheiten des Konzerns bestehen werden oder nicht.

Um eine Aufwands- und Ertragskonsolidierung zu gewährleisten, müssen Umsätze bzw. andere Erträge, die mit Konzernunternehmen getätigt werden, separat geplant werden, um sie später konsolidieren zu können. Es empfiehlt sich in der Planung genauso wie im Ist zu verfahren: Alle Verbundbeziehungen sollten auf einem speziellen Konto pro Ertrags- bzw. Aufwandsart gesammelt werden und dieses Konto wird dann zur Konsolidierung herangezogen. In der Planung kommt ein Problem hinzu: Im Ist müssen sich die Verbundbeziehungen der beiden Konzernunternehmen ausgleichen. Zwar kann es Aufrechnungsdifferenzen geben, aber auch hier lässt sich die Ursache klären. Werden im Plan unterschiedliche Verbundbeziehungen angegeben, kann dies vor allem an unterschiedlichen Annahmen der beiden Konzerngesellschaften liegen. Hier muss das Konzerncontrolling seine Funktion als Koordinator der einzelnen Planungsaktivitäten übernehmen. Dies kann sehr zeitaufwändig sein. Auch bei der Schuldenkonsolidierung muss ähnlich verfahren werden.

Bei der Zwischenergebniseliminierung ist es notwendig, dass die Konzerngesellschaften melden, welche Vermögensgegenstände sie aus Lieferungen von konzernangehörigen Gesellschaften zu aktivieren planen. Hier kommt die notwendige Information allein von der Abnehmerseite. Besonders bedeutend ist in mehrstufigen Konzernen, in denen der Vertrieb inklusive Vorratshaltung in separaten Gesellschaften ist, die Zwischenergebniseliminierung auf Vorräte zum Bilanzstichtag. Es ist wichtig, dass die Vorräte akkurat nach konzerninternen und -externen Lieferanten geplant werden. Auf die Bestände zum Stichtag muss dann die Marge des konzerninternen Lieferanten eliminiert werden.

Wird die Kapitalkonsolidierung nach HGB mit planmäßigen Abschreibungen auf die entstandenen Firmenwerte durchgeführt, sind die planmäßigen Goodwill Abschreibungen einzuplanen. Problematischer ist die Planung des impairment tests nach IFRS. Der jährlich durchzuführende Werthaltigkeitstest kann erhebliche finanzielle Bedeutung für den Konzern haben. Ist bereits absehbar, dass sich die Werthaltigkeit nicht mehr begründen lässt, so ist die außerplanmäßige Abschreibung des Goodwills schon während der Planungsphase in das tatsächliche Rechnungswesen zu übernehmen, insbesondere wenn – wie üblich – die Planung vor dem Beginn des geplanten Geschäftsjahres und damit vor einem Bilanzstichtag stattfindet. Würde eine geplante Abwertung nicht in das tatsächliche Rechnungswesen übernommen, so würde man gegen die Regeln der IFRS (Bewertung zu fair values) verstoßen. Damit lässt sich eine außerplanmäßige Abschreibung auf einen Goodwill nicht planen, obwohl es ein sehr bedeutender Geschäftsvorfall für die Ertragslage eines Konzerns ist.

4.3 Alternative Planungsansätze

4.3.1 Better Budgeting

Im vorangehenden Kapitel sind die vielfältigen Störfaktoren thematisiert worden, die dazu führen können, dass Planungsergebnisse nicht optimal sind und manchmal sogar zu Nachteilen in Unternehmen führen. Unter den Stichworten Advanced Budgeting und Better Budgeting werden verschiedene Einzelmaßnahmen diskutiert, um die Planung in Unternehmen zu verbessern und zu einem besseren Instrument der Unternehmensführung zu machen.

Ein relevanter Kritikpunkt ist der erhebliche Zeitaufwand, den die Planung in Großunternehmen verursacht. Nach empirischen Untersuchungen verwenden Controller im Durchschnitt 120 Tage pro Jahr auf die Planung (Nevries et al. 2009, S. 238). Eine andere empirische Untersuchung ergab, dass Controller im Durchschnitt 31,4 % ihrer Zeit und Manager 12,8 % ihrer gesamten Arbeitszeit auf die Budgetierung verwenden (vgl. Zyder 2007, S. 152). Dies und auch die geringe Validität von Plänen führt zu einer mangelnden Akzeptanz insbesondere bei der mittleren Führungsebene des Konzerns, was wiederum die Qualität verschlechtert.

Die verschiedenen Maßnahmen, die vor diesem Hintergrund diskutiert werden, lassen sich im Wesentlichen auf vier Prinzipien zurückführen (vgl. Deimel et al. 2013, S. 111 ff.):

1. Integration: Die verschiedenen Ebenen der Planung sollen integriert werden. So sollen strategische und operative Planung miteinander verknüpft werden. Die in diesen Planungen verwendeten Zielgrößen sollen auch zur Anreizgestaltung verwendet werden.
2. Zielfokussierung: Es wird vorgeschlagen, die Balanced Scorecard (siehe Abschn. 3.8) als Startpunkt auch der operativen Planung zu verwenden. Durch diese Maßnahme wird sichergestellt, dass die strategischen Ziele auch für die operative Planung als Ausgangspunkt Verwendung finden.
3. Komplexitätsreduktion: In empirischen Studien kann gezeigt werden, dass sich in den meisten Unternehmen eine Konzentration der Kosten in einigen Kostenarten ergibt. Eine Planung sollte sich sinnvollerweise auf diese Kostenarten konzentrieren und die anderen Kosten nur am Rande betrachten. Insgesamt fragt das Better Budgeting, ob die Detaillierung aller Kostenarten und Kostenstellen tatsächlich notwendig ist oder mit einer Reduktion der Komplexität auch eine valide Aussage möglich ist. Es gilt das Prinzip, dass weniger mehr sein kann, da man sich dann den zu planenden Größen deutlich intensiver widmen kann.
4. Kontinuität: Für die Controllingpraxis wird die Abkehr von der Jahresrhythmik der Planung die größte praktische Bedeutung haben. Anstelle des Jahresbudgets tritt beim Better Budgeting eine Fünfquartalssicht mit einem Rolling Forecast. Dieser Forecast nimmt eine Feinplanung jeweils für das nächste Quartal vor. Die Quartale 2 bis 4 werden aus der letzten Rolling Forecast Planung übernommen. Das fünfte Quartal wird neu geplant. Drei Monate später wird wiederum das am nächsten liegende Quartal fein geplant (die Grobplanung aus dem letzten Rolling Forecast wird entsprechend verfeinert und eventuell geändert). Die Quartale 2 bis 4 werden stehen gelassen bzw. bei Bedarf angepasst. Ein neues fünftes Quartal wird dann geplant.

Insgesamt kann das Konzept des Better Budgeting eine deutlich intensivere Auseinandersetzung mit der Zukunft erreichen und die Strategieorientierung der Unternehmensführung folglich verbessern. Ob tatsächlich ein geringerer Ressourceneinsatz realisiert werden kann ist aber fraglich.

Better Budgeting bei Robert Bosch

Die Bosch Gruppe ist ein führendes internationales Technologie- und Dienstleistungsunternehmen mit über 50 Mrd. € Umsatz und ca. 118.000 Mitarbeitern, die in mehr als 50 Ländern aktiv sind. Um die Planungsprozesse zu verbessern hat das Unternehmen in den letzten Jahren einen Verbesserungsprozess im Bereich Planung durchlaufen. Ziel des Projekts „Business Plan Quick" war, die Planungszeiten deutlich zu verkürzen. Dazu wurden insbesondere die Planungsphasen für die operative und die strategische Planung parallelisiert. Die Planungsschleifen werden, soweit es möglich ist, parallel erstellt. Außerdem wurde der Akzent bei der Planung deutlich stärker auf top-down gelegt. Die Ziele der Geschäftsleitung werden jetzt kaskadenförmig auf die einzelnen Geschäftsbereiche „entfaltet". Ein Rückkoppelungsprozess, wie er ein bottom-up Prozess vorsehen würde, gibt es nur noch dort, wo es notwendig ist.

In einem Folgeprojekt „Smart Business Plan" war das Ziel, den Planungsprozess noch weiter zu verkürzen. Um dieses Ziel zu erreichen, wurde der Planungshorizont verkürzt. Vor dem Projekt wurde ein Jahr geplant mit zwei Vorschaujahren, die zusätzlich betrachtet wurden. Das zweite Vorschaujahr wurde abgeschafft. Zusätzlich wurde die Detaillierung der Planung reduziert. Um zeitaufwändige Abstimmungsschleifen zu reduzieren, wurden mit den Geschäftsbereichsleitern Anpassungsklauseln vereinbart. Das bedeutet, dass wenn sich eine Zielgröße, z. B. der Umsatz, verändert hat (z. B. durch eine veränderte Konjunkturlage), ergab sich eine neue Zahl für eine davon abhängige Zielgröße wie den Gewinn automatisch durch die Berechnungsregel.

Durch diese Maßnahmen (vgl. Dillerup und Stoi 2016, S. 433) konnte u. a. die Planungszeit bei Bosch um ca. 40 % auf rund 16 Wochen reduziert werden. Die Jahresplanung beginnt jetzt erst Ende Juni/Anfang Juli und damit zwei Monate später als vor den Verbesserungen. Damit wird erreicht, dass in Zeiten größerer Schwankungen ein deutlich aktuellerer Plan erstellt wird.

4.3.2 Zero Base Budgeting

Das Zero Base Budgeting stellt alle Aktivitäten der Vergangenheit infrage und verlangt, dass in der Planung alle Aufgaben von Grund auf neu begründet werden. Man beginnt die Planung gleichsam auf der grünen Wiese und stellt die erwünschten Aufgaben im Unternehmen dar. Die so entstehende Wunschliste wird mit den vorhandenen Budgetmitteln abgeglichen und es werden diejenigen Wünsche realisiert, für die genügend Budgetmittel zur Verfügung stehen. Es gibt damit keinen Rückgriff auf die Vergangenheit mehr, sondern alles was besteht wird infrage gestellt und muss sich neu rechtfertigen. Das Herangehen an die Planung ist grundsätzlich. Zero Base Budgeting stellt damit eine Form der Aufgabenkritik bzw. Aufgabenplanung dar. Entwickelt wurde das Instrument in den 60er Jahren beim amerikanischen Unternehmen Texas Instruments (vgl. Pyhrr 1970, S. 111 ff.).

Das Zero Base Budgeting verläuft normalerweise in neun Stufen, die aufeinander aufbauen. Die Schritte sind in Abb. 4.8 dargestellt.

Die erste Stufe dient der Vorbereitung. Die am Zero Base Budgeting beteiligten Mitarbeiter werden auf die Analyseziele eingeschworen. In der zweiten Stufe werden Entscheidungseinheiten festgelegt, dies kann eine Kostenstelle oder ein Teil von ihr sein. Es werden alle Aktivitäten, die im Rahmen des Zero Base Budgeting analysiert werden sollen, festgelegt. Auf der dritten Stufe werden im Rahmen der Ist-Analyse Leistungsniveaus bestimmt, in denen die zu analysierenden Aktivitäten angeboten werden können:

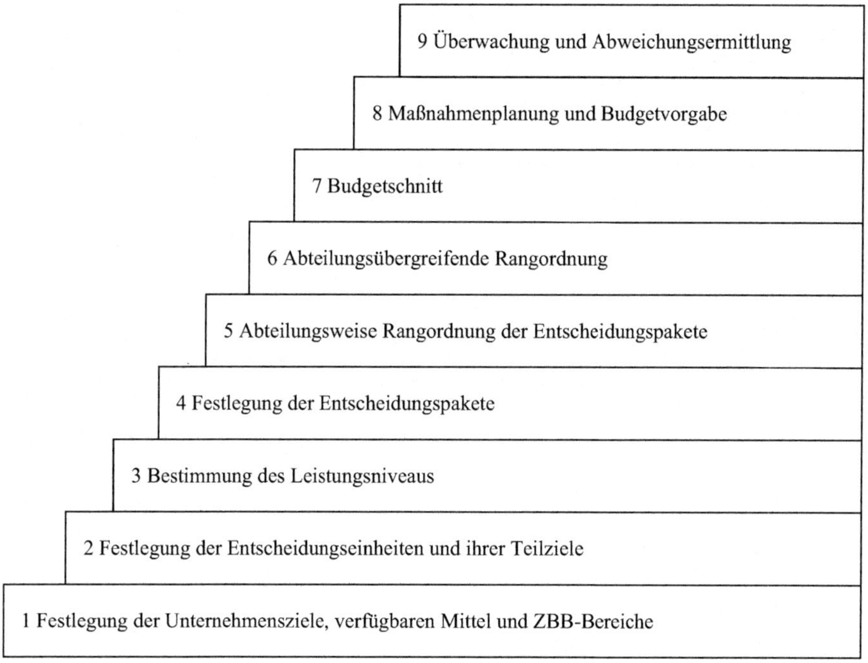

Abb. 4.8 Schritte des Zero Base Budgeting. (Vgl. Weber und Schäffer 2016, S. 336; Meyer-Piening 1994, S. 189)

- Leistungsniveau 1 ist ein Mindestumfang, der von der Entscheidungseinheit angeboten werden muss, damit die Arbeitsabläufe aufrecht erhalten werden können bzw. das Sachziel der Unternehmung weiterhin verfolgt werden kann.
- Leistungsniveau 2 beschreibt die Arbeitsabläufe in der Form, wie sie heute in Arbeitsabläufen festgelegt sind.
- Leistungsniveau 3 enthält zusätzlich wünschenswerte Arbeitsabläufe und Angebote, die in der Zukunft des Unternehmens notwendig werden könnten.

In Stufe 4 werden die Kostensenkungspotentiale bestimmt, in dem für jeden Bereich ermittelt wird, auf welche Art und Weise das Leistungsniveau am kostengünstigsten erreicht werden kann. So sollte die Frage gestellt werden, auf welche Weise sich die Leistung mit der Spezifikation alternativ erbringen lässt, wer es anders machen könnte, wo es anders gemacht werden könnte oder wie es anders gemacht werden könnte (vgl. Horváth 2008, S. 266). In Stufe 5 werden die bisherigen Analyseergebnisse so zusammen gefasst, dass sie dem Management zur Entscheidung vorgelegt werden können. In dem Entscheidungspaket ist enthalten, was das Arbeitsergebnis ist, wie dieses erreicht werden soll, welche Konsequenzen diese Wahl hat und was das Entscheidungspaket kostet. In Stufe 6 werden die Entscheidungspakete in eine Prioritätenliste eingeordnet. Die Entscheidung wird vom Konzernmanagement getroffen, bedarf aber Kommunikationsaktivitäten auf allen Ebenen des Konzerns, da die Entscheidung in den meisten Fällen vielfältige Rückwirkungen auf andere Bereiche hat. In Stufe 7 erfolgt der Budgetschnitt. Das Management legt endgültig die Reihenfolge der einzelnen Bereiche fest und gibt eine Genehmigung für die jeweiligen Entscheidungspakete. In Stufe 8 werden die konkreten Maßnahmen festgelegt und kommuniziert, die notwendig sind, um die verabschiedeten Leistungspakete umsetzen zu können. Stufe 9 soll den Ausgangspunkt für ein laufendes Controlling der Aktivitäten bilden.

Das Zero Base Budgeting richtet seinen wesentlichen Fokus auf die Reduktion der Gemeinkosten. Damit wird die übliche Vorgehensweise, wie Planungen erstellt werden, in Frage gestellt. Normalerweise nimmt man die Zahlen der Vergangenheit als Ausgangspunkt und diskutiert auf dieser Basis über Budgeterhöhungen oder – verringerungen. Diese „Fortschreibungsmentalität" (Hoffjan 2000, S. 26) der Planung soll durch Zero Base Budgeting durchbrochen werden. Es ist Aufgabe der Planer, alle Aktivitäten zu hinterfragen und die Notwendigkeit jeder Aktivität neu zu begründen (von null anfangen). Die Einbeziehung der dezentralen Führungskräfte ist ein ganz wesentlicher Bestandteil dieser Vorgehensweise, wobei es von den dezentralen Managern viel abverlangt, denn es sollen alle Aktivitäten in Frage gestellt werden, auch die eigenen. Die Diskussion unter Stufe 6 kann schnell zu einem politischen Spiel ausarten, da alle Manager beteiligt sind und ihren Einfluss unter Beweis stellen müssen/wollen.

Problematisch an dem Zero Base Budgeting ist der enorme Zeitbedarf, den ein Durchlauf aller Schritte zwangsläufig mit sich bringt. Jährlich ist ein solcher Prozess i. d. R nicht durchführbar. Des Weiteren verhindert der enorme Zeitbedarf auch die Eignung bei akuten Krisensituationen. Gerade im Konzerncontrolling bietet sich der Einsatz dieses Instruments rollierend in ausgesuchten Konzernteilen an. Damit kann das Konzerncontrolling auch gezielt in Konzernteilen reagieren, die relativ oder absolut hohe Gemeinkosten haben. Daneben erlangt das Zero Base Budgeting in Institutionen eine besondere Bedeutung, bei denen die Planfortschreibung besonders ausgeprägt ist, wie in der öffentlichen Verwaltung (vgl. Hoffjan 2000, S. 25 ff.).

4.3.3 Beyond Budgeting

In Theorie und Praxis ist die Budgetierung in den letzten Jahren sehr stark kritisiert worden. Grund ist die starke Ressourcenbindung in der Planungsphase selbst, die zu einer starken Beschäftigung des Unternehmens mit sich selbst führt. Vorsichtig geschätzt kann man von einer Bindung von 10 bis 20 % der Arbeitszeit von Führungskräften in der Budgetierung und einer Belastung von 50 % der Controllerkapazitäten ausgehen (vgl. Gleich et al. 2003, S. 461). Dies verbunden mit den Mängeln der Budgets, die in 4.2 dargestellt worden sind und einer geringen Flexibilität, da die Plangrößen i. d. R für 1 Jahr fest vorgegeben werden, führt dazu, dass nach Alternativen zur traditionellen Budgetierung gesucht wird. Diese werden unter dem Stichwort Better Budgeting und Beyond Budgeting in der Literatur besprochen. Better Budgeting will das traditionelle Budgetierungssystem evolutionär verbessern, indem fokussierter geplant wird oder verstärkt top-down geplant wird,

Abb. 4.9 Das Modell des Beyond Budgeting. (Vgl. Bunce et al. 2001, S. 62)

um den Zeitbedarf zu reduzieren. Das Beyond Budgeting möchte revolutionär den Planungsprozess ändern, in dem auf Budgets verzichtet wird. Nicht verzichtet werden soll auf eine Planung, diese soll nur mit anderen Instrumenten erfolgen. Dazu gehört der Einsatz von Instrumenten wie der Balanced Scorecard, dem Benchmarking und einer rollierenden Planung (vgl. Horváth und Möller 2004, S. 68 ff.). Auslöser der grundsätzlichen Kritik ist, dass die Budgetierung zwar seit den 20er Jahren des vergangenen Jahrhunderts das wichtigste Führungsinstrument ist, allerdings der Sprung vom Industrie- zum Informationszeitalter nicht nachvollzogen wurde (vgl. Bunce et al. 2001, S. 55 ff.). Ein Hauptkritikpunkt ist, dass Umweltveränderungen nicht entsprechend berücksichtigt werden können. Durch die Verbindlichkeit der Ziele für im Regelfall ein Jahr können Strukturbrüche wie der 11. September 2001 oder der Ausbruch der Finanzkrise in 2008 nicht schnell genug berücksichtigt werden. In der traditionellen Budgetierung wird das Unternehmen noch länger den eigentlich veralteten weil nicht mehr zu den Umweltbedingungen passenden Zielen folgen.

Basierend auf Fallstudien von Unternehmen wie Volvo, AES Corporation oder Svenska Handelsbanken, die ohne klassische Budgets ihr Geschäft steuern bzw. gesteuert haben, haben sich zwölf Prinzipien ergeben, die eine flexiblere und effizientere Steuerung ermöglichen (siehe Abb. 4.9).

Man kann erkennen, dass sich Beyond Budgeting stärker am Markt orientiert, da auch die Ergebnisvorgaben relativ, also im Verhältnis zum Wettbewerb festgelegt werden. Strikt wird die Dezentralisierung von Entscheidungsbefugnissen im Modell durchgehalten. Die Koordinationsfunktion der Budgets wird durch marktähnliche Koordination ersetzt. Das Prinzip 5 aus Abb. 4.9 ist zentral. Die einzelnen Organisationseinheiten stehen in marktähnlichem

Austausch. Verrechnungspreise werden dabei ähnlich wie mit externen Kunden gebildet. Die einkaufenden Unternehmensabteilungen sind frei, Waren auch bei Externen zu erwerben, so dass alle Einheiten des Unternehmens dem Wettbewerb ausgesetzt sind (vgl. Deimel et al. 2013, S. 114).

Selbstkontrolle ersetzt die Kontrolle durch eine übergeordnete Institution. Effektive Selbstkontrolle soll dadurch gesichert werden, dass die Anreize nicht mehr einzeln vergeben werden, sondern an Teams. Die Koordinationsfunktion wird nicht mehr von den Budgets übernommen. An ihre Stelle treten stattdessen marktähnliche Prozesse.

Derzeit experimentieren eine ganze Reihe von Unternehmen mit Teilbereichen des Beyond Budgeting Konzepts. So werden verstärkt rollierende Pläne eingesetzt, deutlich häufiger finden sich aus Benchmarkings abgeleitete Ziele (vgl. Weber und Schäffer 2016, S. 336). Bei Unternehmen, die ohne klassische Budgets steuern, ergibt sich zudem eine zentrale Stellung der Balanced Scorecard für die Unternehmenssteuerung. So verwendet das dänische Biochemieunternehmen Borealis finanzielle und nicht-finanzielle Schlüsselgrößen, die top-down bis auf die Konzerngesellschaften heruntergebrochen werden für die Geschäftssteuerung (vgl. Gleich und Leyk 2003, S. 492). Es wäre damit ein Missverständnis davon zu sprechen, dass Beyond Budgeting eine Abkehr von der Planung wäre. Auch wäre es falsch davon zu sprechen, dass rein dezentral ohne finanzielle Größen gesteuert wird. Vielmehr wird dies ähnlich wie bei der klassischen Budgetierung gehandhabt, allerdings gibt es eine größere Flexibilität und einen geringeren Detaillierungsgrad.

Damit erlaubt Beyond Budgeting ein sehr viel schnelleres Reagieren auf Umweltveränderungen. Es wird möglich, auf sich verändernde Marktbedingungen oder Kundennachfragen einzugehen. Der Effekt, der bei der traditionellen Budgetierung in der Tat teilweise auftritt, dass ein Projekt (z. B. eine Werbekampagne) nicht durchgeführt wird, da keine Budgets in dem entsprechenden Bereich mehr vorhanden sind obwohl es eigentlich erfolgsversprechend wäre, kann so nicht passieren. Allerdings bringt die geringere Detaillierungstiefe mit sich, dass komplexe Unternehmen, bei denen viele Abteilungen miteinander koordiniert werden müssen, nicht abgebildet werden können. Von daher muss man die Entscheidung für ein Budgetierungssystem abhängig von der Situation des Unternehmens machen. In komplexen Strukturen, die relativ stabil sind, eignet sich die traditionelle Budgetierung am besten. In turbulenten Strukturen, die aber wenig komplex sind, ist Beyond Budgeting angemessener (vgl. Weber und Linder 2003, S. 51). So kann man beispielsweise ein forschungsintensives Pharmaunternehmen aufgrund der relativen Stabilität bei hoher Komplexität eher mit traditionellen Budgets führen. Dahingegen sind Werbeagenturen mit einer relativ geringen Komplexität aber einer turbulenten Umwelt eher für das Beyond Budgeting prädestiniert. Die Rolle des Controllers ist es, im Sinne der Rationalitätssicherung der Führung dasjenige Planungssystem zu ermitteln, das für die Branche, die Umstände und die Größe der Organisation am besten passt. Es ist auffällig, dass als Beispiele für die Umsetzung des Beyond Budgeting immer wieder die selben Unternehmen hauptsächlich schwedischer Provenienz angeführt werden. Dies spricht dafür, dass dieses Konzept nur bei einer entsprechenden teamorientierten Unternehmenskultur funktioniert, wie es gemeinhin auch mit schwedischen Unternehmen verbunden wird (Weber und Linder 2003, S. 51 f.). Für das Konzerncontrolling ist es wichtig, dass der Konzern einem Budgetsystem folgt, um zu einem Konzernplan zu gelangen. Dies wird im Zweifel eher das traditionelle Budget sein.

4.4 Kontrollfunktionen

Kontrolle wird häufig mit negativen Assoziationen verbunden.

> Wer will sich schon gerne kontrollieren lassen? Bedeutet nicht Kontrolle meist den Versuch einer externen Person oder Institution, Einfluss zu gewinnen und sich gegen den eigenen Willen durchzusetzen zu versuchen? Kontrollen finden in Organisationen selten Zuspruch. Sie werden meist als lästig, unerwünscht oder gar verhasst empfunden, Kontrollen sind unbeliebt (Gabele 1982, S. VII).

Darauf, dass Controlling häufig falsch auf Kontrolle reduziert wird, ist bereits hingewiesen worden. Allerdings gehört Kontrolle sehr wohl zu den Aufgaben des Controllings, wenn es auch nicht die ausschließliche Aufgabe ist. Dabei wird Kontrolle als Vergleich zwischen geplanten und realisierten Werten verstanden, die sich aus dem betrieblichen Handeln ergeben haben (vgl. Frese 1968, S. 53). Somit ist die Kontrolle nichts anderes als die andere Seite der Planung. Die Planung entwickelt die Soll-Vorgaben für das Unternehmen, die Kontrolle prüft die Einhaltung der geplanten Werte durch einen Abgleich mit den tatsächlich erreichten Werten. Der Zusammenhang zwischen Planung und Kontrolle ist also stark: „Planung ohne Kontrolle ist sinnlos, Kontrolle ohne Planung unmöglich." (Wild 1982, S. 44).

Der Controller hat eine wichtige Rolle in den Kontrollprozessen des Unternehmens. In einer Analyse von Stellenanzeigen, die in der Frankfurter Allgemeinen Zeitung zwischen 1949 und 1994 erschienen sind, sind Kontrolle, Budgetierung und operatives Berichtswesen als die genannten Hauptaufgaben von Controllerstellen identifiziert worden (vgl. Weber und Schäffer 1998, S. 229).

Kontrolle kann man dabei als einen dreistufigen Prozess interpretieren (vgl. Weber und Schäffer 2016, S. 270). In der ersten Stufe wird der Soll-Ist Vergleich vorgenommen. Dabei ist der reine Vergleich ein rein technischer Vorgang, der auch automatisiert werden kann. Hinzu kommt aber auch die Prüfung der Genauigkeit der verwendeten Daten. Dabei ist darauf zu achten, dass ein Soll-Ist Vergleich nur dann funktionieren kann, wenn die Soll Daten nach genau den gleichen Regeln zustande gekommen sind wie die Ist Daten. In der zweiten Phase wird eine Analyse vorge nommen, deren Ergebnis die Ursachen der festgestellte Soll-Ist Abweichungen sein soll. Das Konzerncontrolling vergleicht dabei die Planannahmen mit den tatsächlichen Buchungen. In der dritten Phase werden dann Korrekturmaßnahmen abgeleitet, die dazu beitragen können, die Lücke zwischen Soll und Ist wieder zu schließen. In dieser dritten Phase arbeitet der Controller mit den Bereichen, die kontrolliert werden, zusammen. Der Controller allein verfügt meistens nicht über das notwendige Fachwissen, die Abweichungsmaßnahmen alleine festlegen zu können.

Kontrolle hat so verstanden den Zweck zu dokumentieren, dass es mehrere Handlungsmöglichkeiten gibt und dient damit der Verhaltensbeeinflussung. Dies trägt auch dazu bei, dass bei dem Kontrollierten ein Lerneffekt auftritt. Die Abweichung zwischen Soll und Ist hat die Ursache in einem Handeln oder Unterlassen des Kontrollierten. Die Konsequenzen daraus zeigen sich in der Soll-Ist Abweichung. Letztlich dient all dies der besseren Durchsetzung von Zielen. Durch die Kontrolle ist die Erreichung der Ziele stets präsent und die verantwortlichen Manager müssen sich über das ganze Geschäftsjahr dazu äußern, wie sie bestimmte Ziele erreichen wollen. Studien haben ergeben, dass menschliches Handeln durch Kontrolle, die Ankündigung von Kontrolle oder schlicht das Vorhandensein einer Kontrollinstanz beeinflusst wird (vgl. Churchill und Cooper 1966). Neben den klassischen Hawthorne-Studien (vgl. Roethlisberger 1954), die gezeigt haben, dass eine Gruppe von Arbeiterinnen wenn sie beobachtet werden, schneller arbeiten, selbst dann, wenn die Arbeitsbedingungen objektiv verschlechtert worden sind, ist in einer Studie in zwei amerikanischen Behörden gezeigt worden, dass allein das Sammeln von Informationen zu einer besseren Leistung führen kann (vgl. Blau 1955). Es wurden Daten über die Leistungen von den Mitarbeitern gesammelt, um eventuell auf Verbesserungsmöglichkeiten hinzuweisen. Als Reaktion auf die Informationssammlung wurde die Arbeitsgeschwindigkeit erhöht:

> The superior wanted to know the number of interviews completed by each subordinate in order to take corrective action in case any of them worked too slowly. The fact that the very counting of interviews induced them to work faster facilitated operations to make such steps superfluous. The use of statistical records not only provided superiors with information which enabled them to rectify poor performance but often obviated the need for doing so (Blau, S. 35).

Trotz der negativen Konnotation, die Kontrolle hat, ist sie im unternehmerischen Alltag ausgesprochen wichtig. Sie ist eine Hauptaufgabe des Controllings und damit eine derjenigen Aktivitäten, die zur Wertschöpfung des Controllings beiträgt.

4.5 Elemente der Kontrolle

4.5.1 Soll-Ist Vergleich und Abweichungsanalyse

Der reine Soll-Ist Vergleich wird meistens automatisiert in den Monatsberichten, die das Konzerncontrolling für das Management aufbereitet, vorgenommen. Das Berichtswesen unterstützt das Management durch das Bereitstellen von betriebsinternen Informationen. Diese Berichte sind für interne Zwecke gedacht. Die Notwendigkeit der Berichte ergibt sich dadurch, dass ein Konzern dezentral organisiert ist und die Informationen nicht an dem Ort anfallen, an dem sie verarbeitet werden (vgl. Jung 2014, S. 144). Die Tochtergesellschaft

Entity						
Deviation to plan	March 2010		Accumulatd	Deviation	Deviation	Deviation
			Result	to plan	from currency	to prev. year
		Net Sales				
		Purchase Costs				
		Depreciation/Abandonment				
		CoS Asset Based				
		Service Cost				
		Gross Profit in %				
		Personnel Expenses				
		Selling				
		General Administration				
		Profit Contribution I				
		Overheads				
		Profit Contribution II				
		Other Income				
		Other Expense				
		Currency Gain/Currency Loss				
		Interest Income/Interest Expense				
		Income before Tax				

Abb. 4.10 Struktur des Monatsberichts eines europäischen Konzerns

kennt ihre Umsatzzahlen, das Konzernmanagement wird darüber über das Berichtswesen informiert. Damit stellt das Berichtswesen die Verbindung her zwischen den Konzernteilen und dem Konzernmanagement. Das Konzerncontrolling fungiert als Mittler.

Es gibt Standardberichte, die regelmäßig zu festen Zeiten an einen festgelegten Empfängerkreis geliefert werden. So gibt es in Konzernen i. d. R einen Monatsbericht für das Management. Daneben gibt es Abweichungsberichte, die dann vom Konzerncontrolling erstellt werden, wenn bestimmte Schwellenwerte über- oder unterschritten werden. Wenn z. B. bei einer Tochtergesellschaft es bei den Umsätzen eine Unterschreitung des Planes von 10 % gibt, wird ein Abweichungsbericht erstellt. Diese Berichte werden in Konzernen angewendet, die ihre Tochtergesellschaften nach dem Management by exception führen, da die Berichte nur ausnahmsweise aufgestellt werden. Meistens finden sich die Berichte in der Praxis in einer Kombination. Daneben gibt es noch individuelle Berichte, die das Konzerncontrolling auf Anforderung eines Empfängers erstellt und der spezielle vom Adressaten erwünschte und definierte Inhalte hat.

Bei Standard- und Abweichungsberichten werden den Istwerten systematisch die Sollwerte gegenübergestellt und eine Abweichung als Differenz ermittelt. Abbildung 4.10 zeigt als Beispiel die Struktur des monatlichen Standardberichts eines europäischen Konzerns. In den linken Spalten werden die Zahlen der Gewinn- und Verlustrechnung pro Tochtergesellschaft bzw. pro strategischem Geschäftsfeld gezeigt, die

Istzahlen als absolute Werte und deren Abweichung zum Plan als Differenz. In den rechten vier Spalten werden die kumulierten Zahlen für das Gesamtjahr dargestellt.

Es gibt drei Abweichungsspalten:

- Deviation to Plan: Die Abweichung zu den Sollwerten.
- Deviation from Currency: Der Teil der Abweichung zu den Sollwerten, der allein aus Wechselkursabweichungen resultiert.
- Deviation to previous year: Die Abweichung zu den Werten des Vorjahres.

Diese Monatsberichte werden weitgehend automatisch aus den Buchführungs- und Planungssystemen eines Konzerns generiert. Aufgabe des Konzerncontrollings ist es, die sachliche Richtigkeit der Daten, wie sie von den Berichtseinheiten des Konzerns geliefert worden sind, zu prüfen. Dabei wird in einem ersten Schritt auf exzeptionelle Abweichungen und auf ungewöhnliche Werte, wie z. B. negative Werte im Einzelmonat etc., geachtet. Für diese ungewöhnlichen Werte kann es Erklärungen geben, z. B. Reklassifizierungen in einem Monat oder Auflösungen von nicht mehr benötigten Rückstellungen. I. d. R kann der Konzerncontroller die Erklärungen allerdings nicht selbst finden und muss daher beim Bereichscontrolling oder dem Controlling der Tochtergesellschaft nachfragen.

Häufig werden Abweichungen durch graphische Darstellungen plastisch gemacht. So gibt es Ampeldarstellungen, die mit grün darstellen, dass der Bereich über oder auf Planniveau liegt. Bei gelb gibt es Planabweichungen, durch die die Planerreichung gefährdet ist und rot zeigt an, dass der Plan nicht mehr erreichbar ist. Möglich ist auch die Darstellung mit Tachometern, wobei die Tachonadel anzeigt, ob man im roten, im gelben oder im grünen Bereich ist. Diese Graphiken (siehe beispielhaft Abb. 4.11) werden automatisch durch die Controllingsoftware generiert. Damit wird dem Konzernmanager die Interpretation der Berichte erleichtert und er wird schnell darauf hingewiesen, wo Bedarf besteht, Dinge genauer zu hinterfragen. Es ist häufig hilfreich die graphische Aufbereitung durchzuführen, da Manager wenig Zeit haben sich intensiv mit den Berichten zu befassen. So hat eine Studie unter schwedischen Managern ergeben, dass ein Manager für 45 % seiner Aktivitäten nicht mehr als 9 min Zeit hat, für 42 % seiner Aktivitäten wendet er eine Zeit zwischen 9 und 60 min auf und nur in 13 % der Aktivitäten hat er mehr als 60 min Zeit (vgl. Tengblad 2006). Diese kurzen Zeitspannen reichen nicht aus, um selbst einen Monatsbericht in der gebotenen Ausführlichkeit zu analysieren. Mit den graphischen Darstellungsmöglichkeiten kann der Controller diese Arbeit für das Management erleichtern und somit die benötigte Zeit reduzieren. Ein Zitat eines Controllers einer Private Equity Gesellschaft über die Reportinganforderungen an Beteiligungen bringt dies zum Ausdruck (Weber et al. 2009, S. 178): „Es besteht aus einer GuV, einer Bilanz, einem CF [Cash-flow] Statement, …, und bestimmten KPIs [Key Performance Indicators = Kennzahlen], jeweils pro Monat, Year to Date, im Vergleich zum Vorjahr und zum Budget. Zusätzlich erhält es eine Vielzahl von graphischen Darstellungsformen, die dem Endnutzer das Leben vereinfachen sollen.“

Während der Soll-Ist Vergleich eine rechnerische Aufgabe ist, handelt es sich bei der Abweichungsanalyse um eine Mischung aus rechnerischen und intuitiven Aufgaben. Die aus der Kostenrechnung entwickelte Abweichungsanalyse führt die Abweichungen auf ihre rechnerischen Ursachen zurück. Kosten sind das Produkt aus Menge und Preis, daher können Abweichungen aus drei Ursachen entstehen:

- Mengenabweichung: Es wurde eine höhere Menge als geplant verwendet. Rechnerisch ergibt sich die Mengenabweichung als Produkt der Mengenänderung mit dem Planpreis.
- Preisabweichung: Die Preise für die zu beschaffenden Produktionsfaktoren haben sich gegenüber dem Plan verändert. Rechnerisch ergibt sich die Preisabweichung als Multiplikation von Preisänderung und Planmenge.
- Sekundärabweichung: Es gibt einen Teil der Abweichung, der sich auf beide Abweichungsarten gleichzeitig bezieht und sich theoretisch nicht der einen oder der anderen Art zurechnen lässt. Dies ist rechnerisch das Produkt aus Preis- und Mengenabweichung.

In der Kostenrechnung werden diese drei Abweichungsarten der Verantwortlichkeit eines Kostenstellenleiters zugeordnet. Die Preisabweichung kann nicht verantwortet werden, die Mengenabweichung sehr wohl. Die Sekundärabweichung wird nicht der Verantwortlichkeit des Kostenstellenmanagers zugeordnet. Auch wenn diese Gedanken sehr stark auf der Struktur der industriellen Fertigung aufbauen, so sind die Grundgedanken doch auf Konzerne aller Branchen übertragbar. So kann eine Überschreitung des Personalbudgets auf den Einsatz von mehr Leiharbeitern zurückzuführen sein oder auf eine ungeplante Steigerung der Löhne und Gehälter. Erstgenanntes wäre eine Mengenabweichung, das zweite eine Preisabweichung. Mit dieser rein rechnerischen Zuordnung sind die sachlichen Ursachen für die Abweichung noch nicht erfasst. Die Ursachenanalyse kann von dem Konzerncontroller alleine auch nicht erfüllt werden. Hierzu benötigt er die Unterstützung der Berichtseinheit. So kann der Einsatz von Leiharbeitern auf einen erhöhten Krankenstand oder auf höhere nachgefragte Leistungen zurückgeführt werden. Beides hat unterschiedliche Implikationen auf die daraus abzuleitenden Handlungsempfehlungen: Sind die nachgefragten Leistungen dauerhaft höher, so kann eine kostengünstigere Festeinstellung sinnvoll sein. Ist dagegen der kurzzeitig erhöhte Krankenstand für den Einsatz von Leiharbeitern verantwortlich, ist dies hinzunehmen und keine weitere Maßnahme einzuleiten. Ist die Preisabweichung entstanden durch eine unerwartet hohe Tariferhöhung, so kann der Leiter der Konzerneinheit in der Tat nicht für die Überschreitung des Personalkostenbudgets verantwortlich gemacht werden. Liegt die Ursache aber darin, dass ein abwanderungswilliger Mitarbeiter durch eine individuelle Gehaltserhöhung gehalten werden soll, ist die Verantwortlichkeit doch bei dem Bereichsleiter zu suchen.

Ausgehend von diesen Überlegungen können zusammen mit den Bereichen und dem Konzernmanagement Maßnahmen abgeleitet werden, um wieder auf Planniveau zu kommen. Der besondere Vorteil des Controllers ist seine Unabhängigkeit. Durch den Blick

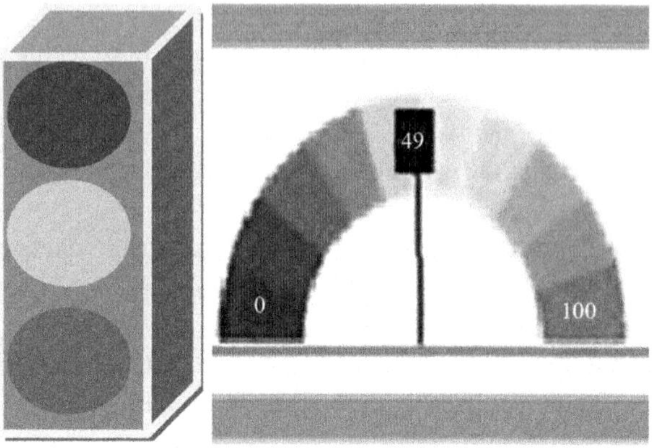

Abb. 4.11 Graphische Elemente zur plastischen Darstellung von Abweichungen: Ampel und Tachometer

von außen kann es gelingen, Zusammenhänge und Ursachen zu erkennen, die für die Beteiligten nicht offensichtlich sind. Viele Controller belassen es bei der rechnerischen Analyse und übernehmen nicht weitere Analyseschritte (aufgrund der eigenen Situation oder aufgrund der Struktur des Unternehmens). Aber gerade im Vorschlagen von Handlungsempfehlungen kann ein Konzerncontrolling Wert für den Konzern schaffen.

4.5.2 Träger der Kontrollfunktion in Konzernen

Neben dem Konzerncontrolling übernehmen noch andere Abteilungen in Konzernen eine Kontrollfunktion. Zuvorderst ist hier die interne Revision zu nennen. Um die Tätigkeit innerhalb des gesamten wirtschaftlichen Gebildes Konzern zu verdeutlichen, wird sie in Konzernen, häufig Konzernrevision genannt (so auch Theisen 2000, S. 242). Die interne Revision wird im Auftrag der Unternehmensleitung tätig und nimmt für diese die Überwachungsaufgaben wahr (vgl. Hoffmann 1982, Sp. 668). Die Überwachung ist Teil des internen Kontrollsystems eines Unternehmens bzw. eines Konzerns. Die Notwendigkeit der Überwachung ergibt sich aus der starken Arbeitsteilung, wie es sie in modernen unternehmerischen Organisationen gibt. Auf den ersten Blick ergibt sich eine starke Ähnlichkeit zum Controlling, da auch die Überwachung definiert werden kann als der Vergleich eines Ist-Zustandes mit einem Soll-Zustand (vgl. Körndörfer und Peez 1993, S. 22). Allerdings erstreckt sich der Auftrag der Revision neben Wirtschaftlichkeit und Zweckmäßigkeit von Handlungen auch auf die Ordnungsmäßigkeit, d. h. ob die konzernexternen und – internen Regeln eingehalten worden sind oder nicht. Dies ist nicht primär Aufgabe des Konzerncontrollings, wobei insbesondere beim Rechnungswesen auch das Controlling auf die Ordnungsmäßigkeit achtet.

Darüber hinaus vollzieht die interne Revision ihre Handlungen im Rahmen von Prüfungen. Prüfungen sind ein Prozess der Informationsermittlung, Informationsverarbeitung und Informationsmitteilung, der durch eine Prüfungsordnung präzisiert wird und von einem Prüfer planmäßig durchgeführt wird. Der Prüfer ist dabei eine natürliche Person, die nicht an dem der Prüfung zugrunde liegenden Prozess beteiligt war oder ist. Die Prüfung bezieht sich auf die ex post Würdigung von wirtschaftlichen Vorgängen (vgl. Knapp 2005, S. 30). In dieser Abgrenzung kann man den Unterschied zum Konzerncontrolling erkennen: Das Konzerncontrolling übt eine Kontrolle aus und ist Teil der Erstellung des zu kontrollierenden Objekts, nämlich der Planung. Für die Tätigkeit der internen Revision ist auch kennzeichnend, dass sie im Gegensatz zum Controlling ausschließlich ex post tätig wird (vgl. Freidank 2012, S. 22). Die Konzernrevision kann Dinge überwachen, aber nicht Teil der Erstellung sein. Andernfalls wäre die Notwendigkeit der „Gewaltenteilung" nicht mehr gegeben. Von daher kann die Konzernrevision durchaus das Konzerncontrolling und auch den Planungsprozess oder den Kontrollprozess selbst als Gegenstand einer Revision auswählen.

Neben der internen Revision besitzt auch der Aufsichtsrat bei Konzernen, deren Muttergesellschaft eine große Kapitalgesellschaft ist, eine Bedeutung. Der Aufsichtsrat soll die Tätigkeit des Vorstandes als dem Leitungsorgan einer Aktiengesellschaft überwachen (vgl. Schewe 2005, S. 80 ff.). Der Aufsichtsrat als Unternehmensorgan der Aktionäre und der Arbeitnehmer hat i. d. R nicht die eigenen Mittel, die Überwachung durchzuführen, sondern bedient sich dabei bestehender Abteilungen, auf die der Aufsichtsrat allerdings i. d. R nicht direkt sondern über den Vorstand zugreift. Dazu gehören in jedem Fall sowohl die Konzernrevision als auch das Konzerncontrolling.

Extern wird der Konzern durch einen Konzernabschlussprüfer geprüft. § 316 Abs. 2 HGB bestimmt die Prüfungspflicht für den Konzernabschluss einschließlich des Lageberichts. Die Prüfung erstreckt sich darauf, dass der Konzernabschluss den gesetzlichen Vorschriften und gegebenenfalls den satzungsmäßigen Vorschriften der Muttergesellschaft genügt. Der Lagebericht ist darauf zu prüfen, ob er mit dem Konzernabschluss und mit den Erkenntnissen, die der Konzernabschlussprüfer während seiner Prüfung gewinnt, in Einklang steht. Die Einzelabschlüsse sind ebenfalls zu prüfen, ob sie ordnungsgemäß sind. Sollten diese Abschlüsse von einem anderen Prüfer geprüft worden sein, so muss der Konzernabschlussprüfer dessen Arbeit überprüfen (§ 317 Abs. 3 HGB). Aus diesem Grund wird in der Praxis zumeist ein Abschlussprüfer für den Konzern und alle Einzelgesellschaften gewählt. Ist die Muttergesellschaft an der Börse notiert, muss sich die Prüfung auch noch auf das Überwachungssystem selbst erstrecken. Dadurch wird wiederum das Konzerncontrolling selbst zum Gegenstand der Prüfung.

Der Abschlussprüfer wird von den Gesellschaftern des Mutterunternehmens gewählt. Der Konzernabschlussprüfer arbeitet eng mit dem Aufsichtsrat zusammen und hat zwangsläufig auch die Aufgabe, auf die Controlling- und Revisionstätigkeit im Konzern zu achten. Die Prüfung erstreckt sich allerdings im Wesentlichen auf das externe, vergangenheitsbezogene Rechnungswesen.

Insgesamt kann man zusammenfassen, dass die Kontrollaufgabe des Controllings durch den Soll-Ist Vergleich mit dem Budget keine weitere Überschneidung mit anderen Kontrolltätigkeiten hat. Eng verknüpft ist die Tätigkeit des Konzerncontrollings mit der Tätigkeit der Konzernrevision, so kann es sinnvoll sein, dass die Revision aufgrund von Auffälligkeiten, die das Controlling entdeckt, tätig wird. Selbst kann das

Konzerncontrolling zum Prüfungsgegenstand durch Konzernrevision, Aufsichtsrat und Konzernabschlussprüfer werden.

4.5.3 Störfaktoren in der Kontrolle

Genauso wie die kognitive Beschränktheit des Menschen Auswirkungen auf die Planung hat, verhält es sich bei der Kontrolle. Auch diese wird durch kognitive Verzerrungen beeinflusst.

Ein weit verbreitetes Phänomen ist es, dass komplette Neubewertungen von Projekten bei negativen Planabweichungen nicht vorgenommen werden. Betrachtet man ein groß angelegtes Forschungsprojekt beispielsweise für ein neues Arzneimittel, kann es passieren, dass, weil einige Meilensteine nicht oder mit zu hohem Aufwand erreicht worden sind, sich ein ursprünglich positives Projekt nicht mehr rechnet. Ein rationaler Entscheidungsträger müsste dieses Projekt abbrechen, wenn der Nutzen des Abbruchs für den Konzern höher ist als die Weiterführung (vgl. Meredith 1988, S. 31). Empirisch lässt sich allerdings feststellen, dass Abbruchentscheidungen systematisch zu spät getroffen werden (vgl. Cheng et al. 2003, S. 64). Fallstudien und Analysen zeigen, dass der verspätete Abbruch und das unkontrollierte Weiterentwickeln in Forschungsprojekten einer der wesentlichen Faktoren für die Ineffizienz von Forschung ist (vgl. Zayer 2006, S. 55 ff.). Das gleiche Phänomen lässt sich bei allen Projekten erkennen, in denen sunk costs anfallen. Sunk costs sind Kosten, die bereits angefallen und damit irreversibel sind. Sie haben keine Entscheidungsrelevanz, da sie nicht mehr zu ändern sind.

Gründe für dieses Phänomen können sich in den Verhaltensweisen von Entscheidungsträgern finden. Kahnemann und Tversky (1979, S. 263 ff.) haben die Prospect Theory zur Erklärung des Verhaltens von Menschen unter Unsicherheit entwickelt. Grundsätzlich sind Menschen in ihren Entscheidungen risikoscheu, das Verhalten ändert sich jedoch entscheidend, wenn das derzeitige Ergebnis über oder unter einem Referenzpunkt liegt. Dieser Referenzpunkt kann in den hier besprochenen Sachverhalten der Planwert sein. Liegt die Situation für den Entscheidungsträger im positiven Bereich, so entscheidet er risikoscheu, um den gemachten Gewinn nicht zu verlieren. Die Nutzenfunktion des Gewinns ist konkav. Liegt die Situation allerdings im Negativen, so sucht er das Risiko, um jede Chance zu nutzen, den bereits entstandenen Verlust wieder auszugleichen. Die Nutzenfunktion für den Verlustbereich ist konvex. Ergänzt man diesen Effekt um die Erkenntnisse des mental accounting (vgl. Thaler 1985) wird das Problem deutlicher. Nach dem mental accounting ordnen Menschen bestimmte Ausgaben Kategorien, ähnlich wie den Konten des externen und internen Rechnungswesens, zu. Das bedeutet, dass ein Entscheidungsträger ein mentales Konto führt, auf dem die sunk costs des Forschungsprojektes geführt werden. Es ist fraglich, wann dieses Konto geschlossen wird. Dies muss dann geschehen, wenn das Forschungsprojekt abgebrochen wird, in dem Moment wird der Verlust realisiert. Wird das Projekt weitergeführt, besteht die Chance, dass die Entwicklung letztlich doch noch gelingt und damit das Konto ausgeglichen bzw.

sogar positiv abgeschlossen werden kann. Dass Menschen die Tendenz haben, verlustreiche mentale Konten länger offen zu halten, ist in einer ganzen Reihe von experimentellen Studien festgestellt worden:

- Hat ein Aktionär ein Portfolio von Aktien, von denen ein Teil über dem Einstiegskurs und ein Teil verlustreich notiert, so wäre es in einer Notsituation, in der der Aktionär Geld benötigt, rational, die verlustreichen Aktien zu verkaufen (da realisierte Kursgewinne versteuert werden müssen). In einer Studie mit den Daten eines Onlinebrokers wurde herausgefunden (vgl. Odean 1998), dass tatsächlich eher die gewinnträchtigen Aktien verkauft werden. Werden gewinnträchtige Aktien verkauft, so wird das mentale Konto positiv abgeschlossen, würden die verlustreichen Aktien verkauft, so müsste ein Konto mit Verlust abgeschlossen werden, was schmerzvoll für die Entscheidungsträger ist.
- Der Aspekt wie lange ein mentales Konto offen gehalten wird, wird deutlich an einer Studie mit Theaterabonnenten (vgl. Arkes und Blumer 1985). In dem Experiment sind die Abonnenten eines Universitätstheaters zufällig in drei Kategorien eingeteilt worden: Eine Gruppe bezahlte den vollen Preis für das Abonnement, einer Gruppe wurde ein kleiner Rabatt gewährt und einer dritten Gruppe ein großer Rabatt. Es zeigte sich, dass in der ersten Hälfte der Theatersaison die Gruppe, die den vollen Preis bezahlt hatte, deutlich häufiger das Theater besuchte als diejenigen, die einen großen Rabatt bekommen haben. Allerdings zeigte sich im zweiten Halbjahr kein entscheidender Unterschied zwischen den einzelnen Gruppen mehr. Daraus folgt, dass sunk costs über den Zeitablauf an Bedeutung für Entscheidungen verlieren, für rationale Entscheidungen allerdings verlieren sie zu spät an Bedeutung.
- Dies lässt sich auch an einem Gedankenexperiment (vgl. Thaler 1999, S. 191) deutlich machen. Nehmen wir an, eine Studentin hat ein Paar teure Schuhe gekauft. Im Schuhladen waren sie bequem und haben nicht gedrückt. Beim ersten Tragen stellen sie sich allerdings als unbequem heraus. Thaler macht folgende Voraussagen zum Umgang mit diesem Problem: Zunächst wird die Studentin versuchen, die Schuhe zu tragen, je teurer die Schuhe waren, umso mehr Versuche wird sie wagen. Irgendwann wird sie aufhören die Schuhe zu tragen. Sie wird sie aber nicht wegschmeißen, sondern aufbewahren. Je teurer die Schuhe waren, umso länger wird sie sie aufbewahren. Letztlich wird die Studentin aber die Schuhe irgendwann unabhängig davon wie teuer sie waren wegschmeißen. Nämlich dann, wenn der Kaufpreis mental abgeschrieben ist. Dieses Verhalten dürfte den meisten Konsumenten bekannt vorkommen.

Diese Erkenntnisse kann man nun auf die Kontrolle übertragen: Projekte werden zu lang fortgeführt, auch wenn ein Abbruch für das Unternehmen mehr Nutzen stiften würde. Irgendwann verliert das Management das Interesse an diesem Projekt (gibt keine zusätzlichen Mittel für das Projekt) und letztlich wird das Projekt dann dennoch abgebrochen. Im Konzern können dies Investitionsprojekte wie neue Produkte, Forschungsprojekte, Eintritt in neue Märkte etc. sein. Es kann aber auch der Weiterbetrieb einer unrentablen

Tochtergesellschaft sein, die nicht in dem Zeitpunkt geschlossen wird, zu dem es rational gewesen wäre.

Für den Konzerncontroller ist es wichtig, um diese kognitiven Verzerrungen zu wissen. Da er nicht selber der Entscheidungsträger ist, hat er die Möglichkeit, hier mehr Rationalität an den Tag zu legen und in seiner Rolle als advocatus diaboli zum richtigen Zeitpunkt auf die Beendigung eines Projektes hinzuweisen. Dafür spricht auch, dass in experimentellen Studien festgestellt worden ist, dass Manager eher bereit sind in verlustträchtige Geschäfte zu investieren, wenn sie selbst die Entscheidung getroffen haben, die zu dem verlustträchtigen Geschäft geführt hat (vgl. Staw und Fox 1977).

4.6 EDV für Planung und Kontrolle im Konzern

Die Informationstechnologie ist in allen größeren Konzernen unabdingbares Hilfsmittel für das Controlling sowohl bei der Planung als auch bei der Kontrolle. Im einfachsten Fall findet die Planung in Spreadsheets (z. B. Microsoft Excel) statt. In diesen können den planenden Einheiten Hilfestellungen durch mathematische Verknüpfungen gegeben werden. So kann der Planer in einer Vertriebseinheit intuitiv eher Preis und Absatzmenge eines Produkts planen, der Umsatz ergibt sich dann durch die Gleichung Umsatz = Preis x Menge. Auch kompliziertere Verknüpfungen mit wenn – dann Logik können in Spreadsheets abgebildet werden.

Ausgereiftere Anwendungen können mit Informationssystemen zur Führungsunterstützung erbracht werden. Diese arbeiten mit einem Data Warehouse als Basis. Der Begriff Data Warehouse geht auf Inmon (Inmon 2005, S. 29) zurück, der es als „... subject oriented, integrated, nonvolatile, and time-variant collection of data in support of management decisions" definierte. Das Data Warehouse ist ein zentraler Platz, in dem Daten vorgehalten werden. Im Gegensatz zu einer ERP (Enterprise Ressource Planning) Software folgt die Datenstruktur aber nicht mehr dem Zweck, Transaktionen zu unterstützen sondern Managemententscheidungen. Daraus folgt, dass die Datenstruktur in Produkt-, Kunden- oder Regionalstrukturen umsortiert wird (vgl. Navrade 2008, S. 13). In dem Data Warehouse werden die Daten aus verschiedenen Datenquellen gesammelt, die für Managemententscheidungen relevant sein können.

Auf das Data Warehouse wird meistens mit einem OLAP (On-Line-Analytical Processing)-System zugegriffen. Ziel des OLAP ist es, mit den Daten eine Fast Analysis of Shared Multidimensional Information zu machen (vgl. Pendse und Creeth 1995). Die Anfragen sollen schnell (bei einfachen Anfragen 2 s, bei komplexeren 20 s) zu Antworten führen. Die erwünschten Informationen müssen von dem Entscheidungsträger ohne Programmierkenntnisse aufbereitet werden können. Die Daten werden von mehreren Benutzern gemeinsam benutzt. Die Informationen müssen nach mehreren betriebswirtschaftlichen Kriterien ausgewertet werden können. Alle relevanten Informationen müssen dem Entscheidungsträger zur Verfügung stehen.

Dies ermöglicht dem Controller erhebliche Auswertungsmöglichkeiten im Bereich der Ist-Zahlen. Das Data-Warehouse ermöglicht aber auch die Zusammenstellung von Ist- und Sollzahlen in einem Standardbericht. In der Planung können die Ist-Zahlen als Vorgabe mit Hilfe von OLAP Systemen dargestellt werden. Für das Konzerncontrolling besonders interessant ist, dass die Konsolidierungslogiken der Konzernrechnungslegung in dem System modelliert werden und die Konsolidierung damit weitestgehend automatisiert werden kann. Werden Plan- und Istzahlen in dem gleichen System konsolidiert ist sichergestellt, dass es keine Abweichungen aus einer anderen Konsolidierungslogik geben kann. Zusätzlich gibt es erhebliche Rationalisierungseffekte, wenn Plan und Ist in einem System verarbeitet werden (vgl. Behringer 2006b, S. 295 ff.).

4.7 Fallstudie: Der Budgeterstellungsprozess im Troubadix Konzern

Der Troubadix Konzern erstellt jährlich ein Budget, das die einzelnen Aktivitäten im Konzern koordinieren soll. Außerdem ist das Budget Maßstab für die variable Vergütung der dezentralen Manager. Das Wirtschaftsjahr des Troubadix Konzerns entspricht dem Kalenderjahr. Der Planungsprozess beginnt im September des Vorjahres. In einem ersten Schritt wird vom Konzerncontrolling, das von Frau Römer geleitet wird, ein Memorandum an alle Abteilungen versendet, in dem die Abgabetermine und die grundsätzlichen Annahmen über die volkswirtschaftlichen Rahmenbedingungen (z. B. Wirtschaftswachstum, Vorhersagen über relevante Wechselkursentwicklungen, Inflationsraten) niedergelegt sind.

Die Mitarbeiter aus dem Controlling der Konzerngesellschaften gehen zuerst auf die Vertriebsbereiche zu und besprechen mit ihnen die möglichen Absatzzahlen an Leiern für das kommende Jahr. Dabei äußern die Vertriebsmitarbeiter ihre Erwartungen, wie viel sie in den von ihnen verantworteten Regionen absetzen können. Die Controller hinterfragen diese Erwartungen, indem sie auf die vorausgesetzte Inflationsrate hinweisen, nach dem Wettbewerb fragen und mögliche andere Störfaktoren benennen. Ergebnis dieser Arbeit ist eine erwartete Absatzzahl für Leiern. Die Vertriebsbereiche in Deutschland und Frankreich gehen davon aus, dass 5.000 Instrumente verkauft werden können. Mit dieser Zahl können die weiteren Schritte im Planungsprozess vom Konzerncontrolling eingeleitet werden. Als nächstes gehen die Mitarbeiter des Controllings der Konzerngesellschaften auf die Produktionsabteilung zu. Zunächst wird mit dem Produktionsleiter diskutiert, ob die Kapazitäten ausreichen, um 5.000 Leiern im nächsten Jahr produzieren zu können. Es zeigt sich, dass eine Maschine, die inzwischen veraltet ist, ersetzt werden muss. Die Investition wird in das Budget eingestellt. Daraufhin können die Personalplanung und die Beschaffungsplanung vorgenommen werden. Um beispielsweise die Saiten der Leier zu erstellen, benötigt man 8 Drähte. Daraus folgt, dass man für das kommende Jahr einplant, 40.000 Drähte zu beschaffen. Dabei muss berücksichtigt werden, ob der Lieferant die Preise erhöht oder nicht. Kommt es zu einer Preiserhöhung, muss überlegt werden, ob die Erhöhung an den Endkunden überwälzt werden kann. Werden die

Preise erhöht, kann dies Rückwirkungen auf die möglichen Absatzmengen haben, was eine neue Beschaffungs- und Produktionsplanung erfordern würde. Basierend auf diesen Angaben erstellen die Controller der Konzerngesellschaften unter Anleitung durch ihr jeweiliges Management die Pläne für ihre Gesellschaften. Die Grunddaten für das Budget sehen wie folgt aus:

- Troubadix GmbH: Absatz und Produktion von 5.000 Leiern (davon 1.000 Stück über die französische Troubadix SA), Umsatz: 13.000.000 €, Gewinn: 3.300.000 €.
- Automatix Musikverlag GmbH: Umsatz: 3.200.000 €, Gewinn: 650.000 €.
- Troubadix SA: Absatz von 1.000 Leiern, Umsatz: 6.000.000 €, Gewinn: 0 €.

Das Konzerncontrolling nimmt eine Konsolidierung der Teilpläne für den Gesamtkonzern teil. Es ergeben sich konsolidiert die folgenden Daten:

- Troubadix Konzern: Absatz von 5.000 Leiern, Umsatz 18.700.000 €, Gewinn: 3.950.000 €.

Die Angaben werden Herrn Müller, dem Leiter des Konzernmanagements vorgelegt. Herr Müller ist der Überzeugung, dass diese Daten eine wichtige Information darstellen. Bottom-up gewonnene Absatzzahlen zeigen seiner Meinung nach, was mindestens im nächsten Jahr erreichbar ist. Seiner Erfahrung nach, entspricht das Bottom-up erzielte Ergebnis allerdings nicht dem tatsächlich erreichbaren Absatz. Aus diesem Grund gibt Herr Müller im Wege eines Top-down Verfahrens Vorgaben an die einzelnen Tochtergesellschaften. Diese versteht er als „endgültige Wahrheit" und erwartet von seinen dezentralen Managern, dass diese Vorgaben umgesetzt und nicht weiter diskutiert werden. Die Vorgaben sind wie folgt:

- Troubadix GmbH: Absatz und Produktion von 5.500 Leiern (davon 1.100 Stück über die französische Tochtergesellschaft), Umsatz: 14.300.000 €, Gewinn: 3.700.000 €.
- Automatix Musikverlag GmbH: Umsatz: 3.500.000 €, Gewinn: 700.000 €.
- Troubadix SA: Absatz von 1.100 Leiern, Umsatz: 6.600.000 €, Gewinn: 100.000 €.
- Troubadix Konzern: Absatz von 5.500 Leiern, Umsatz: 20.100.000 €, Gewinn: 4.500.000 €.

Aufgabe des Konzerncontrollings ist es, diese Vorgaben – als Ergebnis des Gegenstromverfahrens – an Controlling und Management der Konzerngesellschaften zu kommunizieren. Diese beginnen mit einem neuen Planungsdurchlauf mit den vorgegebenen Absatzzahlen, auf deren Basis ein neuer Produktions- und Beschaffungsplan erstellt wird. Dabei müssen auch Rückwirkungen der neuen Absatzzahlen auf Personal- und Investitionsplanung berücksichtigt werden. Es ist Aufgabe des Konzerncontrollings, bei der neuen Abgabe der Pläne durch die Konzerngesellschaften darauf zu achten, dass die Vorgaben von Herrn Müller tatsächlich eingehalten worden sind. Hier kommt der Abteilung von Frau Römer die Rolle des Einpeitschers zu.

Der Planungsprozess im Troubadix Konzern wird im Dezember abgeschlossen. Damit ist bereits zu Beginn des neuen Geschäftsjahres der Plan als Basis für die laufende Kontrolle vorhanden. Das Konzerncontrolling liefert in seinem monatlichen Reporting eine Abweichungsanalyse zwischen Plan und Ist. Damit können sich auch die dezentralen Manager von Beginn an, mit den Vorgaben messen, die am Ende auch ihr variables Gehalt bestimmen.

Literatur

Abell DF (1980) Defining the business. The starting point of strategic planning. Prentice Hall, Englewood Cliffs
Arkes HR, Blumer C (1985) The psychology of sunk cost. Organ Behav Hum Decis Process 35(1):124–140
Bea FX, Haas J (2017) Strategisches management, 9. Aufl. Lucius & Lucius, Stuttgart
Behringer S (2006a) Prognose: Hintergrund, Methoden und Bedeutung. Betriebswirt 47(3):8–15
Behringer S (2006b) Integration von internem und externem Rechnungswesen. In: Reichmann T (Hrsg) 21. Deutscher Controlling Congress. Betriebswirtschaftliche Lösungen mit moderner DV-Technologie. Tagungsband, Dortmund, S 295–309
Blau PM (1955) The dynamics of bureaucracy. University of Chicago, Chicago
Brockhoff K (1999) Forschung und Entwicklung: Planung und Kontrolle, 5. Aufl. Oldenbourg, München
Bunce P, Fraser R, Hope J (2001) Beyond budgeting – the barrier breakers. In: Horváth P (Hrsg) Strategien erfolgreich umsetzen. Schäffer-Poeschel, Stuttgart, S 55–77
Cheng MM, Schulz AK, Luckett P, Booth PJ (2003) The effects of hurdle rates on the level of escalation of commitment in capital budgeting. Behav Res Account 15:63–85
Churchill NC, Cooper WW (1966) A field study of auditing as a mechanism for organizational control. In: Lawrence J (Hrsg) Operational research and the social sciences. Springer, London, S 109–127
De Bondt WFM, Thaler RH (1995) Financial decision making in markets and firms. A behavioral perspective. In: Jarrow RH et al (Hrsg) Handbook in operations research and management science, Bd. 9. Elsevier, Amsterdam, S 385–410
Deimel K, Heupel T, Wiltinger K (2013) Controlling. Verlag Franz Vahlen, München
Dillerup R, Stoi R (2016) Unternehmensführung, 5. Aufl., Vahlen, München
Ewert R, Wagenhofer A (2014) Interne Unternehmensrechnung, 8. Aufl. Springer, Berlin
Freidank CC (2012) Unternehmensüberwachung, Verlag Franz Vahlen, München
Frese E (1968) Kontrolle und Unternehmensführung. Gabler, Wiesbaden
Friedrich R (2003) Centeransatz zur Führung und Steuerung dezentraler Einheiten. In: Bullinger HJ, Warnecke HJ, Westkämper E (Hrsg) Neue Organisationsformen im Unternehmen, 2. Aufl. Springer, Heidelberg, S 1153–1182
Gabele E (1982) Vom technischen „Soll-Ist Vergleich" zur „Aktiven Kontrolle" in Organisationen. In: Thieme HR (Hrsg) Verhaltensbeeinflussung durch Kontrolle – Wirkung von Kontrollmaßnahmen und Folgerungen für die Kontrollpraxis. Erich Schmidt, Berlin, S VII–IV
Gleich R, Leyk J (2003) Beyond Budgeting – bessere Performance durch Abkehr von festen Budgets oder durch adäquate Berücksichtigung der Umfeldturbulenz. Controll Mag 28:491–494
Gleich R, Kopp J, Leyk J (2003) Ansätze zur Neugestaltung der Unternehmensplanung. Finanzbetrieb 2003(5):461–464

Göpfert I (1993) Budgetierung. In: Wittmann W (Hrsg) Handwörterbuch der Betriebswirtschaftslehre, Teilbd 1, 5. Aufl. Schäffer-Poeschel, Stuttgart, S 589–602
Grossmann SJ, Hart OD (1983) An analysis of the principal-agent problem. Econometrica 51:7–45
Gutenberg E (1983) Grundlagen der Betriebswirtschaftslehre, Bd. 1: Die Produktion, 24. Aufl. Springer, Berlin
Hamprecht M (1996) Controlling von Konzernplanungssystemen: Theoretische Ableitung und betriebliche Realität führungsstrukturabhängiger Ausprägungsmuster. Gabler, Wiesbaden
Hoffjan A (2000) Budgetierung in der öffentlichen Verwaltung. Planfortschreibung – Zero Base Budgeting – Produktbudgetierung. Finanzwirtschaft 54(2):25–28
Hoffmann F (1982) Interne Revision, Organisation. In: Coenenberg AG, von Wysocki K (Hrsg) Handwörterbuch der Revision. S 668–675
Hoffmann R, Reinhard J (2012) Steuerung interner Dienstleister. Controller Magazin, S 58–62
Horváth P (2008) Controlling, 11. Aufl. Vahlen, München
Horváth P, Möller K (2004) Budgetierung und Organisationsstruktur. Welche Budgetierung passt zu welcher Organisationsstruktur? Z Führung Organ 73:68–73
Horváth P, Dambrowski J, Jung H, Posselt S (1985) Die Budgetierung im Planungs- und Kontrollsystem der Unternehmung – Erste Ergebnisse einer empirischen Untersuchung. Betriebswirtschaft 1985(2):138–155
Inmon WH (2005) Building the data warehouse, 4. Aufl. Wiley, New York
Jensen MC (2001) Corporate budgeting is broken. Let's fix it! Harv Bus Rev 79(10):95–101
Jensen MC (2003) Paying people to lie: the truth about the budgeting process. Eur Financ Manag 9:379–406
Jung H (2014) Controlling, 4. Aufl. Oldenbourg, München
Kahnemann D, Tversky A (1979) Prospect theory: an analysis of decision under risk. Econometrica 47:263–291
Klein R, Scholl A (2004) Planung und Entscheidung. Vahlen, München
Knapp E (2005) Interne Revision und Corporate Governance. Erich Schmidt, Berlin
Körndörfer W, Peez L (1993) Einführung in das Prüfungs- und Revisionswesen. Gabler, Wiesbaden
Kosiol E (1967) Zur Problematik der Planung in der Unternehmung. Z Betriebswirtschaft 37:77–96
Küpper H-U, Weber J, Zünd A (1990) Zum Verständnis und Selbstverständnis des Controlling. Z Betriebswirtschaft 60:281–293
Mellerowicz K (1976) Planung und Plankostenrechnung, Bd. 1: Die betriebliche Planung, 3. Aufl. Haufe, Freiburg
Menz WD (1973) Die Profit Center Konzeption. Haupt, Bern
Meredith J (1988) Project monitoring for early termination. Proj Manag J 29:31–38
Meyer MA, Vickers J (1997) Performance comparisons and dynamic incentives. J Polit Econ 105:547–581
Meyer-Piening A (1994) Zero Base Planning als analytische Personalplanungsmethode im Gemeinkostenbereich. Schäffer-Poeschel, Stuttgart
Navrade F (2008) Strategische Planung mit Data-Warehouse Systemen. Gabler, Wiesbaden
Neis J, Leis F (2011) Anforderungen an Unternehmensplanungen, BewertungsPraktiker, Nr. 4, S 12–15
Nevries P, Strauß E, Goretzki L (2009) Zentrale Gestaltungsgrößen der operativen Planung. Z Controll Manag 53:237–241
Odean T (1998) Are investors reluctant to realize their losses? J Finance 53:1775–1798
Pendse N, Creeth W (1995) The OLAP report. New York
Preißner A (2002) Profit center managen. Hanser, München
Pyhrr P (1970) Zero base budgeting. Harv Bus Rev 1970:111–121
Riesenhuber M (2006) Die Fehlentscheidung. Ursache und Eskalation. DUV, Wiesbaden

Roethlisberger FJ (1954) Betriebsführung und Arbeitsmoral. Westdeutscher, Köln

Ross M, Sicoly F (1979) Egocentric biases in availability and attribution. J Pers Soc Psychol 37:322–336

Schewe G (2005) Unternehmensverfassung. Springer, Heidelberg

Staw B, Fox F (1977) Escalation: the determinants to a chosen course of action. Hum Relat 30(5):431–450

Steinmann H, Schreyögg G, Koch, J (2013) Management, 7. Aufl. Springer Gabler, Wiesbaden

Stoffel K (1995) Controllership im internationalen Vergleich. Gabler, Wiesbaden

Tengblad S (2006) Is there a new managerial work? A comparison with Henry Mintzbergs classic study 30 years later. J Manag Stud 43(7):1437–1461

Thaler RH (1985) Mental accounting and consumer choice. Mark Sci 4(3):199–214

Thaler RH (1999) Mental accounting matters. J Behav Decis Mak 12(3):183–206

Theisen M (2000) Der Konzern, 2. Aufl. Schäffer-Poeschel, Stuttgart

Tversky A, Kahnemann D (1974) Judgement under uncertainty: heuristics and biases. Science 185(4157):1124–1131

von Neumann J, Morgenstern O (1944) Theory of games and economic behaviour. Princeton University, Princeton

Weber J (2000) Neue Perspektiven des Controllings. Betriebs Berat 55(38):1931–1935

Weber J, Linder S (2003) Budgeting, Better Budgeting oder Beyond Budgeting? Konzeptionelle Eignung und Implementierbarkeit. WHU, Vallendar

Weber J, Schäffer U (1998) Controlling Entwicklung im Spiegel von Stellenanzeigen 1990–1994. Kostenrechnungspraxis 42:227–233

Weber J, Schäffer U (2016) Einführung in das Controlling, 15. Aufl. Schäffer-Poeschel, Stuttgart

Weber J, Bender M, Eitelwein O, Nevries P (2009) Von Private Equity Controllern lernen. Wiley-VCH, Weinheim

Weinstein ND (1980) Unrealistic optimism about future life events. J Pers Soc Psychol 39:806–820

Wild J (1982) Grundlagen der Unternehmensplanung, 4. Aufl. Rowohlt, Reinbek

Zayer E (2006) Verspätete Projektabbrüche in F & E. Eine verhaltensorientierte Analyse. DUV, Wiesbaden

Zyder M (2007) Die Gestaltung der Budgetierung. Eine empirische Untersuchung in deutschen Unternehmen, Deutscher Universitäts-Verlag, Wiesbaden

Transferpreise 5

5.1 Funktionen von Transferpreisen in Konzernen

Ein Unternehmen mit dezentralen Einheiten, die im Rechnungswesen separat erfasst werden, bei dem die Einheiten Leistungen untereinander austauschen, benötigt Transferpreise (oder Verrechnungspreise), um die Leistungen verrechnen zu können. Bei einem Konzern kommt hinzu, dass die einzelnen Einheiten teilweise selbstständig sind. Diese rechtlich selbstständigen Einheiten müssen separat Rechnung legen. An diese Rechnungslegung knüpft die Besteuerung an. Abbildung 5.1 zeigt das Problem am Beispiel des Volkswagen Konzerns.

Jeder Verkauf innerhalb eines Konzerns ist wesensverschieden von einem Verkauf am Markt. Der Preis kann von dem Konzernmanagement selbst festgelegt werden. Der Transferpreis fingiert einen Marktpreis, der gerade durch die Integration der Teile in einem Konzern ausgeschlossen wurde (vgl. Frese 2000, S. 232 ff.).

Handelt es sich um eine Verrechnung zwischen rechtlich unselbstständigen Einheiten, wie beispielsweise Kostenstellen, so wird der Erfolg eines Unternehmens auf verschiedene Teile desselben Unternehmens aufgeteilt. Wird allerdings die Grenze zwischen rechtlich selbstständigen Unternehmen überschritten, so muss die Leistung tatsächlich in Rechnung gestellt und gezahlt werden (vgl. Mandler 2002, S. 929), da die Besteuerung an den Einzelabschluss anknüpft.

Im nationalen Rahmen ermöglicht das Rechtsinstitut der ertragsteuerlichen Organschaft die Möglichkeit, dass mehrere rechtlich selbstständige Unternehmen wie eines besteuert werden, dadurch wird die rechtliche Vielheit des Konzerns durchbrochen und die Konzernbesteuerung setzt an der wirtschaftlichen Einheit an (vgl. Grefe 2017, S. 277 ff.). Organträger (also Obergesellschaft der steuerlichen Organschaft) können unbeschränkt steuerpflichtige natürliche Personen als Einzelunternehmer, nicht steuerbefreite Kapitalgesellschaften mit Geschäftsleitung im Inland oder gewerblich

S. Behringer, *Konzerncontrolling*,
https://doi.org/10.1007/978-3-662-55778-5_5

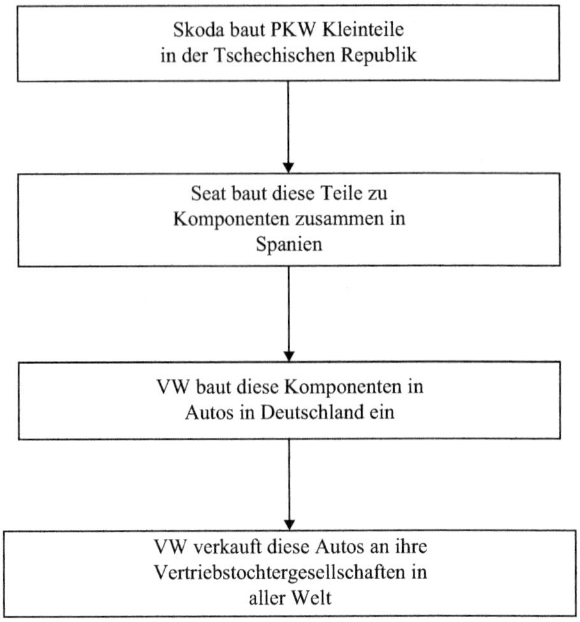

Abb. 5.1 Interne Leistungsverflechtungen in einem internationalen Konzern (Beispiel VW Konzern)

tätige Personengesellschaften mit Geschäftsleitung im Inland sein (§ 14 Abs. 1 Satz 1 KStG). Organgesellschaften können nach § 14 Abs. 1 KStG lediglich Unternehmen in der Rechtsform der Aktiengesellschaft bzw. der Kommanditgesellschaft auf Aktien sein. § 17 KStG erweitert den Kreis auf andere Kapitalgesellschaften, insbesondere der Rechtsform der Gesellschaft mit beschränkter Haftung. Weitere Voraussetzung ist, dass ein Ergebnisabführungsvertrag der Organgesellschaft mit dem Organträger abgeschlossen worden ist und somit eine tatsächliche Ergebnisübernahme stattfindet. Damit knüpft die steuerliche Organschaft an dem Leitbild des Vertragskonzerns an (vgl. Fritz 2010, S. 3). Dadurch, dass die Organschaft die nationalen Unternehmen eines Konzerns einheitlich besteuert, ist das steuerliche Problem der Transferpreise hier nicht so bedeutend.

Werden allerdings nationale Grenzen überschritten, so ergeben sich Probleme für die Besteuerung. Eine deutsche Organschaft kann keine ausländischen Gesellschaften einbeziehen. Solche Möglichkeiten bestehen in anderen europäischen Staaten (Dänemark, Frankreich, Italien und Österreich – vgl. Fritz 2010, S. 4). Grundsätzlich bleibt die Besteuerung aber eine nationale Angelegenheit Die einzelnen Einheiten des Konzerns als rechtlich selbstständige Unternehmen sind eigenständige Steuerschuldner, so dass die Möglichkeit der Erfolgsverlagerung zwischen Hoch- und Niedrigsteuerländern vorhanden ist.

Nehmen wir an, dass die M AG mit Sitz in dem Hochsteuerland (Steuersatz 60 %) Waren vertreibt, die sie von ihrer Tochtergesellschaft TG AG mit Sitz in dem Niedrigsteuerland (Steuersatz 30 %) erwirbt. Fest steht der Marktpreis in dem Hochsteuerland, der bei 100 € liege. Außerdem steht fest, dass die Herstellungskosten bei 40 € liegen. Für den Gesamtkonzern fällt folglich ein Gewinn vor Steuern von 60 € an. In Tab. 5.1 wird

Tab. 5.1 Variation des Transferpreises und Auswirkungen auf die Konzernsteuern

Transferpreis	Bemessungsgrundlage M AG	Bemessungs-Grundlage TG AG	Steuern Hochsteuerland (60 % Steuersatz)	Steuern Niedrigsteuerland (30 % Steuersatz)	Gesamtsteuern Konzern
40	60	0	36	0	36
70	30	30	18	9	27
100	0	60	0	18	18

gezeigt, wie eine Variation der Transferpreise den Gewinn nach Steuern für den Gesamtkonzern variieren lässt.

Wie zu erkennen ist, lässt alleine die Variation des Transferpreises zu Gunsten der TG AG mit Sitz in dem Niedrigsteuerland die Steuerquote kleiner werden. Man erinnere sich, dass der eigentliche Geschäftsvorfall mit Herstellkosten von 40 und einem Marktpreis von 100 nicht geändert wurde. Da die Steuern die Mittel reduzieren, die für Ausschüttungen an die Aktionäre zur Verfügung stehen, haben Unternehmen einen Anreiz, Gewinne in Niedrigsteuerländern anfallen zu lassen. Weichen sie dabei von den marktüblichen Bedingungen, wie sie zwischen fremden Dritten herrschen würden ab, so spricht man von einer Erfolgsverlagerung (vgl. Schmidt 2002, S. 40). Die Staaten haben natürlich ein Interesse daran, dass die Steuern nicht willkürlich anfallen, sondern nach objektiven Kriterien. Um dies zu gewährleisten, werden der Variation von Transferpreisen von Staaten oder supranationalen Organisationen wie der OECD Grenzen gesetzt. Steuerlich anerkannte Methoden zur Ermittlung von Transferpreisen werden in 5.3 vorgestellt. Die Bedeutung von Transferpreisen ist immens, da die Staaten ein starkes Augenmerk auf sie richten. Dies liegt daran, dass der Handel innerhalb von Konzernen sehr bedeutend ist. So werden nach Schätzungen der OECD inzwischen ca. 60 % des Welthandels innerhalb von Konzernen abgewickelt (vgl. Hans Böckler Stiftung 2013).

Neben der externen Anforderung, die Steuern zu ermitteln, müssen Transferpreise noch andere Ansprüche erfüllen. So ist es denkbar, dass dezentrale Einheiten des Konzerns Entscheidungen treffen, die im besten Interesse ihrer eigenen Einheit sind, aber für den Gesamtkonzern negative Auswirkungen hätten. Ein Beispiel ist (vgl. Ewert und Wagenhofer 2014, S. 567 ff.), dass eine Vertriebstochtergesellschaft einem Kunden die Einhaltung einer besonders kurzen Lieferzeit verspricht. Diese ist durch die Produktionsabteilung nur einzuhalten, sofern sie von dem ursprünglichen Produktionsplan abweicht. Die Entscheidung kann für den Gesamtkonzern richtig sein, wenn der Gewinn durch den zusätzlichen Auftrag insgesamt erhöht wird. Dies muss sich für eine richtige dezentrale Entscheidung in dem Transferpreis, wie er vom Konzern festgelegt wird, niederschlagen. Aus diesem Grund werden Transferpreissysteme teilweise auch als Lenkpreissysteme bezeichnet (vgl. z. B. Kreuter 1997).

Ähnlich ist die Funktion der Transferpreise, richtige Preiskalkulationen vorzunehmen. Hat eine dezentrale Einheit die Hoheit über den Vertrieb von Produkten des Konzerns ist

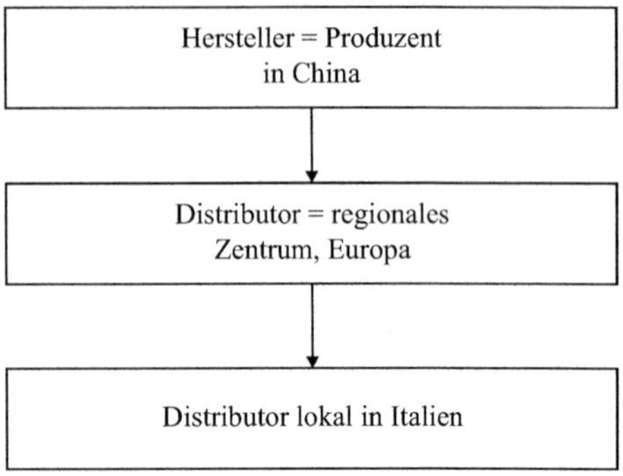

Abb. 5.2 Mehrstufiger Konzern mit zwei Distributionsebenen

es wichtig, bei der Kalkulation von Preisen aus Sicht des Gesamtkonzerns richtige Kosteninformationen zu haben. Dies ist wichtig, um bei Angeboten richtige Preise zu kalkulieren. Wären die vorgelagerten Transferpreise z. B. aus Gründen der Erfolgsverlagerung überhöht, können falsche Angebote abgegeben werden, die dazu führen, dass der potentielle Kunde seinen Auftrag einem anderen Unternehmen gibt. Ähnlich verhält es sich bei der Entscheidung über „make or buy" Entscheidungen im Konzern (vgl. Hoffjan 2009, S. 111). Diese können durch verzerrte Transferpreise falsch getroffen werden. Letztlich wird durch den Transferpreis der fehlende Marktmechanismus innerhalb des Konzerns ersetzt (vgl. Becker et al. 2012, S. 303).

Da die Erfolge der dezentralen Einheiten stark von den Transferpreisen abhängen und die Erfolge wiederum der Anknüpfungspunkt für Motivations- und Anreizstrukturen im Unternehmen sind, haben Transferpreise eine wichtige Motivations- und Anreizfunktion. Abbildung 5.2 illustriert diesen Sachverhalt.

Die Abbildung 5.2 zeigt einen mehrstufigen Konzern, in dem die Produktion zentral in China erfolgt. Die Distribution erfolgt zweistufig. Zum einen gibt es einen Distributor, der zentral für Europa die Waren von dem chinesischen Hersteller bezieht. Der Endkunde wird nicht von dieser europäischen Regionalzentrale bedient sondern von lokalen Vertriebsgesellschaften in jedem größeren europäischen Land, z. B. Italien. Diese Struktur wird vielfach von amerikanischen und asiatischen Konzernen gewählt, um zum einen Synergieeffekte aus einer Zentralisierung z. B. für Kundendienst und Marketing zu haben und zum anderen den vielfältigen kulturellen Unterschieden in den europäischen Ländern gerecht zu werden. Wenn man sich in die Lage des Managements der chinesischen Produktion versetzt, so hängt deren Erfolg von den Kosten der Produktion und dem festgelegten Transferpreis ab. Der zentrale Distributor für Europa hängt in seinem Erfolg sowohl von den administrierten Preisen zwischen China und Europa als auch von den administrierten Preisen zwischen Europazentrale und italienischer Vertriebstochter ab. Die italienische Vertriebstochter kann zwar den Marktpreis beeinflussen, ihr Erfolg hängt aber auch von dem administrierten Preis zwischen Europazentrale und italienischer Tochter ab. Theoretisch richtig wäre es, den chinesischen Hersteller als Cost Center, die Europazentrale ebenfalls als Cost Center und die italienische Tochter als Revenue

Center (mit Kostenverantwortung für die Vertriebskosten) zu führen. Dies wird in der Praxis nicht immer gemacht, da in vielen Unternehmen die Meinung vorherrscht, dass eine rechtlich selbstständige Einheit wie ein Profit Center zu führen ist. Werden die drei als Profit Center geführt erkennt man unmittelbar, dass die Managements aller drei Einheiten einen wesentlichen Fokus auf die Festsetzung der Transferpreise setzen werden. Ewert/Wagenhofer zitieren den folgenden Ausspruch, der deutlich macht, welche Bedeutung die Transferpreise haben können (Ewert und Wagenhofer 2014, S. 607 m. w. N.):

> There is possibly no single accounting topic that consumes more management time and energy in multi-profit center companies than the business of establishing acceptable transfer prices. The expenditure of energy in this area far exceeds that expended on pricing products sold to outside customers.

Zwischen den einzelnen Funktionen der Transferpreise kann es erhebliche Zielkonflikte geben. Von daher ist es notwendig für das Controlling, in Abstimmung mit der Konzernsteuerabteilung, die Transferpreise ausgewogen und zielorientiert festzulegen.

5.2 Betriebswirtschaftliche Ermittlungsmethoden von Transferpreisen

5.2.1 Marktorientierte Transferpreise

Wird ein gleichartiges Gut wie zwischen den einzelnen Konzernteilen auch am Markt zwischen externen Dritten gehandelt, so kann dieser beobachtbare Preis als Transferpreis herangezogen werden. Voraussetzung ist, dass überhaupt ein Markt für diese Leistungen existiert. Dies ist bei Zwischenprodukten oder internen Dienstleistungen (man denke an das Konzerncontrolling selbst) nicht immer der Fall. Der Preis, der am Markt beobachtet wird, muss zudem überhaupt relevant sein (vgl. Ewert und Wagenhofer 2014, S. 574 ff.). Er ist dann nicht relevant, wenn der Konzernbereich den Marktpreis selber beeinflussen kann. Dies ist nur dann nicht der Fall, wenn auf dem Markt vollständige Konkurrenz herrscht. Es muss des Weiteren einen einheitlichen Marktpreis geben. Gibt es für verschiedene Kunden verschiedene Preise, z. B. für Großabnehmer mit Rabatten, so ist es nicht mehr eindeutig, welcher Preis für die Festlegung des Transferpreises herangezogen werden soll. Wichtig ist ebenfalls, dass der Marktpreis zu der Entscheidung passt. Ein häufiger Vorwurf von nachgelagerten Bereichen ist es, dass die Leistung von Externen sehr viel billiger erbracht werden kann. Zu diesem Zweck werden dann Angebote von externen Anbietern eingeholt und als Beweis angegeben, dass man ja auch woanders die Leistung einkaufen könnte. Es zeigt sich häufig, dass diese Angebote von den externen Dienstleistern strategisch abgegeben werden. Sie wollen einen langfristigen Auftrag erhalten und geben aus diesem Grund zuerst ein niedriges Angebot ab, das sie dann im Laufe der Kundenbeziehung erhöhen. Von daher wäre ein solcher Vergleich nicht relevant.

Marktpreise haben den großen Vorteil, dass sie objektiv sind. Sie geben auch eine Indikation darüber, ob der leistende Bereich sich auf dem Markt behaupten könnte oder nicht. Außerdem finden sich in ihnen auch aktuelle Entwicklungen an den Märkten wieder, so dass ein Wettbewerbsdruck für Bereiche geschaffen wird, die sonst nicht am Markt agieren.

Es sprechen viele gute Gründe für den Marktpreis als Transferpreis, sofern er ermittelbar ist, sollte man ihn wählen. Allerdings gibt es in vielen Fällen keinen Markt für die gleiche Leistung oder auf diesem Markt herrscht keine vollständige Konkurrenz.

Unterschiede zwischen der innerhalb des Konzerns verrechneten Leistung und am Markt beobachtbaren Leistungen können über Modifikationen an dem Marktpreis berücksichtigt werden. Es wird vorgeschlagen die folgenden Modifikationen vorzunehmen (vgl. Ewert und Wagenhofer 2014, S. 582):

	Marktpreis der internen Leistung
−	Absatzkosten
−	Versandkosten
−	Entfallende Marketingkosten
−	Kalkulatorische Zinsen auf Forderungen
+	Innerbetriebliche Transportkosten
=	Transferpreis

Damit sind diejenigen Kosten aus dem Transferpreis eliminiert, die nur anfallen, wenn ein Bereich mit fremden Dritten versucht ins Geschäft zu kommen. Damit fallen allerdings die Vorteile, die eine interne Lieferung hat, ausschließlich im beziehenden Bereich an. Der liefernde Bereich gibt alle seine Vorteile ab. Umgekehrt kann der liefernde Bereich ausschließlich profitieren, wenn man von dem Marktpreis alle Bezugsnebenkosten abzieht, die man bei einem Bezug von fremden Dritten hätte.

Zusammenfassend kann man den Marktpreis als den besten Transferpreis benennen, allerdings ist er nicht immer vorhanden und in vielen Fällen auch dann nicht relevant, wenn er beobachtbar ist.

5.2.2 Kostenorientierte Transferpreise

Aufgrund der Schwierigkeiten, relevante Marktpreise zu ermitteln, wird in der Praxis häufig auf kostenorientierte Transferpreise zurückgegriffen (vgl. z. B. Atkinson 1987). Diese lassen sich aus den Daten des Rechnungswesens des Konzerns zuverlässig ermitteln.

Zunächst ist zu klären, ob Plan- oder Istkosten zugrunde gelegt werden sollen. Werden Istkosten zugrunde gelegt, so ist sichergestellt, dass die exakten, tatsächlich angefallenen Kosten zwischen den Konzerneinheiten verrechnet werden. Allerdings ist für den beziehenden Bereich unsicher, welchen Transferpreis er tatsächlich bezahlen muss, da dieser erst im Nachhinein, wenn die Istkosten feststehen, ermittelt werden kann. Dies kann erhebliche Fehlsteuerungen zur Folge haben. So werden die beziehenden Bereiche erwartete Istkosten bei ihren Entscheidungen zugrunde legen. Gibt es einen starken Fixkostenanteil in einem Leistungsbereich, so werden die beziehenden Bereiche ihre Aufträge in Perioden platzieren, in denen sie davon ausgehen, dass auch andere Unternehmensbereiche die Leistung stark nachfragen. So können sie von der Fixkostendegression profitieren. Wird demgegenüber zu Standard- oder Plankosten der Transferpreis gebildet, so ergibt sich dieses Problem nicht mehr. Die beziehenden Bereiche haben Sicherheit, welcher Transferpreis angesetzt wird. Darüber hinaus erhält der leistende Bereich einen Anreiz zu wirtschaftlichem Handeln, da Kostenabweichungen bei ihm verbleiben. Allerdings kann der leistende Bereich nicht dafür verantwortlich gemacht werden, wenn die Kostenabweichung durch eine geringere als geplante Nachfrage entsteht. Wiederum haben die beziehenden Bereiche den Anreiz, in der Planung falsche Angaben zu machen. Planen sie hohe Absatzmengen, so fließt der Fixkostendegressionseffekt stark in den Transferpreis ein. Aus diesen Gründen muss man konstatieren, dass sowohl Transferpreise aus Standard- als auch aus Istkosten problematisch sein können.

Werden den beziehenden Bereichen Vollkosten zugerechnet, so werden sämtliche Kosten verrechnet. Die Situation für den beziehenden Bereich ist so, als ob sie die Leistung selbst erstellt hätten (vgl. Coenenberg et al. 2016, S. 740 f.). Für den liefernden Bereich ergibt sich, dass zwar die Kosten gedeckt werden, aber ein Gewinn nicht entstehen kann. Alternativ kann man Transferpreise auf Basis von Grenzkosten verrechnen. Dann erhalten die beziehenden Bereiche nur diejenigen Kosten in Rechnung gestellt, die durch ihren Auftrag zusätzlich angefallen sind.

Der optimale Transferpreis wäre derjenige der den Gesamterfolg des Konzerns maximiert. Das Hirshleifer-Modell bietet eine Ableitung zu einem optimalen Transferpreis, der die in 5.1 genannten Funktionen erfüllt (vgl. Hirshleifer 1956, S. 172 ff.). Das Modell geht von einem Unternehmen mit zwei Bereichen aus, einem produzierenden, das ein Zwischenprodukt liefert (Verkaufseinheit), und einem abnehmenden Bereich (Kaufeinheit), die dieses Zwischenprodukt abnimmt. Beide Bereiche werden als Profit Center geführt und die Erlös- und Kostenfunktionen sind beiden Bereichen bekannt. Vorausgesetzt wird ferner, dass für das Zwischenprodukt kein externer Markt besteht. Diese Annahme ist wichtig, da sonst der Preis auf dem externen Markt als Transferpreis verwendet werden könnte. Des Weiteren wird angenommen, dass es keine Kapazitätsengpässe gibt.

Ausgangspunkt ist die Gewinnfunktion des Gesamtunternehmens:

$$G = p_K x_K - K_K(x_K) - K_V(x_V)$$

Dabei sind:

G = Gewinn des Gesamtunternehmens
$\mathbf{p_K}$ = Marktpreis des Endprodukts
$\mathbf{x_K}$ = Absatzmenge des Endprodukts
$\mathbf{K_K}$ = Gesamtkosten der Kaufeinheit
$\mathbf{K_V}$ = Gesamtkosten der Verkaufseinheit
$\mathbf{x_V}$ = Absatzmenge der Verkaufseinheit

Da das Zwischenprodukt für jedes verkaufte Stück des Endprodukts benötigt wird, muss x_K gleich x_V sein. Die optimale Menge für die Kaufeinheit ist gegeben, wenn die Funktion nach xK abgeleitet und null gesetzt wird. Es ergibt sich unter Berücksichtigung der Identität von x_K und x_V:

$$G' = p_K - GK_K(x_K) - GK_V(x_V) \Leftrightarrow p_K = GK_K(x_K) + GK_V(x_K)$$

Dabei sind:

$\mathbf{GK_K}$ = Grenzkosten der Kaufeinheit
$\mathbf{GK_V}$ = Grenzkosten der Verkaufseinheit

Damit ist der Absatzpreis ermittelt, der zu der optimalen Absatzmenge für die Kaufeinheit führt. Der Transferpreis zwischen den beiden Einheiten muss nun so gewählt werden, dass der Gewinn des Gesamtunternehmens maximiert wird, also jeder Bereich nur Entscheidungen trifft, die im Gesamtinteresse des Unternehmens sind. Die Gewinnfunktion der Verkaufsdivision sieht dabei wie folgt aus:

$$G_V = P_V X_V - K_V(X_V)$$

Der Gewinn der Verkaufseinheit ergibt sich als Umsatz (Preis mal Menge) abzüglich der Kosten der Verkaufseinheit. Die Kaufeinheit hat folgende Gewinnfunktion:

$$G_{K=P_K X_K} - K_{K(X_K)-P_V X_V}$$

Die Kaufeinheit muss noch zusätzlich zu den eigenen Kosten die von der Verkaufseinheit abgenommenen Leistungen berücksichtigen. Die optimale Lösung wird wiederum durch Ableitung und Nullsetzen der beiden Gleichungen ermittelt:

$$GE_{V(X_V)} = GK_{V(X_V)}$$
$$GE_{K(X_K)} = GK_{K(X_K)} + GK_{V(X_V)}$$

Dabei sind:

$\mathbf{GE_V}$ = Grenzerlöse der Verkaufseinheit
$\mathbf{GE_K}$ = Grenzerlöse der Kaufeinheit

Werden nun steigende Grenzkosten der Verkaufseinheit angenommen, da der Fixkostendegressionseffekt mit steigender Menge immer größer wird, und gleichzeitig die Grenzerlöse der Abnehmerdivision immer geringer werden, da das Absatzpreisniveau mit

Abb. 5.3 Optimaler Transferpreis im Hirshleifer-Modell. (Weber und Schäffer 2016, S. 225)

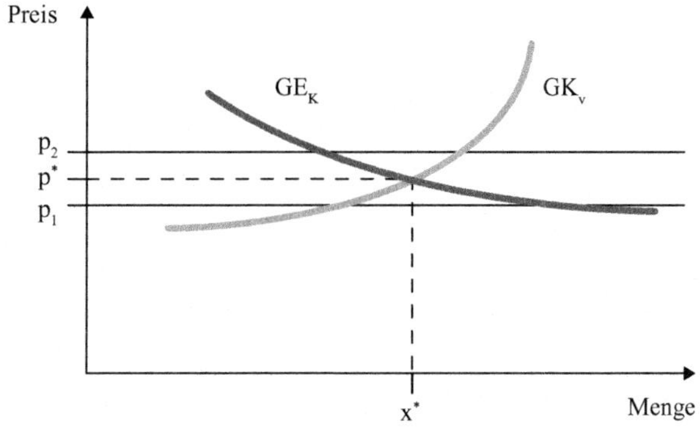

steigender Menge nicht gehalten werden kann, so gibt es genau einen Transferpreis, bei dem beide die gleiche Menge liefern bzw. abnehmen wollen. Dieser Punkt ist erreicht, wenn der Transferpreis (p*) den Grenzkosten der Verkaufseinheit bei der optimalen Menge (x*) entspricht. Graphisch wird das in Abb. 5.3 dargestellt.

Damit ist gezeigt worden, dass die Grenzkosten als Transferpreis angewendet werden können, um ein optimales Ergebnis zu erhalten. Allerdings sind die Annahmen des Modells sehr restriktiv. Weitergehend lösen die Modelle der linearen Optimierung das Problem in seiner Gänze, so dass auf Transferpreise eigentlich verzichtet werden könnte (vgl. Weber und Schäffer 2016, S. 225 f.). Man kann nach der Lösung den Bereichen direkt die optimal zu produzierenden Mengen vorschreiben, so dass der Umweg, Transferpreise zur Koordination zu nutzen, gar nicht mehr notwendig ist. Daneben muss man berücksichtigen, dass Grenzkosten nur kurzfristige Elemente berücksichtigen. Die Entscheidungssituation innerhalb von Konzernen ist jedoch i. d. R langfristig angelegt. Wenn ein Konzern über den Aufbau von Kapazitäten für interne Belieferungen nachdenkt, so sind auch die Fixkosten entscheidungsrelevant, die durch den Maschinenpark, die Anmietung einer Fabrikhalle und die Einstellung von Mitarbeitern resultieren. Damit greift die Beschränkung auf kurzfristige Grenzkosten zu kurz (vgl. Kaplan und Atkinson 1998, S. 456 f.).

Gegen Grenzkosten wird auch eingewendet, dass sie dem abnehmenden Bereich suggerieren, dass die Leistung tatsächlich nur die Grenzkosten verursachen (vgl. Ewert und Wagenhofer 2014, S. 600). Dieser Einwand kann durch die Anwendung von Vollkosten zur Berechnung der Transferpreise aufgehoben werden. Der abnehmende Bereich bekommt sämtliche Kosten inklusive der Fixkosten als Transferpreis berechnet. Hier kann aber das entgegengesetzte Problem auftauchen: Die Schlüsselung von Gemeinkosten ist nicht immer eindeutig. Daher kann es passieren, dass der abnehmende Bereich mit Kosten belastet wird, für die er keine Verantwortung trägt (vgl. Weber und Schäffer 2016, S. 224).

Die Berechnung von Transferpreisen mittels tatsächlich angefallenen Vollkosten ist dann besonders problematisch, wenn die beziehenden Bereiche die Möglichkeit haben, auf den externen Markt auszuweichen. Hat ein Unternehmen z. B. ein zentrales Schreibbüro eingerichtet und werden die Transferpreise für eine geschriebene Seite mit den tatsächlich angefallenen Vollkosten verrechnet, so verschärft sich das Problem der Überteuerung immer weiter: Je mehr innerbetriebliche Kunden die Dienste der Schreibstelle durch externe Lieferanten ersetzen, um so höher wird der Preis für eine geschriebene Seite. Am Ende werden alle potentiellen innerbetrieblichen Nachfrager den externen Markt nutzen und gleichzeitig die hohen Fixkosten der Schreibstelle zu astronomischen Preisen für eine geschriebene Seite führen (vgl. Milgrom und Roberts 1992, S. 81). Aus diesem Grund sind vollkostenbasierte Transferpreise ungeeignet, wenn die Möglichkeit besteht, sich auf dem externen Markt zu versorgen. Hier sollte der Marktpreis als Transferpreis gewählt werden.

Um diesem Problem zu begegnen, werden auch zweistufige (duale) Transferpreise vorgeschlagen (vgl. Ewert und Wagenhofer 2014, S. 601 ff.; Poensgen 1973, S. 513 ff.). Dabei werden die Transferpreise in zwei Teile aufgespalten: Die laufende Leistungsverrechnung wird zu Grenzkosten vorgenommen. Zusätzlich wird ein einmaliger Betrag je Periode verrechnet. Dieser Betrag soll die Fixkosten des leistenden Bereichs abgelten und kann interpretiert werden als Entschädigung für das Vorhalten der Kapazität. Kurzfristig können damit die Grenzkosten angewendet werden, die – wie durch das Hirshleifer-Modell gezeigt worden ist – geeignet sind, die Koordination von dezentralen Bereichen zu gewährleisten. Die Nachteile der Grenzkosten können durch den Einmalbetrag aufgefangen werden. Vergleichbar diesem Preissystem sind z. B. die Preisschemata von Telefonanbietern, die zum einen eine monatliche Grundgebühr für die Bereitstellung der Infrastruktur und zum anderen einen variablen Preis pro genutzter Zeiteinheit verlangen.

In der Praxis sind Kapazitätsengpässe in den liefernden Bereichen normal. Damit verdrängt eine innerbetriebliche Leistung entweder eine Transaktion mit dem externen Markt oder eine Zulieferung zu einem anderen innerbetrieblichen Projekt. Daher müssen Transferpreise Knappheitspreise darstellen (vgl. Coenenberg et al. 2016, S. 715). In diesem Sinne ist der Transferpreis, wenn es keinen Engpass gibt, die kurzfristige Preisuntergrenze, entspricht also den Grenzkosten des liefernden Bereichs. Liegt ein Engpass vor, müssen die Opportunitätskosten berücksichtigt werden. Diese sind der Deckungsbeitrag, der mit dem besten verdrängten Auftrag erwirtschaftet worden wäre. Damit setzt sich der Transferpreis aus den Grenzkosten des liefernden Bereichs zuzüglich des verdrängten Deckungsbeitrags zusammen. Hier ist allerdings sehr problematisch, dass die Opportunitätskosten praktisch schwer zu ermitteln sind. Daneben führt diese Methode dazu, dass die Gewinne dort anfallen, wo die Engpässe bestehen. Dies kann einzelne Bereichsleiter motivieren, die Kapazitäten bewusst niedrig zu halten. In jedem Falle ist diese Art der Gewinnverteilung zumindest willkürlich.

Insgesamt haben alle kostenorientierten Transferpreise Vorteile, aber auch gewichtige Nachteile. Marktpreise als Transferpreise sind überlegen, wenn sie beobachtbar sind. Für die Fälle, wo diese nicht vorhanden oder nicht relevant sind, ist auf einen kostenbasierten Transferpreis zurückzugreifen. Der Konzern muss sich aber der Nachteile des verwendeten Modells bewusst sein und versuchen, insbesondere Fehlanreize zu vermeiden bzw. auszugleichen.

5.2.3 Transferpreise als Verhandlungsergebnis

Die Konzernzentrale kann auf die Vorgabe eines Transferpreises verzichten und die Aushandlung dem liefernden und dem abnehmenden Bereich überlassen. Dies hat den Vorteil, dass die besseren Informationen der einzelnen Bereiche über ihre Kosten- und Erlössituation in die Transferpreisermittlung einfließen. Voraussetzung ist, dass alle beteiligten Bereiche autonom entscheiden können und auch die Möglichkeit haben, die interne Transaktion zugunsten von externen Transaktionen auszuschlagen. Ist diese Möglichkeit nicht gegeben, ist der Verhandlungsgegenstand nicht klar. Es gibt kein Drohpotential bei den beteiligten Parteien.

Vorteil dieser Form der Bildung von Transferpreisen ist die hohe Motivation, die für alle beteiligten Parteien daraus entsteht. Für Konzerne ergibt sich dadurch auch die Möglichkeit, Strukturen infrage zu stellen, d. h. zu sehen, ob es sinnvoller wäre, bestimmte Leistungsbereiche nicht mehr intern zu bedienen, sondern an externe Dienstleister auszulagern. Nachteilig ist, dass ein hold-up Problem entstehen kann. Das hold-up (wörtliche Übersetzung: Raubüberfall) Problem entsteht, wenn ein Konzernteil spezifische Investitionen tätigt, die nur für die innerbetriebliche Leistung verwendet werden können, z. B. Fortbildung der Mitarbeiter oder Verfahrensinvestitionen für die spezifische Leistung. Im Nachhinein sind die Kosten irreversibel bzw. versunken (sunk costs). Da ein Ausweichen auf andere Abnehmer nicht mehr möglich ist, da die Investitionen spezifisch sind, muss der leistende Bereich bei den nächsten Verhandlungen auch ein Verhandlungsergebnis akzeptieren, was die getätigten Investitionen nicht berücksichtigt (vgl. Klein et al. 1978). Da das hold-up Problem von den leistenden Bereichen antizipiert wird, unterbleiben notwendige Investitionen (vgl. Grout 1984), was die Innovationskraft und damit die langfristige Konkurrenzfähigkeit des Konzerns infrage stellen kann. Das Problem kann nur dadurch gemildert werden, dass der abnehmende Bereich verpflichtet wird, mindestens einen Teil der Investitionskosten zu übernehmen, was allerdings eine Durchbrechung der Autonomie der Bereiche mit sich bringt.

Das konkrete Ergebnis einer Verhandlung ist schwer vorherzusagen, da es von dem individuellen Verhandlungsgeschick der Leiter der Konzernteile und von der konkreten Verhandlungssituation abhängt. Es lässt sich allerdings zeigen, in welchem Bereich sich die Parteien einigen werden (vgl. Ewert und Wagenhofer 2014, S. 608):

Bereich 1 und Bereich 2 verhandeln über einen Transferpreis für ein Stück eines Vorprodukts, das in Bereich 1 hergestellt wird und notwendig zur Herstellung des Endprodukts ist, das in Bereich 2 gefertigt wird. Die Grenzkosten für die Herstellung des Vorprodukts betragen 120 €. Der Verkaufspreis für das Endprodukt beträgt 200 € und die Grenzkosten für die Fertigung in Bereich 2 30 €. Der vorläufige Deckungsbeitrag in Bereich 2 ist folglich 200 € abzüglich der 30 € Grenzkosten, also 170 €. Liegen keine Engpässe bzw. Alternativen vor, so werden sich die beiden Bereiche auf einen Transferpreis zwischen 120 und 170 € einigen. Kann Bereich 1 sein Vorprodukt an einen externen Abnehmer für 140 € verkaufen, so schrumpft der Einigungsbereich aufgrund der höheren Opportunitätskosten auf das Intervall [140; 170]. Wenn Bereich 2 ein Angebot hat, ein vergleichbares Vorprodukt für 155 € auf dem freien Markt zu erwerben, so schrumpft das Intervall weiter auf [140; 155]. Wenn Bereich 2 ein Angebot bekommt, das Vorprodukt extern für 135 € zu beziehen, so ist kein Einigungsbereich mehr vorhanden. Die beiden Bereiche werden ihre jeweiligen externen Alternativen wahrnehmen.

Problematisch ist bei diesen Verfahren, dass der verkaufende Bereich geneigt ist, in einer ersten Verhandlung einen möglichst hohen Preis anzugeben, der nicht seinen wahren Grenzkosten entspricht. Gleichzeitig wird der kaufende Bereich einen möglichst niedrigen Preis nennen, der nicht dem Grenzpreis entspricht. Würden in dem ursprünglichen Beispiel der Leiter des Bereiches 1 in den Verhandlungen einen Grenzpreis von 160 € vorgeben, also 40 € mehr als seine tatsächlichen Grenzkosten sind, und der Leiter des Bereiches 2 einen Grenzpreis von 150 €, also 20 € weniger als sein tatsächlicher Grenzpreis beträgt, so würde es keine Einigung geben, obwohl bei Offenbarung der wahren Grenzpreise ein Einigungsbereiche vorhanden wäre. Dieses Problem kann man lösen, wenn das Konzerncontrolling als Schiedsrichter auftritt. Das Konzerncontrolling hat Zugang zu den Kalkulationen und den Alternativen und kann so völlig aus der Luft gegriffene Nennungen entlarven.

Neben den genannten Problemen hat die Verhandlung über Transferpreise den Nachteil, dass sie sehr zeitintensiv ist und erhebliche Konflikte in einem Konzern auslösen kann. Dass Verhandlungspreise zu eklatant höheren Konflikten führen als andere Methoden zeigen empirische Untersuchungen. Die Konflikte werden dann noch verstärkt, wenn es keine Möglichkeit gibt für die internen Bereiche, externe Märkte zu nutzen (vgl. Lambert 1979, S. 70 ff.). Dennoch kann ein Prozess der Verhandlung über Preise wichtige Denkprozesse einleiten. So kann den Vertriebsbereichen offenbar gemacht werden, welche Kosten sie tatsächlich mit ihren Entscheidungen auslösen. Es können interne Bereiche infrage gestellt werden und die „make or buy“ Entscheidung getroffen werden.

5.2.4 Transferpreise und Verhaltenssteuerung

In den vorangegangenen Kapiteln ist sehr stark die Basis und die Methodik der Transferpreisermittlung thematisiert worden. Da Transferpreise allerdings eine große Bedeutung für den Erfolg eines Konzernteils haben, gehen von ihnen vielfältige Motivations- und Anreizwirkungen aus. Um die Anreize korrekt zu setzen, kann es sinnvoll sein, von den oben genannten Verfahren Abstand zu nehmen und Transferpreise nach anderen Kriterien festzusetzen. Im Folgenden sollen einige Beispiele für solche Situationen gegeben werden:

- Die Manager von Konzernteilen können das Ziel Umsatzwachstum haben. Gründe dafür kann steigende Macht oder Prestige sein oder sich erweiternde Aufstiegsmöglichkeiten (vgl. Donaldson 1984). Eine Tochtergesellschaft mit höherem Umsatz bringt i. d. R mehr Ansehen in einem Konzern. So ist Umsatzwachstum Teil der Nutzenfunktion von Managern (vgl. Baumol 1959), auch wenn dies nicht im Interesse der Aktionäre oder des Gesamtkonzerns ist. In diesen Situationen hat die Konzernzentrale die Möglichkeit, die Umsatzsteigerungsstrategie teurer zu machen, indem sie Transferpreise für notwendige Vorleistungen erhöht (vgl. Ewert und Wagenhofer 2014, S. 634 ff.).

- In Konzernen, in denen zwei Bereiche ähnliche Produkte herstellen, die am Markt miteinander konkurrieren, kann durch das Setzen von Transferpreisen der Wettbewerb untereinander beeinflusst werden (vgl. Wagenhofer 1995). Dies ist denkbar bei Konzernen, die mit mehreren Marken die verschiedenen Segmente in einem Produktbereich bearbeiten. Wird der Preis für Leistungen, die beide Marken benötigen, angehoben, so kann der Preiswettbewerb am Markt eingeschränkt werden.
- Dieses Prinzip kann auch im externen Wettbewerb angewendet werden, vorausgesetzt, der Transferpreis ist von außen beobachtbar. Durch ein Anheben des Transferpreises kann dem Wettbewerb signalisiert werden, dass der Preiswettbewerb reduziert werden soll. Allerdings funktioniert dies nicht mehr sobald Unsicherheit über die Kostensätze des Wettbewerbs aufkommen (vgl. Schiller 2000, S. 1 ff.).

Weitergehend wird die Problematik der Transferpreisermittlung in spieltheoretischen Modellen, die auf der Agency-Theorie aufbauen, thematisiert. In diesen Modellen wird gezeigt, dass die optimale Ausgestaltung von Transferpreisen nur möglich ist, wenn auch die Interaktionen zwischen Transferpreisen, Organisationsstrukturen und Vertragsausgestaltungen beachtet werden (vgl. Holmström und Tirole 1991; Anctil und Dutta 1999).

5.2.5 Andere Faktoren zur Bestimmung von Transferpreisen

Neben finanziellen Aspekten wie Kosten und Erlösen oder persönlichen Aspekten wie dem Einfluss im Konzern und dem Verhandlungsgeschick, hängt ein interner Transferpreis noch von anderen Einflussfaktoren ab. Dies sind zunächst Faktoren des Umfeldes, also z. B. die Dynamik des Marktes. Daneben bestimmen Dauer und Umfang der innerbetrieblichen Partnerschaft den Preis. Interne Leistungsbeziehungen sind meistens auf eine sehr viel längere Zeit angelegt als das bei Leistungsbeziehungen zu fremden Dritten der Fall ist.

Daneben bestimmt der Grad der Autonomie der dezentralen Einheiten wesentlich den Transferpreis. Mit dem folgenden Fragenkatalog kann man die relevanten Überlegungen erfassen (Wagenhofer 2002, Sp. 2080 f.):

- Gibt es Beschränkungen der Inanspruchnahme von Leistungen externer Anbieter bzw. Abnahmeverpflichtungen gegenüber internen Bereichen?
- Gibt es Beschränkungen der Leistungsverwertung an externe Nachfrager bzw. Leistungsverpflichtungen gegenüber einem internen Nachfrager?
- Bestehen Prioritätsregeln für Leistungen dafür, inwieweit zuerst ein interner oder ein externer Bedarf erfüllt wird?

- Kann ein Bereich in einen beabsichtigten Auftrag eines anderen Bereiches mit einem Externen einsteigen?
- Darf ein Bereich eine Leistung, die ein anderer Bereich erzeugt, auch selbst herstellen?
- Wie ist bei Reklamationen über interne Leistungen vorzugehen?
- Welche Informationen müssen wann und wie häufig an andere Bereiche gegeben werden?

Dazu kommen insbesondere im internationalen Bereich noch gewichtige andere Faktoren, die die Transferpreise stärker beeinflussen können als steuerliche oder koordinierende Funktion. So werden die Preise durch den Wettbewerb auf den entsprechenden Märkten, den Preisniveaus und dem Bestreben einen angemessenen Gewinn für Tochtergesellschaften sicherzustellen, um die Motivation der Mitarbeiter und die finanzielle Gesundheit der Tochtergesellschaft zu gewährleisten, geprägt (vgl. Hoffjan 2009, S. 125 f.). Staaten selbst können die gewählten Transferpreise beeinflussen, z. B. in dem sie Zölle erheben. Der Zoll erhöht die Einkaufskosten des kaufenden Konzernunternehmens. Die Konzernzentrale kann bestrebt sein, diesen Effekt auszugleichen und daher einen niedrigen Transferpreis anzusetzen. Umgekehrt kann der Staat, in dem das exportierende Konzernunternehmen seinen Sitz hat, durch Exportsubventionen zu einem hohen Transferpreis beitragen, der durch die Subvention für das belieferte Unternehmen wieder vermindert wird.

Insgesamt zeigt sich, dass das Problem des richtigen Transferpreises, der alle betriebswirtschaftlichen Funktionen erfüllt, nicht hinreichend gelöst ist. Für das Konzerncontrolling ist es wichtig, zu wissen, dass es die genannten Fallstricke gibt. Verkompliziert wird dieses Problem noch durch die steuerliche Problematik.

5.3 Steuerliche Ermittlungsmethoden zur Bestimmung von Transferpreisen

5.3.1 Problemstellung: Erfolgsverlagerung in Konzernen und relevante steuerrechtliche Regelungen

Die steuerliche Dokumentation und korrekte Bestimmung der Transferpreise ist zuvorderst eine Aufgabe der Konzernsteuerabteilung. Bei der Problematik muss das Konzerncontrolling allerdings aufgrund der vielfältigen Rückwirkungen der Transferpreise auf andere betriebswirtschaftliche Sachverhalte beteiligt werden. Die Möglichkeit, optimale Transferpreise, die die Koordinationsfunktion erfüllen, zu setzen, wird durch die steuerlichen Regeln zusätzlich zu der allgemeinen Problematik der Ermittlung von Transferpreisen noch erschwert.

Wenn man sich noch einmal das Beispiel zur Erfolgsverlagerung aus 5.1 in Erinnerung ruft, sieht man die Möglichkeiten, die international agierende Konzerne haben. Verbunden mit dem Ziel der Gewinnmaximierung ist zwangsläufig das Ziel der Steuerminimierung. Dies kann erreicht werden dadurch, dass Gewinne in den Staaten anfallen, in denen die Steuersätze niedrig sind. Das Steuerungsinstrument zum Erreichen dieses Zieles sind die Transferpreise. Da Konzerne sich immer stärker internationalisieren und die Wertschöpfungskette dabei immer stärker fragmentiert wird, kann man mit einer steigenden Bedeutung des Problems rechnen (vgl. Siebert 1997, S. 13). So stellen sich internationale Konzerne immer arbeitsteiliger auf – Automobilhersteller nutzen Plattformen, Motoren und andere Komponenten, die zentral für alle Konzernmarken hergestellt werden.

Für die Staaten ergibt sich damit das Problem, dass der fiskalische Zweck der Steuern, also Einnahmen für den Staat zu generieren, durch die Aktivitäten der international agierenden Konzerne gefährdet werden kann. Das Dilemma für die Staaten kann in dem Satz „business goes global, taxes stay local" (Oestreicher 2000, S. 5) angedeutet werden. Steuerobjekt ist die nationale konzernzugehörige Gesellschaft. Der vom Konzern festgelegte Transferpreis wird Teil der Steuerbilanz und determiniert so den zu versteuernden Gewinn, auf den der staatlicherseits festgelegte Steuersatz angewendet wird.

Die öffentliche Diskussion um Gewinnverschiebungen in internationalen Konzernen hat in den letzten Jahren eine erhebliche Öffentlichkeitswirkung erzielt. In der Folge hat insbesondere die OECD begonnen, multilaterale Vereinbarungen auf den Weg zu bringen, die die Möglichkeiten zur legalen Steuerverkürzung reduzieren können. Als erstes Resultat hat die OECD 2015 Aktionspunkte zur Vermeidung von „Base Erosion and Profit Shifting (BEPS)" verabschiedet. Ziel dieser Aktionspunkte ist es, die vorhandenen Defizite des internationalen Steuerrechts, die es internationalen Konzernen durch das bewusste Ausnutzen von unterschiedlichen steuerlichen Regelungen ermöglichen, ihre Steuerlast zu mindern, zu begegnen.

Abbildung 5.4 gibt einen Überblick über die Wirkungen, die von Transferpreisen steuerlich ausgehen können. So stellt der Transferpreis für das Käuferunternehmen die Anschaffungskosten dar. Ceteris paribus steigt mit sinkendem Transferpreis der steuerbare Gewinn und damit auch die Steuereinnahmen von Land B. Für das Verkäuferunternehmen stellt sich die Situation genau spiegelbildlich dar. Mit steigendem Transferpreis steigen die Verkaufserlöse und damit der steuerbare Gewinn und auch die Steuereinnahmen in Land A. Nimmt man an, dass in Land A ein niedriger Steuersatz als in Land B gilt, so hat der Konzern ein Interesse, mehr Gewinn in Land A anfallen zu lassen und wird die Transferpreise niedrig ansetzen. In Land A wird damit viel Gewinn versteuert, was man als overdeclaring bezeichnen kann, und in Land B wenig Gewinn, was als underdeclaring bezeichnet werden kann (Stewart 1981, S. 177). Um zu erkennen, ob es sich tatsächlich um ein over- oder underdeclaring handelt, bedarf es eines Maßstabes, wie ein korrekter Gewinn auszuweisen wäre. Dieser Maßstab muss durch gesetzliche Regelungen vorgegeben werden. Da jede grenzüberschreitende Transaktion innerhalb der Wertschöpfungskette eines Konzerns in einem Staat gewinnerhöhend und in einem anderen gewinnmindernd wirkt, reichen nationale Regelungen alleine nicht aus. Es bedarf bilateraler und multilateraler Übereinkünfte, die die steuerlichen Gewalten der einzelnen Staaten voneinander abgrenzen und Konzerne vor einer Mehrfachbesteuerung ein und desselben Geschäftsvorfalls schützen. Auch wenn die nationalen Steuerbehörden vorgeben werden, dass sie nur das Ausnutzen von Steuergefälle zwischen einzelnen Staaten

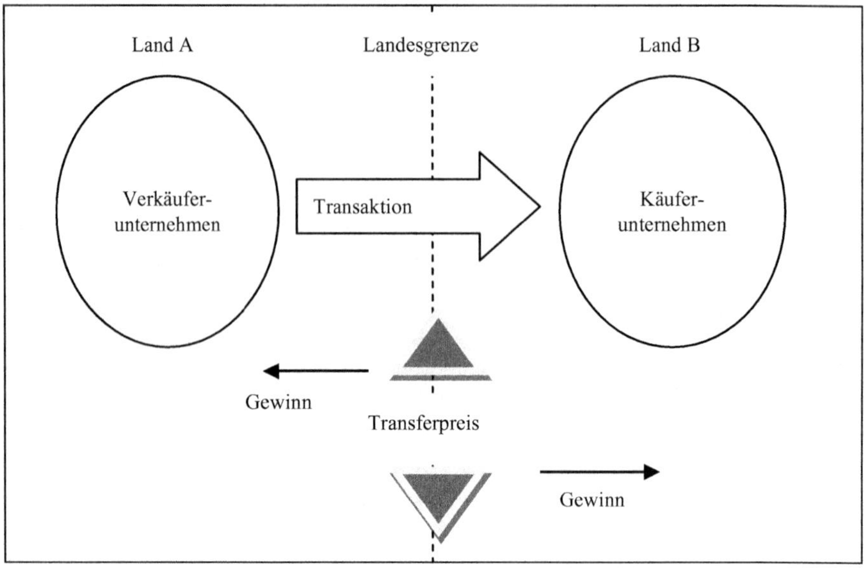

Abb. 5.4 Schematische Darstellung der Gewinnwirkungen von Transferpreisen. (Vgl. Keerl 2008, S. 53)

verhindern wollen, so wird der wahre Grund sein, dass auch Hochsteuerländer einen Teil der Steuereinnahmen erzielen wollen (vgl. Wellisch 2003, S. 335).

Regelungen zu grenzüberschreitenden Geschäften (vgl. zur Übersicht Abb. 5.5) finden sich im deutschen Steuerrecht zum einen im Körperschaftsteuergesetz. So bestimmt § 8 Abs. 3 KStG, dass verdeckte Gewinnausschüttungen an Gesellschafter nicht zu Steuerminderung führen. Dies gilt auch bei grenzüberschreitenden Transaktionen (vgl. Keerl 2008, S. 64). Umgekehrt gilt dies für verdeckte Einlagen. Diese müssen wie eine Veräußerung behandelt werden und damit bei dem Unternehmen, welches die Einlage vornimmt, versteuert werden. Eine verdeckte Einlage entsteht dann, wenn der Gesellschafter einer Tochtergesellschaft Güter mit zu geringen Transferpreisen in Rechnung stellt. Eine verdeckte Gewinnausschüttung entsteht, wenn die Tochter ihrem Gesellschafter Güter mit zu geringen Transferpreisen in Rechnung stellt. § 1 AStG ermöglicht es den Finanzbehörden, Transferpreise zwischen nahe stehenden Personen durch einen Drittvergleich zu verändern, um dadurch unbillige Steuerminderungen in Deutschland zu korrigieren.

Glaxo muss Rekordstrafe in den USA zahlen

Welche enormen wirtschaftlichen Folgen die falsche (fahrlässige oder vorsätzliche) Bemessung von Verrechnungspreisen haben kann, zeigt exemplarisch der Fall des britischen Pharmaherstellers GlaxoSmithKline (GSK) in den USA. Ab 1989 war das Unternehmen im Konflikt mit den amerikanischen Finanzbehörden über die im Konzern verwendeten Transferpreise. Erst 2006, also 17 Jahre nach Beginn des Konflikts,

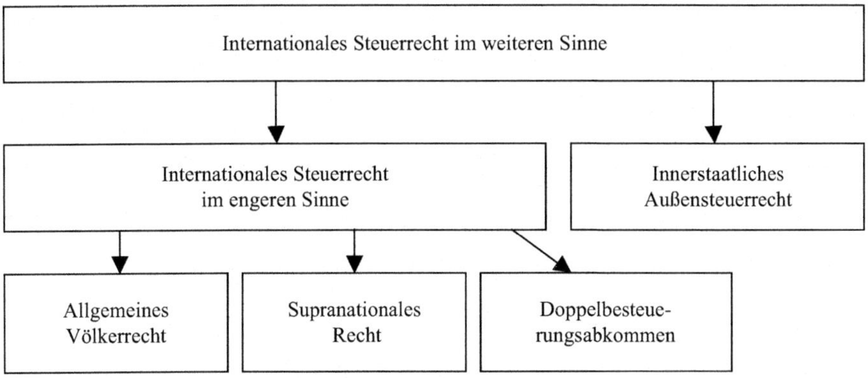

Abb. 5.5 Unterteilung des internationalen Steuerrechts. (Vgl. Scheffler 1994, S. 9)

konnte man sich mit den Behörden einigen auf ein Strafvolumen, das rekordverdächtig bis heute scheint: GSK musste 3,4 Mrd. US-$ an den amerikanischen Staat nachzahlen und verzichtete gleichzeitig auf eine Steuerrückerstattung in Höhe von 1,8 Mrd. US-$ (vgl. Schrade und Neumann 2008, S. 578).

Die nationalen Regeln werden häufig überlagert von Doppelbesteuerungsabkommen (DBA). Doppelbesteuerungen entstehen dann, wenn mehrere Staaten Anspruch erheben auf die Versteuerung ein und derselben Bemessungsgrundlage. Man kann dabei eine wirtschaftliche Doppelbesteuerung unterscheiden, d. h. zwei verschiedene Steuersubjekte, z. B. zwei konzernangehörige Unternehmen, bezahlen für denselben Geschäftsvorfall Steuern. Zum anderen gibt es die juristische oder rechtliche Doppelbesteuerung, bei der ein Steuersubjekt für den gleichen Geschäftsvorfall mehrfach Steuern bezahlt (vgl. Koch 1981, S. 171 ff.). Die Doppelbesteuerung führt zu Wettbewerbsverzerrungen und hemmt den internationalen Handel. Deswegen binden sich Staaten in bilateralen völkerrechtlich bindenden Verträgen, welcher Staat die Steuerhoheit über einzelne Bemessungsgrundlagen hat (vgl. Theisen 2000, S. 593). Dies bedeutet im Ergebnis einen gegenseitigen Verzicht auf potentielle inländische Steuereinnahmen. Ein DBA geht als lex specialis den nationalen deutschen Steuerregelungen vor sofern sie einschlägig sind (sog. Schrankenwirkung der DBAs, vgl. Klein 1982, S. 160). Derzeit hat die Bundesrepublik Deutschland mit 96 Staaten DBAs auf dem Gebiet der Steuern vom Einkommen und vom Vermögen abgeschlossen (Stand: 1. Januar 2010, vgl. Bundesfinanzministerium 2017). Dabei sind Vereinbarungen mit allen großen Industriestaaten abgeschlossen worden. Teilweise fehlen allerdings Abkommen mit aufstrebenden Ländern z. B. mit Brasilien oder Nigeria. Für Schlagzeilen sorgte im Jahr 2015 die Verhandlung eines Doppelbesteuerungsabkommens zwischen Deutschland und der Schweiz, wobei mehr die Schwarzgelder von Privatleuten eine Rolle in den politischen Diskussionen spielten. Damit kann man das bestehende Netz von Doppelbesteuerungsabkommen getrost als sehr lückenhaft bezeichnen (vgl. Schaumburg 1998, S. 823).

Häufig reichen bilaterale Regeln zur wirksamen Vermeidung von Doppel- bzw. Mehrfachbesteuerungen nicht aus, da die Wertschöpfung von Konzernen nicht nur in zwei sondern mehreren Staaten erfolgt. So gibt es Bemühungen zur Harmonisierung innerhalb der Europäischen Union. Zwar gibt es im EU-Vertrag keine Aufforderung zur Vereinheitlichung der direkten Steuern (vgl. Czakert 2008, S. 433 f.), dennoch sind von der Kommission Initiativen ergriffen worden, um Doppelbesteuerungen zu vermeiden. Besonders relevant für die Transferpreisproblematik ist das „Übereinkommen über die von den Mitgliedsstaaten der Europäischen Gemeinschaft vereinbarte Verrechnungspreisgestaltung." Ziel ist es, Doppelbesteuerungen zu vermeiden (Art. 15 Schiedskonvention), „die durch Preisberichtigungen der verschiedenen Finanzbehörden der Mitgliedsstaaten im internationalen Verrechnungsverkehr von verbundenen Unternehmen verursacht werden" (Art. 14 Schiedskonvention). Aus der grundsätzlichen Feststellung, dass eine grenzüberschreitende Transaktion in einem Staat zu Gewinnmehrung und in einem anderen Staat zu Gewinnminderung führt, folgt, dass wenn eine nationale Finanzbehörde die Transferpreise zugunsten eines höheren Gewinns verändert und damit eine nationale Steuernachzahlung fällig wird, dies zu einem niedrigeren Gewinn in einem anderen Staat und damit zu einer Steuerrückzahlung führen wird. Dafür gibt es ein verbindliches Schlichtungsverfahren innerhalb der EU für die beteiligten nationalen Steuerbehörden (vgl. Krabbe 1996, S. 5 ff.).

Auf europäischer Ebene nimmt auch der Europäische Gerichtshof (EuGH) Einfluss auf die steuerlichen Regelungen für Konzerne. In einem bedeutenden Urteil hat sich der EuGH 2006 mit dem grenzüberschreitenden Verlustausgleich auseinandergesetzt (vgl. Ersterer und Bartelt 2010, S. 5). Der britische Einzelhandelskonzern Marks & Spencer hatte die Verluste in Kontinentaleuropa in Großbritannien geltend gemacht. Unter anderem war die deutsche Tochtergesellschaft nach langen Verlusten liquidiert worden. Das britische System des „group relief" erlaubt die Verlagerung von Verlusten innerhalb eines Konzerns, was allerdings auf das Inland beschränkt war. Der EuGH sah diese Beschränkung als eine Einschränkung der Niederlassungsfreiheit an. Allerdings beschränkt sich die Möglichkeit zur Verlustübertragung auf Fälle, in denen die Verluste endgültig nicht mehr im Entstehungsland geltend gemacht werden können. Da u. a. die deutsche Tochtergesellschaft von Marks & Spencer liquidiert worden war, bestand die Möglichkeit, die entstandenen Verluste mit künftigen Gewinnen in Deutschland zu verrechnen, nicht mehr. Damit bleibt es bei dem Grundsatz, dass Verluste nur innerhalb eines steuerlichen Hoheitsgebiets miteinander verrechnet werden dürfen (vgl. Egner 2015, S. 120).

Um die internationalen Regelungen zu Transferpreisen auf eine breitere Basis zu stellen, hat sich die OECD (Organisation für Economic Cooperation and Development) dem Thema Steuern gewidmet und 1979 erstmals Mustervorschriften für Doppelbesteuerungsabkommen, die sich insbesondere mit der Transferpreisproblematik auseinandersetzen, veröffentlicht. Dieses Musterabkommen wurde zuletzt im Jahr 2014 überarbeitet (vgl. OECD 2014). Es wird von den meisten der Mitgliedsstaaten der OECD, dies sind die wesentlichen Industriestaaten, als Grundlage bei der Aushandlung von DBAs gewählt. In Art. 9 des OECD Musterabkommens wird darauf verwiesen, dass im Fall einer Nachbesteuerung in einem Land es zu einer nachträglichen Entlastung in dem anderen Land kommen soll, genauso wie in der Schiedskonvention der EU. Allerdings ist die Regelung in den meisten deutschen DBAs anders: Diese sehen lediglich die Korrektur in dem bislang benachteiligten Staat vor, so dass es zu einer faktischen Sanktionierung des betroffenen Konzerns kommt (vgl. Lengsfeld 2005, S. 138 f.).

Die Vereinten Nationen haben ein ähnliches Musterabkommen zur Vermeidung von Doppelbesteuerungen aufgestellt, das 2011 zuletzt überarbeitet worden ist (vgl. UN 2011). Dieses räumt den Entwicklungsländern ein stärkeres Besteuerungsrecht ein, als es in dem primär auf Verhandlungen zwischen Industrieländern ausgerichteten OECD Musterabkommen vorgesehen ist (vgl. Kraft 1991, S. 117). Da das OECD Musterabkommen auch von den deutschen Finanzbehörden bei Verhandlungen mit anderen Staaten maßgeblich zugrunde gelegt wird, werden im Folgenden die dort genannten Grundsätze für die Bildung von Transferpreisen näher erläutert.

5.3.2 Das Grundprinzip: „Dealing at arms length"

„Dealing at arms length" bedeutet, dass die an der Transaktion beteiligten Parteien frei und unabhängig handeln, ohne dass sie von ihrer speziellen Beziehung als in einem Konzern zusammengeschlossene Unternehmen beeinflusst werden. Der Begriff geht auf die Fechtersprache zurück. Beim Fechten bezeichnet die arms length den Abstand, den die Fechter als Voraussetzung für einen fairen Kampf einhalten müssen (eine Waffenlänge, vgl. Klein 1995, S. 227). Um dem Prinzip zu genügen, ist es also notwendig, bei der Transferpreisgestaltung die besonderen Beziehungen innerhalb des Konzerns zu überwinden und die Transaktion so zu gestalten, „wie sie bei vergleichbaren Verhältnissen mit oder unter fremden Dritten vereinbart wurden oder worden wären" (Baumhoff 1986, S. 50). Damit muss der Transferpreis dem Fremdvergleich standhalten. Dieses Prinzip ist sowohl in § 1 Abs. 1 AStG als auch in Art. 9 Abs. 1 OECD-MA (OECD-Musterabkommen von 2014) kodifiziert.

Ein solcher Fremdvergleich würde erfordern, dass ein Marktpreis für eine vergleichbare wie die innerbetriebliche Leistung existiert. Auf die Schwierigkeiten der Übernahme von Marktpreisen ist bereits hingewiesen worden (vgl. Kap. 5.2.1. Man wird daher selten einen wirklich vergleichbaren Preis finden. Wenn überhaupt wird man eine Bandbreite von vergleichbaren Preisen finden. Dies entspricht auch der Erfahrung mit „normalen" Marktpreisen. Auch hier – es sei denn es handelt sich um börsengehandelte Güter – gibt es i. d. R mehr als einen Preis. Daher ist die Bestimmung des richtigen vergleichbaren Preises alles andere als eine exakte Wissenschaft. Damit ergibt sich auch für jedes Unternehmen die Problematik, dass eine sichere, in jedem Fall vor Nachzahlungen schützende Bestimmung des Transferpreises unmöglich ist.

Der Fremdvergleich kann – wenn möglich – mit tatsächlichen Transaktionen erfolgen, oder hypothetisch, in dem man versucht den Preisbildungsprozess nachzubilden, wie er zwischen fremden Dritten vonstattengehen würde.

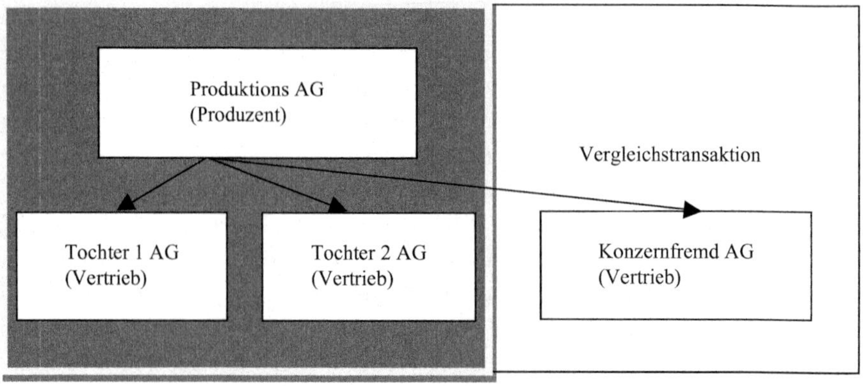

Abb. 5.6 Innerbetrieblicher Vergleich. (Vgl. Ernst und Young 2003, S. 15)

Der tatsächliche Vergleich kann zum einen als innerbetrieblicher Vergleich (s. Abbildung 5.6) erfolgen, bei dem Transaktionen, die sowohl zwischen konzernzugehörigen als auch zwischen konzernunabhängigen Unternehmen erfolgt sind, miteinander verglichen werden.

Für den Fremdvergleich ist es beim innerbetrieblichen Vergleich ausreichend, die Transaktion zwischen der Produktions AG und der Konzernfremd AG mit den innerbetrieblichen Transaktionen zu vergleichen. Dies ist mit den Daten des Konzernrechnungswesens leicht möglich. Hierbei ist allerdings darauf zu achten, dass die interne und die externe Transaktion tatsächlich vergleichbar sind. Dies muss sich zum einen auf Art und Umfang der gelieferten Leistung beziehen. Zum anderen müssen aber auch die Funktionen, die die einzelnen Bereiche übernehmen, vergleichbar sein. Wenn in dem Beispiel die Produktions AG die Lagerhaltung für die beiden Töchter übernimmt, während die Konzernfremd AG dies selber übernimmt, so muss die zusätzliche Aufgabe in den Transferpreisen an die Tochter 1 AG und Tochter 2 AG durch einen Aufschlag Berücksichtigung finden. Genauso müssen auch die anderen Umstände der beiden Transaktionen berücksichtigt werden (vertragliche Verhältnisse, wirtschaftliche Situation der Parteien etc.). Die unterschiedlichen Umstände können zu Auf- und Abschlägen zu dem im Fremdvergleich beobachteten Transferpreis führen. Es könnte durchaus ein rationales Verhalten eines Konzerns sein, sich, um einen steuerlichen Fremdvergleich zu ermöglichen, eines fremden relativ kleinen Distributors zu bedienen. Damit könnten den Finanzbehörden die Transferpreise innerhalb des Konzerns plausibel gemacht werden.

Ist ein innerbetrieblicher Vergleich nicht möglich, so kann man auf einen zwischenbetrieblichen Vergleich (s. Abbildung 5.7) zurückgreifen. Dabei werden die Transaktionen zwischen unabhängigen Unternehmen verglichen mit den konzerninternen Transaktionen. Vielfach werden diese Preise als besonders objektiv angesehen, da die hier gewonnenen Erkenntnisse nicht dem Einfluss des Konzerns unterliegen, wie im Falle des innerbetrieblichen Fremdvergleichs.

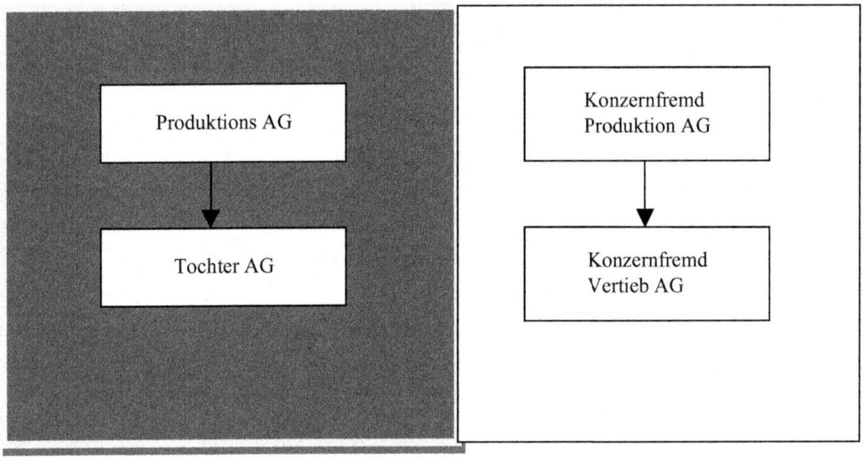

Abb. 5.7 Zwischenbetrieblicher Vergleich. (Vgl. Ernst und Young 2003, S. 15)

Auch wenn der zwischenbetriebliche Vergleich als besonders objektiv gilt, ist seine praktische Durchführung schwierig. Zum einen sind tatsächlich vergleichbare Transaktionen zwischen fremden Dritten selten am Markt beobachtbar. Wenn dies so ist, scheitert aber normalerweise die Datenerhebung, da die konzernfremden Unternehmen ihre Preise nicht offenlegen.

Für alle die Fälle, bei denen ein tatsächlicher Vergleich nicht möglich ist, muss man den Kunstgriff des hypothetischen Fremdvergleichs machen, der das Zustandekommen von Preisen unter fremden Dritten simuliert. Der BFH hat dazu in seiner Rechtsprechung die Figur des „ordentlichen und gewissenhaften Geschäftsleiters" geschaffen, der inzwischen auch Eingang in das Außensteuergesetz (§ 1 Abs. 1 AStG) gefunden hat. Dieser hat die Interessen der eigenen Gesellschaft vor zu hohen Steuern genauso zu vertreten, wie die Rechtstreue als Handlungsmaßstab. Außerdem gehen seine Risikoneigung und seine subjektiven Annahmen zum Zeitpunkt der Entscheidung in die Preisbildung ein. Die Kunstfigur des „ordentlichen und gewissenhaften Geschäftsleiter" wird auch für die Gegenseite angenommen, so dass für den hypothetischen Fremdvergleich ein simulierter Interessengegensatz zwischen internem Lieferanten und internem Kunden fingiert wird, wie er zwischen fremden Dritten entstehen würde.

Aufgrund der Schwierigkeiten des tatsächlichen Fremdvergleichs hat der hypothetische Fremdvergleich praktisch die größte Bedeutung (vgl. Ernst und Young 2003, S. 16). Naturgemäß sind in diesem Konstrukt Spielräume angelegt, die zu vollkommen verschiedenen Einschätzungen der Angemessenheit von Transferpreisen zwischen Unternehmen und Finanzverwaltung führen können. Dem müssen die Konzerne mit Dokumentationen entgegen treten, die die Angemessenheit und konsistente Anwendung von Preisfindungsmechanismen darstellen.

5.3.3 Methoden zur Ermittlung von steuerlich akzeptierten Transferpreisen

5.3.3.1 Transaktionsbezogene Standardmethoden

Die transaktionsbezogenen Standardmethoden sollen im Regelfall von den Finanzverwaltungen angewendet werden, um Abweichungen zu einem Preis at arms length zu begründen und damit ein underdeclaring zu beweisen. Sie sind sowohl national als auch international zur Bildung von Transferpreisen anerkannt.

- Bei der Preisvergleichsmethode (comparable uncontrolled price method) wird der Preis einer Transaktion innerhalb eines Konzerns mit einem Marktpreis, der anhand von Börsenkursen, branchenüblichen Preisen oder Abschlüssen unter fremden Dritten ermittelt wird, verglichen (äußerer Preisvergleich). Des Weiteren kann ein innerbetrieblicher Vergleich (vgl. Abbildung 5.6) vorgenommen werden. Die Probleme dieser Methode sind bereits erläutert worden. Lediglich grobe Abweichungen können daher mit dieser Methode aufgedeckt werden. Man kann sagen, dass „die Behauptung, es gebe Fremdvergleichspreise und daraus folge die Unrichtigkeit der im Konzern vereinbarten Preise reine Fiktion" ist (Moebus 1992, S. 408).
- Die Wiederverkaufspreismethode (resale price method) geht von dem Absatzpreis aus, der letztlich beim Verkauf an fremde Dritte erlöst wird (s. Abb. 5.8). Ausgehend von diesem Wiederverkaufspreis wird ein marktüblicher (also aus Fremdvergleich gewonnener) Abschlag abgezogen. Der Abschlag muss die Funktionen in der Wertschöpfungskette, die das belieferte Unternehmen im Konzern einnimmt, berücksichtigen und die übernommenen Risiken entgelten.
  Dabei geht man davon aus, dass das liefernde Unternehmen das strategietragende Unternehmen ist. Dasjenige Konzernunternehmen erhält mehr von dem Deckungsbeitrag, bei dem Forschung und Entwicklung, Produktion oder die Kundenkontakte liegen. Das belieferte Unternehmen wird durch diese Methode mit einem Standardgewinn abgegolten. Das Risiko und die Chance auf den Residualgewinn liegen bei dem liefernden Unternehmen.

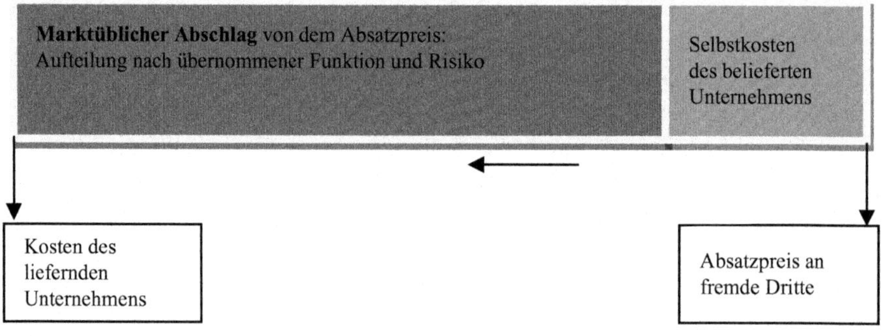

Abb. 5.8 Schematisches Vorgehen bei der Wiederverkaufspreismethode

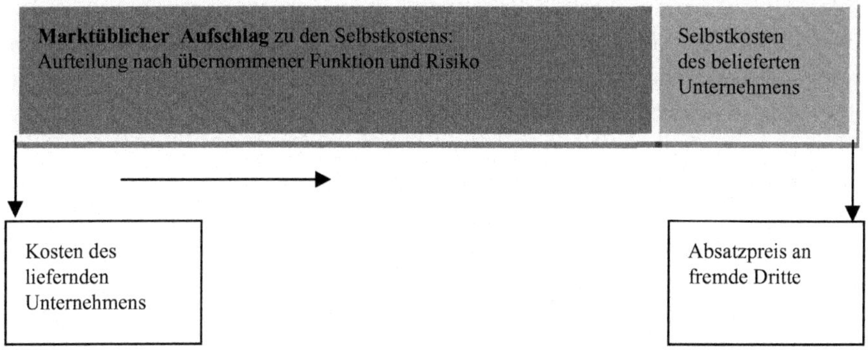

Abb. 5.9 Schematisches Vorgehen bei der Kostenaufschlagsmethode

- Die Kostenaufschlagsmethode (Cost Plus Method) stellt das spiegelbildliche Vorgehen zur Wiederverkaufspreismethode dar (s. Abb. 5.9). Hier sind die Kosten des liefernden Unternehmens der Ausgangspunkt. Je nach Situation können dies Voll- oder Teilkosten sein, die heranzuziehen sind. Die Selbstkosten werden um einen angemessenen Gewinnaufschlag, der branchenüblich sein muss und durch Fremdvergleich gewonnen werden muss, erhöht. Auch hier wird die Höhe des Aufschlags bestimmt danach, welches Konzernunternehmen welche Funktionen und Risiken innerhalb der Wertschöpfungskette übernimmt. Die Aufteilung zwischen lieferndem und beliefertem Unternehmen ist der Wiederverkaufspreismethode entgegen gesetzt. Das liefernde Unternehmen erhält einen Standardgewinn und übernimmt damit auch nur Routinefunktionen, während Chance und Risiko des Residualgewinns bei dem belieferten Unternehmen liegen, welches als strategietragend angesehen wird.

Grundsätzlich stehen die drei Standardmethoden gleichberechtigt nebeneinander. Dem Ziel des arms length principles kommt die Preisvergleichsmethode am nächsten. Die beiden anderen Standardmethoden sind beide in unterschiedlichen Kontexten anwendbar, je nachdem, ob in dem liefernden oder belieferten Unternehmen eine höhere Wertschöpfung erfolgt bzw. ein höheres Risiko getragen wird. Inoffiziell gibt es demnach doch eine Reihenfolge: 1. Preisvergleichsmethode, 2. Wiederverkaufsmethode, 3. Kostenaufschlagsmethode. In dieser Reihenfolge wurde im Jahr 1968 in den USA auch die Regulierung vorgenommen. Auch bei der Einführung des Außensteuergesetzes wurde über eine Einführung einer so gearteten Rangfolge diskutiert (vgl. Verlage 1975, S. 125 bzw. Seite 109 f.).

Folgen von falsch festgelegten Transferpreisen

Was praktisch auch bei mittelständischen Unternehmen passieren kann, wenn die Meinung entsteht, dass die Transferpreise falsch festgelegt sind, zeigt folgender Fall, über den das Handelsblatt in anonymisierter Form berichtete (Handelsblatt vom 10.12.2008). Die Betriebsprüfung bei einem mittelständischen Maschinenbauer, der in dritter Generation in Familienbesitz ist, läuft in dem Moment aus dem Ruder, in dem die Betriebsprüferin die Konzerntransferpreise gesehen hat. Die Steuerfahndung rückt an. Sie durchsucht Geschäftsräume, beschlagnahmt alle Akten zu konzerninternen Transferpreisen nebst dem gesamten E-Mail Verkehr mit den fünf Auslandstöchtern. Auch die Privaträume des Geschäftsführers werden durchsucht. Er und alle Mitarbeiter werden verhört. Der Vorwurf war, dass durch falsch berechnete Transferpreise illegal Gewinne von Deutschland ins Ausland verlagert wurden. Die mittelbaren Folgen wiegen schwer: Die Lokalzeitung bekommt Wind von den Vorwürfen und berichtet. Ehefrau und Kinder werden geschnitten. Der wichtigste Kunde, ein Großunternehmen, kündigt einen Vertrag mit Hinweis auf die eigene Geschäftspolitik nicht mit Unternehmen, die illegale Praktiken anwenden, Geschäfte zu machen. Das Unternehmen und der Geschäftsführer stehen vor einem Scherbenhaufen. Das Verfahren war langwierig, aber verlief am Ende doch glimpflich: Nach zwei Jahren einigte man sich mit den Betriebsprüfern auf einen fairen Preis. Die Nachzahlung wurde geleistet. Der Kunde kam wieder zurück. Allerdings zeigt dieser Fall, wie einschneidend Probleme mit Transferpreisen sein können und wie viel Aufmerksamkeit jedes international tätige Unternehmen diesem Themenbereich widmen sollte.

5.3.3.2 Transaktionsbezogene Gewinnmethoden

Die transaktionsbezogenen Gewinnmethoden sollen nur dann Anwendung finden, wenn die Standardmethoden nicht zu einem Ergebnis führen, das dem arms length principle entspricht. Dies kann beispielsweise der Fall sein, wenn es Lieferbeziehungen zwischen Konzernunternehmen, die beide bedeutende Strategieträger sind, gibt. Sie setzen am Gewinn des Unternehmens bzw. einer Transaktion an:

- Bei der Nettomargenmethode (Transactional Net Margin Methode) wird von einzelnen Transaktionen ausgegangen. Die Nettomarge wird berechnet, indem der Nettogewinn einer Transaktion zwischen verbundenen Unternehmen ins Verhältnis zu einer geeigneten Bezugsgröße (z. B. Umsatz, Vermögen, Kosten) gesetzt wird. Die so ermittelte Nettomarge soll der bei einem Geschäft zwischen fremden Dritten erzielbaren Nettomarge entsprechen. Unübersehbar ist, dass diese Methode sehr starke Ähnlichkeit mit der Wiederverkaufsmethode und der Kostenaufschlagsmethode hat. Die Ergebnisse werden sich zwischen beiden nur marginal unterscheiden. Üblicherweise geben die Finanzbehörden als Ergebnis eine Bandbreite von Renditen vor, die von dem Konzern künftig einzuhalten ist.
- Bei der Gewinnaufteilungsmethode (Transactional Profit Split Method) wird der gemeinsam erzielte Gewinn in einem Geschäftssegment aufgeteilt nach dem relativen Wert der übernommenen Funktionen zwischen lieferndem und beliefertem Unternehmen. Damit wird eine Aufteilung des Gewinns versucht, wie er zwischen fremden Dritten vorgenommen würde. Diese Methode wendet man insbesondere dann an, wenn die beiden Konzernunternehmen in einem so engen Verhältnis stehen, dass es nicht eindeutig möglich ist, einen Strategieträger zu identifizieren. Aufgrund ihrer

Flexibilität findet die Gewinnaufteilungsmethode in der Praxis breite Anwendung (vgl. Vögele et al. 2004, D Tz. 276). Insbesondere in der amerikanischen Steuerpraxis findet diese Methode eine große Anwendung (vgl. Eden 1998, S. 235 ff.).

- Eine besondere Form der Gewinnaufteilungsmethode ist die Restgewinnmethode (Residual Profit Split Method), bei der der Gewinn über zwei Stufen aufgeteilt wird. Diese Methode wendet man dann an, wenn beide Konzernunternehmen sowohl Routinetätigkeiten ausüben als auch immaterielle Vermögensgegenstände haben, die einzigartig sind (z. B. Patente beim liefernden Unternehmen und Markenrechte beim belieferten Unternehmen). Auf der ersten Stufe erhalten die Konzernunternehmen einen Gewinn für die Übernahme ihrer Routinetätigkeit zugeteilt, der dann von dem zu verteilenden Gesamtgewinn abgezogen wird. Im zweiten Schritt erhalten die beiden Unternehmen ihren Anteil in Abhängigkeit von der Wertschöpfung, die sie zu dem Gesamtgewinn beitragen (vgl. Boos et al. 2000, S. 2391).

Im US-amerikanischen Steuerrecht wird zusätzlich noch die Gewinnvergleichsmethode (Comparable Profits Methods) als pragmatische Methode zugelassen. Hierbei werden allein die Gewinne von abhängigen und unabhängigen Unternehmen verglichen und damit ein Rückschluss auf die Angemessenheit von Transferpreisen gemacht (vgl. Vögele et al. 2004, S. Tz. 131 ff.). Die Finanzbehörden geben eine Bandbreite an akzeptablen (also dem Fremdvergleich entsprechenden) Renditevorgaben vor, die von dem Konzern einzuhalten sind (vgl. Wellisch 2003, S. 349). Der Vorteil dieser Methode liegt auch darin, dass sie vergleichsweise wenige Informationen an die Finanzbehörden über interne Vorgänge weitergeben müssen, die zu Nachforschungen in anderen Sachverhalten führen können. Aufgewogen wird dieser Vorteil allerdings durch den Nachteil, dass vergleichsweise viele Informationen über andere Unternehmen zur Verfügung gestellt werden müssen, die schwer zu beschaffen sein werden.

5.3.4 Dokumentationspflichten

Über lange Jahre gab es einen Konsens der westlichen Industriestaaten, dass die Prüfung von Transferpreisen aufgrund ähnlicher Steuersätze nicht erforderlich sei. Dieser Konsens wurde zuerst von den USA Mitte der 80er Jahre aufgekündigt mit dem Erlass umfangreicher Dokumentationspflichten. Im Jahr 2003 folgte die Bundesrepublik Deutschland. Mit dem sogenannten BEPS-Umsetzungsgesetz wurden die Dokumentationspflichten 2017 umfassend reformiert. Seitdem muss ein deutscher Steuerpflichtiger nach § 90 Abs. 3 AO Aufzeichnungen über Art und Inhalt von Vorgängen mit Auslandsbezug erstellen. Wird die Dokumentationspflicht verletzt, drohen Sanktionen in Form von Strafzuschlägen. Bei zu spät vorgelegten oder unbrauchbaren Dokumentationen wird zudem das zusätzlich zu versteuernde Einkommen geschätzt, was zum Nachteil des Steuerpflichtigen ausfallen wird.

Konkret müssen Unternehmen, die Teil einer multinationalen Unternehmensgruppe sind ein Master File erstellen über die die weltweite Geschäftstätigkeit und die Systematik der Transferpreisstellung dargestellt werden muss. Darüber hinaus muss ein Local File produziert werden, die Sachverhalt und Angemessenheit der Verrechnungspreisermittlung darstellt (vgl. Höreth und Stelzer 2017, S. 62 f.).

Konzernobergesellschaften, die in ihren Konzernabschluss ausländische Töchter einbezogen haben, müssen zudem einen „Country by Country Report" erstellen. Die Pflicht entfällt, wenn diese Gesellschaften selbst Teil eines anderen Konzernabschlusses sind (analog zum Tannenbaumprinzip) bzw. wenn der konsolidierte Umsatz des Konzerns bei mindestens 750 Mio. Euro liegt. In dem Bericht müssen aufgeteilt nach steuerlichen Hoheitsgebieten die Umsätze, sonstige Erträge und deren Steuerbelastung darzustellen. Dieser Report ist an das Bundeszentralamt für Steuern zu übermitteln. Neu ist, dass dieser Bericht dann nicht nur an inländische Finanzbehörden sondern auch an die Behörden derjenigen Staaten übermittelt wird, mit denen dazu Übereinkommen abgeschlossen worden sind. Dies verlangt in jedem Konzern einen erheblichen Koordinierungsaufwand, um nicht widersprüchliche Angaben zu erzeugen.

Auch wenn die Dokumentationspflichten auf dem Verordnungswege konkretisiert worden sind, bleibt doch eine erhebliche Unsicherheit darüber, was genau durch den Steuerpflichtigen zu dokumentieren ist. Aus den Erfahrungen mit Betriebsprüfungen aus den ersten Jahren nach Einführung der neuen Dokumentationspflichten lässt sich erkennen (vgl. Fischer et al. 2007, S. 918 ff.), dass die Betriebsprüfer neben allgemeinen Angaben einen Überblick über Art und Ausmaß der Transaktionen mit dem Ausland erwarten. Am wichtigsten für die Finanzbehörden sind die Dokumentationen zu konkreten Geschäftsvorfällen. Hier muss der Steuerpflichtige darstellen, welche Leistungen Gegenstand sind, wie die Funktionen und die Risiken zwischen leistendem und beliefertem Unternehmen aufgeteilt sind und wodurch sich die Angemessenheit der festgelegten Preise ergibt.

Da es inzwischen weltweit Standard ist, dass Unternehmen ihre Transferpreise dokumentieren müssen, ist dies eine umfangreiche Aufgabe für internationale Unternehmen. Einige Staaten, wie z. B. China, Ungarn oder Argentinien, verlangen sogar, dass bestimmte Teile dieser Dokumentation zusammen mit der Steuererklärung eingereicht werden müssen (vgl. Schoppe 2013, S. 183 ff.). Die Dokumentationserstellung ist ein großer Arbeitsaufwand für international tätige Unternehmen. Die weltweite Dimension macht die Dokumentation zur natürlichen Aufgabe der Konzernzentrale, alleine um Widersprüche zwischen einzelnen nationalen Dokumentationen zu verhindern. Federführend wird ein Dokumentationsprojekt i. d. R von der Konzernsteuerabteilung geleitet. Allerdings ist die Involvierung des Konzerncontrollings notwendig, um die betriebswirtschaftlichen Zwecke der Transferpreise berücksichtigen zu können. Des Weiteren verfügt das Konzerncontrolling normalerweise über ein größeres Prozesswissen und ist i. d. R bereits in das Zustandekommen von Transferpreisen involviert.

5.3.5 Advance Pricing Agreements

Advance Pricing Agreements (APA) sind Vorabfestlegungen über Methoden, wie Transferpreise festgelegt werden sollen innerhalb eines Konzerns. Der Konzern bindet sich, die vereinbarte Methodik einzuhalten, die beteiligten Finanzbehörden sichern die Richtigkeit der vereinbarten Methodik in einem Steuerbescheid fest zu und minimieren damit das Risiko für den Konzern, in einer Betriebsprüfung zu Nachzahlungen verpflichtet zu werden. Ein APA ist also Ausfluss von konkreten Verhandlungen eines Konzerns mit den Finanzbehörden, normalerweise aus zwei Staaten. Üblicherweise haben APAs eine Laufzeit von mindestens drei Jahren (vgl. Emmanuel und Mehafdi 1994, S. 83) und treten mit Beginn der internationalen Geschäftstätigkeit zwischen zwei sich nahestehenden Parteien in Kraft. In Deutschland ist die Laufzeit auf den Zeitraum von minimal drei und maximal fünf Jahren beschränkt (vgl. Bundesfinanzministerium 2006, S. 16). In Abb. 5.10 wird ein schematischer Überblick über das APA Verfahren gegeben.

Die Initiative zu einem APA geht von dem Steuerpflichtigen aus. Motiv ist es, Rechtssicherheit zu bekommen. Dies erscheint bei Transferpreisen besonders wichtig zu sein, da, neben dem immanenten Konflikt zwischen Unternehmen und Steuerbehörde, hier der Konflikt zwischen zwei verschiedenen Steuerbehörden hinzukommt, die um Steuereinnahmen konkurrieren (vgl. Grotherr 2005, S. 857). In Deutschland ist das Bundeszentralamt für Steuern (BZSt) in Bonn die zuständige Behörde, an die der Antrag gerichtet werden muss. Das Verfahren beginnt mit einem Vorgespräch, in dem Gegenstand und

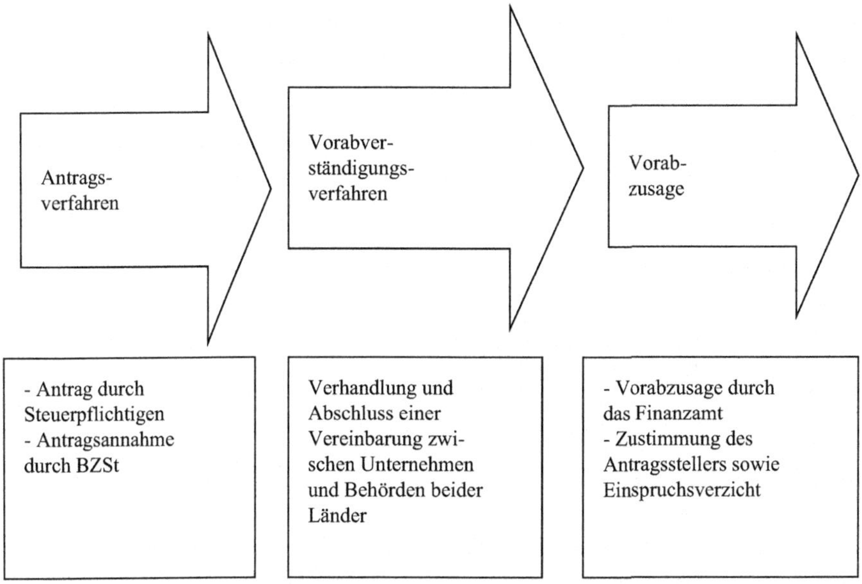

Abb. 5.10 Schematischer Ablauf des APA Verfahrens in Deutschland. (Vgl. Schrade und Neumann 2008, S. 584)

Inhalt des Verfahrens geklärt werden sollen. Der Antrag selbst erfordert eine umfangreiche Dokumentation über das Unternehmen, in der dem Fiskus auch sensible Daten preisgegeben werden müssen (vgl. Schrade und Neumann 2008, S. 585).

Gegenstand des APA kann nur die Methode zur Bestimmung der Transferpreise für einen bestimmten Gültigkeitsbereich sein. So kann z. B. für einen zum Konzern gehörenden Lohnfertiger vereinbart werden, welche Methode verwendet wird, um die Transferpreise zu bestimmen (z. B. die Kostenaufschlagsmethode, cost plus). Vereinbart werden kann ferner, welche Zuschlagssätze verwendet werden. Dazu ist es erforderlich, neben den eigenen Kalkulationsunterlagen auch erhobene Fremddaten, die belegen, dass die vorgeschlagenen Zuschlagssätze „at arms length" sind, mit dem Antrag einzureichen. Die Fremddaten, die zumindest eingeschränkt vergleichbar sein müssen, sind also elementarer Bestandteil des APA Antrages (vgl. Bundesfinanzministerium 2006, S. 12).

In das eigentliche Vorabverständigungsverfahren zwischen dem Bundeszentralamt für Steuern und der zuständigen Behörde des ausländischen Staates wird der Steuerpflichtige nicht einbezogen. Er hat weder Einfluss noch Mitspracherecht. Erst am Ende dieses Prozesses wird er über das Verhandlungsergebnis informiert. Diesem muss der Steuerpflichtige schriftlich zustimmen. Darüber hinaus muss er vorab auf sein Einspruchsrecht gegen Steuerbescheide, die das Ergebnis des APA korrekt berücksichtigen, verzichten. Damit erhalten die Finanzbehörden die Sicherheit, dass sie die Mühen des APA Prozesses nicht umsonst auf sich genommen haben, da der Steuerpflichtige am Ende doch eine andere Methode wählt. In den Regeln zum APA in den USA wird ausdrücklich darauf hingewiesen, dass das Ergebnis des Vorabverständigungsverfahrens nicht dasjenige sein muss, das vom Steuerpflichtigen vorgeschlagen worden ist (vgl. Jacobs 2002). Auch ein solches Ergebnis ist dann verpflichtend für den Steuerpflichtigen.

Das Instrument des APA wird in der deutschen Steuerpraxis noch relativ selten eingesetzt, im Gegensatz zur Praxis in den USA. Die ersten Verfahren wurden in Deutschland dann auch von US-amerikanischen Muttergesellschaften beantragt (vgl. Grotherr 2005, S. 859 f.). Mit der Einführung von APA Prozessen in vielen europäischen Ländern ist allerdings davon auszugehen, dass dieses Instrument für viele Konzerne an Bedeutung gewinnen wird (vgl. Grotherr 2005, S. 861).

Für komplexe Konzerne ist es nicht ausreichend, ein bilaterales APA zu schließen. Dies gilt für Konzerne, deren Wertschöpfung sich nicht alleine auf zwei Staaten erstreckt, sondern deutlich mehr Staaten betrifft. Ein Beispiel ist Airbus, denen es im April 2004 gelungen ist, ein multilaterales APA mit den Finanzbehörden von Frankreich, Großbritannien und Deutschland zu vereinbaren. Dies basiert auf der Restgewinnmethode (Residual Profit Split Methode; vgl. EADS 2005).

Innerhalb der EU müssen alle Finanzbehörden automatisch über die APA und deren Inhalte unterrichtet werden. Dies betrifft auch alle seit 2012 abgeschlossenen bzw. geänderten APAs (vgl. Höreth und Stelzer 2017, S. 64).

Auch bei der Vereinbarung eines APA liegt die Federführung bei der Abteilung Konzernsteuern. Ohne Zusammenarbeit mit dem Konzerncontrolling ist die Antragsstellung aber unmöglich. Außerdem sind die Rückwirkungen auf alle Bereiche des Unternehmens zu berücksichtigen, was Aufgabe des Konzerncontrollings sein muss.

5.4 Konzernumlagen

Die Ausführungen zu den Transferpreisen bezogen sich jeweils auf Einzelleistungen, wie Warenaustausch zwischen den einzelnen Teilen eines Konzerns. In vielen Konzernen werden die nicht unmittelbar zurechenbaren, konzerninternen Dienstleistungen mittels einer Konzernumlage verrechnet. Dies umfasst die Dienstleistungen, die i. d. R von der Muttergesellschaft an die Tochtergesellschaften erbracht werden und zwar nicht nur aufgrund der gesellschaftsrechtlichen Verhältnisse. Die steuerliche Anrechnung der Konzernumlage setzt voraus, dass die Leistungen mess-bar und von anderen Leistungen abgrenzbar sind, die Leistungen im Interesse und zum Nutzen der belasteten Konzerngesellschaft erbracht worden sind und sich die belastete Konzerngesellschaft eigene Aufwendungen durch die Leistung erspart hat (vgl. Theisen 2000, S. 472). Eine Auswahl umlagefähiger und nicht umlagefähiger Dienstleistungen ist in nachstehender Tab. 5.2 dargestellt.

Wenn man sich das Leistungsspektrum des Konzerncontrollings ansieht, so wird deutlich, dass immer dann wenn Funktionen für die Konzernleitung, wie die Erstellung eines Managementreportings für den Konzernvorstand oder die Erstellung einer konsolidierten Konzernplanung wahrgenommen werden, diese als nicht umlagefähig anerkannt werden, weil sie für die Tochtergesellschaft keine Ersparnisse gebracht haben. Wird das

Tab. 5.2 Verrechenbarkeit von Dienstleistungen in der Konzernumlage und ihre steuerliche Anerkennung. (Vgl. Theisen 2000, S. 473 f.)

Dienstleistungsart	Verrechenbarkeit
Beratung und Unterstützung, z. B. in finanziellen, technischen, rechtlichen Jaoder steuerlichen Angelegenheiten, in Abteilungen wie Einkauf, Öffentlichkeitsarbeit, EDV, Buchhaltung, Organisationsberatung etc.	Ja
Beteiligungen: Erwerb, Überwachung, Verwaltung	Nein
Dokumentation: Konzernrechnungswesen, Aufstellung des Konzernabschlusses	Nein
Forschung und Entwicklung: Transfer bestimmter Technologien	Ja
Gewerbliche Dienstleistungen: Transportwesen, Instandhaltung, Reinigung Bewachung	Ja
Überwachung der Geschäftstätigkeit der Tochtergesellschaft	Nein
Qualitätskontrollen	Ja
Zentrale Konzernrevision	Nein
Einsatz der internen Revision bei einer Tochtergesellschaft	Ja
Leitung des Konzerns	Nein
Entwicklung und Überwachung eines einheitlichen Rechnungs- und Berichtswesens	Nein
Übernahme der Buchführung für eine Tochtergesellschaft	Ja

Konzerncontrolling allerdings als Berater bei einer Unternehmenstransaktion tätig, für die die Konzerntochter sonst einen Berater vom externen Markt benötigt hätte, so kann diese Dienstleistung umgelegt werden.

Mit Hilfe der Konzernumlage können die Dienstleistungen der Konzernzentrale weiter verrechnet werden. Dies ist insbesondere in einem Holdingkonzern notwendig, da die Holding neben Erträgen aus den Beteiligungen keine eigenen Einnahmequellen hat.

5.5 Synthese der betriebswirtschaftlichen und steuerlichen Anforderungen an Transferpreise

Wie gezeigt haben die beiden Aspekte der Transferpreise eine hohe Komplexität. So ist es auf der einen Seite außerordentlich schwierig, die betriebswirtschaftlichen Funktionen der Transferpreise abzubilden. Auf der anderen Seite wird dieses Unterfangen durch die externen Anforderungen der Steuerbehörden noch verkompliziert. Die Steuergestaltungsfunktion steht im Konflikt mit der Lenkungsfunktion der Transferpreise (vgl. Stoffels und Kleindienst 2005, S. 94 f.). In der Praxis gibt es zwei grundsätzlich verschiedene Arten, mit dieser Komplexität umzugehen (vgl. Weber und Schäffer 2016, S. 219 ff.): Konzerne können ein einheitliches Transferpreisregime wählen, in dem ein Transferpreis verwendet wird unabhängig davon, welcher Zweck verfolgt wird (Ein-Kreis-System). Konzerne können aber auch ein multiples Transferpreisregime wählen, in dem verschiedene Transferpreise zur Anwendung kommen, je nachdem welcher Zweck verfolgt wird (Mehr-Kreis-System).

In einem Ein-Kreis-System wird die Komplexität des Problems reduziert. Es wird der gleiche Transferpreis verrechnet sowohl für interne Steuerungs- und Koordinationszwecke als auch für die externen Zwecke der Bilanzierung und Besteuerung. Dadurch können allerdings Zielkonflikte zwischen den einzelnen Funktionen der Transferpreise offensichtlich werden. So können auf Basis eines auf Fremdvergleich ermittelten Transferpreises – also steuerlich zulässigen – nicht die richtigen Signale an Vertriebstochtergesellschaften gegeben werden, welches Produkt stark verkauft werden sollte, weil es für den Gesamtkonzern den höchsten Gewinn bringt.

In einem Mehr-Kreis-System werden mehrere verschiedene Transferpreise verwendet, je nachdem, welcher Zweck verfolgt wird. Es gibt mindestens einen Transferpreis für steuerliche Zwecke, für Zwecke der internen Koordination wird aber ein anderer verwendet. Zielkonflikte können nicht entstehen. Damit wird die Komplexität beibehalten, was erheblichen Kommunikationsaufwand erfordert und zu Irritationen bei den Mitarbeitern führen kann. Außerdem kann es schwierig werden den Finanzbehörden in einer Betriebsprüfung den Unterschied zwischen den einzelnen Transferpreisen zu erklären. Insbesondere ein großer Unterschied lässt dies zu einer schweren Aufgabe werden (vgl. Smith 2002).

Es spricht also einiges dafür, auf ein konsistentes Transferpreisregime zu setzen, welches sowohl die steuerlichen Zwecke erfüllt als auch bestmöglich der internen Koordination dient. Auch in der Praxis haben Mehr-Kreis-Systeme nur eine geringe Relevanz.

Tab. 5.3 Häufigkeit der Verwendung von Transferpreisen in Großbritannien. (Vgl. Drury et al. 1993)

Methode	Nennungen (%)
Kostenorientierte Transferpreise	
Grenzkosten	2
Grenzkosten plus Zuschlag	11
Vollkosten	21
Vollkosten plus Zuschlag	27
Marktorientierte Transferpreise	33
Verhandlungsbasierte Transferpreise	30
Sonstige	2

Transferpreise bei Henkel

Die verschiedenen Zielrichtungen, die Transferpreise haben, führen bei dem Düsseldorfer Chemiekonzern Henkel KGaA zu einer strikten Trennung von steuerlicher Transferpreisgestaltung und Anreizbemessung. Hintergrund sind die Kosten von Verhandlungen und die Manipulationsmöglichkeiten durch die an Verhandlungen Beteiligten. Henkel behandelt aus diesem Grund Vertriebs- und Produktionseinheiten des Konzerns unterschiedlich: Einflüsse der Verrechnungspreise werden unterhalb des EBIT der Einheiten gezeigt. Der EBIT wird aber zur Berechnung von Anreizen herangezogen. Lieferungen und Leistungen innerhalb des Konzerns erfolgen zu Plankosten. Werden die Plankosten von einem Produktionsunternehmen tatsächlich erreicht, so wird ein EBIT von 0 ausgewiesen. Entsprechend führen Kostenüberschreitungen zu Verlusten, während Kosteneinsparungen zu Gewinnen führen. Beim Vertrieb sieht es ähnlich aus. Von den Umsätzen, für die der Vertrieb die Verantwortung hat, werden jeweils die Plankosten unabhängig von der tatsächlichen durch den Vertrieb nicht zu verantwortenden Kostenstruktur, abgezogen. Mehr- oder Minderumsätze führen zu positiven bzw. negativen Abweichungen bei den finanziellen Anreizen. Die aus steuerlicher Sicht notwendigen Anpassungen der Transferpreise haben keinerlei Rückwirkungen auf die Anreize. Sie können angewendet werden ohne, dass die Organisation dadurch in ihrer Gänze betroffen ist, was die Kommunikation einfach macht (vgl. Risse 2011, S. 219 ff.).

In der Praxis finden alle denkbaren Modelle Anwendung. Beispielhaft sei hier die Untersuchung von Drury et al. zitiert (vgl. Drury et al. 1993, s. Tab. 5.3). Demnach sind kostenorientierte Preise am weitesten verbreitet, gefolgt von marktorientierten Preisen und Verhandlungspreisen.

Die bereits erwähnte Studie von Hummel/Pedell (Tab. 5.4) geht stärker auf die steuerlichen Methoden ein und differenziert nach dem Objekt der Preisgestaltung (Vorprodukte, Fertigprodukte, Dienstleistungen und Markenrechte)

Es zeigt sich eine starke Dominanz der Kostenaufschlagsmethode. Dies ist nicht weiter überraschend, da diese Methode sowohl steuerlich anerkannt ist als auch starke

Tab. 5.4 Angewandte Methoden zur Ermittlung von Transferpreisen in Deutschland. (Vgl. Hummel und Pedell 2009, S. 582)

	Preisvergleichsmethod (%)	Kostenaufschlagsmethod (%)	Wiederverkaufspeismethod (%)	Profit Split Methode (%)	Transaktionsbezogene Nettomargenmethode (%)	Verhandlung (%)	Andere Methoden (%)
Vorprodukte	15	54	5	5	2	14	6
Fertigprodukte	19	28	24	9	6	10	3
Dienstleistungen	14	56	3	3	1	16	7
Markenrechte	17	19	6	11	3	20	23

Ähnlichkeiten mit der Zuschlagskalkulation hat. Die Preisvergleichsmethode wird vergleichsweise selten angewendet, was mit der Problematik erklärt werden kann, dass vergleichbare Marktpreise nur schwer zu ermitteln sind. Überraschend groß ist die Verbreitung von Verhandlungen zur Festlegung von Transferpreisen (vgl. Hummel und Pedell 2009, S. 582).

Aus steuerlicher wie auch aus betriebswirtschaftlicher Sicht wäre ein marktorientiertes Transferpreisregime am besten geeignet. Sie erfüllen den Fremdvergleich und sind somit steuerlich anerkannt. Intern zeigen sie, ob der leistende Bereich wettbewerbsfähig seine Leistung erstellt. Ein konsistentes System auf Basis von Marktpreisen würde also für alle Bereiche beste Ergebnisse liefern. Auf das Problem, einen relevanten Marktpreis zu finden, ist allerdings schon hingewiesen worden.

5.6 Fallstudie: Verrechnungspreise im Troubadix Konzern

Seit einigen Wochen ist eine Betriebsprüfung des Finanzamts bei der Troubadix GmbH vor Ort. Frau Gräulich, die Betriebsprüferin, verbringt seit Wochen ihre Zeit in dem Büro im Gebäude der Troubadix GmbH. Sie hat die Transferpreisdokumentation der Gesellschaft und eine große Zahl von Rechnungen, insbesondere die von der Troubadix GmbH an ihre französische Tochtergesellschaft Troubadix SA gestellt worden sind, angefordert. Um bei dieser Lektüre wach zu bleiben, trinkt Frau Gräulich große Mengen Kaffee, den sie sich in der selbst mitgebrachten Kaffeemaschine zubereitet. Für den heutigen Tag ist eine Besprechung zwischen Frau Gräulich, Frau Römer, der Leiterin des Konzerncontrollings der Troubadix GmbH, und Herrn Clever, dem Steuerberater der Troubadix GmbH, anberaumt. Einziger Gesprächsgegenstand soll die Transferpreisgestaltung zwischen der deutschen Muttergesellschaft und der französischen Tochtergesellschaft sein.

Frau Gräulich betritt den Konferenzraum, in dem sie von Frau Römer und Herrn Clever bereits erwartet wird. Als sich alle gesetzt haben, fordert Frau Gräulich die Gesellschaftsvertreter auf, noch einmal kurz das Transferpreisregime der Troubadix GmbH zu erläutern. Herr Clever erklärt:

> Wie in unserer Dokumentation dargestellt, wenden wir bei Verkäufen an unsere französische Tochtergesellschaft die Wiederverkaufspreismethode an. Im Durchschnitt können wir in Frankreich 4.000 € mit einem Endkunden erlösen. Unsere Selbstkosten für die Produktion eines Instruments sind 2.000 € im Durchschnitt. Die Spanne von 2.000 € verteilen wir nach den Anteilen an der Wertschöpfungskette, die in Deutschland und Frankreich erbracht werden. Wir gehen davon aus, dass die wesentliche Funktion in der Wertschöpfungskette die Forschung und die Produktion sind. Diese sind beide in Deutschland angesiedelt. Auch wenn die Leier als Instrument eine mehr als 2000 jährige Geschichte hat, ist es der Troubadix GmbH dennoch gelungen, sie so weiterzuentwickeln, dass unsere Instrumente bei weitem die hochwertigsten auf dem Markt sind. Diese überaus große Bedeutung der Forschung wird Rechnung getragen durch die Wiederverkaufspreismethode. In Frankreich werden dahingegen die Kontakte zu den Endkunden gehalten. Außerdem vertritt die Troubadix SA die Marke Troubadix in Frankreich und hält auch die Markenrechte. Um diesen Funktionen der französischen Tochtergesellschaft Rechnung zu tragen, ziehen wir 15 % von dem Wiederverkaufspreis ab, so dass sich ein Transferpreis von 3.400 € ergibt. Damit ist sichergestellt, dass in Frankreich ein angemessener Gewinn gemacht werden kann. Dieser wird derzeit noch nicht gemacht. Wie sie aus den Abschlüssen der Troubadix SA sicherlich gesehen haben, wird derzeit in Frankreich ein kleiner Verlust gemacht. Dies ist auf die Anfangsinvestitionen zurückzuführen.

Herr Clever schaut sich triumphierend um. Er ist fest davon überzeugt, dass er mit seinen Ausführungen überzeugend aufgetreten ist. Frau Gräulich lächelt entspannt und Frau Römer nickt ihm ermunternd zu. Allerdings irritiert Frau Römer das doch leicht spöttisch wirkende Lächeln der Betriebsprüferin. Sie fühlt sich daher aufgerufen, den Vortrag von Herrn Clever zu ergänzen und, um ein entscheidendes Argument zu ergänzen:

> Wir wissen natürlich, dass die analytische Bestimmung von Transferpreisen immer schwierig ist. Deswegen haben wir natürlich auch einen Fremdvergleich vorgenommen. Wir liefern unsere Instrumente auch an den italienischen Distributor Claudius Blattschuss, der nicht Teil des Troubadix Konzerns ist. In Italien herrscht ein Marktpreisniveau, das dem französischen vergleichbar ist. Wir verkaufen unsere Leiern an Blattschuss für 3.600 €, also etwas teurer als an unsere eigene Tochtergesellschaft in Frankreich. Der Preisunterschied ist darauf zurückführen, dass wir die Marke Troubadix selbst in Italien vertreten, was in Frankreich unsere Tochtergesellschaft macht.

Auch Frau Römer guckt triumphierend in Richtung von Frau Gräulich. Sie ist irritiert, da sie immer noch meint, das spöttische Lächeln zu bemerken. Frau Gräulich holt einen großen Stoß Papier aus ihrer Aktentasche und hebt zu ihrer Entgegnung an:

> Haben sie vielen Dank Herr Clever, Frau Römer für ihre Ausführungen. Sie decken sich mit ihrer Dokumentation. Ich kann ihrer Argumentation sehr gut folgen, empfinde die Wiederverkaufsmethode als absolut angemessen. Wie sie die Abschläge aufteilen erscheint mir

ebenfalls angemessen. Es gibt allerdings ein Problem, bei dem ich nicht so recht weiterkomme. Wie sie wissen, habe ich mir in den letzten Tagen, in dem Büro, was sie mir zur Verfügung gestellt haben, die Rechnungen an ihre französische Tochtergesellschaft angesehen. Es war dabei sehr hilfreich, dass das Büro keine Fenster hat. Dadurch konnte ich trotz des sonnigen Wetters immer gut auf den Bildschirm von meinem Laptop gucken. Das Problem ist, dass sie niemals diesen so schön hergeleiteten Preis tatsächlich berechnen. Die Troubadix SA erhält zusätzlich noch einen 10 % Rabatt, der auf der Rechnung ausgewiesen, in ihrer Dokumentation aber nicht vorgesehen ist. Wie erklären sie das denn?

Jetzt lächelt Frau Gräulich. Herr Clever und Frau Römer schauen sich fragend an. Die Vertriebsabteilungen hatten sie nicht über diese offensichtliche Sondervereinbarung informiert.

Nach drei Monaten erhält die Troubadix GmbH den Steuerbescheid über eine Nachzahlung: Verkauft wurden 1.000 Leiern zu 3.040 €, was einem Umsatz von 3.040.000 € entspricht. Der akzeptierte Transferpreis liegt bei 3.400 €. Der deutsche Fiskus geht also von einem underdeclaring von 360.000 € aus. Dies entspricht bei einem Steuersatz von 40 % einer Steuernachzahlung von 144.000 € zuzüglich Verzugszinsen. Diese Steuernachzahlung führt zu einer Gewinnminderung in Frankreich. Da die Troubadix SA im laufenden Jahr einen Verlust gemacht hat, wird man versuchen, die Verluste in den kommenden Jahren geltend zu machen. Im Zweifel wird man das EU Schiedsverfahren bemühen müssen, um die zusätzlichen Verluste in Frankreich geltend machen zu können.

Literatur

Anctil RM, Dutta S (1999) Negotiated transfer pricing and divisional versus firm wide performance evaluation. Account Rev 74:87–104

Atkinson AA (1987) Intra-firm cost and ressource allocation. Canadian Academic Accounting Association, Toronto

Baumhoff H (1986) Verrechnungspreise für Dienstleistungen: Die steuerliche Einkunftsabgrenzung bei international verbundenen Unternehmen auf der Grundlage des Fremdvergleichs. Heymann, Köln u.a.

Baumol WJ (1959) Business behavior, value and growth. Macmillan, New York

Becker J, Ulrich P, Ebner R, Neumann M (2012) Verrechnungspreismanagement im Mittelstand – dargestellt am Beispiel der NETZSCH-Gruppe. Corporate Finance biz 6:300–311

Boos M, Rehkugler H, Tucha T (2000) Internationale Verrechnungspreise – Ein Überblick. Betrieb 2000(48):2389–2393

Bundesfinanzministerium (2006) Merkblatt für bilaterale oder multilaterale Vorabverständigungsverfahren auf der Grundlage der Doppelbesteuerungsabkommen zur Erteilung verbindlicher Vorabzusagen über Verrechnungspreise zwischen international verbundenen Unternehmen (sog. „Advanced Pricing Agreements" APAs)

Bundesministerium (2017) Stand der Doppelbesteuerungsabkommen und der Doppelbesteuerungsverhandlungen 1. Januar 2017. BMF-Schreiben vom 18. Januar 2017 IV B 2 – S 1301/07/10017-08

Coenenberg AG, Fischer TM, Günther T (2016) Kostenrechnung und Kostenanalyse, 9. Aufl. Schäffer-Poeschel, Stuttgart

Czakert E (2008) Ansatz der CCCTB Working Group zur Harmonisierung der Steuerbemessungsgrundlage in Europa. Betriebswirtsch Forsch Prax 2008:433–448

Donaldson G (1984) Managing corporate wealth. Abbey Publishing, New York

Drury C, Braund S, Osborne P, Tayles M (1993) A survey of management accounting pracitces in UK manufacturing companies. The Chartered Association of Certified Accountants, London

EADS (2005) Geschäftsbericht und Registrierungsdokument 2005. http://www.reports.eads.com/2005/ar_2005/de/book2/4/2/3/6.html. Zugegriffen: 12. März 2010

Eden L (1998) Taxing multinationals: transfer pricing and corporate income taxation in North America. University of Toronto, Toronto

Emmanuel CR, Mehafdi M (1994) Transfer pricing. Academic Press, London

Egner T (2015) Internationale Steuerlehre. Springer, Berlin

Ernst & Young (2003) Verrechnungspreise. Dokumentationsmanagement nach den neuen Mitwirkungspflichten. Stollfuß, Köln

Ersterer F, Bartelt M (2010) Modernes Gruppenbesteuerungsrecht für Deutschland. Kritische Analyse der Organschaft und mögliche Reformansätze. Betriebs Berat 2010(5):2–8

Ewert R, Wagenhofer A (2014) Interne Unternehmensrechnung, 8. Aufl. Springer, Berlin

Fischer WW, Looks C, Schlaa S (2007) Dokumentationspflichten für Verrechnungspreise – Bisherige Erfahrungen mit der Betriebsprüfung und aktuelle Entwicklungen. Betriebs Berat 2007(17):918–923

Frese E (2000) Grundlagen der Organisation, 8. Aufl. Gabler, Wiesbaden

Fritz E (2010) Modernes Gruppenbesteuerungssystem für Deutschland. Kritische Analyse der Organschaft und mögliche Reformansätze. Betriebs Berat 2010:2–8

Grefe C (2017) Unternehmenssteuern, 20. Aufl. Kiehl, Ludwigshafen

Grotherr S (2005) Advance Pricing Agreements. Verfahren zur Vermeidung von Verrechnungspreiskonflikten – Plädoyer für die Schaffung von speziellen Verfahrensvorschriften. Betriebs Berat 2005(16):855–867

Grout P (1984) Investments and wages in the absence of binding contracts: a Nash bargaining approach. Econometrica 52:449–460

Hans Böckler Stiftung (2013) Das Steuerspiel der Großen, https://www.boeckler.de/43284_43317.htm. Zugegriffen: 18. August 2017

Hirshleifer J (1956) On the economics of transfer pricing. J Bus 29:172–184

Hoffjan A (2009) Internationales controlling. Schäffer-Poeschel, Stuttgart

Holmström B, Tirole J (1991) Transfer pricing and organizational form. J Law Econ Organ 7:201–228

Höreth U, Stelzer B (2017) Erstes BEPS-Umsetzungsgesetz – weit mehr, als der Titel suggeriert, DStZ 84. Jg.: 61–69

Hummel K, Pedell B (2009) Verrechnungspreissysteme in der Unternehmenspraxis. Controlling 21:578–584

Jacobs OH (2002) Internationale Unternehmensbesteuerung, 5. Aufl. Significant Publications, München

Kaplan RS, Atkinson AA (1998) Advanced management accounting. Prentice Hall, Englewood Cliffs

Keerl M (2008) Internationale Verrechnungspreise in der globalisierten Wirtschaft. Die Bestimmung von Transferpreisen und das Verständigungsverfahren. Universitätsdrucke Göttingen, Göttingen

Klein B, Crawford R, Alchian A (1978) Vertical integration, appropriable rents, and the competitive contracting process. J Law Econ 21:279–326

Klein W (1982) Konzernverrechnungspreise aus betriebswirtschaftlicher und steuerlicher Sicht. Z Betriebswirtschaft 52:144–156

Klein M (1995) Verdeckte Gewinnausschüttung bei Lieferbeziehungen in internationalen Konzernen. Betriebs Berat 1995(5):225–229
Koch K (1981) Generalbericht. In: Cahiers de Droit Fiscal International 66a. Das Verständigungsverfahren – Verfahren und praktische Handhabung. Rotterdam, S 171–183
Krabbe H (1996) Das Schiedsübereinkommen zwischen den Mitgliedsstaaten der Europäischen Union. Int Steuerrecht 1996:5–11
Kraft G (1991) Die mißbräuchliche Inanspruchnahme von Doppelbesteuerungsabkommen: Zur Problematik des „Treaty-Shopping" unter Berücksichtigung der Rechtslage in der Bundesrepublik Deutschland, in der Schweiz und in den Vereinigten Staaten. C. F. Müller, Heidelberg
Kreuter A (1997) Verrechnungspreise in Profit-Center Organisationen. Hampp, München
Lambert DR (1979) Transfer Pricing and Interdivisional Conflict. California Manag Review 70–75.21. Jg.
Lengsfeld S (2005) Verrechnungspreise und Organisationsstrukturen in multinationalen Unternehmen. Zum Erkenntnisstand formaltheoretischer Analysen. Betriebswirtschaftliche Forsch Prax 57:137–155
Mandler U (2002) Internationale Konzernverrechnungspreise. Wirtschaftsstudium 31:929–934
Milgrom P, Roberts J (1992) Economics, organization and management. Prentice Hall, Englewood Cliffs
Moebus U (1992) Germany. In: IFA (Hrsg) Verrechnungspreise. S 403–425
OECD (2014) OECD-Musterabkommen zur Vermeidung von Doppelbesteuerung. Stand Juli 2014. http://www.oecd.org/berlin/publikationen/oecd-musterabkommenzurvermeidungvondoppelbesteuerung.htm. Zugegriffen: 18. August 2017.
Oestreicher A (2000) Konzern-Gewinnabgrenzung. Gewinnabgrenzung – Gewinnermittlung - Gewinnaufteilung. Beck, München
Poensgen HO (1973) Geschäftsbereichsorganisation. Westdeutscher, Opladen
Risse R (2011) Verrechnungspreise bei Henkel: Die Umsetzung eines globalen Systems. In: Weber J., Schäffer U. (Hrsg) Einführung in das Controlling, 13. Auflage. Schäffer-Poeschel, Stuttgart, S 219–222
Schaumburg H (1998) Internationales Steuerrecht. Außensteuerrecht. Doppelbesteuerungsrecht, 2. Aufl. Otto Schmidt, Köln
Scheffler W (1994) Besteuerung der grenzüberschreitenden Unternehmenstätigkeit. Vahlen, München
Schiller U (2000) Strategische Selbstbindung durch Verrechnungspreise? Z Betriebswirtsch Forsch Sonderh 45 (2000):1–21
Schmidt L (2002) Angemessene Verrechnungspreise bei konzerninternen Transaktionen. Prax Int Steuerberat 2002:40–48
Schoppe C (2013) Tax Compliance. In: Behringer S (Hrsg) Compliance kompakt, 3. Aufl. Erich Schmidt, Berlin, S 167–186
Schrade D, Neumann B (2008) Steuerliche Relevanz von Verrechnungspreisen. FB 9:578–586
Siebert H (1997) Weltwirtschaft. Lucius & Lucius, Stuttgart
Smith M (2002) Tax and incentive trade-offs in multinational transfer pricing. J Account Audit Finance 17(3):209–236
Stewart F (1981) Taxation and the control of transfer pricing. In: Murray R (Hrsg) Multinationals beyond the market. Intra firm trade and the control of transfer pricing. Harvester Press, London, S 177–184
Stoffels M, Kleindienst I (2005) Internationale Verrechnungspreise im Spannungsfeld zwischen Unternehemnssteuerung und Besteuerung. Controlling 17:93–99
Theisen M (2000) Der Konzern, 2. Aufl. Schäffer-Poeschel, Stuttgart

UN (2011) Model Double Taxation Convention between Developed and Developing Countries. http://www.un.org/esa/ffd/documents/UN_Model_2011_Update.pdf. Zugegriffen: 18. August 2017.

Verlage HC (1975) Transfer pricing for multinational enterprises. Some remarks on its economic, fiscal and organizational aspects. Rotterdam University, Rotterdam

Vögele A, Borstell T, Engler G (2004) Handbuch der Verrechnungspreise, 2. Aufl. Beck, München

Wagenhofer A (1995) Verhaltenssteuerung durch Verrechnungspreise. In: Scheer AW (Hrsg) Rechnungswesen und EDV. 16. Saarbrücker Arbeitstagung 1995. Physica, Heidelberg, S 281–301

Wagenhofer A (2002) Verrechnungspreise. In: Küpper HU, Wagenhofer A (Hrsg) Handwörterbuch Unternehmensrechnung und Controlling, 4. Aufl. Schäffer-Poeschel, Stuttgart, S 2074–2083

Weber J, Schäffer U (2016) Einführung in das Controlling, 15. Aufl. Schäffer-Poeschel, Stuttgart

Wellisch D (2003) Internationale Verrechnungspreismethoden, Neutralität und die Gewinne multinationaler Unternehmen. Jahr Nationalökon Statist 223(3):332–359

Internationales Konzerncontrolling 6

6.1 Notwendigkeit und Besonderheiten des internationalen Konzerncontrollings

In der betriebswirtschaftlichen Literatur gibt es eine verwirrende Vielzahl von Definitionen der „internationalen Unternehmung" (vgl. für eine Übersicht Kutschker und Schmidt 2011, S. 244). Eine der ersten, sehr einfachen Definitionen stammt von Lilienthal (zitiert nach Kutschker und Schmidt 2011, S. 244): Internationale Unternehmen sind „corporations which have their home in one country but which operate and live under the laws of other countries as well" (vgl. Lilienthal 1960, S. 119). Damit ist jede Unternehmung international, die mindestens eine Auslandsaktivität hat, selbst wenn es sich lediglich um Export handelt. Diese Definition ist zur Diskussion der Besonderheiten des Controllings in internationalen Konzernen zu weitgehend. Deswegen werden im Folgenden diejenigen Konzerne als international bezeichnet, die mindestens einen Konzernteil mit Sitz in einem anderen als dem Heimatland haben. Dabei kommt es nicht auf die rechtliche Selbstständigkeit dieses Konzernteils an, also auch Konzerne, die lediglich über Betriebsstätten in anderen Staaten verfügen, fallen unter diese Definition. Ebenfalls irrelevant ist, welche Tätigkeit die im Ausland befindlichen Konzernteile ausführen, also ob es sich um Vertriebs- oder Produktionseinheiten handelt. Die gemachten Einschränkungen erscheinen berechtigt, da ein nachhaltiges Engagement Voraussetzung dafür ist, dass ausländische Konzernteile in die Planung einbezogen werden und Teil der Koordinationsaufgabe des Konzerncontrollings werden. Dies ist bei einer Transaktion auf einem ausländischen Absatz- oder Beschaffungsmarkt nicht gegeben. Zwar kann es auch hier sinnvoll sein, das Konzerncontrolling in seiner Rolle als Berater und Rationalitätssicherer einzubeziehen. Dies wird aber nur im konkreten Einzelfall geschehen und ist nicht Teil des ständigen Aufgabenbereichs des Konzerncontrollings.

Mit der Etablierung eines ausländischen Konzernteils ergeben sich deutlich komplexere Strukturen als in einem rein nationalen Konzern. Mit der Überschreitung der

S. Behringer, *Konzerncontrolling*,
https://doi.org/10.1007/978-3-662-55778-5_6

Staatsgrenze hat der Konzern es mit unterschiedlichen Kulturen, Rechtssystemen, Geschäftspraktiken, Marktsituationen, eventuell Währungen und Sprachen zu tun. Dies führt dazu, dass auch das Konzerncontrolling als die zentrale Instanz zur Rationalitätssicherung der Führung diese Unterschiede in seinen Abläufen berücksichtigen muss.

Für die einzelnen Aufgaben des Controllings haben diese Faktoren unterschiedliche Bedeutung. Für die Informationsaufgabe des Controllings ist es wichtig, Währungseffekte zu berücksichtigen, um eine Vergleichbarkeit zwischen den einzelnen Konzernteilen sicherzustellen. Dazu ist es auch notwendig, national unterschiedliche Rechnungslegungsstandards anzupassen und auf einen konzerneinheitlichen Standard zu bringen (Handelsbilanz II). Für die Planung und Kontrolle ist es wichtig, die unterschiedlichen gesamtwirtschaftlichen Situationen in den einzelnen Staaten zu kennen. Daneben müssen Währungskursentwicklungen, Zinsniveaus oder Inflationsraten berücksichtigt werden. All diese Faktoren sind auch bei den Koordinationsaufgaben zu berücksichtigen, bei denen außerdem die steuerlichen Regeln zu Transferpreisen wichtig sind, die schon in Kap. 5 ausführlich diskutiert worden sind. Für die Rationalitätssicherungsfunktion als der Leitaufgabe des Controllings ist es zudem noch von entscheidender Bedeutung, unterschiedliche kulturelle Einflüsse zu kennen und zu berücksichtigen. Je nachdem, aus welcher Kultur der Manager stammt, muss der Controller eine andere Herangehensweise an seine Tätigkeit wählen.

Die wichtigsten Besonderheiten im internationalen Controlling wurden 1994 in einer empirischen Untersuchung unter 19 großen internationalen deutschen Konzernen erhoben. In der Befragung wurde nach „Störfaktoren" gefragt, also Faktoren, die das Controlling im internationalen Umfeld erschweren (vgl. Pausenberger und Roth 1997, S. 583 f.). Die Befragten konnten die einzelnen Punkte gewichten (4 = sehr wichtig, 3 = wichtig, 2 = weniger wichtig und 1 = unwichtig). Die Ergebnisse sind in der Tab. 6.1 wiedergegeben.

Analysiert man die Nennungen, so fällt auf, dass die Punkte 4, 6.2, 6.3, 9.2 und 12 nicht zwangsläufig nur in internationalen Konzernen auftreten. Im Folgenden werden daher insbesondere die Themen 1. zur Umrechnung von Wechselkursen, 2.1 und 2.2 zur Berücksichtigung von unterschiedlichen Inflationsraten und das Thema 5 zur Berücksichtigung von unterschiedlichen Kulturen thematisiert. Das Thema „Kulturelle Distanz" muss dabei aus mehreren Perspektiven betrachtet werden: Zum einen spielt die nationale Kultur der Tochtergesellschaft eine Rolle, zum anderen aber auch die nationale Kultur der Muttergesellschaft des Konzerns. Das Zentralcontrolling eines großen Konzerns wie Siemens muss seine chinesische Tochtergesellschaft anders behandeln als seine amerikanische Tochtergesellschaft. Zum anderen wird sich aber die chinesische Tochtergesellschaft von Siemens anders verhalten als andere chinesische Unternehmen, die keine deutsche Muttergesellschaft haben. Dabei spielen auch unterschiedliche Traditionen des Controllings in verschiedenen Staaten eine Rolle. Eine weitere Dimension, die es zu berücksichtigen gilt, ist die Internationalisierung des Konzerns, also wie international – quantitativ, also z. B. Anteil des internationalen Umsatzes, und qualitativ, also die Rolle, die internationale Konzernteile, für den Gesamtkonzern spielen – der Konzern ist.

Tab. 6.1 Wichtigkeit von Störfaktoren im internationalen Controlling. (Pausenberger und Roth 1997, S. 584)

1	Wechselkursänderungen	3,00
2.1	Unterschiedliche ökonomische Rahmenbedingungen	2,95
2.2	Unterschiedliche Länderrisiken	2,95
4	Konzerninterne leistungswirtschaftliche Verflechtungen	2,79
5	Kulturelle Distanz	2,63
6.1	Unterschiedliche Zinsniveaus	2,32
6.2	Inhaltliche Inkompatibilität der zu transferierenden Daten	2,32
6.3	Unterschiedliche sachliche Tätigkeitsbereiche der Tochtergesellschaften	2,32
9.1	Geographische Distanz	2,21
9.2	Unterschiedliche Entwicklungsstadien und Strategien ausländischer Tochtergesellschaften	2,21
11	Sprachprobleme	2,05
12	Technisch-formale Inkompatibilität der zu transferierenden Daten	2,00
13	Staatliche Beschränkungen des grenzüberschreitenden Datenaustauschs	1,63

6.2 Internationalisierungsgrad und Konzerncontrolling

Der Internationalisierungsgrad von Konzernen gibt Aufschluss darüber, wie komplex die Aufgaben des Konzerncontrollings sind. Dabei gibt es eine quantitative Dimension, die zu beachten ist, und eine qualitative Dimension, die die Aufteilung der Aufgaben zwischen zentralem und dezentralem Controlling wesentlich beeinflusst.

6.2.1 Quantitativer Internationalisierungsgrad

Misst man den Internationalisierungsgrad eines Konzerns, setzt man den Gesamtumfang einer betriebswirtschaftlichen Kennzahl ins Verhältnis zu dem Anteil, der nicht im Heimatland des Konzerns erwirtschaftet wird (Foreign to Total-Operations Ratios). Verwendung finden die folgenden Kennzahlen:

- Umsatz: Die im Ausland erwirtschafteten Umsätze des Konzerns (nach Konsolidierung) werden ins Verhältnis gesetzt zu dem Gesamtumsatz. Die Kennzahl kann als Indikator gesehen werden, welche Aufmerksamkeit den internationalen Aktivitäten des Konzerns geschenkt werden muss.
- Arbeitnehmer: Die im Ausland beschäftigten Mitarbeiter werden ins Verhältnis gesetzt zu der Gesamtzahl der Mitarbeiter.

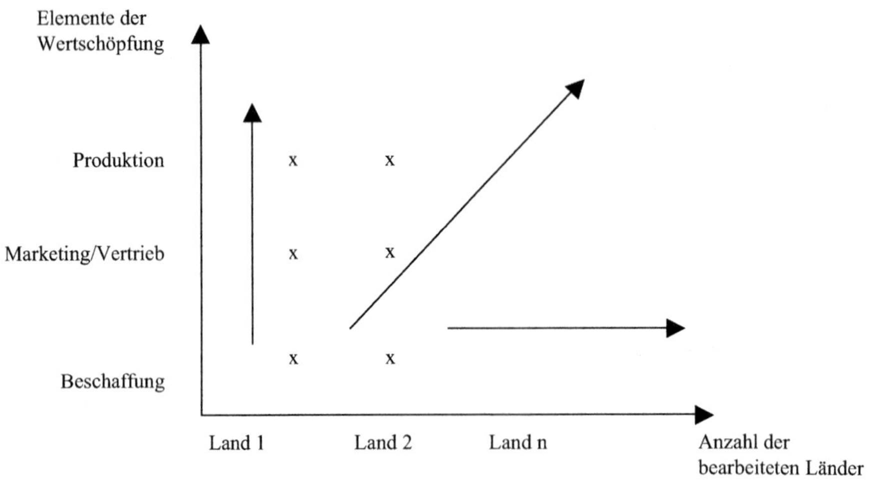

Abb. 6.1 Komplexitätssteigerung und Internationalisierungsgrad im Controlling. (Vgl. Meckl 2000, S. 18)

- Eigenkapital: Es werden die Anteile am Eigenkapital, die von ausländischen Aktionären gehalten werden, ins Verhältnis gesetzt zu dem gesamten Eigenkapital. Diese Kennzahl hat in den letzten Jahren verstärkt an Bedeutung gewonnen, da Aktionäre aus der angelsächsischen Tradition andere Informationsbedürfnisse haben und auch verstärkt Druck auf die Konzerne ausüben (vgl. Engelhard und Eckert 1999, S. 339 ff.). Damit ergeben sich auch andere Anforderungen an ein Konzerncontrolling, das zur Vorbereitung des Managements auf Diskussionen mit tatsächlichen und potentiellen Investoren andere Kennzahlen beobachten und aufbereiten muss. Außerdem können sich je nach Investor auch höhere Renditeanforderungen an den Konzern ergeben.

Einige Dimensionen der Komplexität können durch diese quantitativen Kennzahlen nicht erfasst werden. So spielt die Zahl der Auslandstöchter eine Rolle. Daneben wird die Komplexität erhöht durch die Zahl der verschiedenen Länder, in denen der Konzern tätig ist. Mit jedem zusätzlichen Land werden neue volkswirtschaftliche, kulturelle, politische und rechtliche Rahmenbedingungen Teil des Konzerns. Die Komplexität wird zusätzlich erhöht durch hohe Anteile der Wertschöpfung in verschiedenen Ländern. Produziert ein Konzern sein Produkt zentral in seinem Heimatland und vertreibt es über Tochtergesellschaften in aller Welt, ist die Komplexität weniger groß, als wenn ein Konzern verschiedene Komponenten eines Produkts in verschiedenen Staaten herstellen muss. Dann muss die Produktion über Ländergrenzen hinweg koordiniert werden. In welchem Verhältnis Internationalisierungsgrad und Komplexität stehen zeigt Abb. 6.1.

Die Komplexität in dem Konzern wird umso höher, je mehr Wertschöpfung in verschiedenen Ländern verteilt ist. Die Koordination wird komplexer, weil mehr Kulturen, Volkswirtschaften und Rechtssysteme Eingang in das Gesamtsystem Konzern finden. Wie viel Einfluss diese nationalen Besonderheiten auf den Gesamtkonzern haben, entzieht sich einer quantitativen Analyse. Ein Konzern, bei dem die Entscheidungen in der Konzernzentrale getroffen werden und die dezentralen Einheiten nur geringe Autonomie haben, erfordert eine andere Herangehensweise an das Konzerncontrolling als ein Konzern, in dem dezentrale Autonomie herrscht.

6.2.2 Qualitativer Internationalisierungsgrad

6.2.2.1 Das EPRG-Modell zur qualitativen Beurteilung der Internationalisierung von Konzernen

Basierend auf der Kritik einer rein quantitativen Charakterisierung der Internationalisierung von Unternehmen hat Perlmutter das EPRG Schema entwickelt. Wichtiger als Zahlen zur internationalen Geschäftstätigkeit sind die Werte, Einstellungen, Erfahrungen, Gewohnheiten und Vorurteile der handelnden Personen. Zwei international tätige Konzerne können vollkommen gleiche Kennzahlen aufweisen, dennoch können ihre internationalen Aktivitäten vollkommen anders durchgeführt werden (vgl. Perlmutter 1965, S. 153). Das EPRG-Modell entwickelt vier Idealtypen, die die unterschiedlichen Einstellungen innerhalb von internationalen Unternehmen beschreiben. Ein Unternehmen kann sich entweder orientieren am:

- Stammland (E = ethnozentrisch),
- am jeweiligen Ausland (P = polyzentrisch),
- an Regionen (R = regiozentrisch) oder
- am Weltmarkt (G = geozentrisch).

Das EPRG-Modell ist eines der einflussreichsten und meistzitierten Modelle in der Internationalen Betriebswirtschaftslehre. Es wurde 1983 zur besten Publikation in diesem Bereich gewählt (vgl. Schmid 1996, S. 23) und findet bis heute weite Anwendung. In der Realität findet sich keine dieser Idealtypen exakt wieder, vielmehr mischen Unternehmen verschiedene Elemente, so dass Konzerne in unterschiedlichem Ausmaß dem einen oder dem anderen Idealtyp nahekommen (vgl. Perlmutter 1969, S. 14 f.).

Der ethnozentrische Idealtyp geht von einer Überlegenheit des Stammlandes gegenüber dem Gastland aus. Die Methoden, die zu Hause funktioniert haben, werden auf das Gastland übertragen. Die Entscheidungen werden in der Zentrale getroffen, die wichtigsten Managementpositionen auch in der Tochtergesellschaft werden mit Abgesandten aus der Muttergesellschaft besetzt (vgl. Perlmutter 1969, S. 11 f.). Für das Konzerncontrolling ergeben sich durch eine ethnozentrische Orientierung erhebliche Konsequenzen.

Aus der Ethnozentrie folgt, dass die Strukturen in der Muttergesellschaft komplex sind und die Wertschöpfung weitestgehend im Stammland erbracht wird. Die Managementmethoden werden auf die Tochtergesellschaften übertragen, d. h. die Methodenkompetenz liegt alleine beim Konzerncontrolling, das den korrekten Einsatz der Methoden genau und streng kontrollieren wird. Die Methoden werden in ausführlichen und klaren

Anweisungen genau beschrieben. Grundsätzlich wird das Tun der Tochtergesellschaft skeptisch angesehen, wodurch der Kontrollaspekt des Controllings stark betont wird. Allerdings wird diese Skepsis abgemildert dadurch, dass die Schlüsselpositionen auch im Controlling der Tochtergesellschaften von Mitarbeitern aus dem Stammland besetzt werden, was auch die Kommunikation erleichtert. Sprachliche und kulturelle Barrieren spielen eine geringe Rolle. Die Strukturen in den Tochtergesellschaften sind relativ simpel. Die Tochtergesellschaften in den verschiedenen Ländern, in denen der Konzern aktiv ist, üben eine sehr ähnliche Tätigkeit aus, z. B. den Vertrieb des im Stammland hergestellten Produkts. Von daher bietet sich ein Benchmarking zwischen den einzelnen Tochtergesellschaften als Beurteilungsinstrument für die verschiedenen Tochtergesellschaften an.

Die ethnozentrische Orientierung von Konzernen wird gerne als rückständig und veraltet angesehen. Sie wird verglichen mit dem Egozentrismus in der Psychologie und mit dem Weltbild des Imperialismus, in dem die Europäer ihre überlegene Kultur in die angeblich unterlegenen rückständigen Gebiete Afrikas und Asiens exportieren wollten (vgl. Müller und Kornmeier 2002, S. 324 ff.). Tatsächlich birgt sie die große Gefahr, sich selbst zu überschätzen und die Andersartigkeit (in Bezug auf Kultur, Wettbewerb, politischen und rechtlichen Rahmen etc.) in anderen Ländern zu unterschätzen. Hier ist das Konzerncontrolling als Organ der Rationalitätssicherung der Führung gefordert. Bei der weiteren Expansion in andere Auslandsmärkte muss eine genaue Analyse der Auslandsmärkte, die ein realistisches Bild von Marktpotential, Wettbewerb und der relevanten Standortfaktoren zeichnet, vorgenommen werden.

Bei der polyzentrischen Orientierung werden die kulturellen Unterschiede der verschiedenen Gastländer akzeptiert. Der Konzern versucht, ein gutes lokales Unternehmen zu sein. Das Management in den lokalen Tochtergesellschaften wird mit Mitarbeitern des Gastlandes besetzt, da man ihnen am besten zutraut, Erfolg in ihrem Land zu haben. Die Entscheidungen werden vor Ort gefällt, jede Landesgesellschaft ist weitgehend autonom in seinen Entscheidungen (vgl. Perlmutter 1969, S. 12 f.), was im Extremfall dazu führt, dass es pro Land je eine Strategie gibt (vgl. Müller und Kornmeier 2002, S. 327).

Die Führung in polyzentrischen Konzernen findet stark über finanzielle Indikatoren statt, was dem Konzerncontrolling eine ganz besondere Bedeutung gibt. Entscheidend ist das Erreichen einer finanziellen Steuerungsgröße, wie dies erreicht wird ist hingegen Aufgabe der nationalen Tochtergesellschaft. Von daher erhält das Konzerncontrolling die Aufgabe, diese Steuerungsgröße zu definieren, ihre korrekte, gleiche Berechnung in allen Tochtergesellschaften sicherzustellen und ein Frühwarnsystem zu installieren, was anzeigt, wenn die Gefahr besteht, dass die Ziele in einzelnen Tochtergesellschaften und schließlich im Gesamtkonzern nicht mehr erfüllt werden können. Sind die anderen Zentralbereiche in einem polyzentrisch orientierten Konzern relativ schwach, so gebührt insbesondere dem Konzerncontrolling für das Funktionieren des Konzerns eine sehr starke Stellung. Die wesentlichen zentralen Führungsaufgaben müssen durch das Konzerncontrolling unterstützt werden (vgl. Mirow 1997, S. 648 ff.): Der Einsatz strategischer Ressourcen (insbesondere der finanziellen Mittel zur Investition) muss zentral geplant werden. Synergien müssen genutzt werden, wobei der Planungsprozess genutzt werden muss, um überhaupt

Abb. 6.2 Beispiel für eine rechtliche Organisationsstruktur eines Konzerns mit regiozentrischer Ausrichtung

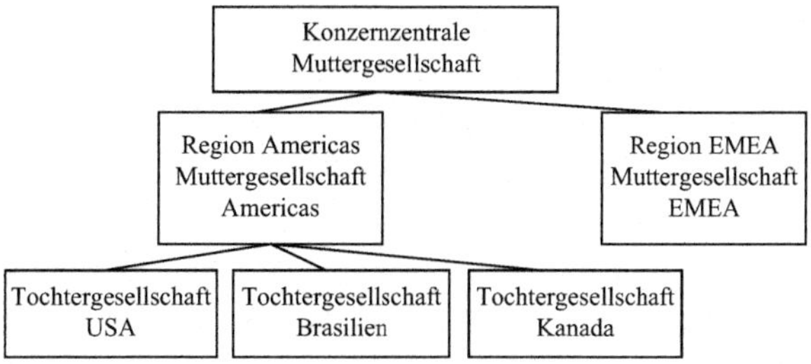

feststellen zu können, wo es Synergiepotentiale gibt. Die große Gefahr bei der polyzentrischen Orientierung ist, dass mögliche Synergien ungenutzt bleiben.

Die regiozentrische Orientierung ist eine Weiterentwicklung der polyzentrischen Sichtweise. In der ursprünglichen Formulierung des EPRG-Modells war diese Orientierung nicht enthalten. Sie war insbesondere eine Reaktion auf die regionale wirtschaftliche Integration in Europa. Es werden mehrere Länder, die homogen sind bezüglich relevanter Merkmale, zu einer Region zusammengefasst. Die Region arbeitet dann aber autonom analog zu den nationalen Tochtergesellschaften im polyzentrischen Weltbild (vgl. Heenan und Perlmutter 1979, S. 20). Innerhalb der Region spielt die Nation und die Kultur dann keine Rolle mehr. Führungspositionen werden von Managern aus der Region, aber unabhängig von ihrer Nationalität besetzt.

Für das Konzerncontrolling ergeben sich ähnliche Implikationen wie bei der polyzentrischen Orientierung. Allerdings wird die Komplexität dadurch reduziert, dass es nur wenige Regionen gibt. In der Unternehmenspraxis findet die regiozentrische Orientierung häufig auch in der rechtlichen Struktur des Konzerns ihren Niederschlag. So wird für jede Region ein Teilkonzern aufgestellt, der die Gesamtverantwortung für die Region hat, dessen Management mit Führungskräften aus der Region besetzt wird und in dem die finanziellen Ergebnisse konsolidiert werden. Häufig findet die regionale Einteilung in die Regionen EMEA (Europe, Middle East, Africa), Americas (Nord-, Mittel- und Südamerika) und Asia/Oceania statt (s. Abb. 6.2).

Damit hat das Konzerncontrolling seinen Widerpart auf Ebene der Regionen mit vergleichsweise starken Controlling Abteilungen in den Teilkonzernen. Das Controlling der Teilkonzerne übernimmt die Rolle, die einzelnen Ländergesellschaften ihrer Region zu planen und zu koordinieren. Das zentrale Konzerncontrolling kann sich darauf beschränken, die Teilkonzerne zu planen und zu koordinieren. Erst, wenn sich Abweichungen auf Ebene der Teilkonzerne ergeben, befasst sich das zentrale Controlling mit den Vorgängen innerhalb der Region.

Die regiozentrische Orientierung versucht, die Vorteile der polyzentrischen Orientierung (differenzierte Bearbeitung von Märkten) zu verbinden mit der Möglichkeit, Synergieeffekte wirklich zu nutzen. Voraussetzung dafür ist, dass die in einer Region zusammengefassten Nationalitäten tatsächlich homogen sind und sich damit standardisiert bearbeiten lassen. In der Praxis wird dabei – wie in der Organisationsstruktur angeführt – die geographische

Nähe als Kriterium verwendet. Dies kann allerdings in vielen Fällen eine zu starke Simplifizierung sein (vgl. Sethi 1971, S. 348).

Bei der geozentrischen Orientierung orientiert sich der Konzern am Weltmarkt (vgl. Perlmutter 1969, S. 13 f.). Muttergesellschaft und Tochtergesellschaften bilden weltweit eine Einheit. Funktionen werden da angesiedelt, wo es die besten Bedingungen gibt, unabhängig von der Nationalität. Führungspositionen werden rein nach Qualifikation unabhängig von der Nationalität besetzt. Die Arbeitsteilung im Konzern ist weltweit. Das Vorgehen ist weitgehend standardisiert, womit sich Economies of Scale realisieren lassen. Die einzelnen Aktivitäten der Wertschöpfungskette werden dort angesiedelt, wo die Bedingungen am besten sind. So können arbeitsintensive Schritte in Niedriglohnländer verlagert werden.

In dem EPRG-Modell wird die geozentrische Orientierung als normatives Idealbild angesehen, womit auch eine moralische Verpflichtung verbunden ist (vgl. Perlmutter 1991, S. 894 ff.). Die geozentrisch geprägte Unternehmung wird angesehen als eine der Institutionen, die notwendig ist auf dem Weg zu einer globalen Gesellschaft. Allerdings gibt es bezüglich der Realisierbarkeit einer wirklich geozentrischen Orientierung Zweifel. So gibt es noch keine Möglichkeit, weltweit in einer Rechtsform zu agieren und die steuerlichen Regeln sind in allen Ländern von gravierenden Unterschieden geprägt, die die Konzerne versuchen, zu ihren Gunsten auszunutzen. Dazu kommen nationale Vorurteile, Sprachbarrieren und Mobilitätshindernisse (vgl. Kutschker und Schmid 2011, S. 294).

Für das Konzerncontrolling ergibt sich in einem geozentrischen Konzern die Aufgabe, die einzelnen weltweit verstreuten Aktivitäten der Wertschöpfungskette zu koordinieren. Das Prinzip der sequentiellen Planung erfordert, dass ausgehend vom Engpass, die einzelnen Stufen der Wertschöpfung aufeinander abgestimmt geplant werden, um ein Ineinandergreifen der einzelnen Stufen zu ermöglichen. Die Koordination ist aufgrund der globalisierten Wertschöpfung besonders zeitintensiv und fordert das Konzerncontrolling besonders.

Zusammenfassend kann man das EPRG-Modell als eine Beschreibung von Idealtypen ansehen. Für Konzerne ist es wichtig, dass sie keine Wertung der einzelnen Idealtypen vornehmen, auch wenn dies häufig insbesondere beim ethnozentrischen (schlecht) und geozentrischen (gut) Idealbild gemacht wird. Auch eine ethnozentrische Herangehensweise kann für ein kleines Unternehmen, das seine ersten Schritte auf Auslandsmärkten macht, der richtige Weg sein. Es muss also geprüft werden, ob der Grad der Internationalisierung für die eigene Situation angemessen ist oder nicht.

6.2.2.2 Das Modell von Bartlett/Ghoshal zur qualitativen Beurteilung der Internationalisierung von Konzernen

Das Modell von Bartlett/Ghoshal beinhaltet ebenfalls vier Idealtypen, die durch Interviews mit Führungskräften aus neun internationalen Konzernen unterschiedlicher Provenienz identifiziert worden sind. Zum Teil sind die entwickelten Idealtypen denjenigen aus dem EPRG-Modell sehr ähnlich. Der theoretische Hintergrund ist jedoch ein anderer. Während im EPRG-Modell die Einstellungen des Managements entscheidend für die Ausrichtung des Konzerns waren, so ist es bei Bartlett/Ghoshal die Strategie des Unternehmens, die wesentlich durch die Branche bestimmt wird, in der der Konzern tätig ist und die historische Entwicklung, die der Konzern oder im Allgemeinen die Wirtschaft des Landes, aus dem die Muttergesellschaft stammt, genommen hat. Die Begriffe, die Bartlett/Ghoshal verwenden, sind nicht von ihnen erfunden worden, sondern wurden schon länger verwendet. Umgangssprachlich werden die Begriffe teilweise synonym verwendet, als Bezeichnung für ein Unternehmen, das eine wie auch immer geartete grenzüberschreitende Tätigkeit ausführt.

Das internationale Unternehmen überträgt die Strategie des Mutterunternehmens auf die ausländischen Tochtergesellschaften. Entscheidungen werden zentral in der Muttergesellschaft getroffen. Damit ähnelt das Konzept sehr stark dem ethnozentrischen Prinzip des EPRG-Modells. Ziel ist es, das Wissen und den Erfolg, der auf dem Heimatmarkt erzielt wurde, auf andere Länder zu übertragen (vgl. Bartlett und Ghoshal 1990, S. 32). Historischer Kontext war die Expansion der US-amerikanischen Konzerne nach dem 2. Weltkrieg, die das in den USA erfolgreiche Konzept in andere Länder übertragen haben. Das internationale Unternehmen wird auch als „koordinierte Föderation" bezeichnet. Das Konzerncontrolling spielt dabei für die Koordination eine wichtige Rolle, z. B. in der Planung. Das Konzerncontrolling ist die einzige zentrale Controllinginstanz und dementsprechend einflussreich.

Ein multinationales Unternehmen ist ein Portfolio nationaler Einheiten, die strategisch weitgehend Autonomie genießen. Die einzelnen Einheiten treten am Markt wie lokale Unternehmen auf (vgl. Bartlett und Ghoshal 1990, S. 32). Diese Unternehmensform wird auch als „dezentralisierte Föderation" bezeichnet. Das Konzept ist der polyzentrischen Orientierung des EPRG-Modells sehr ähnlich. Multinationale Unternehmen agieren erfolgreich, wenn die Märkte lokal sehr unterschiedlich sind. Ein Beispiel kann der Einzelhandel sein, der sich sehr stark von Land zu Land unterscheidet. So hat WalMart, der weltweit erfolgreichste Einzelhändler, mit seiner internationalen Herangehensweise es nicht geschafft, auf dem deutschen Einzelhandelsmarkt Fuß zu fassen (vgl. Ghauri und Cateora 2010, S. 573 ff.). Historischer Kontext der multinationalen Unternehmung war die Expansion vor dem 2. Weltkrieg. Aufgrund hoher Kosten für Transport, Reisen, Kommunikation etc. (vgl. Güntzel und Reinhard 2007, S. 286) war es notwendig, den einzelnen Tochtergesellschaften weitest gehende Autonomie zu geben. Die Gefahr dieser Struktur ist, dass Synergien nicht erkannt werden und dass es zu Ineffizienzen und Doppelarbeit kommt. Die Steuerung erfolgt weitgehend auf Basis finanzieller Kennzahlen, so dass hier dem Konzerncontrolling genauso wie bei der polyzentrischen Orientierung eine Schlüsselrolle zukommt.

Das globale Unternehmen trifft zentrale Entscheidungen und wählt eine Strategie für den Weltmarkt. Dabei wird in Kauf genommen, dass dabei für einzelne Länder nicht die optimalen Ergebnisse erzielt werden. Durch diese Form, die auch als „zentralisierter Hub" bezeichnet wird, sollen Kostenvorteile durch Synergieeffekte realisiert werden (vgl. Bartlett und Ghoshal 1990, S. 32). Historischer Hintergrund ist die internationale Expansion der japanischen Unternehmen in den 70er Jahren des vergangenen Jahrhunderts.

Die Wettbewerbsvorteile der japanischen Unternehmen beruhten im Wesentlichen auf Stärken in Qualität und Produktion. Um diese weltweit zu nutzen, war es notwendig, die Produktion zentral in Japan zu belassen. Branchen, die global agieren, sind z. B. die Luft- und Raumfahrtindustrie, die Halbleiterindustrie oder die pharmazeutische Industrie (vgl. Rall 1986, S. 166). Dem Konzerncontrolling kommt in der globalen Sichtweise die Rolle zu, Informationen so zu gewinnen, dass sie die zentralen Einheiten entsprechend verwenden können. Beispielsweise müssen die Absatzmöglichkeiten in den ausländischen Tochtergesellschaften geplant werden, um darauf aufbauend die Produktionsplanung in den zentralen Fertigungseinheiten zu erstellen.

Die transnationale Unternehmung versucht, die Vorteile der anderen drei Strukturen zu vereinen, insbesondere sollen so die Voraussetzungen geschaffen werden, globale Vereinheitlichung und lokale Anpassungsfähigkeit zu kombinieren. Dazu ist eine netzwerkartige Organisationsstruktur notwendig. Jede Tochtergesellschaft kann Zentrale für eine Funktion in der Wertschöpfungskette werden. Damit ist in dieser Struktur nicht nur eine Kommunikation von der Tochtergesellschaft an die Muttergesellschaft notwendig, sondern auch zwischen den einzelnen Tochtergesellschaften (vgl. Kutschker und Schmid 2011, S. 296 f.). Damit ist die Muttergesellschaft oberstes Entscheidungsgremium, aber auch auf Ebene der Tochtergesellschaften werden weitreichende Entscheidungen mit Bedeutung für den gesamten Konzern getroffen, was auch bedeutet, dass es starke Controlling Abteilungen bei den Tochtergesellschaften geben muss. Beim Konzerncontrolling verbleibt die Hoheit über die Auswahl der Methoden, die Aufgabe der Konsolidierung und der Gesamtbeurteilung der einzelnen Tochtergesellschaften.

In dem internationalen Netzwerk des transnationalen Konzerns nehmen Tochtergesellschaften verschiedene Rollen ein, die auch eine unterschiedliche Herangehensweise des Konzerncontrollings notwendig macht. Die Rolle, die eine Tochtergesellschaft einnimmt, ist für die Aufmerksamkeit und Herangehensweise des Konzerncontrollings besonders wichtig (vgl. Pausenberger 1996, S. 183 f.). Bartlett/Ghoshal identifizieren vier verschiedene Rollen anhand von folgenden zwei Kriterien (vgl. Bartlett und Ghoshal 1990, S. 139).

- Strategische Bedeutung der lokalen Umwelt: Märkte haben für den Gesamtkonzern eine unterschiedliche Bedeutung. Auf der Hand liegt, dass Märkte unterschiedliche Größen haben und damit unterschiedliche quantitative Bedeutung erlangen. So ist der amerikanische Markt i. d. R größer als der dänische Markt. Dazu treten aber andere qualitative Aspekte. So kann der dänische Markt für Windkraftanlagen doch strategisch bedeutend sein, da es in Dänemark ein besonderes Umweltbewusstsein gibt, was auch staatlich gefördert wird. Besondere Kundenkreise, ein spezieller technologischer Standard o. a. kann einen Markt bedeutend machen. Dies gilt auch für den Wettbewerber. So werden die Heimatländer der größten Wettbewerber normalerweise als besonders strategisch wichtig angesehen. So ist der deutsche Markt für Mikroskope besonders wichtig, da Zeiss und Leica besondere Expertise entwickelt haben. Die anderen Wettbewerber versuchen daher, besonders auf dem deutschen Markt Fuß zu fassen.

Abb. 6.3 Rollen von Tochtergesellschaften nach Bartlett und Ghoshal. (Vgl. Bartlett und Ghoshal 1986, S. 90)

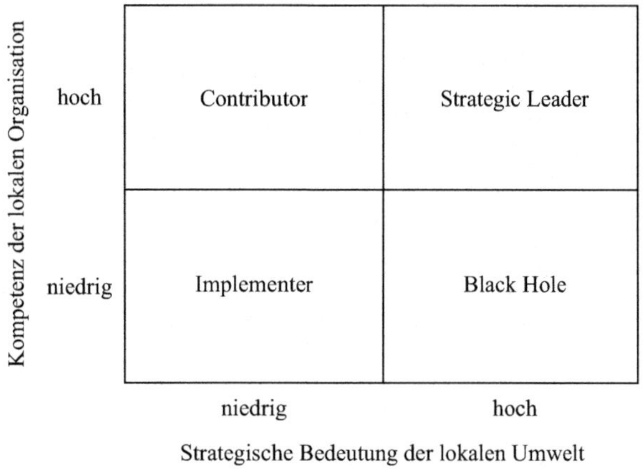

- Kompetenz der Tochtergesellschaft: Die zweite Dimension nimmt die konzerninterne Perspektive ein. Hier wird das Niveau der lokalen Fähigkeiten betrachtet, also welche Kompetenzen lokal in den verschiedenen Wertschöpfungsbereichen (Technologie, Marketing, Qualität des Managements etc.) vorhanden sind.

Mit diesen zwei Kriterien, die in den Ausprägungen hoch oder niedrig vorkommen können, lassen sich die verschiedenen Rollen einer Tochtergesellschaft in einer vier Felder Matrix darstellen (s. Abb. 6.3).

Der Strategic Leader agiert auf einem Markt, dessen strategische Bedeutung für den Konzern sehr hoch ist. Außerdem verfügt diese Tochtergesellschaft in einem oder mehreren Bereichen über eine besonders hohe Kompetenz und übernimmt damit auf diesem Feld eine Führungsrolle für den Gesamtkonzern. Für seinen Bereich ist der Strategic Leader wichtiger für den Gesamtkonzern als die Muttergesellschaft. Chancen und Risiken müssen von dieser Tochtergesellschaft erkannt werden. Für das Konzerncontrolling bedeutet dies, dass dieser Tochtergesellschaft besondere Beachtung geschenkt werden muss, Fehlentwicklungen müssen rechtzeitig erkannt werden und im Sinne eines Frühwarnsystems an das Konzernmanagement gemeldet werden. Dies erfordert auch eine intensive Zusammenarbeit, mit dem Controlling in der Tochtergesellschaft, das die operativen Aufgaben übernimmt. Ist der Strategic Leader beispielsweise für ein Entwicklungsprojekt verantwortlich, das für den Gesamtkonzern strategisch bedeutend ist, so übernimmt das Controlling der Tochtergesellschaft das operative Projektcontrolling. Das Konzerncontrolling sollte sich aber regelmäßig über den Projektfortschritt berichten lassen, um Verzögerungen und andere Probleme rechtzeitig zu erkennen.

Der Contributor ist auf einem strategisch nicht so bedeutenden Markt tätig, verfügt aber über hohe Kompetenzen. Als Beispiel aus dem Unilever Konzern kann man die finnische Tochtergesellschaft anführen, die das Shampoo Timotei entwickelt hat, was von dem relativ kleinen finnischen Markt den weltweiten Siegeszug angetreten hat (vgl. Kutschker und Schmid 2011, S. 347). Wichtig ist, dass das Konzernmanagement auch in

Gestalt des Konzerncontrollings diese Potentiale erkennt und fördert. Eine Gelegenheit dazu bietet der wiederkehrende Planungsprozess, in den Projekte aus Contributor Tochtergesellschaften eingebracht werden können.

Der Implementer ist in einem strategisch nicht so wichtigen Markt tätig und verfügt auch über keine besonders hohen Kompetenzen. Die Kompetenzen reichen dazu aus, den Markt zu bearbeiten. Vielfach handelt es sich bei Implementer Tochtergesellschaften um Vertriebsgesellschaften, die die Produkte aus den Strategic Leader und Contributor Tochtergesellschaften vertreiben. Für den Cash-flow des Gesamtkonzerns haben diese Gesellschaften i. d. R eine sehr hohe Bedeutung. Da in diesen Tochtergesellschaften keine strategischen Projekte stattfinden, müssen sie über schlanke Strukturen verfügen. Daher werden hier die Margen des Produkts am wenigsten durch andere als den unbedingt notwendigen Kosten für den Vertrieb belastet. Daraus folgt auch die Vergleichbarkeit aller Implementer Tochtergesellschaften, die damit sehr gut über ein Benchmarking innerhalb des Konzerns beurteilt werden können. Für den Konzerncash-flow und damit für das Konzerncontrolling sind diese Tochtergesellschaften in der Gesamtheit sehr wichtig, so dass ihnen auch eine entsprechende Aufmerksamkeit geschenkt werden muss.

Alle bislang genannten Rollen von Tochtergesellschaften sind erwünscht und haben ihre berechtigte Stellung in einem internationalen Konzern. Jeder Konzern sollte sogar über ein ausgewogenes Portfolio mit allen drei Arten von Tochtergesellschaften verfügen. Anders ist dies beim Black Hole. Ein schwarzes Loch hat wenig Kompetenzen, agiert aber auf einem strategisch wichtigen Markt. Gründe können kulturelle Schwierigkeiten oder andere Markteintrittsbarrieren sein. Lange Zeit waren dies beispielsweise die japanischen Tochtergesellschaften von europäischen und amerikanischen Konzernen (vgl. Bartlett und Ghoshal 1986). Für einige Zeit kann und muss man sogar die Rolle des Black Hole akzeptieren, da jede Marktbearbeitung, wenn sie nicht durch eine Akquisition oder eine Allianz mit einem anderen Unternehmen durchgeführt wird, als Black Hole startet. Auf lange Sicht ist das Black Hole allerdings nicht tragbar. Wird es erkannt, muss über eine Desinvestition oder eine Strategieänderung nachgedacht werden. Aufgabe des Konzerncontrollings muss es folglich sein, zu erkennen, bei welchen Tochtergesellschaften es sich um Black Holes handelt, bei denen strategische Maßnahmen ergriffen werden müssen.

Schließlich ist es für die Herangehensweise des Konzerncontrollings an eine Tochtergesellschaft wichtig zu berücksichtigen, wie lange eine Tochter bereits Teil desKonzerns ist. Insbesondere Gesellschaften, die durch Übernahme in den Konzern gelangt sind, verfügen bereits über historisch gewachsene Controllingaktivitäten (vgl. Volkmann 1999, S. 262). In so einer Situation kommt das Konzernreporting als zusätzliche Aufgabe zu den lokalen Controllingaufgaben hinzu. Eine sukzessive Einbindung, die stark vom Konzerncontrolling unterstützt wird, ist in diesen Fällen sinnvoll(vgl. Özel und Schneider 2002, S. 29). Insbesondere wenn in der Vergangenheit bei der neuen Tochtergesellschaft erfolgreich gearbeitet worden ist, empfiehlt es sich, bei der Integration in den Gesamtkonzern behutsam vorzugehen (vgl. Müller 1996, S. 112).

6.3 Einfluss der Kultur auf das Controlling

6.3.1 Kulturbegriffe

Kultur ist ein schillernder Begriff, der in vielen Zusammenhängen unterschiedlich verwendet wird. Geradezu inflationär ist die Bildung von Komposita mit dem Element „Kultur", wie in Essenskultur, Sprachkultur, Trauerkultur usw. Die babylonische Sprachverwirrung wird ironisch aber klug in dem folgenden Zitat auf den Punkt gebracht und aufgelöst (Hörisch 2004, S. 65):

> Es gibt Fragen, die einen sich nie erschöpfenden Reigen von Kongressen, Sammelbänden, Podiumsdiskussionen, Abhandlungen, Drittmittelanträgen und dergleichen kulturellen Fakten und Ereignisse stimulieren. Die Frage „Was ist Kultur?" bzw. „Was verstehen wir unter Kultur?" gebührt einer der allerersten Ränge unter diesen Fragen. Dabei läßt sich die kulturelle Lieblingsfrage nach der Kultur begriffsgeschichtlich einigermaßen präzise beantworten. Das lateinische Wort „*cultura*" meint die Bestellung von Land. Landwirtschaft sorgt dafür, daß aus (Vor-)gegebenem ein Gemachtes wird. Kulturell tätig ist, wer dort einen Olivenhain pflanzt, wo zuvor unbestellte, raue Natur war.

Kultur ist also etwas Menschengemachtes, Bearbeitetes oder wie es der Soziologe Georg Simmel ausgedrückt hat: „Offenbar nämlich sprechen wir von Kultur, wenn die schöpferische Bewegung des Lebens gewisse Gebilde hervorgebracht hat..." (Simmel 1999). Da das bearbeitete Land in der Menschheitsgeschichte mehr als einmal bearbeitet worden ist, baut eine neue Bearbeitung immer auf Vorläufern auf, die uns bis heute prägen. Das Land ist in verschiedenen Staaten anders bearbeitet worden, aufgrund der geographischen und der historischen Umstände. Deswegen finden Menschen in anderen Regionen anderes Vorgegebenes, auf dem sie aufbauen. Diese Unterschiede prägen die Menschen und führen zu Unterschieden zwischen Gruppen, Nationen, Völkern, Mehrheiten und Minderheiten. Damit wird Kultur zu einem Unterscheidungsmerkmal zwischen Gruppen, was Hofstede in seiner Definition der Kultur betont (Hofstede 1980, S. 43):

> I define culture as the collective mental programming of the people in an environment. Culture is not characteristic of individuals; it encompasses a number of people who were conditioned by the same education and life experience. When we speak of the culture of a group, a tribe, a geographical region, a national minority, or a nation, culture refers to the collective mental programming that these people have in common; the programming that is different from that of other groups, tribes, regions, minorities or majorities, or nations.

Kultur ist demnach etwas Erlerntes, nicht etwas Angeborenes. Der Mensch wird geprägt durch die Umwelt, in die er hineinwächst. Es sind Familie, Schule, die Medien, Freunde etc., die die Kultur eines Menschen prägen. Auf kollektiver Ebene, also auf Ebene der Nation gibt es Gemeinsamkeiten, die die Kultur einer Gruppe prägen und sie von anderen

Gruppen unterscheiden. Dies liegt an gemeinsamen Erfahrungen, an der Geschichte von Staaten, anderer Sprache, anderen Medien, die Verwendung finden oder einem anderen tradierten Bildungssystem. Unterschiedliche Kulturen gibt es auf verschiedenen Ebenen. Für die Betrachtung des internationalen Controllings ist die Ebene der Nation eine relevante Ebene. Dabei muss man allerdings bedenken, dass die Nation als Gedanke frühestens seit dem 18. Jahrhundert ein Begriff ist. Des Weiteren gibt es gerade als Folge des Imperialismus viele Staaten, die erst nach der Entkolonialisierung gebildet wurden, also auch erst sehr spät eine Nation bildeten. Nicht zuletzt besteht auch Deutschland erst seit der Reichsgründung 1871 als Nation. Aus diesen Gründen muss man die Nation als Ebene für die Beschreibung einer Kultur kritisch hinterfragen. Dennoch gibt es gerade für einen Konzern, der rechtlich selbstständige Einheiten weitestgehend nur in rechtlich selbstständigen Staaten bilden kann, keine bessere Ebene als die Nation zur Betrachtung von unterschiedlichen Kulturen.

Für das Konzerncontrolling ist noch eine andere Ebene der Kultur wichtig. Dies ist die Organisations- oder Unternehmenskultur. Neben der Kultur einer Nation ist es genauso wichtig, die Kultur innerhalb des Konzerns zu betrachten. Dabei gibt es vielfältige Beziehungen zwischen der Kultur der Nation und der Organisation. So hängt die Kultur eines Unternehmens davon ab, in welchem Land es seinen Sitz hat. In einem internationalen Konzern kommt hinzu, dass die Muttergesellschaft die Kultur prägt, z. B. durch Regeln, wie im Konzern Entscheidungen getroffen werden. Von daher kann man die These aufstellen, dass auch die Tochtergesellschaft im Ausland durch die nationale Kultur der Muttergesellschaft mitgeprägt wird.

Die Organisationskultur kann man wie folgt definieren (Schein 1985, S. 9):

> Culture is a pattern of basic assumptions – invented, discovered, or developed by a given group as it learns to cope with its problems of external adaption and internal integration – that has worked well enough to be considered valid and, therefore, taught to new members as the correct way to perceive, think, and feel in relation to those problems.

Kultur sind demnach die Grundannahmen, die eine Gruppe, also z. B. ein Konzern, sich gegeben hat, um seine Probleme, mit der Umwelt und im internen Umgang miteinander zu lösen. Diese Grundannahmen müssen sich insoweit bewährt haben, als sie als gültig angesehen werden können und damit auch neuen Mitgliedern dieser Gruppe, also z. B. neu eingestellten Mitarbeitern, beigebracht werden.

Auf allen Kulturebenen gibt es nach dem amerikanischen Ethnologen Osgood zwei Erscheinungsformen von Kultur (vgl. Osgood 1951, S. 202 ff.). Zur Beschreibung wird meistens das Bild eines Eisbergs herangezogen (es bietet sich auch deshalb an, da Osgood seine Theorie erstmals bei der Beschreibung eines Eskimostammes in Alaska angewendet hat). Als Concepta einer Kultur bezeichnet man diejenigen Elemente die tief liegen, also die unter der Wasseroberfläche des Eisbergs sind. Dies sind die Grundannahmen, Werte und Überzeugungen. Diese Grundannahmen werden nicht diskutiert, sondern sind tief verwurzelt in den Mitgliedern der Organisation bzw. Nation. Es sind die Dinge, die man instinktiv tut ohne nachzudenken. Als Percepta einer Kultur bezeichnet man die

Phänomene, die an der Oberfläche sichtbar sind, also der Teil des Eisbergs, der über dem Wasserspiegel ist. Dies sind die sichtbaren Verhaltensweisen und Artefakte. Artefakte, sind Gegenstände, die durch menschliches Einwirken ihre Bedeutung erhalten. Übertragen auf einen internationalen Konzern sind Artefakte z. B. Logos, Büroeinrichtungen oder das veröffentlichte Leitbild des Konzerns. Die Percepta Ebene kann man auch als Außenstehender schnell erkennen und lernen. Übertragen auf nationale Kulturen sind es diejenigen Dinge, die man in Vorbereitungskursen auf andere Kulturen lernt, so z. B. dass man in Japan Visitenkarten mit höchster Aufmerksamkeit betrachten muss und sie keinesfalls unbeachtet in die Tasche stecken darf. Die Concepta Ebene ist für den Außenstehenden nur schwer zu erkennen und erschließt sich einem erst nach langem Studium oder auch nie.

Der Einfluss der Organisationskultur auf einen Konzern darf nicht unterschätzt werden. Nicht jeder deutsche Konzern arbeitet auf die gleiche Art und Weise, sondern jeder Konzern hat seine individuellen Besonderheiten, die seine spezifische Kultur ausmachen. Im Folgenden beschäftigen wir uns mit der nationalen Kultur. Die Soziologie hat generalisierende Aussagen zu nationalen Kulturen entwickelt, die vorgestellt werden. Der Leser sollte alle diese Erkenntnisse kritisch reflektieren. Allein das Experiment, zwei verschiedene Unternehmen in Deutschland oder einem anderen Land zu besuchen, wird einem zeigen, zwei Unternehmen sind, obgleich sie die gleiche Herkunft haben, niemals gleich.

Zunächst werden die wichtigsten kulturvergleichenden Theorien vorgestellt, um dann die Konsequenzen der unterschiedlichen Kulturen für das Konzerncontrolling darzustellen.

6.3.2 Die Kulturdimensionen von Hofstede

Hofstedes Modell ist sicherlich das wirkungsmächtigste Modell für den Bereich der interkulturellen Forschung. Sie hat in der Praxis eine sehr weite Verbreitung gefunden und erfreut sich bis heute großer Beliebtheit (vgl. Baskerville 2003, S. 4). Viele andere Forscher haben zudem ihre Studien auf den Arbeiten von Hofstede aufgebaut.

Die Studie wurde im Auftrag von IBM durchgeführt (vgl. Hofstede 1980). In der ursprünglichen Studie wurden 116.000 Mitarbeiter aus 60 Ländern von IBM befragt mit einem Fragebogen, der zwischen 150 und 180 Fragen umfasste. Erhebungszeitraum waren für die erste Studie die Zeit von 1966 bis 1969 und für die zweite Studie 1971 bis 1973. Die Antworten wurden den Ländern zugeordnet. Für 40 Länder gab es schließlich genügend Daten, um Aussagen zu treffen. Ziel war es Dimensionen zu identifizieren anhand derer man kulturelle Unterschiede zwischen Nationen erklären kann. In der ursprünglichen Studie wurden vier Kulturdimensionen identifiziert, mit denen ein Großteil der Unterschiede zwischen Nationen erklärt werden können. Später wurde eine fünfte Kulturdimension hinzugefügt. Diese fünf Dimensionen werden zweipolig dargestellt (vgl. Hofstede 1997):

- Machtdistanz bezeichnet das Ausmaß an ungleicher Machtverteilung, die eine Gesellschaft zu akzeptieren bereit ist. Ist sie gering ausgeprägt, so sollte das Machtgefälle zwischen den Menschen so gering wie möglich sein. Kinder werden von ihren Eltern wie Ihresgleichen behandelt und umgekehrt. Mitarbeiter erwarten von ihren Vorgesetzten, dass sie in Entscheidungen mit einbezogen werden. Unternehmen sind eher dezentral organisiert. Ist die Machtdistanz stark ausgeprägt, so wird Macht deutlich herausgestellt. Kinder werden zu Gehorsam erzogen. Mitarbeiter erwarten es, Anweisungen zu bekommen. Unternehmen sind eher zentral organisiert. Dies ist auch die Erwartung eines Mitarbeiters. Er erwartet, dass der Vorgesetzte die Entscheidung alleine trifft. Hofstede charakterisiert viele mittel- und südamerikanische Staaten (Guatemala, Panama, Mexiko), asiatische Staaten (Malaysia, Philippinen, Indonesien, Indien) und die arabischen Staaten als durch eine hohe Machtdistanz geprägt. Demgegenüber sind insbesondere viele nord- und mitteleuropäischen Staaten (skandinavischeLänder, Österreich, Deutschland, Niederlande, Großbritannien) durch eine geringe Machtdistanz geprägt. Die USA und Japan sind im Mittelfeld, während Frankreich eine recht hohe Machtdistanz hat.
- Unsicherheitsvermeidung bezeichnet den Grad, wie sich Gesellschaften durch ungewisse oder unbekannte Situationen bedroht fühlen. Ist die Unsicherheitsvermeidung gering ausgeprägt, so werden unsichere Situationen akzeptiert und als normal angesehen. Abweichenden Meinungen, neuen Ideen und anderen Verhaltensweisen wird mit Toleranz begegnet. Menschen sind nicht scheu, Risiken einzugehen. Ist die Unsicherheitsvermeidung hoch ausgeprägt, so wird die dem Leben innewohnende Unsicherheit als Bedrohung empfunden. Es wird vermieden, Risiken einzugehen. Innovationen werden skeptisch gesehen und gegen Neues regt sich zunächst Widerstand. Während bei der Machtdistanz Regionen relativ ähnliche Ergebnisse haben, kommt es bei der Unsicherheitsvermeidung zu regional sehr unterschiedlichen Ergebnissen. So liegen Deutschland und Österreich im Mittelfeld während Dänemark, Schweden und Großbritannien eine sehr gering ausgeprägte Unsicherheitsvermeidung aufweisen. Griechenland und Portugal haben die absolut höchsten Werte. Japan hat ebenfalls eine starke Unsicherheitsvermeidung, während die USA eher gering ausgeprägte Werte hat.
- Die nächste Dimension wird anhand der zwei Pole Individualität und Kollektivismus dargestellt. Individualistisch sind Gesellschaften, wenn von Menschen lediglich erwartet wird, dass sie für sich und ihre unmittelbare Kernfamilie sorgen. Die Bindungen zwischen Individuen sind eher lose. Kinder lernen in der Erziehung in „ich“-Begriffen zu denken. Die Beziehung zwischen Arbeitgeber und Arbeitnehmer ist ein Vertrag, der auf gegenseitigem Nutzen beruht. Demgegenüber sind Gesellschaften kollektivistisch, in denen Menschen in Großfamilien bzw. anderen Wir-Gruppen integriert sind. Diese sorgen ein Leben lang für das Individuum und erwarten im Gegenzug lebenslange Loyalität. Kinder lernen in der Erziehung in „wir“-Begriffen zu denken. Die Beziehung zwischen Arbeitgeber und Arbeitnehmer wird an moralischen Maßstäben gemessen und ist ähnlich wie eine familiäre Beziehung zu sehen. Die angelsächsischen Länder USA, Australien, Großbritannien und Kanada weisen die höchsten Werte zur

Individualität auf. Am stärksten kollektivistisch geprägt sind die mittel- und südamerikanischen Länder (Guatemala, Ecuador, Panama, Venezuela und Kolumbien) sowie einige asiatische Länder (Thailand, Taiwan, Südkorea). Deutschland, Österreich und die Schweiz liegen im Mittelfeld. Dies gilt auch für Japan, was aufgrund der besonderen lebenslangen Bindung zwischen Arbeitgeber und Arbeitnehmer überrascht.

- Die vierte Dimension wird mit den Polen Maskulinität und Femininität beschrieben. In maskulinen Gesellschaften sind die Rollen der Geschlechter stark unterschiedlich. Männer müssen hart und materiell orientiert sein, während Frauen eher bescheiden auftreten und vor allem immateriell orientiert sind, d. h. eine hohe Lebensqualität wünschen. In maskulinen Gesellschaften sind materieller Erfolg und Fortkommen folglich auch die wichtigsten Werte. Es gilt zu leben, um zu arbeiten. Von Vorgesetzten wird eine große Entscheidungsfreude erwartet. Die Gesellschaft zeigt Sympathie mit den Starken. In femininen Gesellschaften überschneiden sich die Rollen von Männern und Frauen, feminine Werte werden nicht geringer geschätzt als maskuline. Vorgesetzte versuchen Entscheidungen möglichst im Konsens zu treffen. Man arbeitet, um zu leben. Die Gesellschaft hat Sympathie mit den Schwachen. Die Betonung liegt auf Gleichheit, Qualität und Solidarität im Arbeitsleben. Wiederum ergibt sich ein uneinheitliches geographisches Bild. Die japanische Gesellschaft wird als am stärksten maskulinbewertet. Österreich, Venezuela, Italien und die Schweiz folgen auf den nächsten Plätzen. Auch Deutschland und die USA haben eher eine maskuline Ausprägung. Feminin geprägte Gesellschaften sind die skandinavischen Länder, die Niederlande, aber auch Costa Rica, Chile und Portugal.
- Die fünfte Dimension Langfrist-/Kurzfristorientierung ist durch eine Folgestudie hinzugekommen. Um die Validität der Kulturdimensionen prüfen zu können, wurde mit einem anderen Fragebogen eine Gruppe von Studenten gefragt. Dabei wurde auch der geographische Raum auf den chinesischen Bereich ausgeweitet. Im Wesentlichen sind die ursprünglichen Dimensionen von Hofstede bestätigt worden. Allerdings ließ sich die Unsicherheitsvermeidung nicht finden. Stattdessen wurde die Dimension Langfrist-/Kurzfristorientierung als Merkmal gefunden (vgl. Kutschker und Schmid 2011, S. 728 f.). Die Langfristorientierung beinhaltet eine große Beharrlichkeit bei der Verfolgung von Zielen. Rangordnung und Status spielen eine große Rolle und die Menschen zollen dem Status und der Rangordnung Respekt. In langfristig orientierten Gesellschaften gibt es eine hohe Spar-quote verbunden mit einer hohen Investitionstätigkeit. Demgegenüber wird bei der kurzfristigen Orientierung die persönliche Ausdauer und Stabilität betont. Die Tradition wird respektiert. Anstatt Rangordnungen und Status spielen auf Gegenseitigkeit beruhende Grußformeln, Geschenke und Gefälligkeiten eine große Rolle. Diese Merkmale werden direkt auf die Lehren des Konfuzius zurückgeführt, deswegen wurden sie in den ersten Veröffentlichungen auch als „konfuzianische Dynamik" bezeichnet. Die Kernelemente der Lehre des Konfuzius können verbunden werden mit einer Langfristorientierung. Nach der konfuzianischen Lehre gibt es für jeden Menschen einen Weg (tao), dem er folgen muss, um zu innerer Harmonie zu kommen. Dies bringt eine Langfristorientierung mit sich.

Tab. 6.2 Ausprägungen der Kulturdimensionen nach Hofstede. (Eigene Erstellung nach Hofstede 1997)

Land	Machtdistanz[a]	Unsicherheits-vermeidung[a]	Individualität/ Kollektivität[a]	Maskulinität/ Femininität[a]	Langfrist-/ Kurzfrist-orientierung[a,b]
Deutschland	35 (42)	65 (29)	67 (15)	66 (9)	31 (14)
Österreich	11 (53)	70 (24)	55 (18)	79 (2)	–
Schweiz	34 (45)	58 (33)	68 (14)	70 (4)	–
USA	40 (38)	46 (43)	91 (1)	62 (15)	29 (17)
Japan	54 (33)	92 (7)	46 (22)	95 (1)	80 (4)
Frankreich	68 (15)	86 (10)	71 (10)	43 (35)	–

[a]Der erste Wert gibt die absolute Ausprägung der Kulturdimension an. Der Wert in Klammern gibt die Platzierung innerhalb der untersuchten Länder an

[b]Zur Langfrist-/Kurzfristuntersuchung wurden lediglich 23 Länder untersucht, so dass nicht für alle Länder Daten vorliegen

> Folglich ergab die Studie auch die am stärksten ausgeprägte Langfristorientierung in China, Hong Kong, Taiwan, Japan und Südkorea. Deutschland ist im unteren Mittelfeld, während die USA und Großbritannien tendenziell kurzfristig orientiert sind. Asiatische Länder wie Pakistan und die Philippinen stehen gemeinsam mit Kanada und Nigeria am Ende und sind kurzfristig orientiert.

Tabelle 6.2 stellt die Ergebnisse aus den Studien von Hofstede für die wichtigsten Länder und den deutschsprachigen Raum zusammen.

Kritisch wird die Studie von Hofstede häufig deshalb betrachtet, da die befragte Grundgesamtheit aus Mitarbeitern von IBM bestand. IBM zeichnet sich durch eine starke Unternehmenskultur aus, die eventuell die nationale Kultur überlagern kann. Außerdem kann die Stichprobe dadurch verzerrt sein, dass sich nur besonders offene Menschen überhaupt für ein amerikanisches Unternehmen als Arbeitgeber entscheiden. Menschen, die nicht Teil des Arbeitsmarktes sind, sind in der Studie gar nicht berücksichtigt. Des Weiteren wird gegen die Studie vorgebracht, dass die gestellten Fragen selbst durch die westliche Kultur geprägt sind und in anderen Kulturen in dieser Form gar nicht von Interesse sind (vgl. Kutschker und Schmid 2011, S. 729 ff.). Trotz dieser Kritik haben sich die Kulturdimensionen von Hofstede weit verbreitet und werden heute bei vielen der kulturvergleichenden Studien herangezogen.

6.3.3 Auf Hofstede aufbauende Studien

Der niederländische Managementtrainer Trompenaars hat in den 90er Jahren eine kulturvergleichende Studie vorgelegt, in denen ebenfalls Kulturdimensionen ermittelt werden (vgl. Trompenaars und Hampden-Turner 1997). Hier wurden 15.000 Fragebögen ausgewertet, die über einen nicht näher spezifizierten Zeitraum in den Managementtrainings, die der Autor veranstaltet hat, ausgefüllt wurden. Zusätzlich sind Mitarbeiter von international tätigen Unternehmen befragt worden. Im Ergebnis entwickelt Trompenaars sieben Kulturdimensionen:

- Universalismus versus Partikularismus: Universalismus steht für generelle Regeln, die beachtet werden. Regeln werden über menschliche Beziehungen gestellt. Der Partikularismus beschäftigt sich nicht mit den generellen Regeln sondern sucht eine Lösung für eine spezifische Situation, bei denen persönliche Beziehungen eine besondere Rolle spielen. Die angelsächsischen Länder (USA, Kanada und Großbritannien) aber auch die deutschsprachigen Länder gelten als universalistisch. Venezuela, Russland, China und Südkorea werden demgegenüber als partikularistisch eingestuft.
- Individualismus versus Kollektivismus: Ähnlich wie bei Hofstede wird in dieser Dimension die Frage beantwortet, ob sich ein Mensch eher als Individuum sieht oder als Bestandteil einer Gruppe. Auch hier wird die USA als individualistische Gesellschaft klassifiziert, während Japan, Indien, Ägypten und Mexiko als kollektivistisch klassifiziert werden.
- Affektivität versus Neutralität: In affektiven Kulturen spielen Gefühle eine große Rolle und werden offen gezeigt. In neutralen Kulturen steht die Rationalität von Handlungen im Mittelpunkt. Häufig wird die Unterscheidung gemacht zwischen impulsivem Handeln in affektiven Kulturen und diszipliniertem Handeln in neutralen Kulturen. Trompenaars teilt viele afrikanische, arabische und lateinische Kulturen als affektiv ein, während mittel- und nordeuropäische Kulturen aber auch China und Japan als neutral gelten.
- Spezifität versus Diffusität: In diffusen Kulturen hängen die Lebensbereiche von einem Individuum zusammen und lassen sich nicht trennen. Bei spezifischen Kulturen sind die Lebensbereiche wie Familie und Arbeit stark voneinander getrennt. In westlichen Ländern ist diese Trennbarkeit gegeben, während in Gesellschaften wie China, Kuwait, Chile oder Indonesien diese Trennung nicht üblich ist.
- Statuszuschreibung versus Statuserreichung: Bei dieser Dimension geht es um die Frage, ob einem Individuum ein Status aufgrund seiner Herkunft, Religion oder Alter zugeordnet wird, oder ob dieser durch eigene Leistung erst erreicht werden muss. Die USA setzt sehr stark auf eigene Leistung, während Italien, Russland oder Deutschland bereits zur Zuschreibung tendieren. Südamerikanische, asiatische und arabische Länder sind sehr stark der Zuschreibung von Status zugewandt.
- Zeitverständnis: Hier unterscheidet Trompenaars Gesellschaften mit sequentiellem Zeitverständnis, die Vergangenheit, Gegenwart und Zukunft als linear hintereinander ablaufende Zeiten wahrnimmt und Gesellschaften mit synchronem Zeitverständnis, die eine Interdependenz der Zeitabschnitte annimmt. Des Weiteren werden Gesellschaften danach klassifiziert, ob sie vergangenheits-, gegenwarts- oder

zukunftsorientiert denken. Danach werden die USA, Deutschland und Italien als zukunftsorientierte Gesellschaften klassifiziert. Russland wird als vergangenheitsorientiert eingestuft, während Indonesien und Spanien stark gegenwartsorientiert sind.
- Beziehungen des Menschen zur Umwelt bzw. zur Natur: In der siebten Dimension wird die Frage beantwortet, ob sich Kulturen eher der Natur unterwerfen oder ob sie versuchen die Natur zu kontrollieren. Letzteres wird in den west-lichen Ländern versucht, während Länder wie Ägypten, Kuwait, Japan, China oder Singapur eher dazu neigen, sich der Natur zu unterwerfen.

Ähnlich wie bei der Studie von Hofstede wird insbesondere die Auswahl der Befragten kritisiert. Da es sich um Teilnehmer von Managementtrainings handelt, kann man davon ausgehen, dass dieser Personenkreis bereits besonders sensibel für interkulturelle Fragestellungen ist, was das Ergebnis verzerrt. Auch wird die Methodik kritisiert, die in den Veröffentlichungen von Trompenaar auch nur lückenhaft dargestellt wird (vgl. Hofstede 1996, S. 189 ff.).

Die neueste kulturvergleichende Studie ist die GLOBE-Studie (Global Leadership and Organizational Behavior Effectiveness Research Program), die initiiert wurde von dem amerikanischen Wissenschaftler Robert J. House (vgl. House et al. 2004). Gefragt wurden über 17.000 Manager der mittleren Führungsebene aus lokalen Unternehmen in 62 Kulturen aus 59 Ländern. Die höhere Zahl von Kulturen als Ländern resultiert daraus, dass bei Südafrika schwarz und weiß, bei der Schweiz französisch- und deutschsprachig und bei Deutschland Ost und West unterschieden werden. Damit wird eine Kritik am Vorgehen der anderen Studien aufgenommen: Viele Länder sind nicht homogen in ihren kulturellen Ausprägungen. Die Studie beruft sich auf Hofstede und übernimmt einige der Kulturdimensionen, von denen insgesamt neun beschrieben werden:

- Unsicherheitsvermeidung: Wird aus der gleichnamigen Dimension von Hofstede abgeleitet.
- Machtdistanz: Wird ebenfalls aus der gleichnamigen Dimension von Hofstede abgeleitet.
- Institutioneller Kollektivismus: Auch diese Dimension wird von Hofstede abgeleitet, allerdings in zwei Dimensionen aufgeteilt. Der institutionelle Kollektivismus beschreibt, inwiefern institutionelle Praktiken die kollektive Gleichverteilung von Ressourcen bzw. ein kollektives Handeln fördern.
- Gruppen-/Familienbasierter Kollektivismus: Hier wird beschrieben, inwieweit Mitglieder einer Organisation ihren Stolz auf ihre Gruppenzugehörigkeit zeigen.
- Gleichberechtigung: Diese Dimension hat sich aus der Dimension Maskulinität/Femininität von Hofstede entwickelt. Allerdings wird der Inhalt in der GLOBE-Studie klarer umrissen. Es geht um die Frage, inwieweit die Gesellschaft Gleichberechtigung fördert. Geprüft wird diese Dimension u. a. an der Frage, ob Jungen stärker als Mädchen zu höherer Bildung ermutigt werden oder ob Führungspositionen eher für Männer als für Frauen erreichbar sind.

Tab. 6.3 Kulturdimensionen mit hoher bzw. niedriger Ausprägung in der GLOBE-Studie in ausgewählten Ländern. (Vgl. House et al. 2004)

Land	Hohe Ausprägung	Niedrige Ausprägung
Deutschland	Bestimmtheit Unsicherheitsvermeidung	Humanorientierung
Österreich	Bestimmtheit Unsicherheitsvermeidung	–
Frankreich	–	Humanorientierung
USA	Bestimmtheit Leistungsorientierung	–
Russland	Machtdistanz	Leistungsorientierung Zukunftsorientierung
Japan	Institutioneller Kollektivismus	Bestimmtheit
China	Institutioneller KollektivismusGruppen-/ Familienbasierter Kollektivismus	Bestimmtheit

- Bestimmtheit: Auch diese Dimension ist abgeleitet von Hofstedes Maskulinität/Feminität Kulturdimension. Hier wird beschrieben, wie bestimmt, durchsetzungsfähig, konfrontativ und aggressiv in ihrem Verhalten Angehörige einer Kultur sind.
- Zukunftsorientierung: Diese Dimension weist Ähnlichkeiten auf mit der Kulturdimension Langfrist-/Kurzfristorientierung. Es wird beschrieben, inwieweit Gesellschaften Planungen vornehmen und Investitionen tätigen, die aufgeschobene und damit wahrscheinlich höhere zukünftige Belohnungen bringen.
- Leistungsorientierung: Die achte Dimension misst, inwieweit eine Kultur ihre Mitglieder zu Leistungssteigerungen anspornt und sie für hervorragende Leistungen belohnt.
- Humanorientierung: Die neunte Dimension beschreibt, wie die Gesellschaft Anreize und Belohnungen für faires, großzügiges, mitfühlendes und uneigennütziges Verhalten bietet.

In einem Punkt unterscheidet sich die GLOBE-Studie deutlich von den vorgenannten Studien: Sie misst sowohl die Werte, die einer Kultur zugerechnet werden, also die Einstellungen, die in einer Gesellschaft vorherrschen, als auch die Praktiken, also das tatsächliche Handeln, das in einer Gesellschaft vorherrscht. So können Dis krepanzen zwischen Handeln und Werten aufgedeckt werden. Tabelle 6.3 zeigt die Ausprägungen der Kulturdimensionen der GLOBE-Studie in ausgewählten Ländern.

Auch an der GLOBE-Studie kann man insbesondere die Auswahl der Befragten kritisieren (vgl. Kutschker und Schmid 2011, S. 764). Da Manager der mittleren Führungsebene ausgewählt worden sind, können sich Verzerrungen insbesondere bei Dimensionen wie Leistungsorientierung ergeben, da man von einer besonderen Einstellung dieser Gruppe ausgehen kann. Insgesamt hat die GLOBE-Studie allerdings viele neue Erkenntnisse gebracht und vielfältigen Eingang in die betriebswirtschaftliche Literatur gefunden.

6.3.4 Die Kulturdimensionen und ihre Relevanz für das Konzerncontrolling

Im Folgenden soll untersucht werden, inwieweit die unterschiedliche Ausprägung von Kulturdimensionen Auswirkungen auf das Konzerncontrolling hat. Dabei folgt die Untersuchung den Kulturdimensionen von Hofstede, ergänzt um Erkenntnisse aus der Studie von Trompenaars und der GLOBE-Studie. Die Auswirkungen werden dabei jeweils aus Sicht der Konzernzentrale und der Tochtergesellschaft betrachtet.

Geschäftspraktiken in Indien

Der Erfolg von Unternehmen im Ausland hängt von vielen Faktoren ab. Die rechtlichen Rahmenbedingungen und die Kooperation mit den Behörden ist besonders wichtig. Dies spielt eine Rolle bei Steuern, Genehmigungen aber auch bei anderen Entscheidungen mit Rückwirkungen auf den wirtschaftlichen Erfolg in ausländischen Märkten. Als besonders problematisch erweist sich dabei der indische Markt. Viele Konzerne haben hier Probleme, die sie nicht in ihren Planungen berücksichtigt haben. So hat die adidas Tochter Reebok festgestellt, dass das Management ihrer indischen Tochter ca. 280 Mio. Euro in die eigene Tasche gewirtschaftet hatte. Andere Unternehmen hadern mit ausstehenden Genehmigungen, der Nichtanerkennung von Patenten. Zu einem Mißerfolg wurde auch die Investition des britischen Konzerns Reckitt. Sie investierten zu gleichen Teilen mit einem lokalen Partner in eine Produktion, die 500 Mio. Exemplare des Kondoms Durex liefern sollte. Von einem auf den anderen Tag erhöhten die indischen Partner ohne Absprache die Preise. Als sich Reckitt weigerte den nicht vertragsgemäßen überhöhten Preis zu bezahlen, stellten die indischen Partner die Lieferungen ein. Die Gerichte konnten keine Abhilfe schaffen. Reckitt verkaufte seinen Anteil zu einem deutlich geringeren Preis als die Investition an die indischen Partner und beendete so sein Engagement. Dieses Beispiel zeigt wie wichtig Vertrauen im internationalen Geschäft ist.

Eine hohe Machtdistanz hat zur Folge, dass Entscheidungen in Organisationen zentral getroffen werden (vgl. Harrison et al. 1994, S. 256). Die Konzernzentrale wird ihren Führungsanspruch klar formulieren und durchsetzen. Eine Planung wird top-down durchgeführt, Partizipation und Widerspruch werden nicht akzeptiert. Verfügt die Kultur der Tochtergesellschaft über eine hohe Machtdistanz, erwartet sie das eben angeführte Verhalten von der Konzernzentrale. Wird die Tochtergesellschaft zur Partizipation im Planungsprozess aufgefordert, kann das sogar als Schwäche ausgelegt werden. Dies bedeutet auch für den einzelnen Konzerncontroller, dass von ihm in Ländern mit hoher Machtdistanz ein dominantes Auftreten erwartet wird. Zudem werden klare und formalisierte Vorgaben vom Konzerncontrolling erwartet. Dies kann aber auch dazu führen, dass unrealistischen Planvorgaben durch die Muttergesellschaft von Tochtergesellschaften aus Kulturen mit hoher Machtdistanz nicht widersprochen wird.

Verfügt die Kultur des Stammlandes über eine niedrige Machtdistanz, kommt den Tochtergesellschaften eine wichtige Rolle im Planungsprozess zu. Das Budget wird tendenziell eher in einer Bottom-up Planung entwickelt. Die Rolle des Konzerncontrollings ist eher die eines Partners, der auf Augenhöhe mit den dezentralen Controllern zusammen arbeitet.

In Gesellschaften mit hoher Machtdistanz kommunizieren Manager weniger mit Personen, die nicht auf ihrer Hierarchieebene sind (vgl. Offerman und Hellmann 1997). Dies kann dazu führen, dass das Zusammenspiel zwischen Management und Controlling nicht richtig funktioniert und das Controlling seine Aufgabe, die Rationalität der Führung zu sichern, nicht richtig wahrnehmen kann. Wenn es Informationen gibt, die das Management für sich behält, was man bei hoher Machtdistanz unterstellt (vgl. Gray 1988, S. 11), fehlen dem Controller diese Informationen und seine Analyse kann fehl gehen, so dass er die Rationalität nicht mehr sichern kann.

Eine hohe Unsicherheitsvermeidung wird die Konzernzentrale dazu führen, die Unsicherheit in Bezug auf ihre ausländischen Tochtergesellschaften möglichst zu reduzieren. Das bedeutet, dass sie viele Zahlen in einem präzisen Reporting abfragen wird. Hinzu kommt, dass eine Konzernzentrale über umfangreiche und ausgefeilte Planungssysteme verfügen wird und sehr genau die Einhaltung von Budgets kontrolliert (vgl. Hoffjan 2009, S. 52 und 54). Häufig wird auch geäußert, dass Länder mit hoher Unsicherheitsvermeidung tendenziell eher konservative Ziele fürBudgets wählen werden (vgl. Gray 1988). Eine andere Überlegung ist, dass eine hohe Unsicherheitsvermeidung eher zu einer bilanzpolitischen Ergebnisglättung führen wird. Unternehmen, die überraschende Ergebnisse vorlegen, werden häufig von Investoren nicht gerne gesehen. Von daher hat eine Glättung von Ergebnissen große Vorteile für Unternehmen (vgl. Nabar und Bonnlert-U-Thai 2007, S. 38 f.). Eine Tochtergesellschaft aus einer Kultur mit einer starken Unsicherheitsvermeidung wird versuchen, das eigene Budget so aufzustellen, dass ein Über- oder Unterschreiten nicht vorkommen soll. Also werden die sich selbst gesteckten Ziele eher wenig herausfordernd sein. Dies ist Aufforderung an ein zentrales Konzerncontrolling, die sich von Ländern mit hoher Unsicherheitsvermeidung gesetzten Ziele herauszufordern. Umgekehrt werden Länder mit geringer Unsicherheitsvermeidung dazu neigen, sich Ziele zu setzen, die die Konzernzentrale erfreuen, aber nicht unbedingt realistisch sind. Dann ist es Aufgabe des Konzerncontrollings, diese Ziele zu hinterfragen und ihre Erreichbarkeit kritisch zu prüfen.

Eine hohe Unsicherheitsvermeidung führt auch dazu, dass man Abläufe sehr stark formalisiert und standardisiert. Ein fester Rahmen, z. B. ein vorstrukturierter Planungsprozess, reduziert die Unsicherheit. Verbunden damit ist, dass die Controllingkapazitäten auf zentraler und dezentraler Ebene in unsicherheitsvermeidenden Kulturen höher sein werden als in weniger unsicherheitsvermeidenden Kulturen. Die Funktionen des Controllings tragen allesamt dazu bei, dass die Unsicherheit des Managements reduziert wird. Damit kommt dem Controlling auch eine sehr viel stärkere Stellung zu. Ist die Muttergesellschaft stärker durch Unsicherheitsvermeidung geprägt, so wird sie den Tochtergesellschaften und ihren Controlling Abteilungen mit mehr Skepsis begegnen und die von dort gelieferten Informationen stärker selber prüfen.

Eine geringe Unsicherheitsvermeidung der Konzernzentrale führt dazu, dass den Tochtergesellschaften höhere Autonomie und Anpassung an kulturelle und andere landesübliche Besonderheiten zuerkannt wird (vgl. Rosenzweig und Singh 1991, S. 350 f.). Dies wiederum wird auf Ebene des Konzerncontrollings eine stärkere Anpassung von lokalen zu konsolidierten Informationen erfordern.

Individuelle Kulturen verlangen nach Autonomie und Mitspracherecht. Von daher werden Tochtergesellschaften mit dieser Ausrichtung einen Bottom-up Planungsprozess bevorzugen. Für die Konzernzentrale ergibt sich, da individuelle Gesellschaften bereit sind, die persönlichen Ziele über die Konzernziele zu setzen, bei diesen Tochtergesellschaften der Wunsch nach mehr Kontrolle. Ein enges Controlling mit präzisen und ausführlichen Reports durch die Konzernzentrale wird von individuell geprägten Kulturen als Einengung aufgefasst werden.

Unternehmenskultur in Japan

Lange Jahre galt Japan als Inbegriff von guten und modernen Managementpraktiken, die im Idealfall nur von europäischen Managern kopiert werden müssen, um dann am Ende bessere Erfolge zu erzielen. Allerdings haben in letzter Zeit die massiven Qualitätsprobleme bei Toyota oder der Bilanzskandal bei Olympus ein anderes Licht auf die japanische Unternehmenskultur geworfen. Ein rigides System von Seniorität und Hierarchie verhindern, dass Nachrichten insbesondere auch die schlechten, die Unternehmensleitung überhaupt erreichen. Die Chefetage von Toyota besteht z. B. aus 29 japanischen Männern, die alle innerhalb des Konzerns groß geworden sind. Diese Manager-Inzucht muss irgendwann zu Schwierigkeiten führen, da sie mutige Kritik verhindert und schnelles Umdenken erschwert. Seit Jahren wehren sich japanische Unternehmen dagegen, dass sie auch Direktoren von außerhalb zulassen müssen. Das Hauptargument, dass japanische Unternehmen alles richtig machen würden, ist in letzter Zeit zumindest schwer erschüttert worden (vgl. Emrich 2011, S. 397).

Ein großer Unterschied ergibt sich bei den Anreizen, die von Unternehmen aus individuellen und von kollektivistischen Ländern eingesetzt werden. Individualismus ist positiv korreliert zu dem Einsatz von leistungsbezogenen Anreizsystemen (vgl. Schuler und Rogovsky 1998). Anreizsysteme in kollektivistischen Gesellschaften werden dahingegen stärker an Gruppen oder Teams anknüpfen. Damit ergibt sich das Erfordernis, Kennzahlensysteme zur Bemessung der variablen Vergütung anders auszugestalten. In individualistischen Gesellschaften müssen diese die Leistung eines Individuums oder einer Einheit abbilden. Dies erfordert einen starken Fokus des Controllings auf die verursachungsgerechte Zuordnung von Erfolgen und Lasten auf die einzelnen Einheiten. In kollektivistischen Gesellschaften knüpftdie Kontrolle demgegenüber an Gruppen und Teams an. Eine individuelle Überprüfung wird von den Mitarbeitern nur ungern gesehen.

Kleist (2004, S. 447 f.) ist der Ansicht, dass die Kulturdimension Maskulinität/ Femininität den geringsten Einfluss auf das Controlling hat. Lediglich das Setzen von ehrgeizigeren Zielen in Plänen wird als Konsequenz einer maskulin geprägten Kultur angesehen. Allerdings wird in maskulinen Gesellschaften unverblümter kommuniziert (vgl. Hoffjan 2009, S. 51 f.). Von daher kann ein Konzerncontroller das Management einer Tochtergesellschaft bzw. seinen Gegenpart in der Tochtergesellschaft unbewusst vor den Kopf stoßen, was die Kommunikation zwischen den Beteiligten langfristig erschweren kann. Andererseits kann von Konzernzentrale zu Tochtergesellschaft Kritik verklausuliert geäußert werden. Für die Tochtergesellschaft ist es wichtig, diese Kritik richtig zu übersetzen, um sie zu verstehen. Außerdem fließen in femininen Gesellschaften Informationen nicht nur auf offiziellen Wegen, sondern informelle Netzwerke sind wichtiger, so dass der Konzerncontroller seine Netzwerke pflegen muss, um an die notwendigen Informationen zu kommen.

Auf der Hand liegt, dass die Kulturdimension Langfristorientierung Rückwirkungen auf den Planungshorizont hat. Man kann davon ausgehen, dass in langfristig orientierten Gesellschaften strategische Ziele relativ bedeutender sind als operative (vgl. Harrison et al. 1994, S. 257). Dies wiederum führt auch zu einer langfristigeren Ausrichtung der mit der Planung verbundenen Anreizsysteme (vgl. Merchant et al. 1995, S. 628). Da die Planungssysteme langfristig ausgerichtet sind, kann man annehmen, dass eine geringere Planungsexaktheit akzeptiert wird und ein niedrigerer Detaillierungsgrad verlangt wird.

Mit einer Langfristorientierung geht außerdem eine höhere Bereitschaft, Veränderungen zu akzeptieren, einher (vgl. Kleist 2004, S. 448). Damit kann man davon ausgehen, dass eine Konzernzentrale aus einer langfristig geprägten Gesellschaft eher die Methoden des Konzerncontrollings ändern wird, neue Kennzahlensysteme oder Software bereitwilliger einsetzen wird. Für den Test dieser neuen Methoden ist es sinnvoll, wenn das Konzerncontrolling eher Tochtergesellschaften aus langfristig orientierten Kulturen auswählt.

Da ein Planungs- oder Berichtsprozess ein komplexer Prozess ist, der viele miteinander in Beziehung stehende Aktivitäten umfasst, ist das Zeitverständnis der beteiligten Einheiten von großer Bedeutung. Kulturen, die ein sequentielles Zeitverständnis haben, arbeiten mit detaillierten Zeitplänen und erwarten Pünktlichkeit. Dahingegen arbeiten Gesellschaften mit synchronem Zeitverständnis an mehreren Dingen gleichzeitig und empfinden deswegen Unterbrechungen und Unpünktlichkeit nicht als störend. Ist die Konzernzentrale in einer Kultur mit sequentiellem Zeitverständnis (z. B. Deutschland) verankert, so wird die strikte Einhaltung eines Zeitplans für Planung und Berichtswesen erwartet. In dem Falle wird die Unpünktlichkeit von Tochtergesellschaften mit einem anderen Zeitverständnis als störend empfunden und eventuell sogar sanktioniert. Stammt die Konzernzentrale aus einer synchronen Kultur, so existieren exakte Zeitpläne möglicherweise gar nicht.

Konzerne, die aus Kulturen stammen, die eine hohe Humanorientierung haben, werden in ihr Reporting tendenziell eher nicht-finanzielle Kennzahlen einbeziehen, die einen Bezug zum sozialen Verhalten des Unternehmens haben. Dies können z. B. Kennzahlen zu finanziellem sozialem Engagement, zur Belastung der Umwelt durch den Konzern, Frauen in Führungspositionen etc. sein.

Wenn man sich die Methoden und Theorien im Controlling anschaut, so stammen viele aus US-amerikanischer Forschung (z. B. DuPont Kennzahlensystem, Economic Value Added, Balanced Scorecard). Bei der Übertragung in andere Kulturen wie z. B. die deutsche ist es wichtig, dass man sich bewusst macht, woher diese Methoden stammen. So ist in der amerikanischen Kultur der Markt das Ordnungsprinzip, das Entstehen von Unternehmen wird durch Marktversagen erklärt. Aus diesem Grund kann man erwarten, dass auch die Organisation „Unternehmen" eher den Markt nachbilden wird (vgl. Hofstede 1993, S. 20). Die unkritische Übertragung von Modellen, wie dem Shareholder Value und den darauf basierenden Kennzahlen in Gesellschaften, die eher Unsicherheit vermeiden und Ausgleich suchen, wie Deutschland und Frankreich, kann problematisch sein, wie auch die öffentliche Meinung zu dem Schlagwort „Shareholder Value" unterstreicht.

Insgesamt zeigt sich, dass es vielfältige Einflüsse der Kultur auf das Konzerncontrolling gibt. Dabei führen gleiche Ausprägungen einer Kulturdimension überwiegend zu komplementären Vorstellungen zwischen Konzernzentrale und Tochtergesellschaft. Offensichtlich ist jedoch, dass Unterschiede in den Kulturdimensionen nicht nur zu Missverständnissen, sondern auch zu Konflikten führen können. Dabei wirkt eine hohe Ausprägung der Kulturdimension Maskulinität auf einer Seite dazu, dass die Unterschiede betont werden und Konflikte offener und deutlicher geführt werden.

Die Einflüsse der Kulturdimensionen ist jeweils isoliert diskutiert worden. Die Kultur eines Landes besteht jedoch aus einem Bündel von Kulturdimensionen mit unterschiedlichen Ausprägungen. Von daher ergeben sich Interdependenzen zwischen den einzelnen Kulturdimensionen. So führt die Langfristorientierung zu weniger detaillierten Plänen. Ist eine Kultur aber gleichzeitig stark auf Unsicherheitsvermeidung orientiert (wie z. B. Japan) ist davon auszugehen, dass dennoch präzise und detaillierte Pläne erwartet werden, um die beiden Ausprägungen der Kulturdimensionen zu befriedigen.

Gemein ist allen kulturvergleichenden Studien, dass sie – was in der Natur ihres Forschungsgegenstandes liegt – stark generalisieren. Daher muss darauf hingewiesen werden, dass Kultur niemals der einzige Einfluss auf das Konzerncontrolling ist und dass ein Konzern aus einem Land nicht zwangsläufig sich so verhält, wie man es nach den Kulturdimensionen erwarten würde. Viel hängt von den Individuen ab, die in einem Konzern die Verantwortung für das Konzerncontrolling haben und welche Erfahrungen und Einstellungen diese Individuen haben.

6.4 Internationale Unterschiede in der Controllingpraxis

Die Forschungsrichtung des Comparative Management Accounting (international vergleichendes Controlling) beschäftigt sich mit dem „länderübergreifenden Vergleich institutioneller sowie firmenspezifischer Faktoren, welche die Strukturen des Controllings und damit letztlich den finanziellen Erfolg von Unternehmen beeinflussen" (Brandau und Hoffjan 2010, S. 101). Nachdem in Kap. 6.3 Unterschiede, die aus den verschiedenen Ausprägungen der Kulturdimensionen abgeleitet werden können, diskutiert wurden, werden im Folgenden die Erkenntnisse des Comparative Management Accounting vorgestellt, die auf empirischen Untersuchungen über die Controllingpraxis beruhen. Für das internationale Konzerncontrolling sind die-se beobachtbaren nationalen Unterschiede von Bedeutung sowohl bei dem Aufbau des Controllingsystems für den Gesamtkonzern als auch bei der Behandlung von einzelnen Beteiligungen. Nicht zuletzt müssen diese Erkenntnisse bei der Einstellung von Personal in verschiedenen Ländern Berücksichtigung finden. Hier wird zunächst insbesondere auf die Unterschiede zwischen deutschem Controlling und Management Accounting in den angelsächsischen Ländern USA und Großbritannien eingegangen.

Trotz seines Rückgriffs auf die englische Sprache ist der Begriff „Controlling" in der in diesem Buch verwendeten Form in Deutschland entstanden. In Anlehnung an den Begriff Marketing wurde diese Disziplin wohl von Albrecht Deyhle, dem Gründer der Controlling Akademie, so getauft (vgl. Preis und Schmitz 2009, S. 7). Als englischsprachiges Pendant wird meist der Begriff „Management Accounting" verwendet (vgl. Hoffjan 2009, S. 25 m. w. N). Controller in angelsächsischen Ländern ist meist nur der höchstrangige Management Accountant (vgl. Hoffjan 2009, S. 26). Der deutsche Anglizismus hat allerdings keinen Eingang in die internationale wissenschaftliche Diskussion gefunden (vgl. Küpper et al. 2013, S. 6). Im Folgenden wird weiterhin der Begriff Controlling verwendet unabhängig davon, zu welchem Sprachraum Aussagen gemacht werden.

Der Berufsstand des Controllers beruht im angelsächsischen Raum auf Berufsexamina (vgl. Hoffjan 2009, S. 26). In Deutschland ist Controlling eine akademische Disziplin, die an Hochschulen gelehrt wird. Die Controller rekrutieren sich in Deutschland folglich auch aus den Reihen der Hochschulabsolventen. Dabei ist es fast obligatorisch, einen Abschluss in Betriebswirtschaftslehre zu haben. Demgegenüber zeigen empirische Studien in Großbritannien, dass Controllerstellen weitestgehend mit Absolventen anderer Fachrichtungen besetzt werden (vgl. Ahrens und Chapman 2000, S. 489). Daraus lässt sich folgern, dass in Großbritannien stärker eine praxisorientierte Ausbildung „on the job" üblich ist (vgl. Napier 1996, S. 450), während in Deutschland stärker der akademische Ansatz in der Praxis übernommen wird.

Ausgangspunkt eines unterschiedlichen Verständnisses der Tätigkeiten im Controlling ist die unterschiedliche Regulierung. Die angelsächsischen Rechnungslegungsstandards sind traditionell investororientiert, während die deutschen Rechnungslegungsstandards traditionell den Gläubigerschutz in den Mittelpunkt stellen. Ursächlich für diese Unterschiede sind unterschiedliche Finanzierungskulturen. Während sich der deutsche Mittelstand eher über Fremdkapital von Banken finanziert, ist in den USA und dem Vereinigten Königreich die Finanzierung über Eigenkapital üblicher. Damit ergibt sich, dass das externe Rechnungswesen nach deutschem Standard keine ausreichende Informationsbasis für die Fundierung von unternehmerischen Entscheidungen darstellt (vgl. Behringer und Lühn 2016, S. 49 ff.). Die Unternehmensleitung muss die Informationen daher aus einer anderen Quelle beziehen. Dies hat dazu geführt, dass es eine separate Kostenrechnung in Deutschland gibt (vgl. Wagenhofer 2006, S. 6), die sich von den gesetzlichen Regelungen löst und sachzielbezogene Informationen liefert, um die Fundierung von unternehmerischen Entscheidungen zu ermöglichen. Dazu werden in der Kostenrechnung kalkulatorische Kosten verwendet, die entweder der Höhe nach anders ausgewiesen werden als im externen Rechnungswesen (Anderskosten) oder dem Grunde nach nicht Teil der externen Rechnungslegung sind (Zusatzkosten). Kalkulatorische Kosten gibt es i. d. R im angloamerikanischen Rechnungswesen nicht (vgl. Messner 2003, S. 262). Hier ist das Hauptbuch (General Ledger) die einzige Datenquelle, auf die zugegriffen wird. Sollten Sonderanalysen notwendig sein, so werden diese mit Daten aus dem General Ledger in Nebensystemen zur Buchhaltung oder schlicht in Excel Spreadsheets durchgeführt.

In Kap. 1 dieses Buches hatten wir die Rolle des Controllers von der Rolle des Managers abgegrenzt. Der Controller bereitet Entscheidungen vor, die dann von dem Management getroffen werden. Dieses Verständnis liegt dem deutschen Controlling zugrunde. Die Planung ist damit das Kerninstrument des deutschen Control-lings (vgl. Ahrens 1997, S. 564), was auch eine starke Ausrichtung auf die Zukunft des Unternehmens beinhaltet (vgl. Sheridan 1995, S. 291). In den angelsächsischen Ländern wird das Controlling sehr viel stärker in die Entscheidung eingebunden (vgl. Ahrens 1997, S. 584). Der Controller ist nicht mehr nur reiner Informationslieferant und übt seine Macht durch die Auswahl und Präsentation der Informationen aus sondern übernimmt selbst eine aktive Rolle in der Entscheidungsfindung. Dies geht einher mit einer starken organisatorischen Verzahnung mit den Abteilungen Finanzen und Kostenmanagement.

Diese Unterscheidung zeigt sich auch in den von Controllern wahrgenommenen Aufgaben. Abbildung 6.4 gibt einen Überblick über die Aufgaben, die Controller in den USA, Frankreich und Deutschland tatsächlich ausüben.

In Abb. 6.4 fällt auf, dass die Controllingaufgaben zwischen Deutschland und Frankreich relativ ähnlich sind. Signifikante Unterschiede ergeben sich allerdings zur Praxis in den USA. Hier zeigt sich, dass Aufgaben wahrgenommen werden, die nach deutschem und französischem Verständnis nicht zum Controlling gehören. Die meisten dieser zusätzlichen Aufgaben haben Berührungspunkte zum externen Rechnungswesen. Dieses selbst ist eine Zusatzaufgabe, aber auch die Debitorenbuchhaltung, die Liquiditätssteuerung, die Steuerplanung und das Versicherungswesen. Diese breitere Ausrichtung des amerikanischen Controllings kann mit dem Rückgriff auf die Datenbasis des externen Rechnungswesen (General Ledger) erklärt werden. Da eine Überleitung auf ein managementorientiertes Rechnungswesen nicht nötig ist, kann sich das Controlling anderen Aufgaben widmen. Das deutsche Controlling ist sehr viel stärker von der Buchhaltung abgekoppelt als das amerikanische Pendant.

Die Aufgaben von deutschen und französischen Controllern stimmen weitgehend überein. Einen signifikanten Unterschied gibt es lediglich bei der Verantwortung für die operative Planung. In Frankreich ist die Mitwirkung der Controller bei der operativen Planung deutlich geringer, sie sind stärker im internen Rechnungswesen tätig und in die jährliche Budgetierung involviert (vgl. Weber und Schäffer 2016, S. 13).

Eine andere Herangehensweise an das Controlling gibt es in Japan. Mit dem Aufkommen der japanischen Industrie in den 70er Jahren des vergangenen Jahrhunderts ergab sich auch ein starkes Interesse an den japanischen Managementmethoden. Im Bereich des

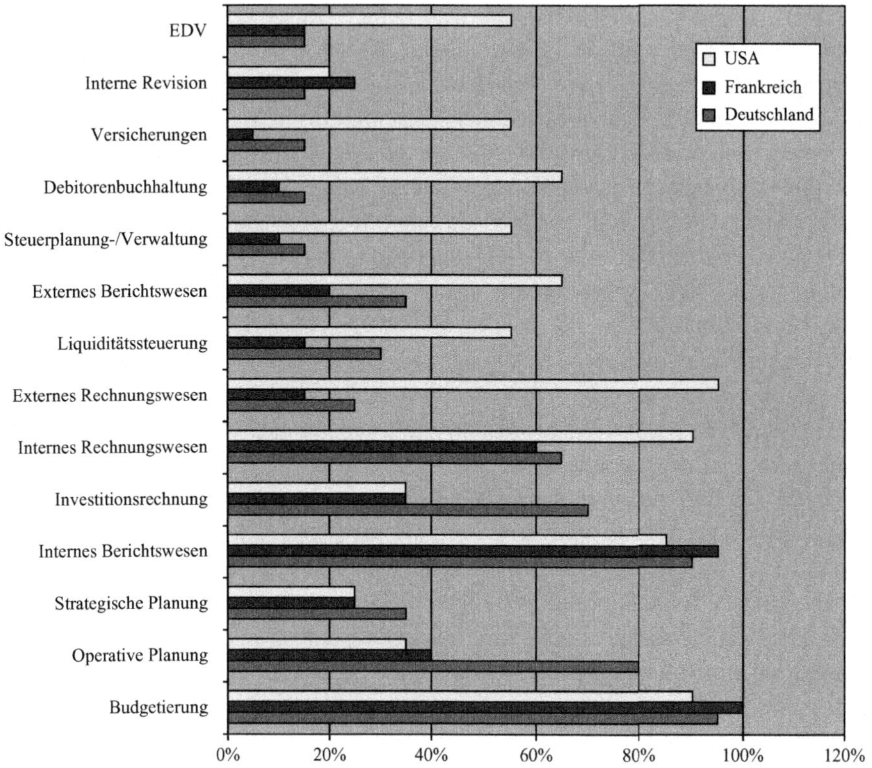

Abb. 6.4 Aufgaben von Controllern in Deutschland, Frankreich und den USA. (Vgl. Stoffel 1995, S. 157)

Controllings fand insbesondere das Target Costing (Zielkostenrechnung) als Instrument des Controllings weite Verbreitung. Japanisches Management geht davon aus, dass die Kosten insbesondere in der Entwicklungsphase vor der eigentlichen Produktion gesenkt werden können (vgl. Shields et al. 1991, S. 71). Daher werden Zielkosten vorgegeben und das Produkt auf diese Zielkosten, die vom potentiellen Marktpreis abgeleitet werden, hin entwickelt. Ein signifikanter Unterschied ergibt sich zu anderen Industrieländern dadurch, dass es einen Kostenrechnungsstandard des japanischen Finanzministeriums gibt, der zwar offiziell nicht verpflichtend ist, von dem aber erwartet wird, dass jedes Unternehmen diesen Standard einhält (vgl. Yoshikawa 2001, S. 271). Damit verliert die Kostenrechnung die Freiheitsgrade, die sie in Deutschland gerade auszeichnen. Historisch entstanden ist dies durch die Bemühungen der japanischen Regierung, die Preise für Rüstungsgüter während des Zweiten Weltkriegs kontrollieren zu können ((vgl. Winter 2005, S. 6 f.).

International zeigt sich, dass die Unterschiede in der Controllingpraxis geringer werden (vgl. Granlund und Lukka 1998, S. 153 ff.). Ein Grund dafür ist die Integration von Märkten, die unter dem Begriff Globalisierung diskutiert wird. Globalisierung soll hier – ohne auf die Begriffsabgrenzungen in den verschiedenen wirtschafts- und sozialwissenschaftlichen Disziplinen weiter einzugehen – verstanden werden als Phänomen, nach dem gleiche

Praktiken in verschiedenen Ländern angewandt werden, die Unterschiede zwischen einzelnen Ländern verdrängen. Mit dem Eintritt amerikanischer Investoren auf die europäischen Finanzmärkte haben sich auch deren Erwartungen an Informationen und ihre Aufbereitung in Europa durchgesetzt. Zudem haben sich bestimmte neue Verfahren des Controllings weltweit verbreitet, unabhängig von ihrem Ursprungsland. Dies gilt insbesondere für Instrumente wie die Balanced Scorecard, wertorientierte Kennzahlen (z. B. EVA) oder Kostenrechnungssysteme wie das Activity Based Costing (Prozesskostenrechnung).

Auch die Regulierung sorgt für eine verstärkte Konvergenz der Tätigkeiten des Controllings. Seit 2005 müssen europäische kapitalmarktorientierte Konzerne ihren Abschluss nach den IFRS aufstellen. Die IFRS folgen eher dem amerikanischen Prinzip der Investororientierung in ihrer Ausrichtung. Damit sind die Verzerrungen des HGB nicht mehr Bestandteil der externen Rechnungslegung, so dass ebenfalls das Hauptbuch als Datenquelle herangezogen werden kann. Außerdem verlangen die IFRS den management approach: Der externe Bilanzleser soll die gleichen Informationen erhalten, die das Management zur Entscheidung über die Verteilung der Leistungen und der Beurteilung von Investitionen verwendet (vgl. Errico und Sieber 2009, S. 847). Neben dem Effekt, dass das Controlling so Doppelarbeit vermeidet und Kosten spart, ist der Normgeber davon überzeugt, dass bessere Informationen an die externen Adressaten gegeben werden. Die Praxis in Deutschland geht dazu über, eine partielle Integration zwischen internem und externem Rechnungswesen vorzunehmen (vgl. Hoffjan 2009, S. 36 f.). Bei der partiellen Integration werden die oberen Ebenen des Berichtswesens, z. B. die konsolidierten Berichte, ausschließlich aus einer Datenbasis gespeist. Die operativen Daten z. B. zur Preissetzung oder Angebotskalkulation werden weiterhin separat aus einem nur für interne Zwecke bestehenden internen Rechnungswesen entnommen. Dies bedeutet für das Konzerncontrolling, das die Kostenrechnung keine Rolle mehr spielt, da Entscheidungen in solcher Detailtiefe nicht mehr auf Ebene der Konzernzentrale getroffen werden. Lediglich Vorgaben im Rahmen seiner Richtlinienkompetenz kann das Konzerncontrolling darüber machen, welche Art und Form der Kostenrechnung in den Konzernteilen vorhanden sein muss. Da Plan und Ist aus vergleichbaren, nach identischen Regeln zustande gekommenen Daten bestehen müssen, bedeutet dies auch, dass die Plandaten nach den IFRS Rechnungslegungsstandards ermittelt werden müssen (vgl. Weide 2009). Damit lässt sich konstatieren, dass die Regulierung dazu führt, dass die internationalen Unterschiede in den verwendeten Methoden der Controllingpraxis deutlich geringer werden.

6.5 Ausgewählte Problemfelder des Internationalen Controllings

6.5.1 Währungsumrechnung für Planung und Kontrolle

Ein nationaler Konzern, der nur in einem Land bzw. Währungsraum tätig ist, plant und kontrolliert seine Geschäftstätigkeit in einer Währung. Sobald die Geschäftstätigkeit sich über mehr als einen Währungsraum erstreckt, entsteht für den Konzern ein Währungsrisiko.

Änderungen in den Wechselkursen haben eine Auswirkung auf Konzerne. Wird der Euro gegenüber dem britischen Pfund stärker, so werden britische Exporte in den Euroraum billiger. Britische Einkäufe aus dem Euroraum werden teurer. Für einen Konzern aus dem Euroraum, der einen großen Teil seines Umsatzes in Großbritannien macht, hat dies zur Folge, dass Anpassungen der Absatzpreise und Absatzmengen überlegt werden müssen. Für britische Konzerne, die viele Einkäufe aus dem Euroraum haben, verteuert sich die Beschaffung. Der Konzern muss darüber nachdenken, die Bezugsquelle zu ändern oder mit dem Lieferanten neu zu verhandeln. Diese Art des Wechselkursrisikos wird ökonomisches Exposure (Exposure = Gefährdung; vgl. Brealey et al. 2016, S. 769) genannt. Davon zu unterscheiden ist das Transaktionsexposure, was sich im Gegensatz zum ökonomischen Exposure genau quantifizieren lässt. Das Transaktionsexposure entsteht durch eine Transaktion in Fremdwährung, bei der der Zahlungsstrom noch nicht geflossen ist. Gehen wir von einem Verkauf von Deutschland nach Großbritannien aus, der in drei Wochen in Britischen Pfund zu bezahlen ist, so hat der Verkäufer das Risiko, dass in den drei Wochen das Britische Pfund an Wert gegenüber dem Euro verliert. Wenn der Zahlungsstrom fließt kann der Verkäufer seine britischen Pfund zu einem geringeren Kurs umtauschen und erhält weniger Euros als zum Abschluss des Geschäfts. Umgekehrt stellt sich das Risiko für den Käufer einer Ware in einem anderen Währungsraum dar.

In der Konzernrechnungslegung kommt ein anderes Risiko hinzu: Das Translationsrisiko entsteht, da die Bilanzen und Gewinn- und Verlustrechnungen von Tochtergesellschaften aus anderen Währungsräumen in Euro umgerechnet werden müssen. Alleine die Auf- und Abwertung von Währungen kann zu Veränderungen der Wertansätze in der Konzernbilanz durch die Übersetzung von der einen in eine andere Währung führen (Spremann und Gantenbein 2016, S. 233). Für die Umrechnung im Konzernabschluss ist bereits in Kap. 2.4.3 die modifizierte Stichtagskursmethode vorgestellt worden. Das Translationsrisiko ist auf den Bewertungsstichtag bezogen: Nur die Wechselkursänderungen zwischen dem Stichtag und dem Vorjahresstichtag finden Berücksichtigung.

Die Planung und der auf ihr basierende Soll-Ist Vergleich bringen ein weiteres Währungskursproblem mit sich. Budgets werden i. d. R in der Hauswährung des Konzerns, der Heimatwährung der Muttergesellschaft, freigegeben, auch wenn sie von der Tochtergesellschaft in der Planungsphase in ihrer Landeswährung erstellt worden sind. Die realen Istzahlen werden dann in jedem Falle von der Tochtergesellschaft in Landeswährung realisiert. Um den Soll-Ist Vergleich durchführen zu können, muss das Konzerncontrolling diese Istzahlen wiederum in die Hauswährung übersetzen.

Wenn die Tochtergesellschaft als Ganzes betrachtet werden soll, so müssen auch positive und negative Wechselkurseinflüsse berücksichtigt werden. In dieser Sichtweise wird das Unternehmen aus Investorensicht betrachtet, damit sind alle Erfolgsgrößen zu berücksichtigen. Wird aber das lokale Management beurteilt, so sind Wechselkurseinflüsse nicht zu berücksichtigen, da diese vom lokalen Management nicht zu beeinflussen sind (vgl. Pausenberger 2002, S. 1167 f.). Die Leistung der Tochtergesellschaft muss mit anderen Maßstäben gemessen werden als die Leistung des verantwortlichen Managements. Die verschiedenen Möglichkeiten, Wechselkurse zur Budgetkontrolle einzusetzen, sollen im Folgenden diskutiert werden und geprüft werden, ob sie zur Leistungsbeurteilung oder

		Umrechnungskurs zur Budgetkontrolle (Ist-Wert)		
		Aktueller Kurs bei Budgeterstellung	Prognostizierter Wechselkurs	Stichtagskurs zum Zeitpunkt der Kontrolle
Umrechnungskurs für Budgetplanung (Soll-Wert)	Aktueller Kurs bei Budgeterstellung	A	B	C
	Prognostizierter Wechselkurs	D	E	F
	Stichtagskurs zum Zeitpunkt der Kontrolle	G	H	I

Abb. 6.5 Mögliche Kombinationen von Umrechnungskursen im Lessard-Lorange Modell. (Vgl. Lessard und Lorange 1977, S. 630)

zur Beurteilung aus Investo rensicht geeignet sind oder nicht. Dazu wird das Lessard-Lorange Modell herangezogen (vgl. Lessard und Lorange 1977), das das erste Modell war, welches sich mit den Auswirkungen der Wechselkurse auf den Planungs- und Kontrollprozess beschäftigt hat. In dem Modell wird allerdings von dem ökonomischen Exposure abstrahiert. Dass eine Wechselkursänderung zu einem vollständig anderen volkswirtschaftlichen Umfeld führt, wird in dem Modell nicht thematisiert (vgl. Lessard und Sharp 1984, S. 18 ff.).

In dem Modell wird davon ausgegangen, dass drei verschiedene Umrechnungskurse Verwendung finden können (vgl. Lessard und Lorange 1977, S. 629):

- Der aktuelle Wechselkurs zum Zeitpunkt der Budgeterstellung.
- Ein zum Zeitpunkt der Erstellung für die Budgetperiode prognostizierter Wechselkurs.
- Der Stichtagskurs zum Zeitpunkt der Kontrolle.

Es ergeben sich neun verschiedene Kombinationen für die Währungsumrechnung zum Soll-Ist Vergleich, die in Abb. 6.5 dargestellt sind.

Vier Kombinationen (B, D, G und H) sind offensichtlich nicht sinnvoll. Bei der Kombination D würde z. B. der Ist-Wert mit dem veralteten Kurs zur Budgeterstellung umgerechnet, während für die Budgetplanung extra ein Kurs prognostiziert worden ist. Es liegt auf der Hand, dass dies keine sinnvolle Vorgehensweise ist. Es verbleiben fünf Methoden, die im Folgenden diskutiert werden sollen:

- Die Kombination A: Soll- und Istwerte werden beide mit dem aktuellen Kurs bei der Budgeterstellung umgerechnet. Diese Kombination geht davon aus, dass sich der Wechselkurs von Budgeterstellung zum Kontrollzeitpunkt nur marginal ändert. Alternativ kann bei sich ändernden Wechselkursen durch diese Kombination betont werden, dass das zu beurteilende Management keinen Einfluss auf Wechselkursänderungen hat – der geänderte Kurs fließt nicht ein in die Beurteilung. Damit ist diese Kombination gut geeignet zur Managementbeurteilung. Die Handhabung ist einfach, da der Kurs vorliegt und keine analytischen Verfahren zur Prognose eingesetzt werden müssen. Außerdem ist das Verfahren transparent, da jeder weiß, was er im Soll-Ist Vergleich zu erwarten hat. Kritisch anzumerken ist, dass das Management keine Veranlassung hat, die tatsächlich auftretenden Wechselkursänderungen auch in seine Entscheidungen einfließen zu lassen (vgl. Klofat 1989, S. 232).

- Die Kombination C: Hier werden die Sollwerte mit dem Istkurs zur Budgeterstellung umgerechnet und die Istwerte mit dem Istkurs zum Zeitpunkt der Kontrolle. Dies spiegelt die tatsächlichen Wechselkursentwicklungen vollständig wider, das Management wird für alle Wechselkursentwicklungen voll verantwortlich gemacht. Dies entspricht der Investorensicht auf die Tochtergesellschaft (vgl. Lessard und Lorange 1977, S. 629). Als praktisches Problem ergibt sich, dass die Tochtergesellschaft mit jeder Wechselkursänderung ein neues Ziel in seiner Landeswährung berechnen muss. Daher wird dieses Verfahren vielfach als die schlechteste der Alternativen gesehen (vgl. Belkaoui 1991, S. 139).
- Die Kombination E: Hier werden Sollwerte und Istwerte beide mit dem gleichen zum Zeitpunkt der Budgeterstellung prognostizierten Wechselkurs umgerechnet. Damit werden erwartete Wechselkursänderungen in die Berechnung integriert. Das Management weiß gleichzeitig, was die Grundlage für die Beurteilung ist und wird dazu angehalten, die erwarteten Wechselkursänderungen bei lokalen Entscheidungen zu berücksichtigen. Dieses Verfahren gilt als fair und transparent (vgl. Lessard und Lorange 1977, S. 634). Problematisch ist die Prognose eines künftigen Wechselkurses. Im Lessard-Lorange Modell wird die komplexe Berechnung einer Internal Forward Rate gefordert, die sämtliche Faktoren, die auf den Cash-flow aus Unternehmenssicht wirken, berücksichtigen soll (also z. B. auch Steuern, Kosten für Wechselkursabsicherungen etc.). In der Praxis werden solche komplexen Berechnungen wohl eher selten durchgeführt. Die Übernahme der aktuellen Forward Rate, wie sie am Kapitalmarkt gilt, kann eine sehr gute Prognose abgeben, da in ihr – unter Annahme eines vollständigen Marktes zumindest alle öffentlich bekannten Informationen eingepreist sind. Die Forward Rate wird angewendet in einem Termingeschäft, bei dem eine Währung zu einem späteren Zeitpunkt gekauft oder verkauft wird. Der in diesem Termingeschäft vereinbarte Wechselkurs heißt Forward Rate (vgl. Hillier et al. 2010, S. 851).
- Die Kombination F: Die Sollwerte werden mit dem prognostizierten Wechselkurs umgerechnet, während die Istwerte mit dem Istkurs zum Zeitpunkt der Kontrolle umgerechnet werden. Mit dem Ansatz des prognostizierten Wechselkurses wird das Management motiviert, sich ändernde Wechselkurse zu berücksichtigen. Allerdings wird das Management bei der Kontrolle gerade für unerwartete Wechselkursänderungen verantwortlich gemacht, was nicht besonders fair erscheint.
- Die Kombination I: Hier werden sowohl Sollwerte als auch Istwerte mit dem Kurs zum Zeitpunkt der Kontrolle umgerechnet. Damit ergibt sich als Konsequenz für das Management wiederum, dass keine lokale Verantwortung für Wechselkursänderungen übernommen werden muss (vgl. Lessard und Lorange 1977, S. 634). Für die Mutter- und Tochtergesellschaft kommt als weiteres Problem hinzu, dass sich der Budgetwert

ständig ändert mit eventuellen Wechselkursänderungen. Der endgültige Budgetwert steht erst am Ende des geplanten Zeitraums fest (vgl. Hoffjan 2009, S. 65).

Für die Beurteilung einer ausländischen Tochtergesellschaft als Ganzes (Investorensicht) bietet sich die Kombination F (Sollwerte mit dem prognostizierten Kurs, Istwerte mit dem Stichtagskurs) an. In den Sollwert fließen die erwarteten Wechselkursänderungen bereits ein. Die anschließende Beurteilung schließt auch die unerwarteten nicht prognostizierten Wechselkurseffekte mit ein. Damit wird der Zahlungsstrom errechnet, der auch tatsächlich für den Investor zur Verfügung steht.

Für die Beurteilung des Managements erscheint dagegen die Kombination E geeignet (beide Werte werden mit dem prognostizierten Kurs umgerechnet). Die Wechselkursentwicklung wird durch die Prognose des Kurses berücksichtigt, während unerwartete Änderungen außen vor bleiben. Das lokale Management wird dazu veranlasst, die Wechselkursänderungen in seine Entscheidungen einzubeziehen, wird aber nicht für unerwartete Veränderungen verantwortlich gemacht. Dies kann aber dazu führen, dass unerwartete Änderungen nicht einbezogen werden.

Aus Sicht des Gesamtkonzerns ist es wichtig, dass das Konzernergebnis zu Stichtagskursen verfolgt wird. Nur dieses entspricht am Ende dem zu veröffentlichenden Ergebnis, das Grundlage der Beurteilung des Konzerns durch externe Analysten und Investoren ist. Für international tätige Konzerne können Änderungen der Wechselkurse große Auswirkungen haben. So hat der deutsch-französische Luftfahrtkonzern EADS 2009 einen Umsatzrückgang in Euro berichtet, der aber auf negative Wechselkurseinflüsse zurückzuführen war (vgl. EADS 2010). Das hier zum Ausdruck kommende Translationsrisiko zeigt sich stark im Umsatz, in den Erfolgsgrößen wird der Effekt dadurch nivelliert, da auch die Aufwendungen mit dem gleichen geänderten Wechselkurs umgerechnet werden müssen.

Erweitert werden kann das Modell um die Verwendung von Durchschnittskursen für Budgetierung und Kontrolle (vgl. Demirag 1986). Dies hat insbesondere dann Vorteile gegenüber der Verwendung von Stichtagskursen, wenn es um Weichwährungen geht, die starken Schwankungen unterliegen. Dann ist eine exakte Prognose für einen Stichtagskurs nicht möglich. Der Stichtagskurs zum Zeitpunkt der Kontrolle hat in diesen Fällen wenig Aussagekraft. Der Durchschnittskurs kann bei stark schwankenden (volatilen) Wechselkursen deutlich abweichen von dem Stichtagskurs.

In empirischen Untersuchungen zeigen sich unterschiedliche Herangehensweisen von Konzernen an die Problematik der Wechselkursumrechnung für Planung und Kontrolle. In einer Untersuchung von 88 multinationalen Konzernen amerikanischer Herkunft ergab sich (vgl. Bavishi et al. 1982, S. 30 ff.):

- 13 % verwenden den Stichtagskurs zur Budgetierung und den aktuellen Kurs zum Kontrollzeitpunkt (entspricht Kombination C);
- 66 % verwenden einen prognostizierten Kurs für die Sollwerte und den Stichtagskurs zum Kontrollzeitpunkt (entspricht Kombination F);

- 11 % verwenden sowohl für die Budgetierung als auch für die Kontrolle den gleichen prognostizierten Wechselkurs (entspricht Kombination E).

Für Deutschland haben Pausenberger/Roth (vgl. Pausenberger und Roth 1997, S. 586 f.) eine Befragung von 19 großen Unternehmen durchgeführt. Sie haben gefunden:

- 2 Unternehmen verwenden einen einheitlichen prognostizierten Kurs für Budgetierung und Kontrolle (entspricht Kombination E);
- 5 Unternehmen rechnen die Sollwerte mit einem prognostizierten Kurs um, während die Istwerte mit dem Stichtagskurs zum Kontrollzeitpunkt umgerechnet werden (entspricht Kombination F);
- 5 weitere Unternehmen wenden die Kombination E und F parallel an, um einmal Erkenntnisse aus Investorensicht zu gewinnen (aus Kombination F) und einmal das lokale Management beurteilen zu können (aus Kombination E);
- In 2 Unternehmen wird der Planwert laufend durch den aktuellen tatsächlichen Wechselkurs aktualisiert. Die Umrechnung der Istwerte erfolgt zu den Durchschnittskursen der Periode. Dieses Vorgehen entspricht weitestgehend der Kombination I, wobei Durchschnittskurse anstatt Stichtagskurse für die Istwerte Anwendung finden.
- 5 Unternehmen legen die Budgetwerte für die Tochtergesellschaft direkt in der Landeswährung fest. 3 Konzerne verzichten ganz auf eine Umrechnung in die Konzernwährung, während 2 die Werte mit den tatsächlichen Durchschnittskursen umrechnen. Dieses Vorgehen lässt die Gesamtkonzernsicht aus dem Fokus geraten und ist deswegen für ein Konzerncontrolling, das die Informationsversorgung für den Konzern verantwortet, ungeeignet (vgl. Pausenberger und Roth 1997, S. 587). Hat eine Tochtergesellschaft z. B. hervorragende Umsatzzuwächse in Landeswährung, ist nicht sicher, ob sich diese auch für den Gesamtkonzern zeigen werden. Negative Wechselkurseinflüsse können dazu führen, dass solche positiven Effekte wieder aufgezehrt werden.

Es zeigt sich also, dass durchaus unterschiedliche Umrechnungsmethoden für Planung und Kontrolle in internationalen Konzernen Anwendung finden.

6.5.2 Controlling und Hochinflation

Inflation bezeichnet eine volkswirtschaftliche Situation, in der die Preise ständig ansteigen bzw. umgekehrt ausgedrückt der Wert des Geldes kontinuierlich sinkt (vgl. Laidler und Parkin 1975, S. 741). Man bekommt weniger für sein Geld, das gleiche Gut kostet mehr (lateinisch inflatio: das sich Aufblasen, das Übertriebene). Die Unterscheidung zwischen Inflation und Hochinflation liegt alleine in der Höhe des Preisanstieges. In der Literatur finden sich verschiedene Abgrenzungen, ab wann man von einer Hoch- oder Hyperinflation (auch galoppierende Inflation) spricht. Melcher spricht von Hyperinflation, wenn die kumulierte Inflationsrate über drei Jahre 100 % übertrifft (vgl. Melcher 1989, S. 393).

Dies geht einher damit, dass die Bevölkerung in diesen Ländern das Vertrauen in die eigene Währung verloren hat und es bevorzugt, ihr Vermögen in realen Werten oder in fremden stabilen Währungen zu halten.

Diese Definition wird auch im IAS 29 „Rechnungslegung in Hochinflationsländern" angewendet. In einer anderen Definition wird von Hyperinflation ausgegangen, wenn die Inflationsrate 50 % pro Monat übersteigt (vgl. Cagan 1956).

Auch wenn in Deutschland und den meisten anderen westlichen Industrieländern es einen Zustand der Hochinflation lange nicht gegeben hat, so gibt es doch genügend Beispiele aus den letzten Jahren: Angola zwischen 1996 und 2005, Weißrussland zwischen 1995 und 2003, Madagaskar zwischen 1994 und 1996, Polen zwischen 1990 und 1995, Rumänien zwischen 1994 und 2002, die Türkei bis zu ihrer Währungsreform in 2005 und die Ukraine zwischen 1993 und 1997 (vgl. Higson et al. 2007, S. 97). Schon seit Jahren herrscht Hyperinflation in Zimbabwe. Für Zimbabwe ist eine Inflationsrate von 89,7 Trilliarde Prozent (10^{21}) pro Jahr errechnet worden (November 2008, vgl. Hanke und Kwok 2009, S. 355). Das IASB hat 2013 eine Liste der Staaten herausgegeben, die als hochinflationär angesehen werden. Diese Liste umfasste Venezuela, Südsudan, Iran, Sudan und Weißrussland (Belarus). Für Tochtergesellschaften aus diesen Staaten verlangt der IAS 29 eine Anpassung der Jahresabschlüsse bevor sie in den Konzernabschluss integriert werden können (vgl. KPMG 2014, S. 1). Für ein Konzerncontrolling ist es daher nicht ungewöhnlich, dass es auch mit dem Problem von Hochinflationscontrolling konfrontiert wird.

Durch eine Inflation verändern sich gravierend die realwirtschaftlichen Rahmenbedingungen, innerhalb derer sich ein Konzern bewegen muss. Die Wirtschaftssubjekte verlieren ihr Vertrauen in die Währung, tauschen es in harte Währungen um oder erwerben Tauschgüter. Das Nennwertprinzip, welches Grundlage des Vertragswesens ist (1 € entspricht immer 1 €, Kaufkraftverlust, also Minderungen im Substanzwert des Geldes z. B. bei der zukünftigen Begleichung von Schulden, wird nicht berücksichtigt, vgl. Luttermann 2008, S. 196) kann nicht mehr realisiert werden. Die Vertragslaufzeiten werden sehr viel kürzer gewählt, Preise werden indexiert z. B. mit den Lebenshaltungskosten oder direkt in harter Währung fixiert.

In die Kalkulationen der Unternehmen (z. B. in Investitionsrechnungen) geht der reale Zinssatz ein. Dieser besteht aus dem nominalen Zinssatz, der berichtigt wird um die erwartete Inflationsrate. Ist die erwartete Inflationsrate höher als der nominale Zins so ergibt sich ein negativer Realzins. Dies führt zu einer Umschichtung von Geldanlagen in inflationsgeschützte Werte wie Immobilien. Einher geht hohe Inflation meistens mit einer Reihe von Interventionen der Regierung: So gibt es Devisenbeschränkungen, die es erschweren, Geldtransfers von der Tochtergesellschaft zur Muttergesellschaft vorzunehmen. Meistens gibt es im Inland, um die Inflation zu bremsen staatlich verordnete Preisstopps. Dies macht das Agieren am Markt schwierig, da die Preise nicht mehr die tatsächlichen Knappheitsrelationen ausdrücken dürfen (vgl. Siebert und Lorz 2007, S. 106 f.).

In dieser Situation liefert das Rechnungswesen, das auf dem Nominalwertprinzip beruht, keine verlässlichen Daten mehr. Vielmehr werden Scheingewinne ausgewiesen, die dazu führen können, dass das Unternehmen seine Substanz nicht mehr erhalten kann. Dies sei an einem Beispiel erläutert (vgl. Hoffjan 2009, S. 82): Ein Handelsunternehmen hat eine

Handelsware im Januar zu einem Preis von 100 Geldeinheiten erworben, im März wird es für 150 Geldeinheiten an einen Kunden verkauft. In der Gewinn- und Verlustrechnung wird ein Gewinn (vor Steuern) von 50 Geldeinheiten ausgewiesen. Hat sich der Wiederbeschaffungspreis für die Handelsware inzwischen aber inflationsbedingt auf 130 Geldeinheiten erhöht, sinkt der Realgewinn auf 20 Geldeinheiten, die anderen 30 Geldeinheiten kann man als Scheingewinn klassifizieren. Wenn die Erhöhungen des Beschaffungspreises nicht durch regelmäßige Erhöhungen des Absatzpreises kompensiert werden können, so kann ein Substanzverlust des Unternehmens entstehen, der im Rechnungswesen nicht deutlich wird: Liegt der Absatzpreis im Beispiel bei 120 Geldeinheiten, so wird im Rechnungswesen nominal ein Gewinn von 20 Geldeinheiten ausgewiesen. Tatsächlich erwirtschaftet das Unternehmen nicht genügend liquide Mittel, um die Handelsware wiederzubeschaffen: Real ist ein Verlust von 10 Geldeinheiten eingetreten. Um die Geschäftstätigkeit fortsetzen zu können und eine neue Handelsware zu beschaffen, muss das Unternehmen die Substanz angreifen oder Geld am Kapitalmarkt aufnehmen. Verschärft wird dieses Problem dadurch, dass auch während eines gegebenen Zahlungsziels ein Wertverlust der Forderung eintritt. Der nominale Betrag der Forderung ist am Tag der Begleichung durch den Schuldner real weniger wert. Deswegen müssen Zahlungsziele in Ländern mit hoher Inflation so kurz wie möglich gewählt werden. Verschärfend wirkt auch, dass die Scheingewinne besteuert werden. In dem ursprünglichen Beispiel war ein nominaler Gewinn von 50 Geldeinheiten entstanden. Wird dieser mit beispielsweise 50 % versteuert, so müssen 25 Geldeinheiten an den Fiskus fließen. Allein durch die Besteuerung kann dann auch die Handelsware nicht mehr wieder beschafft werden.

Da das Rechnungswesen die Hauptbasis für die Erfüllung der Controllingaufgaben ist, ergibt sich aus der inflationsbedingten Verzerrung, dass das Konzerncontrolling seine Aufgaben in Hochinflationsländern nicht mehr erfüllen kann. Die Erfolgskontrolle kann aufgrund der Scheingewinne nicht mehr vorgenommen werden. Die gesamte Berichterstattung ist verzerrt und kann nicht mehr für sinnvolle Soll-Ist Vergleiche herangezogen werden. Weder der Vergleich mit anderen Tochtergesellschaften des Konzerns aus Ländern, die nicht an Hochinflation leiden, als auch der Vergleich mit eigenen Zahlen aus Vorperioden sind nicht verlässlich.

Vor diesem Hintergrund müssen Verfahren entwickelt werden, wie die Zahlen um die Inflationseinflüsse bereinigt werden können, um wieder eine geeignete Basis zur Entscheidungsunterstützung zu haben. Die nominelle Kapitalerhaltung reicht als Leitmaxime nicht mehr aus. Daher wird die reale Kapitalerhaltung als neue Leitmaxime gewählt. Bei der realen Kapitalerhaltung liegt ein Gewinn erst dann vor, wenn das Endkapital die gleiche Kaufkraft hat wie das Anfangskapital. Dazu wird das Anfangskapital mit einem Index versehen, der die Geldentwertung berücksichtigt. Der realen Kapitalerhaltung liegen rein monetäre Überlegungen zugrunde, da nur die Inflationswirkungen berücksichtigt werden. Bei der Substanzerhaltung werden auch Qualitätsverbesserungen berücksichtigt. Gewinn wird erst gemacht, wenn das Unternehmen am Ende der Periode mengen- und qualitätsmäßig die gleichen Vermögensgegenstände hat wie am Anfang der Periode. Noch weiter gehend ist die Erfolgskapitalerhaltung: Hier muss das Unternehmen am Ende der

Periode die gleiche Ausstattung mit Produktionsfaktoren haben, die den gleichen Erfolg versprechen, wie am Anfang. Es gibt verschiedene Techniken zur Inflationsbereinigung. Sie basieren vielfach auf den Überlegungen deutscher Betriebswirte aus den 20er und 30er Jahren des vergangenen Jahrhunderts. Diese waren sehr stark durch die Erfahrungen mit der deutschen Hyperinflation nach dem Ersten Weltkrieg 1922/23 geprägt (vgl. Küpper und Mattessich 2005, S. 350 ff.). Stellvertretend sei die organische Bilanztheorie von Fritz Schmidt genannt (Schmidt 1951). Or ganisch wird die Bilanztheorie genannt, weil das Unternehmen eine Zelle in dem Organismus der Gesamtwirtschaft darstellen soll (vgl. Moxter 1982, S. 57). Die Vermögensgegenstände in der Bilanz sollen nicht zu ihren historischen Anschaffungskosten bewertet werden sondern zu Tageswiederbeschaffungswerten, um die reale Substanzerhaltung darstellen zu können. Analog soll in der Gewinn- und Verlustrechnung verfahren werden: Nicht mehr die Anschaffungskosten sollen den Aufwand bestimmen sondern die tagesaktuellen Beschaffungswerte (vgl. Moxter 1982, S. 58). Die Erkenntnisse von Schmidt haben große Aufmerksamkeit in den 70er und 80er Jahren in der englischsprachigen Welt gefunden (vgl. Küpper und Mattessich 2005, S. 357 ff.).

Zur Inflationsbereinigung müssen im Rechnungswesen andere Bewertungsansätze gewählt werden. Im Folgenden werden einige Bewertungsansätze darauf untersucht, ob sie tauglich sind, Werte zur Entscheidungsunterstützung zu liefern (vgl. Hoffjan 2009, S. 88 ff.):

- Bewertung zu Wiederbeschaffungskosten: Hier werden der organischen Bilanztheorie folgend die tagesaktuellen Wiederbeschaffungswerte eingesetzt. Aufgrund dessen können Scheingewinne nicht entstehen. Die Substanz des Unternehmens wird erhalten. Allerdings ist die Informationsbeschaffung schwierig. Die Wiederbeschaffungswerte müssen täglich ermittelt werden. Diese können jedoch verzerrt werden durch Änderungen in der Qualität oder das Nichtvorhandensein von identischen Gütern. Ebenfalls verzerrend können staatliche Preisstopps wirken, die sich i. d. R nach Aufhebung der Bewirtschaftung in besonders hohen Preissteigerungen auflösen (vgl. Siebert und Lorz 2007, S. 107). Insgesamt kann man der Verwendung von Wiederbeschaffungskosten eine gute Eignung zur Inflationsbereinigung konstatieren, muss aber die praktischen Probleme der Berechnung berücksichtigen.
- Bewertung zu inflationierten historischen Anschaffungskosten: Die Anschaffungskosten werden mit einem allgemeinen Preisindex korrigiert, so dass die allgemeine aber nicht die individuelle Preissteigerung berücksichtigt wird. Damit wird das o. g. Problem des Aufwandes der Informationsbeschaffung reduziert. Alle Kosten einer Berichtsperiode werden immer mit dem aktuellen Indexwert korrigiert, was eine vollständige Vergleichbarkeit aller Kosten mit sich bringt. Dies führt aber auch dazu, dass bei einem monatlichen Reporting jeden Monat die Werte mit einem neuen Index umgerechnet werden müssen. Erst zum Ende der Berichtsperiode findet die endgültige Umrechnung statt. Dies macht die praktische Umsetzung schwierig. Die Daten beruhen auf den allgemeinen Teuerungsraten. Damit können spezielle Effekte bei bestimmten Rohstoffen nicht erfasst werden.
- Bewertung zum inflationsbereinigten realisierbaren Erfolg zu Opportunitätskosten: Hier werden nicht – wie in den beiden vorherigen Verfahren – Eingangs- sondern

Ausgangswerte als Basis verwendet (vgl. Liebers 1998, S. 131 f.). Für die Bewertung werden die Opportunitätskosten angesetzt, also die Kosten der entgangenen Gelegenheit, dass die Produktionsfaktoren nicht anderweitig veräußert werden. Wenn man heute einen Verkauf für 100 Geldeinheiten tätigt, so verdrängt dieser die Möglichkeit in drei Monaten die gleichen Inputfaktoren für 150 Geldeinheiten zu verkaufen. Diese 150 Geldeinheiten sind die Basis für den Wertansatz. Die 150 Geldeinheiten werden sodann mit den zwischen dem heutigen Tag und den nächsten drei Monaten herrschenden allgemeinen Inflationsraten diskontiert. Es würde sich unter der Annahme einer Inflation von 30 % in drei Monaten ergeben: 150/1,3 = 115 Geldeinheiten. Die Bewertung in diesem Verfahren ist problematisch, da die Opportunitätskosten nur schwer objektiv ermittelbar sind.

- Bewertung zum Barwert künftiger Cash-flows: In dieser Methode werden alle künftigen Ein- und Auszahlungen auf ihren Gegenwartswert zum Zeitpunkt der Aufstellung des Berichts diskontiert. Der Diskontierungsfaktor ist dabei die erwartete Inflationsrate. Damit werden nicht mehr Einzelansätze für Vermögensgegenstände sondern eine Gesamtübersicht über alle Cash-flows des Unternehmens berechnet. Mit dieser Methode können folglich keine Entscheidungen über die Vorteilhaftigkeit einzelner Transaktionen getroffen werden. Für die Konzernzentrale kann der Barwert der künftigen Cash-flows bedeutend werden: Mit ihr lässt sich ermitteln, ob die Fortführung des Geschäfts in dem Hochinflationsland insgesamt vorteilhaft ist oder nicht. Problematisch ist allerdings, dass die Ein- und Auszahlungen sowie die erwartete Inflationsrate prognostiziert werden müssen und somit unsicher sind.

Als Basis für Entscheidungen zu einzelnen Geschäftsvorfällen bietet sich die Verwendung von Wiederbeschaffungswerten, die die tatsächliche Geldentwertung berücksichtigen, an. Für das Konzerncontrolling ist zusätzlich noch die Berücksichtigung des Barwertes des Cash-flows wichtig. Hier können Erkenntnisse gewonnen werden, ob eine eventuelle Desinvestition und damit ein Rückzug aus dem Hochinflationsland für den Konzern sinnvoll wären.

Hochinflation und Währungsschwankungen im Nestlé Konzern

Zu Zeiten besonders hoher Inflation Anfang der 90er Jahre hat der stark internationalisierte Schweizer Nahrungsmittelkonzern Nestlé eine doppelte Buchführung zum einen in lokaler, der hohen Inflation unterliegenden Währung, und in stabiler Stammhauswährung, dem Schweizer Franken, eingeführt (vgl. Pausenberger 2005, S. 22 ff.). Durch diese Maßnahme wurde es möglich, die währungsbedingten „aufgeblasenen" Umsätze zu separieren und eine den tatsächlichen realen wirtschaftlichen Verhältnissen genügende Beurteilung durchzuführen. Die folgende Tabelle zeigt die Umsatzentwicklung einmal gemessen in lokaler Währung und einmal in Schweizer Franken.

	Veränderung in SFr	Veränderung in lokaler Währung
USA	+8,2 %	+3,1 %
Frankreich	−0,6 %	+1,0 %
Deutschland	+1,7 %	+2,4 %
Großbritannien	−7,6 %	+2,3 %
Brasilien	+21,2 %	+2308,6 %
Italien	+5,4 %	+29,2 %
Schweiz	+4,9 %	+4,9 %

Umsatzveränderungen im Nestlé Konzern 1993 in Schweizer Franken und lokaler Währung (Quelle: Pausenberger 1996, S. 22)

Diese Übersicht zeigt sehr deutlich die währungsbedingten Verzerrungen. So wurde in Großbritannien in lokaler Währung ein Umsatzverlust realisiert. Umgerechnet in Schweizer Währung ergibt sich jedoch eine Umsatzsteigerung. Man sieht, dass die Verzerrung in dem damaligen Weichwährungs- bzw. Hochinflationsland Brasilien besonders groß war. In lokaler Währung hat sich der Umsatz um mehr als das Zwanzigfache erhöht. Für die Beurteilung der Tochtergesellschaft ist es wichtig, dass beide Währungen berücksichtigt werden. Für den Gesamtkonzern ist die Entwicklung in Stammhauswährung besonders wichtig. Der Kapitalmarkt beurteilt die Zahlen in Konzernwährung. Die lokalen Töchter haben jedoch unabdingbar die lokalen Bedingungen zu beachten. Insofern empfiehlt sich eine differenzierte Beurteilung, die voraussetzt, dass das Berichtswesen sowohl in lokaler als auch in Konzernwährung durchgeführt wird. Eine praktische Erfahrung ist zudem, dass sich die Diskussionen mit Vertretern von Tochtergesellschaften deutlich erleichtern, wenn man mit ihnen über Zahlen in lokaler Währung spricht.

Die Übersicht zeigt im Übrigen deutlich einen positiven Effekt der europäischen Währungsunion: Die Wechselkurse haben vor der Einführung einer einheitlichen europäischen Währung stark geschwankt und damit die Planbarkeit von Umsätzen und Kosten für deutsche Unternehmen deutlich erschwert.

In der Praxis hat die Hartwährungsberichterstattung als eine relativ einfache und konsistente Methodik zur Inflationsbereinigung eine weite Verbreitung. Dabei werden Buchhaltung, Planungsrechnungen und Analyserechnungen sofort in eine Hartwährung umgerechnet, die durchgängig in allen betrieblichen Entscheidungen Anwendung findet. Daher sind Inflationsprognosen nur noch für die Festsetzung von Zinsaufschlägen bei Zahlungszielen notwendig (vgl. Hoffjan 2009, S. 88). Als Hartwährung kann zum einen die Währung der Muttergesellschaft gewählt werden, dadurch würde auch die Problematik der Umrechnung in die Berichtswährung entfallen. In vielen Hochinflationsländern verliert die heimische Währung an Bedeutung und es tritt eine Parallelwährung an ihre Stelle (z. B. war die D-Mark eine Parallelwährung in den Staaten des ehemaligen Jugoslawiens nach deren Unabhängigkeit). Wenn die Umsätze und Aufwendungen in dieser Parallelwährung entstehen, bietet es sich an, diese auch als Berichtswährung zu wählen.

Die Berichterstattung in Hartwährung ist eine pragmatische Methode, die sowohl der Tochtergesellschaft inflationsbereinigte und unverzerrte Informationen liefert als auch der Konzernzentrale die notwendige Entscheidungsgrundlage zur Kontrolle liefert. Das Rechnungswesen ist transparent und die Rechnung sichert die reale Kapitalerhaltung (vgl. Welge und Holtbrügge 2015, S. 285).

Insgesamt sind die Anforderungen an das Controlling in Hochinflationsländern besonders hoch. Das Management benötigt mehr Informationen, da das Umfeld dynamisch ist. Die Inflation macht es erforderlich, dass Preise schnell angepasst werden müssen. Auf der Kostenseite werden sich die Beschaffungspreise ebenfalls schneller ändern, so dass in der Beschaffung mit größerer Flexibilität reagiert werden muss. Im Working Capital Management muss ebenfalls schneller reagiert werden: Zahlungsziele auf der Absatzseite müssen so kurz wie möglich sein, auf Beschaffungsseite müssen die Zahlungsziele dahingegen vollständig ausgenutzt werden. Dieses dynamische Umfeld bedingt eine weitest gehende Delegation der Entscheidungsbefugnisse an die Tochtergesellschaft. Entscheidungsregeln, wie sie auf preisstabilen Märkten Anwendung finden, können nicht übertragen werden. Damit muss das Konzerncontrolling hier auf die Aufstellung von Richtlinien weitestgehend verzichten. Für das Konzerncontrolling ist es darüber hinaus wichtig, die Verzerrungen in Hochinflationsländern zu kennen und geeignete Verfahren zusammen mit dem lokalen Controlling zu entwickeln, die diese Verzerrungen bereinigen.

6.6 Fallstudie: Kulturunterschiede im Controlling des Troubadix Konzerns

Die französische Tochtergesellschaft des Troubadix Konzerns wird weitestgehend autonom geführt. Herr Müller, der Leiter des Konzernmanagements der Troubadix Gruppe, ist der Ansicht, dass insbesondere im Musikgeschäft mit seinen vielfältigen Anklängen zur nationalen Kultur, das lokale Management einem zentralen Management überlegen ist. Man kann daher den Troubadix Konzern als polyzentrisch bzw. multinational bezeichnen. Die Führung der französischen Tochtergesellschaft erfolgt im Wesentlichen durch den Abgleich des Plans mit den tatsächlich erreichten Ergebnissen. Der Weg, wie die Ergebnisse von der Troubadix SA erreicht werden, ist der Gesellschaft selbst und ihrem Management, unter der Führung von Herrn Lacroix, überlassen.

Aufgrund der Bedeutung des Planes für die Führung der Tochtergesellschaft ist die Planerstellung und der laufende Soll-Ist Abgleich sowohl für das Controlling der Tochtergesellschaft als auch für das Konzerncontrolling von immenser Bedeutung. Die zentrale Abteilung mit Sitz in Deutschland arbeitet daher eng mit der dezentralen Controlling Abteilung in Frankreich zusammen. Aufgabe des Konzerncontrollings ist es, für gemeinsame Methoden zu sorgen, einen Zeitplan zur Verfügung zu stellen und abgegebene

Reports und Pläne auf Stimmigkeit zu prüfen. Die Controlling Abteilung der Troubadix SA muss im Wesentlichen ihre Berichte an die Konzernzentrale liefern.

Greift man auf die Theorie von Hofstede zurück, so sind die kulturellen Unterschiede zwischen Deutschland und Frankreich besonders groß bei der Machtdistanz, die wesentlich ausgeprägter in Frankreich ist, bei der Unsicherheitsvermeidung, die ebenfalls wesentlich ausgeprägter in Frankreich ist, und bei der Maskulinität, die in Deutschland stärker ausgeprägt ist.

Im täglichen Zusammenspiel der beiden Abteilungen kommt es immer wieder zu Manifestationen dieser Unterschiede:

- Die Planung im Gegenstromverfahren läuft im Troubadix Konzern in zwei Phasen ab: Zunächst sollen die Tochtergesellschaften unbeeinflusst ein möglichst realistisches potentielles Marktvolumen ermitteln. Dieses wird dann im zweiten Schritt von Herrn Müller eventuell korrigiert, d. h. normalerweise erhöht. Für Herrn Lacroix ist dieses Vorgehen jeweils eine Qual. Er versucht bereits im ersten Schritt soweit wie möglich, die Vorstellungen von Herrn Müller zu berücksichtigen. Ihm ist es unangenehm, wenn Herr Müller sein Ziel in der zweiten Phase erhöht, dies versucht er in jedem Fall zu vermeiden.
- Hauptansprechpartner für das Konzerncontrolling bei allen Fragen zur Geschäftstätigkeit der Troubadix SA ist das Controlling. Frau Römer, der Leiterin des Konzerncontrollings, fällt dabei immer auf, dass die französischen Controller nicht über alle Projekte informiert sind. Daher fehlt Frau Römer die Diskussion mit ihren französischen Kollegen häufig schwer.
- Durch die geringere Unsicherheitsvermeidung auf deutscher Seite erhält die Troubadix SA von der deutschen Muttergesellschaft viele Freiheiten. Manchmal sind diese Freiheiten der Tochter suspekt. Aufgrund seiner vorherigen Tätigkeiten in französischen Konzernen ist Herr Lacroix es gewohnt, sehr genaue Vorgaben zu bekommen, z. B. Reportingformate, die auch ständig überprüft werden. Insofern fürchten die französischen Kollegen eine Prüfung durch das deutsche Konzerncontrolling, was bei denen jedoch nicht geplant ist.
- Fallen den deutschen Konzerncontrollern jedoch Fehler in den Reports auf oder werden Fristen nicht eingehalten, so wird dies unverblümt und deutlich als Kritik geäußert. So werden die französischen Controller deutlich darauf hingewiesen, dass wenn sie ihren Termin nicht einhalten, die weitere Konsolidierung zum Konzernplan nicht rechtzeitig durchgeführt werden kann und Herr Müller seinen Report verspätet erhalten wird. Die deutlich vorgebrachte Kritik löst bei den französischen Controllern häufig Unbehagen aus, da man es hier gewohnt ist, dass Kritik weniger offen geäußert wird. Die Verstimmung, die dadurch entsteht, wird allerdings nie offen angesprochen, da es als normal angesehen wird, dass die Konzernzentrale den Stil, wie Kritik geäußert wird, vorgibt.

Literatur

Ahrens T (1997) Strategic interventions of management accountants: everyday practice of British and German brewers. Eur Account Rev 6(4):557–588

Ahrens T, Chapman C (2000) Occupational identity of management accountants in Britain and Germany. Manag Account (UK) 9(4):477–498

Bartlett CA, Ghoshal S (1986) Tap your subsidiaries for global reach. Harv Bus Rev 64:87–94

Bartlett CA, Ghoshal S (1990) Internationale Unternehmensführung. Innovation, globale Effizienz, differenziertes Marketing. Campus, Frankfurt a. M.

Baskerville RF (2003) Hofstede never really studied culture. Account Organ Soc 28:1–14

Bavishi VB, Choi FDS, Czechowicz JI (1982) Assessing foreign subsidiary performance. Systems & practices of leading multinational companies. Business International Corporation, New York

Behringer S, Lühn M (2016) Cashflow und Unternehmensbeurteilung, 11. Aufl. Erich Schmidt, Berlin

Belkaoui A (1991) Multinational management accounting. Quorum Books, New York

Brandau M, Hoffjan A (2010) Comparative management accounting. Betriebswirtschaft 2010:101–104

Brealey RA, Myers SC, Allen F (2016) Principles of corporate finance, 12. Aufl. McGraw-Hill, Boston

Cagan P (1956) The monetary dynamics of hyperinflation. In: Friedman M (Hrsg) Studies in the quantity theory of money. University Chicago, Chicago

Demirag IS (1986) The treatment of exchange rates in international performance evaluation. Account Bus Res 16:157–164

EADS (2010) EADS veröffentlicht Ergebnisse für das Geschäftsjahr 2009. http://www.eads.it/1024/de/investor/News_and_Events/news_ir/ad_hoc/20100309_eads_fy2009_adhoc.html. Zugegriffen: 19. März 2010

Emrich C (2011) Interkulturelles Management. Erfolgsfaktoren im globalen Business. Kohlhammer, Stuttgart

Engelhard J, Eckert S (1999) The ownership structure of large German corporations. Towards an increasing denationalization? In: Urban S (Hrsg) Relations of complex organizational systems. A key to global competitivity. Problems, strategies, visions. Gabler, Wiesbaden, S 297–343

Errico CV, Sieber S (2009) IFRS 8 Geschäftssegmente. Erste Erfahrungen aus der praktischen Umsetzung in der Schweiz. Schweiz Treuhänder 2009(11):847–852

Ghauri P, Cateora P (2010) International marketing, 3. Aufl. McGraw-Hill, London

Granlund M, Lukka K (1998) It's a small world of management accounting practices. J Manag Account Res 10:153–179

Gray S (1988) Towards a theory of cultural influence on the development of accounting systems internationally. Abacus 24:1–15

Güntzel J, Reinhard K (2007) Transaktionskostenökonomik und Internationalisierung von Unternehmen. Wirtschaftswissenschaftliches Stud 36:284–288

Hanke SH, Kwok AKF (2009) On the measurement of Zimbabwe's hyperinflation. Cato J 29:353–364

Harrison G, McKinon J, Panchapakesan S, Leung M (1994) The influence of culture on organizational design and planning and control in Australia and the United States compared with Singapore and Hong Kong. J Int Financ Manag Account 5:242–261

Heenan DA, Perlmutter HV (1979) Multinational organization development. Pearson Addison Wesley, Reading

Higson A, Shinozawa Y, Tippett M (2007) IAS 29 and the cost of holding money under hyperinflationary conditions. Account Bus Res 21:97–121

Hillier D, Ross S et al (2010) Corporate finance, European Edition. McGraw-Hill, Maidenhead

Hoffjan A (2009) Internationales Controlling. Schäffer-Poeschel, Stuttgart

Hofstede G (1980) Culture's consequences: international differences in work related values. Sage, Newbury Park
Hofstede G (1993) Cultural constraints in management theories. Acad Manag Executive 7(1):8–21
Hofstede G (1996) Riding the waves of commerce: a test of trompenaars „model" of national cultural differences. Int J Intercult Relat 20:189–198
Hofstede G (1997) Lokales Denken, Globales Handeln. Kulturen, Zusammenarbeit und Management. DTV-Beck, München
Hörisch J (2004) Theorie-Apotheke. Eine Handreichung zu den humanwissenschaftlichen Theorien der letzten fünfzig Jahre, einschließlich ihrer Risiken und Nebenwirkungen. Eichborn, Frankfurt a. M.
House RJ, Hanges PJ, Javidan M, Dorfman PW, Gupta V (2004) Culture, leadership and organizations. The GLOBE-Study of 62 societies. Sage, Thousands Oaks
Kleist S (2004) Internationales Beteiligungscontrolling. In: Littkemann J, Zündorf H (Hrsg) Beteiligungscontrolling. Neue Wirtschafts-Briefe, Herne, S 429–451
Klofat B (1989) Ergebnisorientierte Steuerung ausländischer Tochtergesellschaften. München
KPMG (2014) Express Accounting News vom 14. Januar 2014, o. O.
Küpper H-U, Friedl G, Hofmann C, Hofmann Y, Pedell B (2013) Controlling. Konzeption, Aufgaben, Instrumente, 6. Aufl. Schäffer-Poeschel, Stuttgart
Küpper H-U, Mattessich R (2005) Twentieth century accounting research in the german language area. Account Bus Financ Hist 15:345–410
Kutschker M, Schmid S (2011) Internationales Management, 7. Aufl. Oldenbourg, München
Laidler D, Parkin M (1975) Inflation: a survey. Econ J 85:741–809
Lessard DR, Lorange P (1977) Currency changes and management control: resolving the centralization/decentralization dilemma. Account Rev 52:628–637
Liebers M (1998) Konzeptionelle Ansätze zur Kostenrechnung industrieller Unternehmen in Hochinflationsländern. Kovac, Hamburg
Lilienthal D (1960) The multinational corporation. Wiederabgedruckt. In: Anshen M, Bach GL (Hrsg) Management and corporations 1985. McGraw-Hill, Westport, 1975, S 119–158
Luttermann C (2008) Über Vertragsverhältnisse und Bewertungsrecht: Geld, Zeitwert und internationaler Goldstandard. Finanzbetrieb 3:193–204
Meckl R (2000) Controlling im internationalen Unternehmen. Springer, München
Melcher H (1989) Hartwährungsplanung in Hochinflationsländern. In: Horváth P (Hrsg) Internationalisierung des Controlling. DU, Stuttgart, S 391–401
Merchant K, Chow C, Wu A (1995) Management, evaluation and reward of profit center managers: a cross-cultural field study. Account Organ Soc 20:619–638
Messner S (2003) Die Kostenrechnung im Spannungsfeld internationaler Entwicklungen. Über die Amerikanisierung des Rechnungswesens und ihre Bedeutung für die interne Unternehmensrechnung in Deutschland und Österreich. Facultas, Wien
Mirow M (1997) Entwicklung internationaler Führungsstrukturen. In: Macharzina K, Oesterle MJ (Hrsg) Handbuch Internationales Management. Gabler, Wiesbaden, S 641–661
Moxter A (1982) Bilanzlehre, Bd 1: Einführung in die Bilanztheorie. Gabler, Wiesbaden
Müller E (1996) Controlling in der internationalen Unternehmung. Betriebswirtschaft 56:111–122
Müller S, Kornmeier M (2002) Strategisches Internationales Management. Vahlen, München
Nabar S, Boonlert-U-Thai KK (2007) Earnings management, investor protection, and national culture. J Int Account Res 6:35–54
Napier CJ (1996) Accounting and the absence of a business economics tradition in the United Kingdom. Eur Account Rev 5:449–481
Offerman L, Hellmann P (1997) Culture's consequences for leadership behavior. J Cross Cult Psychol 28:342–351

Osgood C (1951) Culture It's empirical and non-empirical character. Southwestern J Anthropol 7:202–214

Özel F, Schneider T (2002) Einführung von Controllingsystemen bei neuerworbenen Tochterunternehmen. Controll Mag 2002(1):25–30

Pausenberger E (1996) Controlling internationaler Unternehmungen. In: Engelhard J (Hrsg) Strategische Führung internationaler Unternehmen. Paradoxien, Strategien und Erfahrungen. Gabler, Wiesbaden, S 179–198

Pausenberger E (2002) Ansätze zur situationsgerechten Erfolgsbeurteilung von Auslandsgesellschaften. In: Macharzina K, Oesterle MJ (Hrsg) Handbuch Internationales Management. Grundlagen – Instrumente – Perspektiven, 2. Aufl. Gabler, Wiesbaden, S 1163–1175

Pausenberger E, Roth A (1997) Störfaktoren im internationalen Controlling. Z Betriebswirtschaftliche Forsch 49(6):580–596

Perlmutter HV (1965) L'Enterprise Internationale. Revue Economique et Sociale Nr. 2. S 151–165

Perlmutter HV (1969) The tortuous evolution of the multinational corporation. Columbia J World Bus 4:9–18

Perlmutter HV (1991) On the rocky road to the first global civilization. Hum Relat 44(9):897–920

Preis A, Schmitz J (2009) Auszeichnung für einen Pionier des Controlling. Z Controll Manag 53(1):7–8

Rall W (1986) Globalisierung von Industrien und ihre Konsequenzen für die Wirtschaftspolitik. In: Kuhn H (Hrsg) Probleme der Stabilitätspolitik. FS Kloten, Göttingen, S 152–174

Rosenzweig MR, Singh N (1991) Organizational environments and the multinational enterprise. Acad Manag Rev 16:340–361

Schein EH (1985) Organizational culture and leadership. A dynamic view. Jossey-Bass, San Francisco

Schmid S (1996) Multikulturalität in der internationalen Unternehmung. Gabler, Wiesbaden

Schmidt F (1951) Die organische Tageswertbilanz. Gabler, Wiesbaden (unveränderter Nachdruck der 3. Aufl. von 1929)

Schuler R, Rogovsky N (1998) Understanding compensation practice variations across firms: the impact of national cultures. J Int Bus Stud 29(1):159–177

Sethi SP (1971) Comparative cluster analysis for world markets. J Mark Res 8:348–354

Sheridan T (1995) Management accounting in global European corporations. Anglophone and continental viewpoints. Manag Account Res 6(3):287–294

Shields MD, Chow C, Kato Y, Nakagawa Y (1991) Management accounting practices in the US and Japan: comparative survey, findings and research implications. J Int Financ Manag Account 3(1):61–77

Siebert H, Lorz O (2007) Einführung in die Volkswirtschaftslehre, 15. Aufl. Kohlhammer, Stuttgart

Simmel G (1999) Der Konflikt der modernen Kultur. In: Simmel G (Hrsg) Gesamtausgabe, Bd 16. Suhrkamp, Frankfurt a. M., S 181–207 (Erstveröff. 1918)

Spremann K, Gantenbein P (2016) Finanzmärkte, 4. Aufl. utb, Konstanz

Stoffel K (1995) Controllership im internationalen Vergleich. Gabler, Wiesbaden

Trompenaars F, Hampden-Turner C (1997) Riding the waves of culture. Understanding cultural diversity in business, 2. Aufl. Nicholas Brealey, London

Volkmann B (1999) Produktcontrolling in der internationalen Unternehmung. In: Giesel F, Glaum M (Hrsg) Globalisierung – Herausforderung an die Unternehmensführung zu Beginn des 21. Jahrhunderts. FS Pausenberger. Beck, München, S 249–266

Wagenhofer A (2006) Zusammenwirken von Controlling und Rechnungslegung nach IFRS. In: Wagenhofer A (Hrsg) Controlling und IFRS-Rechnungslegung. Konzepte, Schnittstellen, Umsetzung. Erich Schmidt, Berlin, S 1–20

Weber J, Schäffer U (2016) Einführung in das Controlling, 15. Aufl. Schäffer-Poeschel, Stuttgart

Weide G (2009) Gestaltung und Erfolg des Management Reporting. Empirische Analyse der Auswirkungen einer Integration des Rechnungswesens. Kovač, Hamburg

Welge MK, Holtbrügge, D (2015) Internationales Management. Theorien – Funktionen – Fallstudien, 6. Aufl. Schäffer-Poeschel, Stuttgart

Winter P (2005) Japanische Kostenrechnungssysteme. Analyse der Kostenrechnungssysteme nach dem japanischen Kostenrechnungsstandard. Working Paper, Universität Mannheim

Yoshikawa T (2001) Cost accounting standard and cost accounting systems in Japan. Lessons from the past – recovering lost traditions. Account bus financ hist 11(3):269–281

Sachwortverzeichnis

A
Abhängigkeitsbericht, 3
Abweichungsbericht, 163
Advance Pricing Agreements, 203
Agency-Theorie, 189
At-equity-Methode, 64, 65, 67, 68, 98
Aufrechnungsdifferenz, 50, 51, 83
Aufsichtsrat, 3, 32, 138, 167, 168
Aufwandskonsolidierung, 43, 44, 76, 153
Ausschüttungsbemessung, 30

B
Badwill, 55–57
Balanced Scorecard, 110, 117–126, 155, 159, 160, 240, 244
Base Rate Fallacy, 152
Beherrschungsvertrag, 4, 31, 32
Benchmarking, 159, 160
Bereichscontrolling, 20, 21, 23, 164
Berichtswesen, 18, 161, 162, 239, 244, 254
Beta Faktor, 104
Beteiligungscontrolling, 23
Better Budgeting, 154, 155, 158
Beyond Budgeting, 158, 159
Beziehungszahlen, 90
Bilanzpolitik, 47, 53
Bilanzrechtsmodernisierungsgesetz, 1, 73
Bottom-up-Planung, 147
Bruttomethode, 34, 35

C
Capital Asset Pricing Model, 59
Cash Generating Unit, 57, 58
Cash Pooling, 29
Cash-flow, 25, 94–99, 106–109
Control Konzept, 30
Cost Center, 142, 180

D
Data Warehouse, 170
Doppelbesteuerungsabkommen, 193
DuPont Kennzahlensystem, 110, 111, 120

E
Economic Value Added, 111, 115
Egocentric Bias, 151, 152
Eigenkapitalquote, 89, 98
Eigenkapitalrentabilität, 90, 93, 94
Eigenkapitalveränderungsrechnung, 36
Eingliederung, 5
Eingliederungskonzern, 5
Einheitstheorie, 38–40, 43, 45, 63, 65, 76
Ein-Kreis-System, 206
Ertragskonsolidierung, 43, 45, 76, 153
Erwerbsmethode, 53, 54
Expense Center, 142

F
Fair Value, 59, 62
Finanzholding, 11, 39, 125, 143
Firmenwert, 54–59, 62, 63, 68, 75, 78, 92, 106, 154
Fremdkapitalquote, 98
Fremdvergleich, 195–199, 201, 206, 208, 209

S. Behringer, *Konzerncontrolling*,
https://doi.org/10.1007/978-3-662-55778-5

Führungsholding, 11, 123, 124
Full-Goodwill Approach, 62, 63

G
Gamblers Fallacy, 153
Gegenstromverfahren, 147, 148, 172
Gesamtkapitalrentabilität, 93, 94
Geschäftsfelder, 141
Geschäftsfelder, strategische, 140
Gewinnabführungsvertrag, 4
Gewinnaufteilungsmethode, 200
Gewinnvergleichsmethode, 201
Gleichordnungskonzern, 5–7
Gliederungszahlen, 89
Goodwill, 54–63, 65, 67, 69, 84, 98, 154

H
Handelsbilanz, 39, 41, 42, 44, 46, 50, 70, 75, 80, 91, 92, 97
Hawthorne-Studien, 162
Hirshleifer-Modell, 183, 186
Hockey-stick-Effekt, 152
Holdingkonzern, 9, 10, 12
Hold-up-Problem, 187

I
Illusion of Control, 151, 152
Impairment Test, 154
Imparitätsprinzip, 50, 51
Indexzahlen, 90, 91
Interessentheorie, 38, 65
Investment Center, 143, 144

J
Joint Venture, 65, 66

K
Kapitalkonsolidierung, 42, 43, 52, 53, 55, 62, 65, 69, 75, 83, 84, 154
Kapitalumschlag, 111
Konglomerate, 14
Konzern, 6, 12, 14, 15, 25
Konzernabschlussprüfer, 167, 168
Konzernanhang, 35, 36, 67
Konzernherstellungskosten, 46, 47
Konzernlagebericht, 37, 38
Kostenaufschlagsmethode, 199, 200, 204, 207

L
Leistungstreiber, 119
Leitung, einheitliche, 1, 3, 5–7
Lucky Buy, 55, 57

M
Management Approach, 57, 70
Managementholding, 11, 124
Managerentlohnung, 116
master budget, 135, 136
Master Budget, 135, 136
Mehr-Kreis-System, 206
Mengenabweichung, 165
Mental Accounting, 168

N
Nettomargenmethode, 200, 208
Nettomethode, 34, 35
Netzwerk, 2, 6

O
OLAP (On-Line-Analytical Processing), 170
Organschaft, 177, 178
Overconfidence Bias, 151
Overdeclaring, 191

P
Planung, 18, 19, 138, 139, 146, 147, 155, 156
Preisabweichung, 165
Preisvergleichsmethode, 198, 199, 208
Principal-Agent-Problem, 148
Profit Center, 143, 181, 183
Prospect Theory, 168
Purchased-Goodwill Approach, 62

Q
Quasi-Rente, 13
Quotenkonsolidierung, 64–67

R
Ratchet Effekt, 150
Realisationsprinzip, 51
Restgewinnmethode, 201, 204
Return, 93, 94, 111
Revenue Center, 143, 181
Revision, interne, 166

S
Schuldenkonsolidierung, 43, 49, 51, 65, 75, 154
Segmentberichterstattung, 36, 38
Sekundärabweichung, 165
Servicecenter, 12, 142
Shareholder Value, 100
Societas Europaea, 8
Stakeholder, 126
Stammhauskonzern, 9, 10, 24, 123
Standardbericht, 163, 171
Stichtagskursmethode, 41
Stiftungskonzern, 7
Summenbilanz, 40, 42, 44, 49–52, 65, 67, 83
Sunk Costs, 168, 169, 187
Synergieeffekt, 125, 180

T
Tannenbaumprinzip, 33
Teilkonzern, 33
Top-down-Planung, 146, 147
Transaktionskostentheorie, 14

U
Umsatzrentabilität, 93, 111
Underdeclaring, 191, 198, 210
Unternehmen, assoziiertes, 64, 67
Unterordnungskonzern, 3, 6, 7

V
Verhältniszahlen, 89, 93
Verschuldungsgrad, 99
Vertragskonzern, 4

W
Weighted Average Cost of Capital, 102
Werttreiber, 114, 116

Z
Zero Base Budgeting, 156–158
Zinsfuß, interner, 106
Zweckgesellschaft, 31, 32
Zwischenergebniseliminierung, 154

Printed by Printforce, the Netherlands